*Liangyeshan*
*Yuansheng Yaoyong Zhiwu*
*Caise Tupu*

福建梁野山国家级自然保护区管理局

# 梁野山原生药用植物彩色图谱

戴德昇　林裕芳　主编

厦门大学出版社
国家一级出版社
全国百佳图书出版单位

# 《梁野山原生药用植物彩色图谱》编委会

主 任 委 员：魏晓敏

副主任委员：聂耀洪

顾　　　问：邓穗明　丘善辉　高元龙　林良顺

主　　　编：戴德昇　林裕芳

主　　　审：李振基

编　　　委：戴德昇　林裕芳　饶凤圆　马万沐　刘耀三
　　　　　　钟桃远　兰荣连　刘良盛　何荣文　邱录兴
　　　　　　李益通　庄东生　黄荣方　赖伟华

摄　　　影：戴德昇　林裕芳

# 主编简介

**戴德昇**，工程师，福建梁野山国家级自然保护区管理局主任科员。历任福建省林业勘察设计院干部、武平县林业规划队队长、武平县林业局副局长（兼任过武平县世界银行代款造林项目办主任、武平县林学会理事长、武平县科协理事、龙岩市第1届政协委员、武平县第6—8届政协委员）、武平梁野山省级自然保护区管理处主任、福建梁野山国家级自然保护区管理局副局长（主持工

作）；参加过全省林业调查规划设计、梁野山自然保护区科考、总体规划。主持并编写过武平县林业调查规划设计，武平县林业区划（《武平林业区划》、《武平林业植被》、《武平林业土壤》），森林资源一、二类调查，武平县森林经理等。在省、市级以上刊物发表多篇学术文章。多次获得武平县科技进步一、二等奖。

**林裕芳**，工程师，1998年毕业于福建林学院。现任福建梁野山国家级自然保护区管理局武东管理所所长。2001年以来，先后参加了梁野山自然保护区综合科学考察、福建梁野山国家级自然保护区维管束植物资源调查、福建梁野山国家级自然保护区珍稀植物调查、珍稀植物极小种群调查、福建梁野山国家级自然保护区植物资源分布调查。先后与中国科学院华南植物园、中国科

学院昆明植物研究所、厦门大学、中南林业科技大学、福建农林大学、江西农业大学、福建省林业科学院等高等科研院校的专家、学者合作，对梁野山自然保护区进行综合考察或专项调查。主持或参与了"观光木林持续利用研究"、"极小种群——观光木扩繁研究"、"沙氏鹿茸草选育开发利用研究"、"金线莲人工栽培研究"、"多用途观果新品种——园齿野鸦椿驯种开发及其应用技术推广"、"红枫繁育技术研究"等课题项目的研究。参与编写了《国家级自然保护区环保能力建设（二期）》、《福建梁野山国家级自然保护区基础设施建设一、二、三期项目》等项目申报与实施。2013年获得省林业厅林业职工树种识别技能竞赛第四名，2011年度获武平县科技进步三等奖。

# 序

　　药用植物，是指医学上用于防病、治病的植物。我国是药用植物资源最丰富的国家之一，对药用植物的发现、使用和栽培，有着悠久的历史，古代曾有"伏羲尝百药"、"神农尝百草，一日而遇七十毒"等记载，虽属传说，但说明药用植物的发现和利用，是人类通过长期的生活和生产实践逐渐积累经验和知识的结果。

　　福建梁野山自然保护区位于武夷山脉南端、南岭山脉东头，气候温暖湿润，属典型的亚热带季风气候，地带性植物为中亚热带常绿阔叶林，林分组成复杂，丰富的植物资源为中草药材提供了良好的生长环境。特别是建立国家级自然保护区后，梁野山不仅有效保护了生物多样性，成为天然绿色基因库，对药用资源的保护和永续开发利用也具有重要意义。

　　戴德昇、林裕芳两位同志主编的《梁野山药用植物彩色图谱》一书是在近两年野外调查、标本采集、标本鉴定、文献研究的基础上撰写的。共收录梁野山各种药用植物197科，497属，741种。内容包括各种植物的中文名、科名、学名、形态特征、生境分布、药用部位、性味功能，每种植物还附有彩色图片。收录的药用植物业经厦门大学环境与生态学院李振基教授审查并推荐出版，其鉴定准确，内容丰富，文字描述简明扼要，图片清晰，具有很高的科学性与应用价值。它的出版将为我省药用植物的编研提供参考，促进药用植物事业的发展以及生物多样性的保护，也标志着梁野山自然保护区药用植物的研究与应用迈上了一个新的台阶。

　　出版之际，谨致祝贺，并推荐此书。

　　是为序。

**魏晓敏**（福建梁野山国家级自然保护区管理局局长）
2014年4月于武平

# 编写说明

《梁野山药用植物彩色图谱》在结合科考的基础上，用了两年的时间（2012年5月—2014年4月），对梁野山自然保护区境内的药用植物做了系统性的专门调查，根据保护区的自然地理情况分成14个区域，32条线路进行调查，这次调查的方法是：（1）访问，对中草药收购点（店）、采药人、林农进行访问；（2）线路踏查与样点地调查相结合，进行实地调查，收集到197科，497属，741种的植物。由于时间短，技术力量薄弱，水平有限，一些物种未能收集齐全，因分布区域广，地点未做全面记录。在编制过程中难免出现差错，敬请各位专家、学者及各位读者提出宝贵意见，以便不断补充完善。

本次调查和编制过程中得到武平县政协、县林业局以及保护区管理局领导和社会各界有识之士的鼎力相助和资金扶持，并得到厦门大学环境与生态学院李振基教授审核修改，在此敬表谢意。

编者

2014年4月

# 目 录

**总论 /1**

 一、基本情况 /1

 二、药用植物的种类组成 /5

 三、科考后新发现药用植物 /6

 四、珍稀濒危药用植物 /9

 五、本地区比较有利用价值的药用植物 /10

 六、药用植物的评价 /11

 七、参考文献 /12

**各论 /13**

 **Ⅰ 苔藓植物 /13**

  一、地钱科 Marchantiaceae /13

  二、蛇苔科 Conocephalaceae /13

  三、瘤冠苔科 Aytoniaceae /14

  四、真藓科 Bryaceae /14

  五、丛藓科 Pottiaceae /15

  六、提灯藓科 Mniaceae /15

  七、灰藓科 Hypnaceae /16

  八、金发藓科 Polytrichaceae /16

 **Ⅱ 蕨类植物 /17**

  一、石松科 Lycopodiaceae /17

  二、石杉科 Huperziaceae /18

  三、卷柏科 Selaginellaceae /20

  四、木贼科 Equisetaceae /23

  五、莲座蕨科 Angiopteridaceae /24

  六、紫萁科 Osmundaceae /24

  七、瘤足蕨科 Plagiogyriaceae /25

  八、里白科 Gleicheniaceae /26

  九、海金沙科 Lygodiaceae /27

  十、蚌壳蕨科 Dicksoniaceae /28

  十一、桫椤科 Cyatheaceae /29

  十二、鳞始蕨科 Lindsaeaceae /29

  十三、蕨科 Pteridiaceae /30

  十四、凤尾蕨科 Pteridaceae /31

  十五、中国蕨科 Sinopteridaceae /33

  十六、铁线蕨科 Adiantaceae /34

  十七、裸子蕨科 Gymnogrammaceae /34

  十八、书带蕨科 Vittariaceae /35

  十九、蹄盖蕨科 Athyriaceae /35

  二十、金星蕨科 Thelypteridaceae /36

  二十一、铁角蕨科 Aspleniaceae /37

  二十二、乌毛蕨科 Blechnaceae /38

  二十三、鳞毛蕨科 Dryopteridaceae /40

  二十四、肾蕨科 Nephrolepidaceae /40

  二十五、水龙骨科 Polypodiaceae /41

  二十六、槲蕨科 Drynariaceae /44

  二十七、苹科 Marsileaceae /45

  二十八、满江红科 Azollaceae /45

 **Ⅲ 裸子植物 /46**

  一、银杏科 Ginkgoaceae /46

  二、松科 Pinaceae /46

  三、杉科 Taxodiaceae /47

  四、竹柏科 Nageiaceae /48

  五、罗汉松科 Podocarpaceae /49

  六、三尖杉科 Cephalotaxaceae /50

  七、红豆杉科 Taxaceae /50

Ⅳ 被子植物 /51

一、木兰科 Magnoliaceae /51
二、番荔枝科 Annonacae /53
三、八角茴香科 Illiciaceae /53
四、五味子科 Schisandraceae /54
五、樟科 Lauraceae /55
六、金粟兰科 Chloranthaceae /63
七、马兜铃科 Aristolochiaceae /64
八、三白草科 Saururaceae /65
九、胡椒科 Piperaceae /66
十、商陆科 Amaranthaceae /67
十一、马齿苋科 Portulacaceae /68
十二、落葵科 Basellaceae /69
十三、苋科 Amaranthaceae /70
十四、蓼科 Polygonaceae /73
十五、石竹科 Caryophyllaceae /74
十六、蓼科 Polygonaceae /75
十七、泽泻科 Alismataceae /83
十八、眼子菜科 Potamogetonaceae /83
十九、菖蒲科 Acoraceae /84
二十、天南星科 Araceae /85
二十一、浮萍科 Lemnaceae /89
二十二、百部科 Stemonaceae /90
二十三、薯蓣科 Dioscoreaceae /90
二十四、重楼科 Trilliaceae /93
二十五、菝葜科 Smilacaceae /93
二十六、铃兰科 Convallariaceae /95
二十七、天门冬科 Asparagaceae /99
二十八、山菅兰科 Phormiaceae /100
二十九、萱草科 Hemerocallidaceae /100
三十、玉簪科 Hostaceae /101
三十一、石蒜科 Amaryllidaceae /101
三十二、百合科 Liliaceae /102
三十三、秋水仙科 Colchicaceae /102
三十四、藜芦科 Melanthiaceae /103
三十五、鸢尾科 Iridaceae /103
三十六、仙茅科 Hypoxidaceae /104
三十七、兰科 Orchidaceae /104
三十八、雨久花科 Pontederiaceae /111
三十九、姜科 Zingiberaceae /112
四十、鸭跖草科 Commelinaceae /114
四十一、谷精草科 Eriocaulaceae /116
四十二、灯心草科 Juncaceae /117
四十三、莎草科 Cyperraceae /117
四十四、禾本科 Gramineae /121
四十五、棕榈科 Palmae /130
四十六、莲科 Nelumbonaceae /131
四十七、木通科 Lardizabalaceae /132
四十八、大血藤科 Sargentodoxaceae /133
四十九、防己科 Menispermaceae /134
五十、毛茛科 Ranunculaceae /136
五十一、小檗科 Berberidaceae /140
五十二、罂粟科 Papaveraceae /142
五十三、紫堇科 Fumariaceae /143
五十四、金缕梅科 Hamamelidaceae /144
五十五、壳斗科 Fagaceae /147
五十六、桦木科 Betulaceae /148
五十七、胡桃科 Juglandaceae /149
五十八、杨梅科 Myricaceae /149
五十九、虎皮楠科 Daphniphyllaceae /150
六十、旌节花科 Stachyuraceae /151
六十一、山茶科 Theaceae /151
六十二、藤黄科 Guttiferae /156
六十三、金丝桃科 Hypericaceae /156
六十四、大风子科 Flacourtiaceae /158
六十五、堇菜科 Violaceae /159
六十六、葫芦科 Cucurbitaceae /162
六十七、秋海棠科 Begoniaceae /164
六十八、十字花科 Cruciferae /166

六十九、杜英科 Elaeocarpaceae /167
七十、椴树科 Tiliaceae /168
七十一、梧桐科 Sterculiaceae /169
七十二、锦葵科 Malvaceae /169
七十三、榆科 Ulmaceae /172
七十四、桑科 Moraceae /174
七十五、荨麻科 Urticaceae /181
七十六、大戟科 Euphorbiaceae /187
七十七、五月茶科 Stilaginaceae /194
七十八、瑞香科 Thymelaeaceae /195
七十九、猕猴桃科 Actinidiaceae /196
八十、杜鹃花科 Ericaceae /198
八十一、越橘科 Vacciniaceae /201
八十二、安息香科 Styracaceae /202
八十三、山矾科 Symplocaceae /204
八十四、柿树科 Ebenaceae /207
八十五、紫金牛科 Myrsinaceae /208
八十六、报春花科 Primulaceae /215
八十七、景天科 Crassulaceae /218
八十八、虎耳草科 Saxifragaceae /219
八十九、鼠刺科 Iteaceae /220
九十、蔷薇科 Rosaceae /220
九十一、山龙眼科 Proteaceae /230
九十二、胡颓子科 Elaeagnaceae /231
九十三、桃金娘科 Myrtaceae /231
九十四、柳叶菜科 Onagraceae /233
九十五、千屈菜科 Lythraceae /235
九十六、使君子科 Combretaceae /236
九十七、野牡丹科 Melastomataceae /237
九十八、省沽油科 Staphyleaceae /241
九十九、无患子科 Sapindaceae /242
一〇〇、槭树科 Aceraceae /242
一〇一、钟萼木科 Bretschneideraceae /243
一〇二、漆树科 Anacardiaceae /243
一〇三、泡花树科 Meliosmaceae /246

一〇四、清风藤科 Sabiaceae /246
一〇五、苏木科 Caesalpinaceae /247
一〇六、含羞草科 Mimosaceae /250
一〇七、蝶形花科 Papilionaceae /252
一〇八、芸香科 Rutaceae /265
一〇九、楝科 Meliaceae /269
一一〇、古柯科 Erythroxylaceae /270
一一一、酢浆草科 Oxalidaceae /271
一一二、凤仙花科 Balsaminaceae /272
一一三、远志科 Polygalaceae /273
一一四、卫矛科 Celastraceae /275
一一五、冬青科 Aquifoliaceae /278
一一六、鼠李科 Rhamnaceae /282
一一七、葡萄科 Vitaceae /286
一一八、铁青树科 Olacaceae /291
一一九、桑寄生科 Loranthaceae /292
一二〇、蛇菰科 Balanophoraceae /293
一二一、绣球花科 Hydrangeaceae /293
一二二、山茱萸科 Cornaceae /295
一二三、蓝果树科 Nyssaceae /295
一二四、八角枫科 Alangiaceae /296
一二五、五加科 Araliaceae /296
一二六、天胡荽科 Hydrocotylaceae /301
一二七、伞形科 Umbelliferae /302
一二八、海桐花科 Pittosporaceae /305
一二九、荚蒾科 Viburnaceae /306
一三〇、接骨木科 Sambucaceae /307
一三一、忍冬科 Caprifoliaceae /308
一三二、缬草科 Valerianaceae /309
一三三、桔梗科 Campanulaceae /310
一三四、半边莲科 Lobeliaceae /311
一三五、菊科 Compositae /313
一三六、木犀科 Oleaceae /334
一三七、钩吻科 Gelsemiaceae /337
一三八、龙胆科 Gentianaceae /338

一三九、水团花科 Naucleaceae /339

一四〇、茜草科 Rubiaceae /340

一四一、夹竹桃科 Apocynaceae /351

一四二、萝藦科 Asclepiadaceae /352

一四三、茄科 Solanaceae /353

一四四、旋花科 Convolvulaceae /358

一四五、紫草科 Boraginaceae /360

一四六、醉鱼草科 Buddlejaceae /360

一四七、玄参科 Scrophulariaceae /361

一四八、列当科 Orobanchaceae /364

一四九、爵床科 Acanthaceae /365

一五〇、车前科 Plantaninaceae /366

一五一、马鞭草科 Verbenaceae /367

一五二、牡荆科 Viticaceae /371

一五三、唇形科 Labiatae /373

# 总 论

## 一、基本情况

### 1.1 自然概况

#### 1.1.1 自然地理位置

福建梁野山国家级自然保护区坐落在福建省西部的武平县境内,横卧于武平县中部地区的永平、中堡、武东、城厢、桃溪五乡镇。地理坐标为:东经116°07′～116°19′,北纬25°04′～25°20′。东西最宽为 17 km,南北最长为 27 km,土地总面积 16 246 hm²,其中森林面积 14 365 hm²,非林业用地面积 1 881 hm²。

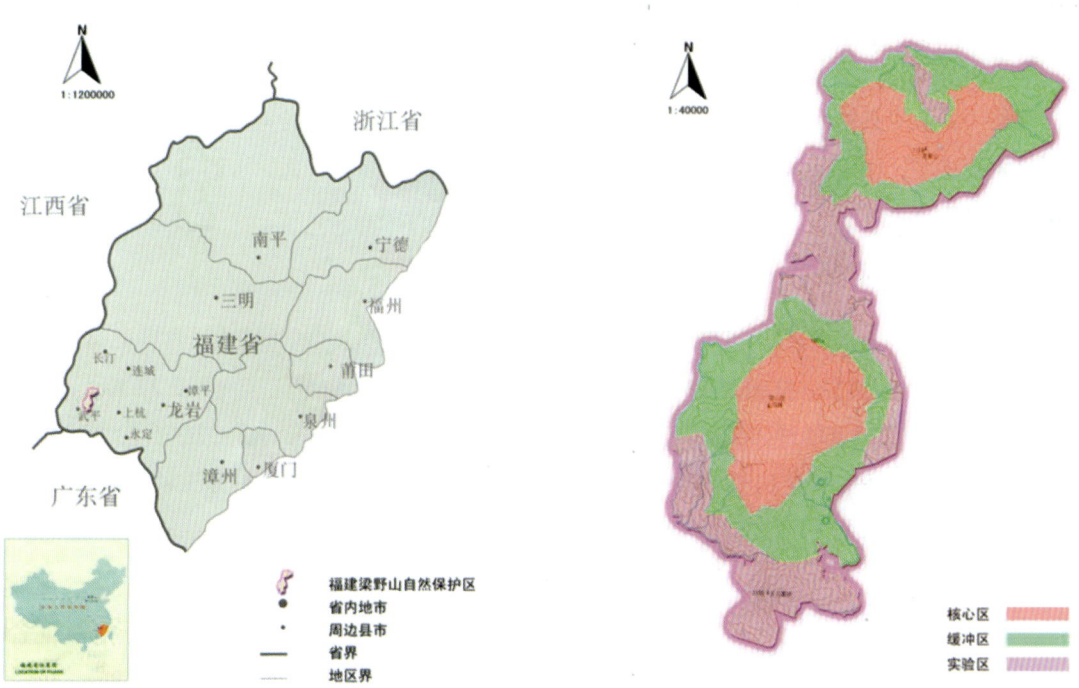

#### 1.1.2 地质地貌

福建梁野山国家级自然保护区位于武夷山脉南端,南岭山脉东头,以梁野山为主体。保护区地势相对较高,起伏较大。最高处达 1 538.4 m,最低处仅 297 m,相对高度差达 1 241.4 m,高差较为悬殊。海拔1 000 m以上的山峰有100多座。整个梁野山群山由武夷山脉向东延伸，经东门脑崇、莲花崟直驱梁山顶，再经笠山顶、观狮山向东北方向延伸，山脉蜿蜒，曲折迂回，其以南，与其延伸的分支龙嶂山脉和石迳岭山脉环抱，形成万安、城关、中山等河谷盆地。保护区露出地层岩石简单，主要为花岗岩。

### 1.1.3 气候

保护区属于典型的亚热带季风气候。区内年平均气温为17.0～19.6 ℃，极端最低气温–6.3 ℃，极端最高气温38 ℃；大于或等于10 ℃的活动积温5 000～5 900 ℃；年平均降雨量为1 706.5 mm，年平均相对湿度78%，无霜期278 d。年日照时数1 699.8 h，总太阳辐射能18 382.8 kJ/m$^2$。梁野山一带地形复杂，海拔高差较为悬殊，形成了多种多样的小气候环境，具有山地气候特征。

### 1.1.4 土壤

地带性土壤为花岗岩风化发育成的红壤，随着海拔的上升，表现出一定的垂直变化，297～600 m为红壤，600～900 m为山地黄红壤，900 m以上为山地黄壤，其中梁野山常绿阔叶林林地土层深厚，质地黏重，腐殖质层厚约20 cm，地表枯枝落叶层厚5～10 cm，表土质地为壤土，有机质含量为1.5%～5.6%，pH值为5～5.8，林内自然肥力仍相当高。随着海拔的升高或在人为影响较多的地方，土壤肥力有所降低。

### 1.1.5 水文

梁野山是武平县的最大水源涵养区，福建汀江水系、广东梅江水系的天然分水岭，水系属于放射状，河流面窄，河床中多砾石，是典型的山地性河流，其特点是坡降大，水流湍急，雨量充沛，水力资源颇为丰富。

### 1.1.6 植被

保护区植物种类繁多，据厦门大学科学考察调查记载，区内已定名的维管束植物种类有199科，789属，1 818种。其中，蕨类植物40科，76属，152种；裸子植物9科，20属，27种；被子植物150科，693属，1 639种。保护区具有一定特有成分物种，珍稀特有种多。据统计，自然保护区内属于国家重点保护野生植物有21种，其中国家Ⅰ级保护的有南方红豆杉等5种，Ⅱ级保护的有桫椤、闽楠等16种。

## 1.2 生态环境

### 1.2.1 典型性、自然性、稀有性、脆弱性

梁野山自然保护区地处南亚热带、中亚热带的过渡地带和武夷山脉最南端，是我国南方和北回归线荒漠带上不可多得的地带性植被类型，为典型的常绿阔叶林之一，具有中亚热带、南亚热

带过渡地带的代表性群落，森林总面积 14 365 hm², 总蓄积量达 $9 \times 10^5$ m³, 是现有保存较完整、面积较大的天然原生性森林，保持原始生态的自然性。古老的孑遗和珍稀植物银杏、南方红豆杉、苏铁、钟萼木、粗齿桫椤、桫椤等生长良好，国家重点保护的珍稀野生动物豹、云豹、黑麂（毛额黄麂）、穿山甲、豺、黑熊、水獭、大灵猫、小灵猫等种类繁多，该地距离梅花山自然保护区不到 100 km，是华南虎的重要活动区域（走廊）。特别是国家Ⅰ级保护树木南方红豆杉，面积达 660 hm²（近 1 万亩），最大胸径 90 cm，树龄达 100 年以上，极为罕见。区内具有大型真菌 63 属，122 种，其中正红菇、香菇、茯苓、毛木耳、银耳、灵芝等在这里都有天然分布。此外，还有微生物 10 目，16 科，31 属，51 种，有不少待开发的抗生素菌种和生产上有用的活性物质。

福建梁野山自然保护区地质古老，自然综合体多样，生态系统结构复杂，动植物资源丰富，珍稀濒危动植物种类多。同时，保护区处在武夷山脉与南岭山脉交汇点，中亚热带与南亚热带过渡地带，全球北回归线荒漠带上特殊位置上分布的较完整的中亚热带常绿阔叶林植被类型。

### 1.2.2 梁野山药用植物的生长环境

梁野山生境

梁野山生境

山地草甸

小梁山湿地

中山灌丛林　　　　　　　　　常绿阔叶林

针阔混交林　　　　　　　　　喜树林

南方红豆杉林　　　　　　　　苔藓

## 1.3 调查方法

本次采用线路与样点相结合的方式进行调查，对梁野山自然保护区内的药用植物作了比较详细的调查，根据保护区的自然地理情况分成14个区域，32条线路进行调查，用时两年，调查过程中以线路调查为主，详细记录调查时间、地点、分布状况，用GPS（M·241）和数码相机的照片、时间在电脑上并轨辅助调查，取得经度、纬度、海拔高程，为便于记录，东经用E表示，北纬用N表示，海拔高用H表示。

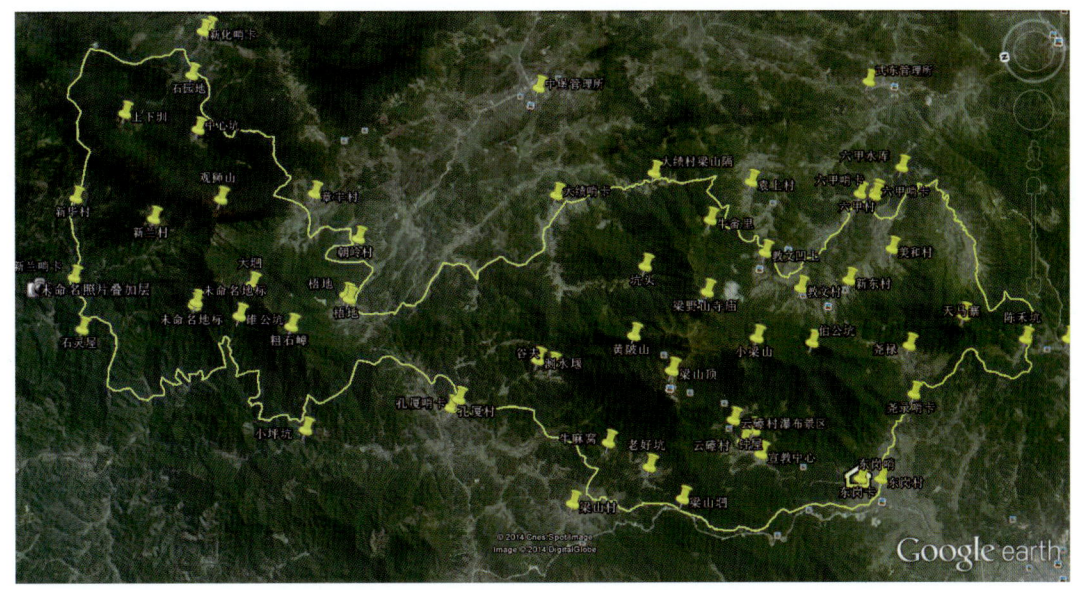

本次对梁野山保护区所辖区域，分线路进行调查，特殊地段做详细调查，对熟悉与不熟悉的种类，以先收集为主，后逐个查对的办法，如有疑义或自己不懂的请教大学教授、老师，确认正确无误后再收进书内，尽可能少出差错。

调查线路安排：

1. 云礤村—刘唐—天门山—大瀑布；
2. 梁山村—老好坑—牛麻窝；
3. 孔下—谷夫—黄陂山；
4. 中堡—山顶—云礤，袁上村—山顶—谷夫；
5. 梧地—竹石寨；
6. 章丰—观狮山，章丰—中心坑；
7. 新化村—石园地—上下圳；
8. 大吉村—坑头—小梅坑，大吉村—梁山隔；
9. 朝岭村；
10. 教文村—伯公坑—圳上；
11. 尧禄村—马鞍寨—天马寨，尧禄村—尖笔崟；
12. 新华村—老鸦山，新兰村—观狮山；
13. 小坪坑—碓公坑，大坪坑—畚箕窝；
14. 礤文村—陈禾坑。

## 二、药用植物的种类组成

本次调查共收集照片1.2万多张，对收集的照片进行逐个查对，有药用价值的选上，被子植物采用八纲系统分类法，经统计梁野山自然保护区境内的药用植物有197科，497属，741种，其中苔藓植物8科，8属，8种；蕨类植物29科，40属，58种；裸子植物7科，8属，10种；被子植物153科，441属，665种。本次调查，由于人员少，技术力量薄弱，水平有限，加之经费紧张，遗漏甚多，有待今后不断补充完善。

|  | 科 | 比例（%） | 属 | 比例（%） | 种 | 比例（%） |
|---|---|---|---|---|---|---|
| 苔藓植物 | 8 | 4.1 | 8 | 1.6 | 8 | 1.1 |
| 蕨类植物 | 29 | 14.7 | 40 | 8.0 | 58 | 7.8 |
| 裸子植物 | 7 | 3.6 | 8 | 1.6 | 10 | 1.3 |
| 被子植物 | 153 | 77.7 | 441 | 88.7 | 665 | 89.7 |
| 合计 | 197 | 100.0 | 497 | 100.0 | 741 | 100.0 |

多于10种的14科：樟科15种、蓼科15种、兰科15种、禾本科19种、桑科16种、荨麻科12种、大戟科14种、紫金牛科14种、蔷薇科20种、蝶形花科26种、葡萄科11种、菊科42种、茜草科22种、唇形科21种。

原生药用植物中超过10种的有22科，其中：超过15种的科有桑科15种、蓼科15种、樟科15种，蔷薇科20种、蝶形花科26种、大戟科15种、唇形科23种、茜草科22种、菊科42种、禾本科19种、百合科21种。

## 三、科考后新发现药用植物

在本次调查中与上次科考作了查对，发现科考未做记录的物种有60科，103种，苔藓植物全部为新记录种。

| 科名 | 种名 |
|---|---|
| **I 苔藓植物** | |
| 地钱科 Marchantiaceae | 地钱 *Marchantia polymorpha* L. |
| 蛇苔科 Conocephalaceae | 蛇苔 *Conocephalaceae conicum* (Linn.)Dum. |
| 瘤冠苔科 Aytoniaceae | 石地钱 *Reboulia hemisphaerica*(L.)Raddi |
| 真藓科 Bryaceae | 暖地大叶藓 *Rhodobryum giganteum*（Schwaegr.）Par. |
| 丛藓科 Pottiaceae | 东亚小石藓 *Weissia exserta* (Broth.)Chen |
| 提灯藓科 Mniaceae | 尖叶走灯藓 *Plagiomnium cuspidatum* (Hedw.) T.Kop |
| 灰藓科 Hypnaceae | 大灰藓 *Hypnum plumaeforme* Wils. |
| 金发藓科 Polytrichaceae | 东亚小金发藓 *pogonatum inflexum* (lindb.) lac |
| **II 蕨类植物** | |
| 石杉科 Huperziaceae | 闽浙马尾杉 *Phlegmariurus minchegensis* (Ching) L. B. Zhang |
| | 华南马尾杉 *Phlegmariurus austrosinicus* (Ching) L. B. Zhang |

| 科名 | 种名 |
|---|---|
| 卷柏科 Selaginellaceae | 粗叶卷柏 *Selaginella trachyphylla* A.Br. |
| 瘤足蕨科 Plagiogyriaceae | 华中瘤足蕨 *Plagiogyria euphleebia* (Kunze) mett. |
| 海金沙科 Ligodium | 狭叶海金沙 *Lygodium microstaschyum* Desv |
| 金星蕨科 Thelypteridaceae | 华南毛蕨 *Cyclosorus parasiticus*(L.)Farwell |
| 水龙骨科 Polypodiaceae | 庐山石韦 *Pyrrosia sheareri* (Bak.) Ching |

## Ⅲ 裸子植物

## Ⅳ 被子植物

| | |
|---|---|
| 木兰科 Magnoliaceae | 红毒茴 *Illicium lanceolatum* A.C.Smith |
| 八角茴香科 Illiciaceae | 红茴香 *Illicium henryi* Diels |
| 金粟兰科 Chloranthaceae | 宽叶金粟兰 *Choranthus henryi* Hemsl. |
| 苋科 Amaranthaceae | 柳叶牛膝 *Achyranthes longifolia* (Makino) Makino |
| 石竹科 Caryophyllaceae | 簇生卷耳 *Cerastium fontanum* Baumg. subsp. *triviale* (Link) Jalas |
| 蓼科 Polygonaceae | 苦荞麦 *Fagopyrum tataricum* (L.) Gaertn. |
| | 金荞麦 *Fagopyrum dibotrys* (D. Don) Hara |
| | 习见蓼 *Polygonim plebeium* R. Br. |
| | 红蓼 *Polygonum orientale* L. |
| 天南星科 Araceae | 海芋 *Alocasia macrorrhiza* |
| | 尖尾芋 *Alocasia cucullata* |
| | 犁头尖 *Typonium divaricatum*(L.)Decne |
| 铃兰科 Convallariaceae | 深裂竹根七 *Disporopsis pernyi* (Hua) Diels |
| 玉簪科 Hostaceae | 紫萼 Liliaceae *Hosta ventricosa* (Salisb.)Stearn |
| 秋水仙科 Colchicaceae | 宝铎草 *Disporum sessile* D. Don. |
| 兰科 Orchidaceae | 广东石豆兰 *Bulbophyllum kwangtungense* Schltr. |
| | 高斑叶兰 *Goodyera procera* (Ker-gawl.) Hook. |
| 姜科 Zingiberaceae | 舞花姜 *Globba racemosa* Smith |
| | 姜黄 *Curcuma longa* L. |
| 鸭跖草科 Commelinaceae | 饭包草 *Commelina bengalensis* |
| 棕榈科 Palmae | 高毛鳞省藤 *Calamus hoplites* Dunn |
| 毛茛科 Ranunculaceae | 石龙芮 *Ranunculus sceleratus* L. |
| 罂粟科 Papaveraceae | 紫堇 *Corydalis edulis* Maxim. |
| | 地锦苗 *Corydalis sheareri* S. Moore |
| 壳斗科 Fagaceae | 木姜叶柯 *Lithocarpus litseifolius* (Hance) Chun |
| 金丝桃科 Hypericaceae | 金丝桃 *Hypericum monogynum* L. |

| 科名 | 种名 |
|---|---|
| 荨麻科 Urticaceae | 芦山楼梯草 *Elatostema stewardii* Merr. |
|  | 雾水葛 *Pouzolzia zeylanica* (L.) Benn. |
|  | 厚叶冷水花 *Pilea sinocrassifolia* C. J. Chen |
|  | 粗齿冷水花 *Pilea fasciata* Franch. |
| 瑞香科 Thymelaeaceae | 细轴荛花 *Wikstroemia nutans* Champ. ex Benth. |
| 安息香科 Styracaceae | 野茉莉 *Styrax japonicus* Sieb. et Zucc. |
| 紫金牛科 Myrsinaceae | 九管血 *Ardisia brevicaulis* Diels |
|  | 红凉伞 *Ardisia crenata* Sims var. *bicolor* (Walker) C.Y.Wu et C.Chen |
|  | 少年红 *Ardisia alyxiaefolia* Tsiang ex C. Chen |
| 报春花科 Primulaceae | 临时救 *Lysimachia congestiflora* Hemsl. |
|  | 过路黄 *Lysimachia christinae* Hance |
|  | 泽珍珠菜 *Lysimachia candida* Lindl. |
| 景天科 Crassulaceae | 凹叶景天 *Sedum emarginatum* Migo |
| 蔷薇科 Rosaceae | 白花悬钩子 *Rubus leucanthus* Hance |
|  | 郁李 *Cerasus japonica* (Thunb.) Lois. |
| 柳叶菜科 Onagraceae | 毛草龙 *Ludwigia octovalvis* (Jacq.) Raven |
| 使君子科 Combretaceae | 风车子 *Combretum alfredii* Hance |
| 苏木科 Caesalpinaceae | 鄂羊蹄甲 *Bauhinia glauca* (Wall. ex Benth.) Benth. subsp. *hupehana* (Craib) T. Chen |
|  | 老虎刺 *Pterolobium punctatum* Hemsl. |
| 蝶形花科 Papilionaceae | 野大豆 *Glycine soja* Sieb. et Zucc |
|  | 扁豆 *Lablab purpureus* (Linn.) Sweet |
|  | 异果崖豆藤 *Millettia dielsiana* Harms var. *heterocarpa* (Chun ex T. Chen) Z. Wei |
|  | 大叶千斤拔 *Flemingia macrophylla* (Willd.) Prain |
|  | 球穗千斤拔 *Flemingia strobilifera* (Linn.) Ait. |
| 芸香科 Rutaceae | 香橼 *Citrus medica* L. |
|  | 枳 *Poncirus trifoliata* (L.) Raf. |
| 楝科 Meliaceae | 红椿 *Toona ciliata* Roem. |
| 酢浆草科 Oxalidaceae | 红花酢浆草 *Oxalis corymbosa* DC. |
| 远志科 Polygalaceae | 小花远志 *Polygala arvensis* Willd. |
| 卫矛科 Celastraceae | 大芽南蛇藤 *Celastrus gemmatus* Loes. |
| 葡萄科 Vitaceae | 葎叶蛇葡萄 *Ampelopsis humulifolia* Bge. |
|  | 三裂蛇葡萄 *Ampelopsis delavayana* Planch. |
|  | 光叶蛇葡萄 *Ampelopsis heterophylla* (Thunb.) Sieb. et Zucc. var. *hancei* Planch. |

| 科名 | 种名 |
|---|---|
| 伞形科 Umbelliferae | 西南水芹 *Oenanthe dielsii* de Boiss. |
|  | 紫花前胡 *Angelica decursiva* (Miq.) Franch. et Sav. |
| 忍冬科 Caprifoliaceae | 常绿荚蒾 *Viburnum sempervrens* K. Koch |
| 菊科 Compositae | 林泽兰 *Eupatorium lindleyanum* DC. |
|  | 石胡荽 *Centipeda minima* (L.) A. Br. et Aschers. |
|  | 多茎鼠麴草 *Gnaphlium polycaulon* Pers. |
|  | 红凤菜 *Gynura bicolor* (Roxb. ex Willd.) DC. |
|  | 裸柱菊 *Soliva anthemifolia* (Juss.) R. Br. |
|  | 金钮扣 *Spilanthes paniculata* Wall. ex DC. |
|  | 泥胡菜 *Hemistepta lyrata* (Bunge) Bunge |
|  | 三角叶风毛菊 *Saussurea deltoidea* (DC.) Sch.-Bip. |
| 茜草科 Rubiaceae | 茜草 *Rubia cordifolia* L. |
| 萝藦科 Asclepiadaceae | 黑鳗藤 *Stephanotis mucronata* (Blanco) Merr. |
| 茄科 Solanaceae | 红丝线 *Lycianthes biflora* (Lour.) Bitter |
|  | 龙珠 *Tubocapsicum anomalum* (Franch. et Sav.) Makino |
|  | 假酸浆 *Nicandra physalodes* (Linn.) Gaertn. |
| 醉鱼草科 Buddlejaceae | 假烟叶树 *Solanum verbascifolium* L. |
| 玄参科 Scrophulariaceae | 白背枫 *Buddleja asiatica* Lour. |
|  | 爬岩红 *Veronicastrum axillare* (Sieb. et Zucc.) Yamazaki |
| 爵床科 Acanthaceae | 光叶蝴蝶草 *Torenia glabra* Osbeck |
| 马鞭草科 Verbenaceae | 旱田草 *Lindernia ruellioides* (Colsm.) Pennell |
|  | 白接骨 *Asystasiella neesiana* (Wall.) Lindau |
| 唇形科 Labiatae | 黄荆 *Vitex negundo* L. |
|  | 山牡荆 *Vitex quinata* (Lour.) Wall. |
|  | 南丹参 *Salvia bowleyana* Dunn |
|  | 韩信草 *Scutellaria indica* L. |
|  | 凉粉草 *Mesona chinensis* Benth. |
|  | 溪黄草 *Rabdosia serra* (Maxim.) Hara |
|  | 血见愁 *Teucrium viscidum* Bl. |

## 四、珍稀濒危药用植物

本次调查的药用植物中，经查列入《濒危野生动植物种国际贸易公约》（CITES）有狗脊1种。列入《野生药材资源保护管理条例》收录的一、二、三级药用动植物共43种药材中三级保护的有刺五加、天门冬等2种。列入《国家野生植物保护条例》保护名录的主要药用植物20种中的有三尖杉、厚朴、金荞麦、莲、砂仁等5种。列入国家Ⅰ级保护的植物有钟萼木、南方红豆杉、银杏等3种。列入国家Ⅱ级保护的植物有金毛狗、黑桫椤、半枫荷、香果树、香樟、野大豆、花榈木、红豆树、喜树、八角莲、红椿、绞股蓝、莲、厚朴、七叶一枝花及兰科全科植物，计23种。列入省级保护的植物有油杉、三尖杉、白桂木、刨花润楠、红楠、天竺桂、密花豆、短萼黄连等8种。

## 五、本地区比较有利用价值的药用植物

本次调查了解，本地区比较有利用价值，较适宜开发利用的中药材种类有48科，86种。如：

| | |
|---|---|
| 石杉科 | 蛇足石杉 |
| 卷柏科 | 深绿卷柏 |
| 莲座蕨科 | 福建观音座莲 |
| 海金沙科 | 海金沙 |
| 蚌壳蕨科 | 金毛狗 |
| 水龙骨科 | 金鸡角假瘤蕨（鸭脚草） |
| 三尖杉科 | 三尖杉 |
| 红豆杉科 | 南方红豆杉 |
| 木兰科 | 厚朴、南五味子、黑老虎（冷饭团） |
| 樟科 | 香樟、山苍子 |
| 三白草科 | 蕺菜（鱼腥草） |
| 金粟兰科 | 草珊瑚 |
| 蓼科 | 荷首乌、虎杖、苦荞麦、金荞麦 |
| 菖蒲科 | 菖蒲、石菖蒲 |
| 天南星科 | 魔芋、半夏 |
| 百部科 | 大百部 |
| 薯蓣科 | 薯蓣（怀山） |
| 重楼科 | 七叶一枝花 |
| 铃兰科 | 山麦冬、玉竹、黄精 |
| 天门冬科 | 天门冬 |
| 萱草科 | 萱草（黄花菜） |
| 百合科 | 百合 |
| 鸢尾科 | 射干 |
| 兰科 | 大斑叶兰、金线兰、铁皮石斛 |
| 禾本科 | 薏苡、淡竹叶、白茅 |
| 莲科 | 莲（荷花） |
| 毛茛科 | 短萼黄连 |
| 小檗科 | 八角莲 |
| 金缕梅科 | 半枫荷 |

| | |
|---|---|
| 山茶科 | 油茶、茶 |
| 葫芦科 | 绞股蓝 |
| 桑科 | 葨枝、粗叶榕 |
| 大戟科 | 叶下珠（夜合草） |
| 猕猴桃科 | 毛花猕称猴桃 |
| 蔷薇科 | 梅、金樱子 |
| 胡颓子科 | 蔓胡颓子 |
| 省沽油科 | 野鸦椿 |
| 漆树科 | 南酸枣 |
| 蝶形花科 | 千斤拔、大叶千斤拔、葛、花榈木、葫芦茶 |
| 芸香科 | 吴茱萸、枳、山橘、枸橼 |
| 远志科 | 黄花倒水莲（倒吊王） |
| 冬青科 | 毛冬青 |
| 鼠李科 | 多花勾儿茶、枳椇 |
| 五加科 | 五加、白簕 |
| 忍冬科 | 忍冬（金银花） |
| 桔梗科 | 金钱豹（野党生）、羊乳 |
| 半边莲科 | 半边莲 |
| 菊科 | 艾、野艾、羊耳菊、一点红 |
| 茜草科 | 栀子、虎刺、剑叶耳草、白花蛇舌草 |
| 夹竹桃科 | 链珠藤 |
| 旋花科 | 马蹄金 |
| 茄科 | 枸杞、灯笼草 |
| 车前草科 | 车前 |
| 马鞭草科 | 大青 |
| 唇形科 | 半枝莲、夏枯草、藿香（大叶薄荷）、紫苏、凉粉草、溪黄草、紫背金盘 |

## 六、药用植物的评价

梁野山药用植物科类繁多，据本次初步调查统计有药用植物197科，497属，741种，丰富的药用植物为社会提供了大量的药材资源，为一些常见或疑难杂症提供了治疗的原生药材，也为梁野山药用植物的科学研究提供了依据，药用植物的开发利用可促进药材产业的大力发展，也能促进保护区社区产业结构的调整，更进一步促社区经济健康发展。

药用植物的开发利用，若能规范、有序种植药用植物，既能带动周边林农种植，也有利于促进森林资源的保护，大幅提高生态林的经济效益，有效提高山区林地直接效益，解决剩余劳动力，在保护生态的同时，增加农民的收入，实现不砍树也能致富的目标，实现生态保护与经济发展的良性循环，增加群众和财政收入，推动梁野山保护区社区经济快速发展。

# 七、参考文献

福建省中医药研究院主编．福建药物志（第1、2卷）．福建科学技术出版社，1993．

中国科学院植物研究所主编．中国高等植物图鉴（第1—5册）．科学出版社，1971．

王玉生，蔡岳文主编．南方药用植物．南方日报出版社，2011．

徐国钧，王强主编．中草药彩色图谱．福建科学技术出版社，2011．

陈世品著．天宝岩原生药用植物．福建科学技术出版社，2011．

林鹏主编．福建梁野山自然保护区综合科考报告．厦门大学出版社，2001．

何国生编著．福建树木彩色图鉴．厦门大学出版社，2013．

冼建春，林日初主编．中草药识别应用图谱．福建科学技术出版社，2012．

谢凤勋编著．中草药栽培补实用技术．中国农业出版社，1999．

# 各 论

## Ⅰ 苔藓植物

### 一、地钱科 Marchantiaceae

#### 1. 地钱

**学名** *Marchantia polymorpha* L.
**别名** 地梭罗
**形态特征** 扁平叶状体，带状，多回二歧分枝，淡绿色或深绿色，边缘为波状。背面气孔口为烟突式，内着生多数直立的营养丝。雌雄异株。
**生境分布** 生长于林下、阴湿草丛下或溪边石上。采集于谷夫（N 25°12′46″，E 116°10′58″，H 563 m）、中心坑（N 25°16′29″，E 116°15′22″，H 708 m）、老鸦山（N 25°18′42″，E 116°13′12″，H 435 m）、新兰村（N 25°18′32.8″，E 116°14′4″，H 438 m）。常见种。
**药用部位** 全草。
**性味功能** 甘、辛，凉。解毒，祛瘀，生肌。外用治烧烫伤、骨折、毒蛇咬伤、疮痈肿毒、臁疮、癣。

### 二、蛇苔科 Conocephalaceae

#### 2. 蛇苔

**学名** *Conocephalaceae conicum* (L.) Dum.
**别名** 地皮斑
**形态特征** 叶状体宽带状，革质，深绿，花纹像蛇皮。雌雄异株，雄托椭圆状，紫色；雌托圆锥状，褐黄色。托下面着生总苞，苞内具一个苞葫。
**生境分布** 生长于溪边、林下或石上。采集于谷夫（N 25°12′48″，E 116°10′56″，H 622 m）、天马寨（N 25°7′32″，E 116°10′43″，H 756 m）、新兰村（N 25°18′32.8″，E 116°14′4″，H 438 m）。常见种。
**药用部位** 全草。
**性味功能** 甘、辛，寒。清热解毒，消肿止痛。治蛇咬伤。

## 三、瘤冠苔科 Aytoniaceae

### 3. 石地钱

**学名** *Reboulia hemisphaerica* (L.) Raddi
**别名** 石蛤蟆
**形态特征** 叶状体扁平带状，二歧分枝，先端心形，背部深绿色，腹面紫红色，沿中轴着生多数假根。雌雄同株，雄托贴生于叶状体体背面中部，呈圆盘状；雌托生于叶状体顶端。孢蒴球形，黑色。
**生境分布** 生长于较阴湿石壁或土壁上。采集于陈禾坑（N 25°5′20.5″，E 116°9′47″，H 449 m）、谷夫（N 25°12′46″，E 116°10′58″，H 563 m）。少见种。
**药用部位** 全草。
**性味功能** 微涩，凉。消肿止痛。治疮疖肿毒、烧烫伤、跌打肿痛、外伤出血。

## 四、真藓科 Bryaceae

### 4. 暖地大叶藓

**学名** *Rhodobryum giganteum* (Hook.) Par.
**别名** 茴心草、茴薪草
**形态特征** 体矮而形大，鲜绿色，略具光泽，成片散生，茎横生，匍匐伸展，直立茎下部叶片小而呈鳞片状，覆瓦状贴茎，顶部叶簇生呈大型花苞状。雌雄异株。蒴柄着生直立茎顶端，单个或多个簇生。孢蒴圆柱形。
**生境分布** 生长于林地、小溪边或滴水岩边。采集于云礤村（N 25°9′28″，E 116°8′33″，H 560 m）、黄陂山（N 25°11′30″，E 116°11′4″，H 944 m）。较常见种。
**药用部位** 全草。
**性味功能** 辛、苦，凉。养心安神，清肝明目。治心悸怔忡、神经衰弱。外用治目赤肿痛。

## 五、丛藓科 Pottiaceae

### 5. 东亚小石藓

**学名** *Weissia exserta* (Broth.) Chen
**形态特征** 植株密集丛生，鲜绿或黄绿色。叶簇生枝顶，长披针形，叶边平展或内卷。雌雄同株或雌雄杂株。孢蒴椭圆状卵形，蒴盖分化不完全。
**生境分布** 生长于林下石上、树干基部或土壁上。采集于马头山（N 25°5′49″，E 116°4′50″，H 300 m）。常见种。
**药用部位** 全草。
**性味功能** 淡，平。清热解毒。

## 六、提灯藓科 Mniaceae

### 6. 尖叶走灯藓

**学名** *Plagiomnium cuspidatum* (Hedw.) T. Kop
**别名** 匐灯藓、水木草
**形态特征** 植物体疏松丛集群生，绿色或鲜绿色。生殖枝直立，顶部密集簇生叶片。假根黄棕色，密集于植物体下部，营养枝匍匐或呈弓形弯曲。雌雄同株。孢蒴下垂，卵圆形。
**生境分布** 生长于溪边、阴湿岩石或腐木上。采集于黄陂山（N 25°11′43″，E 116°11′5″，H 895 m）。少见种。
**药用部位** 全草。
**性味功能** 苦、淡，凉。止血凉血。治鼻衄、崩漏、吐血、便血。

## 七、灰藓科 Hypnaceae

### 7. 大灰藓

**学名** *Hypnum plumaeforme* Wils.
**别名** 多形灰藓
**形态特征** 植物体有绢丝光泽，常交织成片生长。茎匍匐，羽状分枝，分枝末端多呈钩状。茎叶与枝叶异形。雌雄异株。孢蒴圆柱形，蒴盖具短喙。
**生境分布** 生长于阔叶林下。采集于老好坑（N 25°11′28″，E 116°8′45″，H 601 m）。少见种。
**药用部位** 全草。
**性味功能** 甘，凉，清热凉血，止血。

## 八、金发藓科 Polytrichaceae

### 8. 东亚小金发藓

**学名** *Pogonatum inflexum* (Lindb.) Lac.
**别名** 小金发藓
**形态特征** 植物体丛集群生，绿色或暗绿色。茎直立，不分叉，基部密生红棕色假根。叶倾立；基部卵形或阔卵形，呈半鞘状叶边平直，具粗齿。雌雄异株，雄株较小，成熟时顶端形成着生多数红棕色盘状雄苞；雌株孢蒴覆密生黄色纤毛的蒴帽。
**生境分布** 生长于林边潮湿土壁。采集于梁山坜（N 25°11′7″，E 116°8′25″，H 679 m）、新兰村（N 25°18′48″，E 116°14′3″，H 431 m）、黄陂山（N 25°11′52″，E 116°11′8″，H 835 m）。常见种。
**药用部位** 全草。
**性味功能** 辛，温。安神解郁。用于情志所伤及忿怒忧郁、烦躁不安、健忘失眠、心悸怔忡等症。

# Ⅱ 蕨类植物

## 一、石松科 Lycopodiaceae

### 1. 藤石松

**学名** *Lycopodium casuarnoides* (Spring) Holub ex Dixit

**别名** 石子藤、石子藤石松

**形态特征** 大型土生植物。地下茎长而匍匐。地上主茎木质藤状，圆柱形，具疏叶；叶螺旋状排列，贴生，卵状披针形至钻形。不育枝柔软，黄绿色，圆柱状，多回不等位二叉分枝。能育枝柔软，红棕色，小枝扁平，多回二叉分枝。孢子囊穗每 6～26 个一组生于多回二叉分枝的孢子枝顶端，排列成圆锥形，具直立的总柄和小柄，弯曲。

**生境分布** 生长于林缘及灌木丛中。采集于谷夫（N 25°12′16″，E 116°11′6″，H 766 m）、中心坑（N 25°16′1″，E 116°14′59″，H 621 m）、教文村（N 25°9′1″，E 116°12′14″，H 633 m）。常见种。

**药用部位** 全草。

**性味功能** 微甘，温。舒筋活血，祛风除湿。

### 2. 石松

**学名** *Lycopodium japonicum* Thunb. ex Murray

**形态特征** 匍匐茎蔓生，多分枝，侧枝常二叉分枝。叶螺旋状着生，线状钻形或针形，顶端有易落的芒状尾。孢子枝从分枝的顶端生出，疏生有叶。孢子囊穗 2～6 个着生于孢子枝顶端，圆柱形，具长梗。

**生境分布** 生长于林下或灌丛中。采集于天马寨（N 25°7′23″，E 116°10′40″，H 777 m）、梁山顶（N 25°10′27″，E 116°10′54″，H 1 494 m）。常见种。

**药用部位** 全草。

**性味功能** 甘、微苦，平；有小毒。祛风利湿，舒筋活血。治关节酸痛、屈伸不利。

### 3. 垂穗石松

**学名** *Palhinhaea cernuum* L. Vasc.et Franco
**别名** 铺地蜈蚣
**形态特征** 中型至大型土生植物，主茎直立，多回不等位二叉分枝。主茎上的叶螺旋状排列，稀疏，钻形至线形。侧枝上斜，多回不等位二叉分枝。侧枝及小枝上的叶螺旋状排列，密集，钻形至线形。孢子囊穗单生于小枝顶端，短圆柱形，成熟时通常下垂，淡黄色。
**生境分布** 生长于溪边或林下阴湿石上。采集于马头山（N 25°5′38″，E 116°4′54″，H 318 m）。常见种。
**药用部位** 全草。
**性味功能** 甘、微苦，平。祛风利湿，舒筋活络，活血，止血。治风湿骨疼、麻木、肝炎、吐血、便血、跌打。

## 二、石杉科 Huperziaceae

### 4. 蛇足石杉

**学名** *Huperzia serrata* (Thunb. ex Murray) Trev.
**别名** 千层塔
**形态特征** 多年生土生植物。茎直立或斜生，二至四回二叉分枝，枝顶有芽孢。叶螺旋状排列，疏生，狭椭圆形，基部楔形，下延有柄，先端急尖或渐尖，边缘平直不皱曲，薄革质。孢子叶与不育叶同形；孢子囊生于孢子叶的叶腋，肾形，黄色。
**生境分布** 生长于岩石上或林下阴湿处。采集于黄陂山（N 25°12′5″，E 116°11′8″，H 750 m）、天马寨（N 25°6′54″，E 116°10′42″，H 899 m）、云礤村（N 25°9′33″，E 116°9′16″，H 669 m）。较常见种。
**药用部位** 全草。
**性味功能** 苦、微甘，平；有小毒。散瘀止血，消肿止痛，除湿，清热解毒。

## 5. 华南马尾杉

**学名** *Phlegmariurus austrosinicus* (Ching) L. B. Zhang

**别名** 柄叶石松、石松柏

**形态特征** 中型附生蕨类。茎簇生，成熟枝下垂，二至多回二叉分枝。叶螺旋状排列。营养叶平展或斜向上开展，椭圆形，基部楔形，下延，有明显的柄，中脉明显，革质，全缘。孢子囊穗比不育部分略细瘦，顶生。孢子叶椭圆状披针形，排列稀疏。孢子囊生在孢子叶腋，肾形，2瓣开裂，黄色。

**生境分布** 生长于林下、湿地或岩石上。采集于云礤村（N 25°10′6″，E 116°9′26″，H 750 m）。少见种。

**药用部位** 全草。

**性味功能** 苦，凉。消肿止痛，清热解毒。治关节疼痛、跌打损伤、四肢麻木、咳嗽、气喘、尿路感染。

## 6. 闽浙马尾杉

**学名** *Phlegmariurus minchegensis* (Ching) L. B. Zhang

**别名** 晒不死、地松杉

**形态特征** 中型附生蕨类。茎簇生，成熟枝直立或略下垂，一至多回二叉分枝。叶螺旋状排列。营养叶披针形，疏生，下延，无柄，有光泽，顶端尖锐，中脉不显，草质，全缘。孢子囊穗比不育部分细瘦，顶生。孢子叶披针形，基部楔形，先端尖，中脉不显，全缘。孢子囊生在孢子叶腋，肾形，2瓣开裂，黄色。

**生境分布** 生长于林下、灌丛下湿地或岩石上。采集于黄陂山（N 25°12′5″，E 116°11′8″，H 750 m）。少见种。

**药用部位** 全草。

**性味功能** 苦，寒。清热燥湿，退热消炎。治疗泄泻、头痛、高热、咳嗽。

## 三、卷柏科 Selaginellaceae

### 7. 深绿卷柏

**学名** *Selaginella doederleinii* Heron
**别名** 龙鳞草
**形态特征** 主茎直立或斜升，侧枝3～6对，二至三回羽状分枝。叶交互排列，二型，纸质。孢子叶穗紧密，四棱柱形，生于小枝末端，孢子叶一形，卵状三角形，边缘有细齿，孢子叶穗上大、小孢子叶相间排列。
**生境分布** 生长于林下湿地或溪边。采集于梁山岬（N 25°11′7″，E 116°8′25″，H 682 m）、石园地（N 25°17′38″，E 116°16′43″，H 503 m）、磜文村（N 25°4′32″，E 116°11′13″，H 590 m）。常见种。
**药用部位** 全草。
**性味功能** 甘、辛，平。败毒抗癌，消淡退肿，散瘀止血。治风湿疼痛、风热咳喘、肝炎、乳蛾、痈肿溃疡、烧烫伤。

### 8. 粗叶卷柏

**学名** *Selaginella doederleinii* Hieron. subsp. *trachyphylla* (Warb.) X. C. Zhang
**别名** 肺筋草、石上柏
**形态特征** 土生，匍匐。主茎自下部开始羽状分枝，禾秆色。主茎上的叶较分枝上的大，卵状三角形；分枝上的叶对称，狭卵圆形到三角形，边缘有细齿。中叶不对称或多少对称，主茎上的略大于分枝上的，分枝上的长圆状卵形或卵状椭圆形。侧叶不对称，主茎上的较侧枝上的大，分枝上的侧叶长圆状镰形。孢子叶穗紧密，四棱柱形，单生于小枝末端，或成对；孢子叶一形，卵状三角形；大孢子叶分布于孢子叶穗下部的下侧。
**生境分布** 生长于林下或沟边。采集于黄陂山（N 25°11′27″，E 116°11′2″，H 954 m）。少见种。
**药用部位** 全草。
**性味功能** 淡，凉。清热止咳，凉血止血。治肺热咳嗽、肺痨、便血、痢疾、烫火伤、刀伤出血。

## 9. 兖州卷柏

**学名** *Selaginella involvens* (Sw.) Spring
**别名** 金不换、金扁柏
**形态特征** 土生或石生，直立。主茎上的叶螺旋着生，阔卵形，密集；分枝上的叶为二型，侧叶斜卵状披针形，中叶指向枝顶，斜卵形。孢子囊穗单生于小枝顶端，四棱柱形；能育叶卵圆形，全缘或有疏生细齿；大、小孢子囊排列不规则，肾形。
**生境分布** 生长于林下、山谷、路边、沟中等阴处石上。采集于云磜村（N 25°9′56″，E 116°8′44″，H 595 m）、老好坑（N 25°11′19″，E 116°9′13″，H 708 m）、梁山隔（N 25°11′15″，E 116°13′45″，H 430 m）。较常见种。
**药用部位** 全草。
**性味功能** 辛，平。凉血，止血，化痰，定喘，利水，消肿。治吐血、衄血、脱肛下血、痰嗽、哮喘、黄疸、水肿、淋病、带下、烫伤。

## 10. 江南卷柏

**学名** *Selaginella moellendorffii* Hieron
**别名** 石柏、岩柏草
**形态特征** 主茎直立，圆柱形，禾秆色，下部不分枝，上部多回分枝，侧枝 5～8 对，二至三回羽状分枝。下部叶螺旋状疏生，上部叶二型，草纸或纸质。孢子囊穗单生于枝顶，四棱柱形。
**生境分布** 生长于林下或溪边。采集于黄陂山（N 25°12′13″，E 116°11′3″，H 750 m）、新化村（N 25°18′9″，E 116°16′32″，H 592 m）、陈禾坑（N 25°5′18″，E 116°9′45″，H 450 m）。较常见种。
**药用部位** 全草。
**性味功能** 微甘，平。清热利尿，止血。

## 11. 伏地卷柏

**学名** *Selaginella nipponica* Franch. et Sav.

**别名** 小地柏

**形态特征** 土生,匍匐,能育枝直立。茎枝细弱,伏地蔓生,淡禾秆色,节部常有纤细不定根。叶互生,二型,阔卵形,边缘有微齿;中叶远较侧叶为狭,交互向上,卵状长圆形。孢子枝直立;孢子囊单生于能育叶的叶腋;能育叶二型,与营养叶相似;孢子囊卵圆形。

**生境分布** 生长于草地或岩石上。采集于黄陂山(N 25°12′11″,E 116°11′4″,H 750 m)、东岗村(N 25°8′40″,E 116°8′31″,H 359 m)、新兰村(N 25°19′4″,E 116°13′50″,H 381 m)。较常见种。

**药用部位** 全草。

**性味功能** 淡,平。清热解毒,润肺止咳,舒筋活血,止血生肌。

## 12. 卷柏

**学名** *Selaginella tamariscina* (P. Beauv.) Spring

**别名** 还魂草

**形态特征** 主茎直立,粗壮,不分枝顶端丛生小枝,各枝扇形分叉,辐射斜展,全株呈莲座状,干后内卷如拳。叶二型,侧叶长卵状圆形;中叶卵状披针形。孢子囊穗着生枝顶,四棱柱形;能育叶卵状三角形;孢子囊肾形。

**生境分布** 生长于山坡或岩壁积土上。采集于东岗村(N 25°8′42″,E 116°8′33″,H 375 m)、教文村(N 25°9′5″,E 116°11′39″,H 637 m)。少见种。

**药用部位** 全草。

**性味功能** 辛,平。理血疏风。治咯血、吐血、鼻衄、便血、血崩、月经过多、闭经、风湿痛、跌打损伤、外伤出血。

### 13. 翠云草

**学名** *Selaginella uncinata* (Desv.) Spring
**别名** 剑柏、蓝地柏
**形态特征** 伏地蔓生，禾秆色，有浅沟，节上生不定根；分枝略斜升，多回分叉。主茎上的叶较大，互生，卵形或卵状椭圆形；分枝上的叶二型，排成一平面，侧叶长圆形，中叶卵形或长卵形；叶薄草质，上面碧绿色或碧蓝色，下面淡绿色。孢子囊穗四棱形；能育叶同型，密集，卵状三角形或卵状披针形，全缘；孢子囊卵形。
**生境分布** 生长于林下。采集于新兰村（N 25°19′1″，E 116°14′1″，H 411 m）、梁山隔（N 25°11′29″，E 116°13′43″，H 450 m）。较常见种。
**药用部位** 全草。
**性味功能** 甘、淡，凉。清热利湿，止血，止咳。治急性黄疸型传染性肝炎、胆囊炎、肠炎、痢疾、肾炎水肿、泌尿系感染、风湿关节痛、肺结核咯血。外用治疖肿、烧烫伤、外伤出血、跌打损伤。

## 四、木贼科 Equisetaceae

### 14. 笔管草

**学名** *Equisetum ramosissimum* Desf. subsp. *debile* (Roxb. ex Vauch.) Hauke
**别名** 节节草、纤弱木贼
**形态特征** 多年生草本。地上茎单一或簇生，不分枝或不规则的分枝，中空，有纵棱6～30条。叶退化，下部连合成鞘，鞘筒紧贴。孢子囊穗短棒状或椭圆形，顶端有小尖突，无柄。
**生境分布** 生长于溪边、沟边、半阴湿处。采集于云礤村（N 25°9′46″，E 116°9′14″，H 597 m）、谷夫（N 25°12′27″，E 116°10′58″，H 686 m）、石圆地（N 25°17′40″，E 116°16′50″，H 471 m）。常见种。
**药用部位** 全草。
**性味功能** 甘、微苦，凉。利湿清热，明目。治目赤胀痛、急性黄疸性肝炎、淋病。

## 五、莲座蕨科 Angiopteridaceae

### 15. 福建观音座莲

**学名** *Angiopteris fokiensis* Hieron.
**别名** 山猪肝、马蹄树
**形态特征** 植株高大。叶片宽广，宽卵形，二回羽状；羽片5~7对，互生，狭长圆形；小羽片35~40对，对生或互生，平展，上部的稍斜向上，具短柄，披针形，下部小羽片较短，叶缘全部具有规则的浅三角形锯齿。叶脉开展，下面明显。叶为草质，上面绿色，下面淡绿色，两面光滑。叶轴干后淡褐色，光滑，腹部具纵沟。孢子囊群棕色，长圆形，由8~10个孢子囊组成。
**生境分布** 生长于林下、溪边或岩石间。采集于梁山塍（N 25°11′4″，E 116°8′25″，H 692 m）、石园地（N 25°17′37″，E 116°16′44″，H 499 m）、新兰村（N 25°18′21″，E 116°14′7″，H 443 m）。常见种。
**药用部位** 带叶柄的根状茎。
**性味功能** 淡，凉。祛阏止血，解毒。治跌打损伤、功能性子宫出血。外用治蛇咬伤、疔疮、创口出血。

## 六、紫萁科 Osmundaceae

### 16. 紫萁

**学名** *Osmunda japonica* Thunb.
**别名** 紫蕨、紫萁贯众
**形态特征** 根状茎粗短，斜伸。叶簇生，二型；不育叶三角状阔卵形，二回羽状；羽片5~7对，对生，长圆形；小羽片无柄，长圆状披针形或长圆形；边缘密生细齿；侧脉通常二叉分枝，小脉平行，直达锯齿；叶纸质。能育叶羽片紧缩成狭线形，沿下中脉两侧密生孢子囊群。
**生境分布** 生长于林下或溪边。见于谷夫（N 25°12′46″，E 116°10′58″，H 563 m）、中心坑（N 25°16′47″，E 116°15′40″，H 696 m）、天马寨（N 25°6′49″，E 116°10′36″，H 923 m）。常见种。
**药用部位** 根状茎。
**性味功能** 苦，微寒。清热解毒，止血。

## 七、瘤足蕨科 Plagiogyriaceae

### 17. 镰叶瘤足蕨

**学名** *Plagiogyria distinctissima* Ching
**别名** 小贯众、斗鸡草
**形态特征** 根状茎短小，直立。叶二型。不育叶的叶柄基部通常有1~2对气囊体；叶片长圆状披针形，一回羽状；羽片15~20对，互生、对生或近对生。能育叶羽片线状，无柄。孢子囊群着生于小脉顶端，成熟时满布羽片下面。
**生境分布** 生长于林下或溪边。采集于黄陂山（N 25°11′53″，E 116°11′9″，H 824 m）。较常见种。
**药用部位** 全草。
**性味功能** 辛，温。发表散寒，祛风止痒。

### 18. 华中瘤足蕨

**学名** *Plagiogyria euphlebia* (Kunze) Mett.
**形态特征** 根状茎粗大，斜升。叶二型；不育叶的叶柄基部两侧各有1~2对气囊体；叶片长圆形，奇数一回羽状，羽片12~16对，边缘除顶端具疏钝齿外，均全缘；侧脉二叉，直达叶边；叶纸质。能育叶较高，羽片紧缩成线形，具长柄。孢子囊群着生于小脉顶端，成熟时满部羽片下面。
**生境分布** 生长于林下。采集于梁山圳（N 25°11′7″，E 116°08′25″，H 697 m）。少见种。
**药用部位** 根茎、全草。
**性味功能** 微苦，凉。清热解毒。

## 八、里白科 Gleicheniaceae

### 19. 芒萁

**学名** *Dicranopteris pedata* (Houtt.) Nakaike

**别名** 乌萁（武平）

**形态特征** 根状茎细长而横走,密被棕褐色长毛。叶疏生,叶柄棕色;叶轴一至二回或多回二叉分枝,各回分叉处的腋部有1个休眠芽,并为1对托叶状的苞片所包裹,末回羽片披针形,篦齿状裂几达羽轴,裂片长线形,下面多少灰白色或粉绿色。孢子囊群着生于小脉中部,在中脉两侧各排成一行。

**生境分布** 生长于林下或山坡酸性土上。采集于马头山（N 25°5′45″, E 116°4′49″, H 304 m）、谷夫（N 25°12′52″, E 116°10′56″, H 660 m）、新兰村（N 25°18′48″, E 116°14′5″, H 431 m）。常见种。

**药用部位** 全草。

**性味功能** 苦、涩,凉。清热解毒,祛瘀消肿,散瘀止血。治痔疮、血崩、鼻衄、小儿高热、跌打损伤、痈肿、风湿瘙痒、毒蛇咬伤、烫伤、火伤、外伤出血、毒虫咬伤。

### 20. 中华里白

**学名** *Diplopterygium chinense* (Rosenst.) De Vol

**别名** 大蕨萁

**形态特征** 根状茎横走,密被棕色鳞片。叶片巨大,叶二回羽状;叶柄深棕色,密被红棕鳞片;羽片长圆形;小羽片互生,多数,披针形,顶端渐尖,羽状深裂。叶坚质,沿中脉、侧脉及边缘密被星状柔毛,后脱落。孢子囊群圆形,一列,由3～4个孢子囊组成。

**生境分布** 生长于林缘或疏林下。采集于中心坑（N 25°16′7″, E 116°14′55″, H 695 m）、梁山岬（N 25°11′7″, E 116°8′25″, H 697 m）、黄陂山（N 25°11′52″, E 116°11′8″, H 835 m）。常见种。

**药用部位** 根茎。

**性味功能** 微苦、微涩,凉。止血,接骨。治鼻衄、骨折。

## 21. 里白

**学名** *Diplopterygium glaucum* (Thunb. ex Houtt.) Nakai
**别名** 大蕨萁、蕨萁
**形态特征** 根状茎横走，被鳞片。叶柄光滑，暗棕色；一回羽片对生，具短柄，长圆形；小羽片22～35对，近对生或互生，平展，几无柄，线状披针形，羽状深裂；裂片20～35对，互生，几平展，宽披针形，边缘全缘，干后稍内捲。中脉上面平，下面凸起，侧脉两面可见，约10～11对，叉状分枝，直达叶缘。叶草质，上面绿色，下面灰白色。孢子囊群圆形，中生，生于上侧小脉上，由3～4个孢子囊组成。
**生境分布** 生长于林缘或疏林下。采集于天马寨（N 25°6′33″，E 116°10′55″，H 1 017 m）、梁山顶（N 25°10′42″，E 116°10′33″，H 1 437 m）。常见种。
**药用部位** 根茎及髓部。
**性味功能** 苦、涩，凉。收敛止血、续伤接骨。治鼻衄或外伤各种出血症、跌打损伤、筋伤骨折、瘀血肿痛、金伤、扭伤。

## 九、海金沙科 Lygodiaceae

### 22. 曲轴海金沙

**学名** *Lygodium flexuosum* (L.) Sw.
**别名** 蛤蟆藤（武平）
**形态特征** 三回羽状；羽片多数，对生于叶轴上的短枝上，平展。羽片长圆三角形，奇数二回羽状，一回小羽片3～5对，互生或对生，基部一对最大，三角状披针形，下部羽状，第二对以上各小羽片披针形，顶生小羽片披针形。叶草质。孢子囊穗线形，褐色。
**生境分布** 生长于疏林中。采集于马头山（N 25°5′39″，E 116°4′49″，H 309 m）、云礤村（N 25°9′30″，E 116°9′27″，H 629 m）、东岗村（N 25°8′19″，E 116°8′13″，H 296 m）。常见种。
**药用部位** 全草及孢子。
**性味功能** 甘、微苦，寒。舒经活络，清热，利尿，解毒，消肿，治风湿麻木、尿路感染、尿路系结石、肾炎水肿、跌打损伤、疮脓肿毒。

### 23. 海金沙

**学名**　*Ligodium japonicum* (Thunb.) Sw.
**别名**　蛤蟆藤
**形态特征**　攀援植物。叶二型，三回羽状；羽片多数，对生于叶轴的短枝上；不育羽片三角形；小羽片 2～4 对，互生，卵圆形；二回小羽片 2～3 对，互生，卵状三角形，掌状分裂；末回小羽片通常掌状 3 裂；叶纸质。能育羽片卵状三角形；末回小羽片或裂片边缘疏生流苏状的孢子囊穗，暗褐色。
**生境分布**　生长于草丛或灌木丛中。采集于云礤村（N 25°9′56″，E 116°9′0″，H 600 m）、老鸦山（N 25°18′38″，E 116°13′8″，H 439 m）、新化村（N 25°17′31″，E 116°17′6″，H 430 m）。常见种。
**药用部位**　成熟孢子、茎叶。
**性味功能**　甘、咸。清热利湿，通淋止痛。治热淋、砂淋、血淋、尿道涩痛、水肿、小便不利。

## 十、蚌壳蕨科 Dicksoniaceae

### 24. 金毛狗

**学名**　*Cibotium barometz* (L.) J. Sm.
**形态特征**　根状茎卧生，粗大，顶端生出一丛大叶，基部被有一大丛垫状的金黄色茸毛；叶片大，广卵状三角形，三回羽状分裂；一回小羽片，互生，线状披针形，羽状深裂几达小羽轴；末回裂片线形略呈镰刀形，边缘有浅锯齿。叶几为革质或厚纸质，干后上面褐色，有光泽，下面为灰白或灰蓝色；孢子囊群在每一末回能育裂片 1～5 对，生于下部的小脉顶端，囊群盖坚硬，棕褐色，横长圆形，两瓣状，内瓣较外瓣小，成熟时张开如蚌壳，露出孢子囊群。
**生境分布**　生长于林下或路边。采集于马头山（N 25°5′38″，E 116°4′51″，H 333 m）、老好坑（N 25°11′34″，E 116°8′41″，H 607 m）、老鸦山（N 25°18′56″，E 116°13′30″，H 415 m）、礤文村（N 25°4′55″，E 116°11′27″，H 589 m）。常见种。
**药用部位**　根状茎和茸毛。
**性味功能**　苦，温。止血，补肝肾，强腰，祛风湿。
**保护**　国家 II 级保护植物。

## 十一、桫椤科 Cyatheaceae

### 25. 桫椤

**学名** *Alsophila spinulosa* (Wall. ex Hook.) R. M. Tryon
**别名** 刺桫椤
**形态特征** 高大树蕨。叶螺旋状排列于茎顶端；叶柄、叶轴和羽轴有刺状突起；叶片大，长矩圆形，长1～2 m，三回羽状深裂；羽片17～20对，互生，中部羽片二回羽状深裂；小羽片18～20对；叶脉在裂片上羽状分裂；叶纸质。孢子囊群孢生于侧脉分叉处，靠近中脉，有隔丝；囊群盖球形，膜质；孢子囊群盖球形，薄膜质。
**生境分布** 生长于山谷、溪边。采集于六甲大坑尾（N 25°8′5″，E 116°12′21″，H 491 m）。稀见种。
**药用部位** 去皮主茎。
**性味功能** 微苦，平。祛风活血，清热止咳。
**保护** 国家Ⅰ级保护植物。

## 十二、鳞始蕨科 Lindsaeaceae

### 26. 团叶鳞始蕨

**学名** *Lindsaea orbiculata* (Lam.) Mett.
**别名** 圆叶林蕨、团叶陵齿蕨
**形态特征** 根状茎短而横走，先端密被红棕色的狭小鳞片。叶近生；叶片线状披针形，一回羽状，下部二回羽状；羽片20～28对，下部羽片对生，远离，中上部的互生而接近；对开式，圆形、近圆形或扇状圆形。叶脉二叉分枝，紧密。叶草质。孢子囊群线形，偶为缺刻所中断；囊群盖线形，棕色，膜质，有细齿牙，几达叶缘。
**生境分布** 生长于林下、溪边路旁。采集于马头山，（N 25°5′46″，E 116°4′49″，H 300 m）、云礤村（N 25°10′1″，E 116°9′19″，H 601 m）、教文村（N 25°9′1″，E 116°11′57″，H 620 m）。常见种。
**药用部位** 全草。
**性味功能** 苦，凉。清热解毒，抗菌消炎，收敛止血，镇痛。治枪弹伤、痢疾、疮疥。

## 27. 乌蕨

**学名** *Sphenomeris chinensis* (L.) Maxon
**别名** 乌韭
**形态特征** 根状茎短而横走，密被赤褐色的钻状鳞片。叶近生；叶片披针形，先端渐尖，基部不变狭，四回羽状；羽片 15～20 对，互生；下部三回羽状；叶坚草质。孢子囊群边缘着生，每裂片上 1～2 枚，顶生 1～2 条细脉上；囊群盖灰棕色，革质，半杯形。
**生境分布** 生长于山路旁或灌丛中。采集于磜文村（N 25°4′29″, E 116°11′11″, H 568 m）、尧禄村（N 25°6′46″, E 116°9′49″, H 569 m）、老鸦山（N 25°18′51″, E 116°13′19″, H 419 m）。常见种。
**药用部位** 全草。
**性味功能** 苦，寒。清热解毒，利尿。

## 十三、蕨科 Pteridiaceae

## 28. 蕨

**学名** *Pteridium aquilinum* (L.) Kuhn var. *latiusculum* (Desv.) Underw. ex Heller
**别名** 蕨菜
**形态特征** 根状茎长而横走，密被锈黄色或黑褐色刚毛。叶疏生，叶片卵状三角形或阔披针形，三或四回羽裂，羽片 4～8 对，叶近革质。孢子囊群线形，沿叶缘的边脉上连续伸长；囊群盖线形，薄革质。
**生境分布** 生长于阳坡山地及林缘。采集于马头山（N 25°5′43″, E 116°4′52″, H 330 m）、磜文村（N 25°4′34″, E 116°11′7″, H 524 m）、黄陂山（N 25°12′19″, E 116°11′4″, H 753 m）。常见种。
**药用部位** 全草。
**性味功能** 甘，寒。安神，降压，利尿，解毒。

## 十四、凤尾蕨科 Pteridaceae

### 29. 剑叶凤尾蕨

**学名** *Pteris ensiformis* Burm. f.
**别名** 三叉草、井边茜
**形态特征** 根状茎斜升，被黑褐色、线状披针形鳞片。叶簇生，二型；不育叶叶柄禾秆色，有4条棱，能育叶叶柄较长；不育叶长圆状卵形，二回羽状，能育叶与不育叶同形，但较长。叶草质。孢子囊群线形，沿能育叶小羽片的叶缘延伸；囊群盖线形，膜质，全缘。
**生境分布** 生长于溪边或林下潮湿地。采集于老鸦山（N 25°18′38″，E 116°13′8″，H 439 m）、新兰村（N 25°18′38″，E 116°13′8″，H 439 m）。较常见种。
**药用部位** 全草。
**性味功能** 淡、微苦，寒。清热、消食、利尿、止痢。捣烂外敷治腮腺炎、疔疮、湿疹。

### 30. 傅氏凤尾蕨

**学名** *Pteris fauriei* Hieron
**别名** 金钗凤尾蕨、羽叶凤尾蕨
**形态特征** 根状茎短，斜升。叶簇生，叶片卵形至卵状三角形，二回深羽裂（或基部三回深羽裂），侧生羽片3～6（9）对，下部对生，基部一对无柄或有短柄，最下一对羽片基部有1片篦齿状深羽裂的小羽片，裂片20～30对，互生或对生，叶纸质。孢子囊群线形，沿裂片边缘延伸；囊群盖线形，膜质。
**生境分布** 生长于林下、路旁或石缝中。采集于老好坑（N 25°11′34″，E 116°8′41″，H 607 m）、磜文村（N 25°4′26″，E 116°11′12″，H 559 m）。
**药用部位** 叶。
**性味功能** 苦，凉。清热利湿，祛风定惊，敛疮止血。

## 31. 井栏边草

**学名** *Pteris multifida* Poir.
**别名** 凤尾草、铁角鸡
**形态特征** 根状茎短而直立，先端被黑褐色鳞片。叶多数，密而簇生，明显二型；叶片卵状长圆形，一回羽状，羽片通常3对，对生，线状披针形，叶缘有不整齐的尖锯齿并有软骨质的边，下部1～2对通常分叉，有时近羽状，顶生三叉羽片及上部羽片的基部显著下延；能育叶有较长的柄，羽片4～6对，狭线形。叶近革质。孢子囊群线形，膜质，全缘。
**生境分布** 生长于阴湿的墙缝、路旁或草丛中。采集于云礤村（N 25°9′46″，E 116°9′14″，H 597 m）、老好坑（N 25°11′28″，E 116°8′51″，H 617 m）、黄陂山（N 25°11′46″，E 116°11′6″，H 886 m）。常见种。
**药用部位** 全草。
**性味功能** 微苦，凉。清热解毒。治肝炎、痢疾、肠炎、尿血、便血、咽喉痛、鼻衄、腮腺炎、痈肿、湿疹。

## 32. 半边旗

**学名** *Pteris semipinnata* L.
**别名** 半边蕨、单片锯、半边牙、半边梳、半边风药
**形态特征** 根状茎长而横走，先端及叶柄基部被褐色鳞片。叶簇生，近一型；叶片长圆披针形，二回半边深裂；顶生羽片阔披针形至长三角形，先端尾状，篦齿状；侧生羽片4～7对，对生或近对生；不育裂片的叶有尖锯齿，能育裂片仅顶端有一尖刺或具2～3个尖锯齿，叶近草质。孢子囊群线形，沿能育叶羽片的叶缘延伸；囊群盖线形，膜质，全缘。
**生境分布** 生长于林下、溪边或墙上等阴湿地。采集于云礤村（N 25°9′46″，E 116°9′14″，H 597 m）、老好坑（N 25°11′33″，E 116°8′42″，H 606 m）、陈禾坑（N 25°5′17″，E 116°9′44″，H 441 m）。常见种。
**药用部位** 全草。
**性味功能** 苦、辛，凉。清热解毒，消肿止痛。治细菌性痢疾、急性肠炎、黄疸型肝炎、结膜炎。外用治跌打损伤、外伤出血、疮疡疔肿、湿疹、毒蛇咬伤。

## 33. 蜈蚣草

**学名** *Pteris vittata* L.
**别名** 蜈蚣蕨
**形态特征** 根状茎直立，短，木质，密被蓬松的黄褐色鳞片。叶簇生；叶片倒披针状长圆形，一回羽状；顶生羽片与侧生羽片同形，侧生羽多数（达40对），互生或近对生，下部羽片较疏离，中部羽片最长，狭线形，不育的叶边缘有密锯齿，叶近革质。孢子囊群线形，沿能育羽片边缘延伸，但基部和顶部不育；囊群盖线形，膜质。
**生境分布** 生长于路边阴湿地或石缝中。采集于陈禾坑（N 25°5′22″，E 116°9′52″，H 457 m）、马头山（N 25°5′39″，E 116°4′40″，H 366 m）、壮畲村（N 25°5′45″，E 116°11′31″，H 512 m）。少见种。
**药用部位** 全草或根状茎。
**性味功能** 淡，平。祛风活血，解毒杀虫。治湿热痢疾腹痛。外用治蜈蚣咬伤、疥疮、无名肿毒。

## 十五、中国蕨科 Sinopteridaceae

## 34. 野雉尾金粉蕨

**学名** *Onychium japonicum* (Thunb.) Kunze
**别名** 金粉蕨、小野鸡尾
**形态特征** 根状茎长而横走。叶散生；叶片卵状三角形或卵状披针形，渐尖头，四回羽状细裂；羽片12～15对，互生，三回羽裂；各回小羽片彼此接近，基部一对最大；末回不育裂片短而狭，线形或短披针形，能育裂片有斜上侧脉和叶缘的边脉汇合。叶草质。孢子囊群短线形，着生于末回裂片两侧的边缘；孢子囊群盖线形，膜质，灰白色，全缘。
**生境分布** 生长于林下溪沟边或山路旁。采集于云礤村（N 25°9′50″，E 116°9′0″，H 597 m）。较常见种。
**药用部位** 全草。
**性味功能** 苦，寒。清热解毒。

## 十六、铁线蕨科 Adiantaceae

### 35. 扇叶铁线蕨

**学名** *Adiantum flabellulatum* L.
**别名** 铁线蕨、铁线草
**形态特征** 根状茎短而直立，密被棕色、有光泽的钻状披针形鳞片。叶簇生；叶柄紫黑色；叶片扇形，二至三回不对称的二叉分枝，通常中央的羽片较长，中央羽片线状披针形。叶脉多回二歧分叉。孢子囊群每羽片2～5枚，横生于裂片上缘和外缘；囊群盖半圆形或长圆形，上缘平直，革质，褐黑色，全缘，宿存。
**生境分布** 生于山路边、草丛中或疏林下。采集于马头山（N 25°5′45″，E 116°4′51″，H 296 m）、新化村（N 25°18′1″，E 116°16′42″，H 561 m）。常见种。
**药用部位** 全草。
**性味功能** 微苦、涩，寒。清热解毒，平肝利湿。

## 十七、裸子蕨科 Gymnogrammaceae

### 36. 凤丫蕨

**学名** *Coniogramme japonica* (Thunb.) Diels
**别名** 凤丫草、日本凤丫蕨
**形态特征** 根状茎横走，疏被披针形鳞片。叶远生；叶片长圆三角形，上部一回羽状，下部二回羽状；羽片2～5对，互生，卵状长圆形或阔卵形；侧生小羽片1～2对，顶生小羽片和侧生小羽片同形，但远较宽大，羽片和小羽片边缘有细锯齿。孢子囊群线形，沿叶脉延伸，几达叶边。
**生境分布** 生长于林下、林缘或沟谷阴湿地。采集于老好坑（N 25°11′30″，E 116°8′44″，H 608 m）、礤文村（N 25°4′26″，E 116°11′12″，H 559 m）、黄陂山（N 25°11′52″，E 116°11′8″，H 835 m）、新化村（N 25°18′5″，E 116°16′39″，H 569 m）。较常见种。
**药用部位** 全草。
**性味功能** 苦，凉。祛风除湿，活血止痛，清热解毒。

## 十八、书带蕨科 Vittariaceae

### 37. 书带蕨

**学名** *Haplopteris flexuosa* (Fée) E. H. Crane

**别名** 矮叶书带蕨、细柄书带蕨

**形态特征** 根状茎横走，密被黄褐色鳞片。叶近生，常密集成丛。叶片线形。叶薄草质。孢子囊群线形，生于叶缘内侧，位于浅沟槽中；或在狭窄的叶片上为成熟的孢子囊群线充满，隔丝多数。

**生境分布** 生长于阴暗处岩石上或附生于大树上。采集于老鸦山（N 25°18′45″，E 116°13′14″，H 430 m）、教文村（N 25°8′53″，E 116°11′48″，H 604 m）。少见种。

**药用部位** 全草。

**性味功能** 苦，寒。活血止痛，止血。治跌打损伤、痨伤、腰痛、风湿关节炎、筋骨疼痛、咯血、吐血。

## 十九、蹄盖蕨科 Athyiraceae

### 38. 单叶双盖蕨

**学名** *Diplazium subsinuatum* (Wall. ex Hook. et Grev.) Tagawa

**别名** 篦梳剑、小石剑

**形态特征** 根状茎细长，横走，被黑色或褐色披针形鳞片；叶疏生。能育叶长，淡灰色，基部被褐色鳞片；叶片披针形或线状披针形，边缘全缘或稍呈波状；中脉两面均明显，叶纸质或草质。孢子囊群线形，分布于叶片上半部；囊群盖成熟时膜质。

**生境分布** 生长于溪边石上或密林下。采集于梁山岇（N 25°11′7″，E 116°8′25″，H 669 m）、云礤村（N 25°9′33″，E 116°9′18″，H 652 m）。常见种。

**药用部位** 全草。

**性味功能** 微苦，寒。凉血止血，利尿通淋。

## 二十、金星蕨科 Thelypteridaceae

### 39. 渐尖毛蕨

**学名** *Cyclosorus acuminatus* (Houtt.) Nakai

**别名** 尖羽毛蕨、小毛蕨

**形态特征** 根状茎长而横走，疏被棕色、披针形鳞片。叶二列远生；叶片长圆状披针形，先端尾状渐尖并羽裂，二回羽裂；羽片15～20对，互生或下部近对生，中部以下的羽片，羽裂达1/2～2/3，叶近坚纸质。孢子囊群圆形，着生于侧脉中部以上；囊群盖大，圆肾形，密生柔毛。

**生境分布** 生长于林下或路旁湿地。采集于马头山（N 25°5′42″，E 116°4′49″，H 304 m）、老鸦山（N 25°19′11″，E 116°13′44″，H 353 m）、磜文村（N 25°4′50″，E 116°11′28″，H 528 m）。常见种。

**药用部位** 根茎。

**性味功能** 苦，凉。清热解毒，祛风除湿，健脾。

### 40. 华南毛蕨

**学名** *Cyclosorus parasiticus* (L.) Farwell.

**别名** 金星草、密毛小毛蕨

**形态特征** 根状茎横走，连同叶柄基部有深棕色披针形鳞片。叶近生；叶片长圆披针形，先端羽裂，尾状渐尖头，二回羽裂；羽片12～16对，中部以下的对生，羽裂达1/2或稍深，裂片长圆形。叶草质。孢子囊群圆形，着生于侧脉中部；囊群盖小，膜质，棕色。

**生境分布** 生长于林下、林沿、路旁或溪边。采集于马头山（N 25°5′42″，E 116°4′49″，H 304 m）、磜文村（N 25°4′50″，E 116°11′28″，H 528 m）、陈禾坑（N 25°5′18″，E 116°9′45″，H 450 m）。常见种。

**药用部位** 全草。

**性味功能** 辛，平。清热除湿。

## 41. 羽裂圣蕨

**学名** *Dictyocline wilfordii* (HK.) J. Sm.
**形态特征** 根状茎粗短而斜升，密被褐色鳞片。叶簇生；叶片三角形，渐尖头，基部心脏形，下部羽状深裂几达叶轴，向上为深羽裂，顶部呈波状；侧生裂片通常3对，基部一对最大。叶粗纸质，上面密生短刚毛。孢子囊沿网脉疏生，无盖。
**生境分布** 生长于溪边、林下或路旁阴湿处。采集于老好坑（N 25°11′30″，E 116°8′43″，H 604 m）、中心坑（N 25°16′47″，E 116°15′40″，H 984 m）、磜文村（N 25°4′55″，E 116°11′27″，H 589 m）。常见种。
**药用部位** 根茎。
**性味功能** 甘，温。补脾肾。

## 二十一、铁角蕨科 Aspleniaceae

## 42. 毛轴铁角蕨

**学名** *Asplenium crinicaule* Hance
**别名** 细叶青
**形态特征** 根状茎短而直立，密被鳞片。叶簇生，与叶轴通体密被黑褐色或深褐色鳞片；叶片阔披针形或线状披针形，顶部渐尖，一回羽状；羽片18～28对，互生或下部对生，斜展，纸质。孢子囊群阔线形，棕色，极斜向上，彼此疏离；囊群盖阔线形，黄棕色，宿存。
**生境分布** 生长于林下溪边潮湿岩石上。采集于老鸦山（N 25°18′45″，E 116°13′14″，H 425 m）。较常见种。
**药用部位** 全草。
**性味功能** 苦，平。清热解毒。透疹麻疹不透、无名肿毒。

### 43. 倒挂铁角蕨

**学名** *Asplenium normale* Don
**别名** 倒挂草
**形态特征** 根状茎直立或斜升，粗壮，黑色，密被鳞片。叶簇生；叶片披针形，一回羽状；叶草质至薄纸质。孢子囊群椭圆形，棕色；囊群盖椭圆形，淡棕色或灰棕色，有时沿叶脉着生处色较深，膜质，全缘，开向主脉。
**生境分布** 生长于密林下或溪旁石上。采集于老鸦山（N 25°18′45″，E 116°13′14″，H 425 m）。较常见种。
**药用部位** 全草。
**性味功能** 苦，平。镇痛止血，清热解毒，治外伤出血、蜈蚣咬伤、湿热、痢疾、肝炎。

## 二十二、乌毛蕨科 Blechnaceae

### 44. 乌毛蕨

**学名** *Blechnum orientale* L.
**别名** 龙船蕨、贯众
**形态特征** 根状茎粗壮，直立，木质。叶簇生于根状茎顶端；叶片卵状披针形，一回羽状；羽片多数，二形，互生，下部羽片不育，圆耳形，向上羽片突然伸长，疏离，能育。叶近革质。孢子囊群线形，着生于中脉两侧；囊群盖线形，开向主脉。
**生境分布** 生长于林下、溪边或路旁草丛中。采集于马头山（N 25°5′45″，E 116°4′51″，H 296 m）、中心坑（N 25°16′1″，E 116°14′59″，H 620 m）、新化村（N 25°17′49″，E 116°16′51″，H 464 m）。常见种。
**药用部位** 全草。
**性味功能** 苦，寒。解毒，消肿，生肌。治蛔虫病、蛲虫病、绦虫病、湿热斑疹、疮毒、血热吐血、衄血。

## 45. 狗脊

**学名** *Woodwardia japonica* (L. f.) Sm.
**别名** 日本狗脊
**形态特征** 根状茎粗短，横卧，密被红棕色鳞片。叶近生；叶片长卵形，二回羽裂，顶生羽片卵状披针形或长三角状披针形，侧生羽片（4）7～16对，下部的对生或近对生。叶脉明显，两面均隆起。叶近革质。孢子囊群线形，着生于主脉两侧的狭长网眼上；囊群盖线形，质厚，棕褐色，成熟时开向主脉或羽轴。
**生境分布** 生长于林下或路边。采集于老好坑（N 25°11′33″，E 116°8′42″，H 606 m）、磜文村（N 25°4′28″，E 116°11′8″，H 547 m）、黄陂山（N 25°11′51.9″，E 116°11′8″，H 835 m）、新化村（N 25°17′4″，E 116°17′42″，H 410 m）。常见种。
**药用部位** 根茎。
**性味功能** 苦，凉。清热解毒，杀虫散瘀。

## 46. 珠芽狗脊

**学名** *Woodwardia orientalis* Sw. var. *formosana* Rosenst.
**别名** 多子东方狗脊、胎生狗脊蕨
**形态特征** 根状茎横卧，黑褐色，与叶柄下部密被蓬松的大鳞片；鳞片狭披针形或线状披针形，红棕色，膜质。叶近生；叶片长卵形或椭圆形，二回深羽裂达羽轴两侧的狭翅；羽片5～9(13)对，对生或上部的互生；裂片10～14（24）对，披针形或线状披针形，边缘有细密锯齿。叶革质，无毛，羽片上面通常产生小珠芽。孢子囊群粗短，形似新月形；囊群盖同形，薄纸质，开向主脉，宿存。
**生境分布** 生长于溪边、沟旁及路边。采集于云磜溪（N 25°10′6″，E 116°9′23″，H 605 m）、新化村（N 25°17′41″，E 116°16′51″，H 448 m）、梁山隔（N 25°10′57″，E 116°13′49″，H 551 m）。常见种。
**药用部位** 根茎。
**性味功能** 苦，寒。祛风除湿。治肝肾不足所致腰腿痛、四肢麻木、筋骨疼痛等症。

## 二十三、鳞毛蕨科 Dryopteridaceae

### 47. 镰羽贯众

**学名** *Cyrtomium balansae* (Christ) C. Chr.
**别名** 巴兰贯众

**形态特征** 根状茎直立，密被披针形棕色鳞片。叶簇生；叶片披针形或宽披针形，一回羽状；羽片12～18对，互生，略斜向上，柄极短；具羽状脉，小脉联结成两行网眼，背面微凸起；叶纸质。孢子囊位于中脉两侧各成两行；囊群盖圆形，盾状，全缘。
**生境分布** 生长于林下阴湿处或岩壁上。采集于马头山（N 25°5′45″，E 116°4′51″，H 296 m）、老鸦山（N 25°18′58″，E 116°13′32″，H 439 m）、老好坑（N 25°11′20″，E 116°9′12″，H 696 m）。常见种。
**药用部位** 根茎。
**性味功能** 微苦，寒。清热解毒，驱虫。

## 二十四、肾蕨科 Nephrolepidaceae

### 48. 肾蕨

**学名** *Nephrolepis cordifolia* (L.) C. Presl
**别名** 蜈蚣草、圆羊齿

**形态特征** 附生或土生植物。根状茎直立，被蓬松的淡棕色长钻形鳞片，下部有粗铁丝状的匍匐茎向四方横展。叶簇生，密被淡棕色线形鳞片；叶片狭披针形，一回羽状，羽状多数，互生，披针形，叶缘有疏浅的钝锯齿，向基部的羽片渐短，常变为卵状三角形；侧脉纤细，小脉直达叶边附近，顶端具纺锤形水囊；叶草质。孢子囊群着生于每组侧脉的上侧小脉顶端，沿中脉两侧各排成一行；囊群盖肾形。
**生境分布** 生长于溪边、石缝或树干上。采集于云磜村（N 25°9′3″，E 116°8′34″，H 447 m）。较常见种。
**药用部位** 全草。
**性味功能** 甘、淡、微涩，凉。清热利湿，宁肺止咳，软坚消积。治感冒发热、咳嗽、肺结核咯血、痢疾、急性肠炎。

## 二十五、水龙骨科 Polypodiaceae

### 49. 线蕨

**学名** *Colysis elliptica* (Thunb.) Ching
**别名** 羊七莲
**形态特征** 根状茎长而横走，密生褐棕色鳞片。叶远生，近二型；叶片长圆状卵形或卵状披针形，顶端圆钝，一回羽裂深达叶轴；羽片或裂片6（3～11）对，对生或近对生，狭长披针形或线形；能育叶和不育叶近同形，但叶柄较长；叶纸质。孢子囊群线形，斜展，在每对侧脉间各排成一行，伸达叶边，无囊群盖。
**生境分布** 生长于溪涧边及潮湿处，根茎匍匐于地表或岩石上。采集于中心坑（N 25°16'17″，E 116°14'51″，H 736 m）。少见种。

**药用部位** 全草。
**性味功能** 微苦、涩，凉。活血散瘀，清热利尿，敛肺止咳。治跌打损伤、热淋、肺痨久嗽。

### 50. 抱石莲

**学名** *Lepidogrammitis drymoglossoides* (Baker) Ching
**别名** 抱树莲、石瓜子
**形态特征** 根状茎细长横走，被钻状有齿棕色披针形鳞片。叶远生，二型，不育叶长圆形至卵形，圆头或钝圆头，基部楔形，全缘；能育叶舌状或倒披针形，有时与不育叶同形，肉质，革质。孢子囊群圆形，沿主脉两侧各成一行，位于主脉与叶边之间。
**生境分布** 生长于林下岩石上或山坡岩壁上。采集于梁山顶（N 25°10'10″，E 116°10'1″，H 885 m）。少见种。

**药用部位** 全草。
**性味功能** 甘、苦，寒。祛风化痰，清热解毒，凉血祛瘀。治淋巴结炎、肺结核、风湿骨痛、小儿高热、内外伤出血、跌打损伤。外用治疗疮肿毒。

## 51. 阔叶瓦韦

**学名** *Lepisorus tosaensis* (Makino) H. Ito
**别名** 拟瓦韦
**形态特征** 根状茎横走，密被黑褐色鳞片。叶疏生或近生；叶片披针形，基部渐狭并下延，革质，两面光滑。孢子囊群圆形，位于主脉与叶缘之间，聚生于叶片上半部。
**生境分布** 生长于林下、溪边石上或树干上。采集于黄陂山（N 25°11′48″，E 116°11′09″，H 826 m）、云礤村（N 25°9′57″，E 116°8′39″，H 619 m）、新化村（N 25°18′3″，E 116°16′29″，H 614 m）。常见种。
**药用部位** 全草。
**性味功能** 苦，平。清热解毒，利尿消肿，止血，止咳。治尿路感染、肾炎、痢疾、肝炎、眼结膜炎、口腔炎、咽炎、肺热咳嗽、百日咳、咯血、血尿、发背痈疮。

## 52. 江南星蕨

**学名** *Microsorum fortunei* (T. Moore) Ching
**别名** 福氏星蕨、大星蕨
**形态特征** 附生。根状茎长而横走，顶部被棕褐色鳞片。叶远生；叶片线状披针形至披针形，顶端渐尖头，基部渐狭，下延于叶柄并形成狭翅，全缘；叶厚纸质。孢子囊群大，圆形，着生在主脉两侧，排列成整齐的一行或不规则的两行。
**生境分布** 生长于林下石岩上、旧墙上或树干上。采集于谷夫（N 25°12′46″，E 116°10′58″，H 665 m）、老鸦山（N 25°18′51″，E 116°13′19″，H 419 m）、新化村（N 25°18′11″，E 116°16′34″，H 595 m）。常见种。
**药用部位** 全草。
**性味功能** 甘淡、微苦，凉。清热利湿，凉血解毒。治流行性感冒、哮喘、支气管炎、黄疸、小儿惊风、肺痨咳嗽、风湿性关节炎、淋症、尿路结石、痢疾、白带、蛇虫咬伤、无名肿毒、疔毒痈疽、外伤出血。

## 53. 盾蕨

**学名** *Neolepisorus ovatus* (Bedd.) Ching
**别名** 西风剑、单叶扇蕨
**形态特征** 根状茎横走，密被鳞片。叶远生；叶片卵状，基部圆形，渐尖头，全缘或下部有时分裂，厚纸质。主脉隆起，侧脉明显，开展直达叶边。孢子囊群圆形，在中脉两侧排成不整齐的多行，或在侧脉间排成不整齐的一行。
**生境分布** 生长于林下岩石边。采集于黄陂山（N 25°11′56″，E 116°11′10″，H 826 m）。常见种。
**药用部位** 全草。
**性味功能** 苦，寒。清热利尿，散瘀止血。

## 54. 金鸡脚假瘤蕨

**学名** *Phymatopsis hastata* (Thunb.) Pic. Serm.
**别名** 鸭脚草、鸡脚叉
**形态特征** 土生植物。根状茎细长，横走，密被红棕色鳞片。叶疏生；叶片通常为指状3裂，或有时单叶与指状3裂共存，边缘有软骨质狭边，全缘或略呈波状。叶厚纸质。孢子囊群圆形，沿中脉两侧各成一行，位于中脉与叶边之间。
**生境分布** 生长于林缘土坎上。采集于云礤村（N 25°9′52″，E 116°8′42″，H 587 m）。少见种。
**药用部位** 全草。
**性味功能** 苦、微辛，凉。祛风清热，利湿解毒。治小儿惊风、感冒咳嗽、小儿支气管肺炎、咽喉肿痛、扁桃体炎、中暑腹痛、痢疾、腹泻、泌尿系感染、筋骨疼痛。外用治痈疖、疔疮、毒蛇咬伤。

### 55. 庐山石韦

**学名** *Pyrrosia shearer* (Bak.) Ching
**别名** 大石韦、光板石韦
**形态特征** 根状茎粗壮，横卧，密被线状棕色鳞片。叶近生，一型；叶片椭圆状披针形，近基部处为最宽，向上渐狭，渐尖头，顶端钝圆，基部近圆截形或心形，全缘，厚革质。孢子囊群呈不规则的点状，排列于侧脉间，布满基部以上的叶片下面，无盖，成熟时孢子囊开裂而呈砖红色。
**生境分布** 生长于林下溪边树上或岩石上。采集于黄陂山（N 25°11′48″，E 116°11′9″，H 826 m）、老鸦山（N 25°18′45″，E 116°13′14″，H 430 m）、新化村（N 25°18′3″，E 116°16′29″，H 614 m）。常见种。
**药用部位** 叶。
**性味功能** 苦、甘，微寒。利尿通淋，清肺化痰，凉血止血。治小便短赤、淋沥涩痛、血淋、咳嗽。

## 二十六、槲蕨科 Drynariaceae

### 56. 槲蕨

**学名** *Drynaria roosii* Nakaike
**别名** 骨碎补
**形态特征** 通常附生于岩石上，匍匐生长，或附生于树干上，螺旋状攀援。根状茎密被棕鳞片；鳞片斜升，盾状着生。叶二型，基生不育叶圆形，基部心形，浅裂至叶片宽度的1/3，全缘，黄绿色或枯棕色。能育叶叶柄具明显的狭翅，叶片深羽裂到距叶轴2～5 mm处，裂片7～13对，互生，披针形，叶纸质。孢子囊群圆形、椭圆形，叶片下面全部分布，沿裂片中肋两侧各排列成2～4行，成熟时相邻两侧脉间有圆形孢子囊群一行。
**生境分布** 附生于树上、山林石壁上或墙上。采集于岩前（N24°52′19″，E 116°13′16″，H 290 m）。常见种。
**药用部位** 根茎。
**性味功能** 苦，温。补肾，活血，止血。治肾虚久泻及腰痛、风湿痹痛、齿痛、耳鸣、跌打闪挫、骨伤、阑尾炎、斑秃、鸡眼。

## 二十七、苹科 Marsileaceae

### 57. 苹

**学名** *Marsilea quadrifolia* L.
**别名** 田字草、四叶菜
**形态特征** 根状茎细长横走，分枝，茎节远离，向上发出一至数枚叶子。叶片由4片倒三角形小叶组成，呈十字形，外缘半圆形，基部楔形，全缘，草质。叶脉从小叶基部向上呈放射状分叉，组成狭长网眼。孢子果双生或单生于短柄上，而柄着生于叶柄基部，长椭圆形，褐色，木质，坚硬。
**生境分布** 生长于水沟、池塘或稻田中。采集于谷夫（N 25°12′32″, E 116°10′46″, H 693 m）。常见种。
**药用部位** 全草。
**性味功能** 甘，寒。清热，利水，解毒，止血。治风热目赤、肾炎、肝炎、疟疾、消渴、吐血、衄血、热淋、尿血、痈疮、瘰疬。

## 二十八、满江红科 Azollaceae

### 58. 满江红

**学名** *Azolla imbircata* (Roxb.) Nakai.
**别名** 红萍、红浮萍
**形态特征** 小型浮水植物。植物体呈卵形或三角形，根状茎细长横走，侧枝腋生，假二歧分枝，向下生须根。叶小，互生，覆瓦状排列成两行，叶片深裂，有背裂片和腹裂片之分，背裂片长圆形或卵形，肉质，绿色，秋后变为紫红色；腹裂片贝壳状，无色透明，斜沉水中。孢子果双生于分枝处，大孢子果小，长卵形，顶部喙状，内藏大孢子囊；小孢子果大，球形或桃形，顶端有短喙。
**生境分布** 生长于水田或池塘中。采集于云礤村（N 25°9′51″, E 116°8′41″, H 595 m）、新华（N 25°19′10″, E 116°13′47″, H 352 m）、教文村（N 25°9′11″, E 116°12′14″, H 648 m）。常见种。
**药用部位** 全草。
**性味功能** 辛，寒。解表透疹，祛风利湿。治麻疹不透、风湿关节痛、荨麻疹、皮肤瘙痒、小便不利。

# Ⅲ 裸子植物

## 一、银杏科 Ginkgoaceae

### 1. 银杏

**学名** *Ginkgo biloba* L.
**别名** 白果、公孙树
**形态特征** 落叶大乔木。叶扇形，二叉细脉分离，叶在长枝上螺旋状散生，在短枝上呈簇生状，秋季黄色。球花雌雄异株，单性，生于短枝顶端鳞片状叶的腋内，呈簇生状，雄球花荑黄花序状，下垂，雌球花具长梗，梗端分两叉。种子具长梗，下垂，长倒卵形，外种皮肉质，熟时黄色，外被白粉。花期3—4月，果期9—10月。

**生境分布** 生长于天然林中或栽培。采集于礤文村（N 25°4′41″，E 116°9′32″，H 375 m）。少见种。
**药用部位** 果实。
**性味功能** 甘、苦、涩、平；有小毒。敛肺气，定喘嗽，止带浊，缩小便，消毒杀虫。治哮喘、痰嗽、梦遗、白带、白浊、小儿腹泻、虫积、肠风脏毒、淋病、小便频数，以及疥癣、漆疮、白瘤风。
**保护** 国家Ⅰ级保护植物。

## 二、松科 Pinaceae

### 2. 油杉

**学名** *Keteleeria fortunei* (Murr.) Carr.
**别名** 松梧、杜松
**形态特征** 乔木。树皮粗糙，暗灰色，纵裂，较松软；枝条开展，树冠塔形。叶条形，在侧枝上排成两列，先端圆或钝，基部渐窄。球果圆柱形，成熟前绿色或淡绿色，微有白粉，成熟时淡褐色或淡栗色；中部的种鳞宽圆形或上部宽圆下部宽楔形；鳞苞中部窄，下部稍宽，上部卵圆形。花期3—4月，种子10月成熟。
**生境分布** 生长于林下、溪边或岩石间。采集于新兰村（N 25°18′12″，E 116°14′25″，H 453 m）。少见种。
**药用部位** 根皮、叶。
**性味功能** 根皮：淡，平。叶：微酸，平。消肿解毒。

### 3. 马尾松

**学名** *Pinus massoniana* Lamb.
**别名** 松树
**形态特征** 乔木。树皮红褐色，下部灰褐色，裂成不规则的鳞状块片；枝平展或斜展，树冠宽塔形或伞形。针叶2针一束，稀3针一束，细柔，微扭曲。雄球花淡红褐色，圆柱形，弯垂，聚生于新枝下部苞腋，穗状；雌球花单生或2～4个聚生于新枝近顶端，淡紫红色，一年生小球果圆球形或卵圆形，褐色或紫褐色。球果卵圆形或圆锥状卵圆形。花期4—5月，球果第二年10—12月成熟。
**生境分布** 生长于1 000米以下的山地。采集于云礤村（N 25°9′55″，E 116°8′43″，H 599 m）、坑头（N 25°12′9″，E 116°12′43″，H 536 m）、朝岭村（N 25°15′9″，E 116°13′50″，H 585 m）。常见种。
**药用部位** 根、茎皮、叶、花粉、球果、松香。
**性味功能** 根：辛、微苦，温。祛风行气。叶：微辛、甘，平。平肝明目，清热利湿。茎皮、花粉、果实：甘，凉。止血凉血，清热泻火。松香：辛，温。燥湿解毒。

## 三、杉科 Taxodiaceae

### 4. 柳杉

**学名** *Cryptomeria fortunei* Hooibrenk ex Otto et Dietr.
**别名** 孔雀杉、日本柳杉
**形态特征** 乔木。树皮红棕色，纤维状，裂成长条片脱落；大枝近轮生，小枝细长，下垂。叶钻形略向内弯曲，先端内曲，四边有气孔线。雄球花单生叶腋，长椭圆形，集生于小枝上部，成短穗状花序状；雌球花顶生于短枝上。球果圆球形或扁球形，鳞背中部或中下部有一个三角状分离的苞鳞尖头。花期4月，果期10月。
**生境分布** 生长于山坡、山谷、溪边林中。采集于谷夫（N 25°12′32″，E 116°10′46″，H 689 m）、教文村（N 25°9′1″，E 116°11′57″，H 620 m）、碓公坑（N 25°16′23″，E 116°10′51″，H 434 m）。少见种。
**药用部位** 根皮、树皮、叶。
**性味功能** 苦、辛，寒。解毒，杀虫，止痒。

## 5. 杉木

**学名** *Cunninghamia lanceolata* (Lamb.) Hook.

**别名** 杉树

**形态特征** 乔木。幼树树冠尖塔形，大树树冠圆锥形，树皮灰褐色，裂成长条片脱落，内皮淡红色。叶在主枝上辐射伸展，侧枝之叶基部扭转成两列状，披针形或条状披针形，通常微弯、呈镰状、革质、坚硬。雄球花圆锥状，有短梗，通常40余个簇生枝顶；雌球花单生或2～3（4）个集生，绿色。球果卵圆形；熟时苞鳞革质，棕黄色，三角状卵形。花期4月，球果10月下旬成熟。

**生境分布** 生长于山谷或较缓的山坡上。采集于云礤村（N 25°10′1″，E 116°9′19″，H 600 m）、礤文村（N 25°4′32″，E 116°11′12″，H 570 m）、老好坑（N 25°11′23″，E 116°9′15″，H 687 m）。常见种。

**药用部位** 根、树皮、球果、木材、叶、杉节。

**性味功能** 辛，微温。祛风止痛，散瘀止血。治疗慢性气管炎、胃痛、风湿关节痛。外用治跌打损伤、烧烫伤、外伤出血、过敏性皮炎。

## 四、竹柏科 Nageiaceae

## 6. 竹柏

**学名** *Nageia nagi* (Thunb.) Kuntze

**别名** 铁甲树、罗汉柴

**形态特征** 乔木。叶对生，革质，卵形或椭圆形，有多数并列的细脉，无中脉。雄球花穗状圆柱形，单生叶腋，常呈分枝状，总梗粗短，基部有少数三角状苞片；雌球花单生叶腋，稀成对腋生，基部有数枚苞片，花后苞片不肥大成肉质种托。种子圆球形，成熟时假种皮暗紫色，有白粉。花期3—4月，种子10月成熟。

**生境分布** 生长于低海拔常绿阔叶林中或高山地带。采集于西山（N 25°6′51″，E 116°3′26″，H 720 m）。少见种。

**药用部位** 叶。

**性味功能** 止血，化瘀。治外伤出血、骨折。

## 五、罗汉松科 Podocarpaceae

### 7. 罗汉松

**学名** *Podocarpus macrophylla* (Thunb.) D. Don
**别名** 土杉
**形态特征** 乔木。树皮灰色或灰褐色，浅纵裂，成薄片状脱落；枝开展或斜展，较密。叶螺旋状着生，条状披针形，微弯。雄球花穗状、腋生，常3～5个簇生于极短的总梗上，基部有数枚三角状苞片；雌球花单生叶腋，有梗，基部有少数苞片。种子卵圆形，先端圆，熟时肉质假种皮紫黑色，有白粉，种托肉质圆柱形，红色或紫红色。花期4—5月，种子8—9月成熟。
**生境分布** 生长于林中或林缘、村庄周围。采集于马头山（N 25°5′43″, E 116°4′46″, H 327 m）、教文村（N 25°9′1″, E 116°11′57″, H 620 m）。少见种。
**药用部位** 根、树皮、叶。
**性味功能** 甘，温；有毒。杀虫，散肿。

### 8. 百日青

**学名** *Podocarpus neriifolius* D. Don
**别名** 竹叶松、脉叶罗汉松
**形态特征** 厚革质，常微弯，上部渐窄，先端有渐尖的长尖头，基部楔形，上面中脉隆起。雄球花穗状，单生或2～3个簇生，总梗较短，基部有多数螺旋状排列的苞片。种子卵圆形，顶端圆或钝，熟时肉质假种皮紫红色，种托肉质橙红色。花期5月，种子10—11月成熟。
**生境分布** 生长于阔叶林中或栽培。采集于马头山（N 25°5′39″, E 116°4′44″, H 360 m）。少见种。
**药用部位** 叶。
**性味功能** 淡、平。止血，消肿。治骨折、外伤出血、风湿痹痛。

## 六、三尖杉科 Cephalotaxaceae

### 9. 三尖杉

**学名** *Cephalotaxus fortunei* Hook. f.
**别名** 山榧树、头形杉
**形态特征** 乔木。叶排成两列，披针状条形，通常微弯，上部渐窄，先端有渐尖的长尖头，基部楔形或宽楔形。雄球花8～10个聚生成头状，雌球花的胚珠3～8枚发育成种子。种子椭圆状卵形或近圆球形，假种皮成熟时紫色或红紫色，顶端有小尖头。花期4月，种子8—10月成熟。
**生境分布** 生长于林缘、溪边及路旁阴湿地。采集于谷夫（N 25°12′17″，E 116°11′25″，H 664 m）、教文村（N 25°8′52″，E 116°11′47″，H 585 m）、坑头（N 25°12′9″，E 116°12′43″，H 536 m）、梁山顶（N 25°10′19″，E 116°11′22″，H 1 253 m）。常见种。
**药用部位** 枝、叶、种子。
**性味功能** 甘、涩，寒；有毒。驱虫，消积，抗癌。

## 七、红豆杉科 Taxaceae

### 10. 南方红豆杉

**学名** *Taxus wallichiana* Zucc. var. *mairei* (Lemée et H. Lév.) L. K. Fu et N. Li
**别名** 红豆杉、紫杉、水杉树（武平）
**形态特征** 乔木。树皮灰褐色、红褐色或暗褐色，裂成条片脱落。叶排列成两列，线形，呈弯镰状。球花单性，雌雄异株，单生于叶腋；雌球花具短柄；雄球花淡黄色。种子生于杯状红色肉质的假种皮中，间或生于近膜质盘状的种托（即未发育成肉质假种皮的珠托）之上，常呈卵圆形，上部渐窄，稀倒卵状。
**生境分布** 生长于林中、林缘、山谷。采集于伯公坑（N 25°8′42″，E 116°10′25″，H 807 m）、黄陂山（N 25°11′27″，E 116°11′2″，H 954 m）。常见种。
**药用部位** 种子、枝、叶、根。
**性味功能** 微甘、苦，平；有小毒。驱虫，消肿散结，利尿，抗癌。
**保护** 国家Ⅰ级重点保护植物。

# Ⅳ 被子植物

## 一、木兰科 Magnoliaceae

### 1. 厚朴

**学名** *Houpolia officinalis* (Rehder et E. H. Wilson) N. H. Xia et C. Y. Wu

**形态特征** 落叶乔木。叶大，近革质，7～9片聚生于枝端，长圆状倒卵形，全缘而微波状；托叶痕长为叶柄的2/3。花白色，芳香；花被片厚肉质，外轮3片淡绿色，长圆状倒卵形，盛开时常向外反卷，内两轮白色，倒卵状匙形，花盛开时中内轮直立。聚合果长圆状卵圆形。花期5—6月，果期8—10月。

**生境分布** 生长于湿润、肥沃土地。采集于牛麻窝（N 25°12′3″，E 116°9′21″，H 628 m）。少见种。

**药用部位** 树皮、花。
**性味功能** 微苦、辛，温。温中下气，破积散满，燥湿消痰。

### 2. 野含笑

**学名** *Michelia skinneriana* Dunn
**别名** 含笑花
**形态特征** 乔木。芽、嫩枝、叶柄、叶背中脉及花梗均密被褐色长柔毛。叶革质，狭倒卵状椭圆形、倒披针形或狭椭圆形，先端长尾状渐尖，基部楔形；托叶痕达叶柄顶端。花梗细长，花淡黄色，芳香；花被片6片，倒卵形。聚合果常因部分心皮不育而弯曲或较短，具细长的总梗；蓇葖黑色，球形或长圆体形，具短尖的喙。花期5—6月，果期8—9月。

**生境分布** 生长于阴坡阔叶林中或溪岸边。采集于云磜溪（N 25°10′3″，E 116°9′16″，H 495 m）、新兰村（N 25°19′1″，E 116°14′3″，H 404 m）、新化村（N 25°18′5″，E 116°16′30″，H 605 m）。常见种。

**药用部位** 花。
**性味功能** 苦、微涩，平。去瘀生新，调经。治月经不调。

### 3. 紫玉兰

**学名** *Yulania liliiflora* (Desr.) D. C. Fu
**别名** 木笔花、辛夷
**形态特征** 落叶灌木。叶椭圆状倒卵形或倒卵形，先端急尖或渐尖，基部渐狭沿叶柄下延至托叶痕；托叶痕约为叶柄长之半。花蕾卵圆形，被淡黄色绢毛；花、叶同时开放；花被片9～12片，外轮3片萼片状，紫绿色，内两轮肉质，外面紫色或紫红色，内面带白色，花瓣状，椭圆状倒卵形。聚合果深紫褐色，变褐色，圆柱形；成熟蓇葖近圆球形，顶端具短喙。花期3—4月，果期8—9月。
**生境分布** 生长于湿润、肥沃的坡地上。采集于马头山（N 25°5′51″, E 116°4′53″, H 300 m）、教文村（N 25°9′5″, E 116°11′40″, H 624 m）。少见种。
**药用部位** 根、花（辛夷）。
**性味功能** 根：苦、辛，温。疏肝理气。辛夷（花）：辛，温。散风寒，通肺窍。

### 4. 红毒茴

**学名** *Illicium lanceolatum* A. C. Smith
**别名** 莽草、披针叶茴香、窄叶红茴香
**形态特征** 灌木或小乔木。叶互生或稀疏地簇生于小枝近顶端或排成假轮生，革质，披针形、倒披针形或倒卵状椭圆形，顶端尾尖或渐尖，基部窄楔形。花腋生或近顶生，单生或2～3朵，红色、深红色。聚合果，蓇葖10～14枚轮状排列，顶端有向后弯曲的钩状尖头。花期4—6月，果期8—10月。
**生境分布** 生长于沟谷阴湿林中或林缘。采集于中心坑（N 25°17′17″, E 116°116′10″, H 647 m）。常见种。
**药用部位** 根
**性味功能** 辛，温；有毒。祛风散结，活血祛瘀，杀虫。

## 二、番荔枝科 Annonacae

### 5. 瓜馥木

**学名** *Fissistigma oldhamii* (Hemsl.) Merr.
**别名** 钻山风、毛瓜馥木
**形态特征** 攀援灌木。叶革质，长圆形或倒卵状椭圆形，顶端圆形或微凹，基部阔楔形，叶面无毛，叶背被短柔毛。花1～3朵集成密伞花序；萼片阔三角形；外轮花瓣卵状长圆形。果圆球形，浆果状，密被黄棕色绒毛。花期4—9月，果期7月—翌年2月。
**生境分布** 生长于路旁、溪边或疏林中。采集于伯公坑（N 25°8′42″，E 116°10′57″，H 671 m）、中心坑（N 25°16′0″，E 116°15′0″，H 619 m）、新兰村（N 25°19′10″，E 116°13′48″，H 377 m）、新化村（N 25°17′52″，E 116°16′50″，H 502 m）。常见种。
**药用部位** 根。
**性味功能** 苦，寒。祛风除湿，活血镇痛，强筋健骨。

## 三、八角茴香科 Illiciaceae

### 6. 红茴香

**学名** *Illicium henryi* Diels
**别名** 十四角茴香、大茴香
**形态特征** 灌木或乔木。叶互生或2～5片簇生，革质，倒披针形、长披针形或倒卵状椭圆形，先端长渐尖，基部楔形，中脉上面下凹，下面突起，侧脉不明显。花粉红至深红、暗红色，腋生或近顶生，单生或2～3朵簇生。蓇葖果。花期4—6月，果期8—10月。
**生境分布** 生长于溪边、崖壁或灌丛。采集于章丰大凹（N 25°16′44″，E 116°13′1″，H 950 m）。少见种。
**药用部位** 根。
**性味功能** 辛、涩，温；有剧毒。祛风除湿，散瘀止痛。治跌打损伤、行气镇痛、内伤腰痛、疯气痛、痈疽、无名肿毒。

## 四、五味子科 Schisandraceae

### 7. 黑老虎

**学名** *Kadsura coccinea* (Lem.) A. C. Smith

**别名** 大叶南五味子、冷饭团

**形态特征** 藤本。叶革质，长圆形至卵状披针形，先端圆或钝，基部宽楔形或近圆形，全缘，侧脉每边6～7条，网脉不明显。花单生于叶腋，雌雄异株。雄花花被片红色，肉质；雌花花被片与雄花相似，花柱短钻状，顶端无盾状柱头冠。聚合果近球形，红色或暗紫色。花期4—7月，果期7—11月。

**生境分布** 生长于山地疏林中。采集于章丰大凹（N 25°16′44″，E 116°13′1″，H 950 m）。少见种。

**药用部位** 根及蔓茎。

**性味功能** 辛、微苦，温。行气止痛，散瘀通络。治胃及十二指肠溃疡、慢性胃炎、急性胃肠炎、风湿痹痛、跌打损伤、骨折、痛经、产后瘀血腹痛、疝气痛。

### 8. 南五味子

**学名** *Kadsura longipedunculata* Finet et Gagnep.

**形态特征** 藤本。叶长圆状披针形、倒卵状披针形或卵状长圆形，边有疏齿，花单生于叶腋，雌雄异株。雄花花被片白色或淡黄色，椭圆形，雄蕊群球形；雌花花被片与雄花相似，雌蕊群椭圆体形或球形。聚合果球形；小浆果倒卵圆形，外果皮薄革质，干时显出种子。花期6—9月，果期9—12月。

**生境分布** 生长于林缘或路旁灌丛中。采集于伯公坑（N 25°8′41″，E 116°10′23″，H 815 m）、中心坑（N 25°15′57″，E 116°15′0″，H 614 m）、天马寨（N 25°6′31″，E 116°10′30″，H 973 m）。常见种。

**药用部位** 根、茎、叶、果。

**性味功能** 根、茎：辛、苦，温。温中行气，祛风活血。叶：微辛，平。消肿止痛，去腐生肌。果：酸、甘，温，敛肺益肾。

## 9. 绿叶五味子

**学名** *Schisandra arisanensis* Hayata subsp. *viridis* (A. C. Sm.) R. M. K. Saunders
**别名** 内风消、小血藤、过山风、自钻、风沙藤
**形态特征** 落叶木质藤本。叶纸质，卵状椭圆形，中上部边缘有胼胝质齿尖的粗锯齿或波状疏齿，上面绿色，下面浅绿色，侧脉每边3~6条，网脉稀疏而明显。雄花花被片黄绿色或绿色；雌花花被片与雄花的相似，雌蕊群近球形。聚合果，成熟心皮红色，果皮具黄色腺点。花期4—6月，果期7—9月。
**生境分布** 生长于山坡边或灌丛中。碓公坑（N 25°16′14″，E 116°10′56″，H 498 m）。少见种。
**药用部位** 果实。
**性味功能** 辛，温。祛风活血，行气止痛。治风湿骨痛、胃痛、疝气痛、月经不调、荨麻疹、带状疱疹。

## 五、樟科 Lauraceae

## 10. 阴香

**学名** *Cinnamomum burmanni* (Nees et T. Nees) Blume
**别名** 土肉桂、假桂枝、山桂、香桂
**形态特征** 乔木。树皮光滑，灰褐色至黑褐色，内皮红色，味似肉桂。叶互生或近对生，稀对生，卵圆形、长圆形至披针形，革质，上面绿色，光亮，下面粉绿色，晦暗，具离基三出脉，中脉及侧脉在上面明显，下面十分凸起。圆锥花序腋生或近顶生，比叶短，最末分枝为3花的聚伞花序，花绿白色。果卵球形。花期秋、冬季，果期冬末及春季。
**生境分布** 生长于常绿阔叶林中或灌丛中。采集于梁山顶（N 25°10′17″，E 116°10′22″，H 988 m）。少见种。
**药用部位** 树皮、根皮、叶、枝。
**性味功能** 辛，温。祛风散寒，温中止痛。治虚寒胃痛、腹泻、风湿关节痛。外用治跌打肿痛、疮疖肿毒、外伤出血。

## 11. 樟树

**学名** *Cinnamomum camphora* (L.) Presl.
**别名** 香樟、芳樟、油樟
**形态特征** 常绿大乔木。枝、叶及木材有樟脑气味。叶互生，卵状椭圆形，全缘，上面绿色或黄绿色，有光泽，下面黄绿色或灰绿色，具离基三出脉，中脉两面明显，侧脉及支脉脉腋上面明显隆起，下面有明显腺窝，窝内常被柔毛。圆锥花序腋生，花绿白或带黄色。果卵球形或近球形，紫黑色。花期4—5月，果期8—11月。
**生境分布** 生长于阔叶林中或林缘。采集于马头山（N 25°5′30″，E 116°5′4″，H 294 m）、谷夫（N 25°13′8″，E 116°10′50″，H 643 m）、天马寨（N 25°7′29″，E 116°10′43″，H 796 m）、磜文村（N 25°4′32″，E 116°11′13″，H 590 m）。常见种。
**药用部位** 根、木材、树皮、枝、叶、果。
**性味功能** 微辛，温。解表退热，理气活血，避邪恶，除风湿。

## 12. 天竺桂

**学名** *Cinnamomum japonicum* Sieb.
**别名** 大叶天竺桂、山肉桂
**形态特征** 常绿乔木。叶近对生或在枝条上部者互生，卵圆状长圆形至长圆状披针形，革质，上面绿色，下面灰绿色，离基三出脉。圆锥花序腋生，末端为3～5朵花的聚伞花序。果长圆形，紫黑色，果托浅杯状，顶部极开张。花期4—5月，果期7—9月。
**生境分布** 生长于阔叶林中。采集于朝岭村（N 25°14′58″，E 116°13′30″，H 570 m）。少见种。
**药用部位** 树皮、根或根皮。
**性味功能** 甘、辛，温。温中散寒，理气止痛。

## 13. 乌药

**学名** *Lindera aggregata* (Sims) Kosterm
**别名** 鰟毗树、铜钱树
**形态特征** 常绿灌木或小乔木。叶互生，卵形，椭圆形至近圆形，先端长渐尖或尾尖，基部圆形，革质或有时近革质，上面绿色，有光泽，下面苍白色，幼时密被棕褐色柔毛，后渐脱落，三出脉。伞形花序腋生；花被片6片，黄色或黄绿色。果卵形或有时近圆形。花期3—4月，果期5—11月。
**生境分布** 生长于林下、疏林或灌丛中。采集于云礤村（N 25°9'46"，E 116°8'40"，H 587 m）、黄陂山（N 25°12'17"，E 116°11'6"，H 754 m）。常见种。
**药用部位** 根。
**性味功能** 辛，温。行气止痛，温肾散寒。治气逆胸腹胀痛、宿食不消、反胃吐食、寒疝、脚气、小便频数。

## 14. 香叶树

**学名** *Lindera communis* Hemsl.
**别名** 香果树、香叶子、大香叶
**形态特征** 常绿灌木或小乔木。叶互生，通常披针形、卵形或椭圆形，基部楔形或近圆形；薄革质至厚革质；上面绿色，下面灰绿或浅黄色，羽状脉，侧脉每边5～7条，弧曲，与中脉上面凹陷，下面突起。伞形花序具5～8朵花，单生或两个并生于叶腋，总花梗极短。果卵形，熟时红色。花期3—4月，果期9—10月。
**生境分布** 生长于林中、灌丛或路旁。采集于中心坑（N 25°16'31"，E 116°10'57"，H 831 m）、云礤村（N 25°9'31"，E 116°9'26"，H 634 m）。常见种。
**药用部位** 枝叶或茎皮。
**性味功能** 涩、微辛，微寒。解毒消肿，散瘀止痛。

## 15. 山胡椒

**学名** *Lindera glauca* (Sieb. et Zucc.) Bl.
**别名** 牛筋树
**形态特征** 落叶灌木或小乔木。叶互生，宽椭圆形、椭圆形、倒卵形到狭倒卵形，上面深绿色，下面淡绿色，被白色柔毛，纸质，羽状脉，侧脉每侧（4）5～6条，叶片枯后留存树上，来年新叶发出时落下。雌雄异株，伞形花序腋生。果球形，熟时黑褐色。花期3—4月，果期7—8月。
**生境分布** 生长于灌丛或路旁。采集于谷夫（N 25°12′31″，E 116°10′57″，H 831 m）、云磜村（N 25°9′55″，E 116°8′42″，H 629 m）、教文村（N 25°8′55″，E 116°11′44″，H 601 m）、老好坑（N 25°11′25″，E 116°9′2″，H 626 m）。较常见种。
**药用部位** 果实。
**性味功能** 辛，温。温中散寒。治中风不语、心腹冷痛。

## 16. 山橿

**学名** *Lindera reflexa* Hemsl.
**别名** 野樟树、钓樟
**形态特征** 落叶灌木或小乔木。叶互生，通常卵形或倒卵状椭圆形，有时为狭倒卵形或狭椭圆形，先端渐尖，基部圆或宽楔形，纸质，羽状脉，侧脉每边6～8（10）条。伞形花序着生于叶芽两侧各一，具总梗，红色，密被红褐色微柔毛，果时脱落；花被片黄色。果球形，熟时红色。花期4月，果期8月。
**生境分布** 生长于林下或灌丛中。采集于黄陂山（N 25°12′18″，E 116°11′5″，H 749 m）、教文村（N 25°9′1″，E 116°12′16″，H 639 m）。常见种。
**药用部位** 根。
**性味功能** 辛，温。理气，止痛。治胃痛、腹痛、荨麻疹、癣疥、创伤出血。

## 17. 山鸡椒

**学名** *Litsea cubeba* (Lour.) Pers.
**别名** 山苍子
**形态特征** 落叶灌木或小乔木。枝、叶、花、果具芳香味。叶互生，披针形或长圆形，纸质，上面深绿色，下面粉绿色，两面均无毛。伞形花序单生或簇生；每一花序有花4～6朵，先叶开放或与叶同时开放。果近球形，成熟时黑色。花期2—3月，果期7—8月。
**生境分布** 生长于路边或荒灌丛中。采集于老好坑（N 25°11′33″，E 116°8′42″，H 606 m）、礤文村（N 25°4′33″，E 116°11′12″，H 570 m）、新化村（N 25°18′8″，E 116°16′39″，H 583 m）、陈禾坑（N 25°5′19″，E 116°9′46″，H 445 m）。常见种。
**药用部位** 果实、根、叶。
**性味功能** 辛、微苦，温。活血通络，湿肾健胃，行气散结。

## 18. 木姜子

**学名** *Litsea pungens* Hemsl.
**别名** 山姜子、木香子、木樟子
**形态特征** 落叶小乔木。叶互生，常聚生于枝端，披针形或倒卵状披针形，先端短尖，基部楔形，膜质，幼叶下面具绢状柔毛，羽状脉，侧脉每边5～7条，叶脉在两面均突起。花单性，雌雄异株，伞形花序腋生，先叶开放；花被片黄色。果球形，成熟时蓝黑色。花期3—5月，果期7—9月。
**生境分布** 生长于林中或林缘。采集于钩坑火星岽（N 25°18′53″，E 116°6′26″，H 496 m）。少见种。
**药用部位** 果实。
**性味功能** 辛，温。健脾，燥湿，调气，和胃消食。治胃寒腹痛、泄泻、食滞饱胀、疮毒。

## 19. 黄绒润楠

**学名** *Machilus grijsii* Hance
**别名** 香槁树、黄桢楠、黄楠
**形态特征** 乔木。芽、小枝、叶柄、叶下面有黄褐色短绒毛。叶革质，倒卵状长圆形，上面无毛，中脉和侧脉在上面凹下，在下面隆起，侧脉每边8～11条，叶柄稍粗壮。花序短，丛生小枝枝梢，密被黄褐色短绒毛；花被裂片薄，长椭圆形，两面均被绒毛。果球形。花期3月，果期4月。
**生境分布** 生长于阔叶林下或灌木丛中。采集于天马寨（N 25°7′22″，E 116°10′41″，H 780 m）。常见种。

**药用部位** 全株。
**性味功能** 甘、微苦，凉。散瘀消肿，止血，消炎。治跌打瘀肿、骨折、脱臼、外伤出血、口腔炎、喉炎、扁桃体炎。

## 20. 刨花润楠

**学名** *Machilus pauhoi* Kanehira
**别名** 粘楠、刨花楠
**形态特征** 乔木。叶常集生于枝顶，椭圆形或狭椭圆形，稀为倒披针形，先端渐尖至尾状，基部楔形，革质，上面深绿色，无毛，下面浅绿色，中脉上面凹下，下面明显突起，侧脉纤细，每边12～17条。聚伞状圆锥花序生当年生枝下部，与叶近等长，有微小柔毛，疏花。果球形，成熟时黑色。
**生境分布** 生长于山谷阔叶林中。采集于老鸦山（N 25°19′7″，E 116°13′41″，H 383 m）、老好坑（N 25°11′24″，E 116°9′7″，H 655 m）。少见种。

**药用部位** 茎。
**性味功能** 辛、微苦，温。清热解毒，润燥通便。

## 21. 绒毛润楠

**学　名**　*Machilus velutina* Champ. ex Benth
**别　名**　绒楠、猴高铁
**形态特征**　乔木。小枝、芽、叶下面均密被锈色绒毛。叶狭倒卵形、椭圆形至狭卵形，先端短渐尖，基部楔形，革质；中脉在上面稍凹下，下面很突起；侧脉每边 8～11 条，下面明显突起。花序单独顶生或数个密集生于小枝顶端，分枝多而短，与花梗均密锈色绒毛，花黄绿色。果球形，紫红色。花期 10—12 月，果期翌年 2—3 月。
**生境分布**　生长于阔叶林中。采集于中心坑（N 25°16′3″，E 116°14′54″，H 671 m）、天马寨（N 25°7′37″，E 116°10′38″，H 736 m）、新化村（N 25°18′1″，E 116°16′42″，H 561 m）。常见种。
**药用部位**　根、叶。
**性味功能**　苦，凉。化痰止咳，消肿止痛，收敛止血。治支气管炎。外用治烧烫伤、外伤出血、痈肿、骨折。

## 22. 红楠

**学　名**　*Machilus thunbergii* Sieb et Zucc.
**别　名**　猪脚楠、小楠、楠仔木、楠柴
**形态特征**　常绿乔木。叶倒卵形至倒卵状披针形，先端短突尖或短渐尖，尖头钝，基部楔形，革质，上面黑绿色，有光泽，下较淡，带粉白，中脉上面稍凹下，下面明显突起，叶柄红色。花顶生或在新枝上腋生。果扁球形，初时绿色，后变黑紫色；果梗鲜红色。花期 2 月，果期 7 月。
**生境分布**　生长于低山阴坡湿润处。采集于梁山岬（N 25°10′57″，E 116°8′11″，H 702 m）、教文村（N 25°8′30″，E 116°11′19″，H 608 m）、天马寨（N 25°7′11″，E 116°10′46″，H 818 m）。常见种。
**药用部位**　根皮、树皮。
**性味功能**　辛、苦，温。温中顺气，舒筋活血，消肿止痛。治扭挫伤筋、吐泻不止、转筋足肿。

## 23. 新木姜子

**学名** *Neolitsea aurata* (Hay.) Koidz.
**别名** 新木姜
**形态特征** 乔木。叶互生或聚集于枝顶呈轮生状，长圆形、椭圆形或长圆状披针形，先端镰刀状渐尖或渐尖，基部楔形或近圆形，革质，上面绿色，下面密被金黄色绢毛，离基三出脉，中脉与侧脉在叶上面微突起，在下面突起。伞形花序 3～5 个簇生于枝顶或节间。果椭圆形。花期 2—3 月，果期 9—10 月。
**生境分布** 生长于山坡常绿阔叶林中。采集于中心坑（N 25°16′54″，E 116°15′42″，H 641 m）、云礤溪（N 25°9′22″，E 116°8′31″，H 495 m）、坑头（N 25°10′56″，E 116°12′10″，H 770 m）。常见种。
**药用部位** 根、树皮。
**性味功能** 辛、温。行气止痛，利水消肿。治脘腹胀痛、水肿。

## 24. 檫树

**学名** *Sassafras tzumu* (Hemsl.) Hemsl.
**别名** 檫木
**形态特征** 落叶乔木。叶互生，聚生于枝端，卵形至倒卵形，先端渐尖，基部楔形，全缘或上部 2～3 浅裂，坚纸质，上面绿色，晦暗或略光亮，下面灰绿色，羽状脉或离基三出脉。花序顶生，先叶开放。花黄色，雌雄异株。果近球形，成熟时蓝黑色而带白蜡粉，着生于浅杯状的果托上。花期 3—4 月，果期 5—9 月。
**生境分布** 生长于林缘或疏林中。采集于梁山圳（N 25°11′7″，E 116°8′25″，H 682 m）、新兰村（N 25°18′48″，E 116°14′5″，H 431 m）、礤文村（N 25°4′32″，E 116°11′12″，H 570 m）。常见种。
**药用部位** 根、树皮。
**性味功能** 甘、淡、微温。祛风除湿，舒筋活血。治风湿性关节炎、半身不遂、跌打损伤。

## 六、金粟兰科 Chloranthaceae

### 25. 宽叶金粟兰

**学名** *Choranthus henryi* Hemsl.
**别名** 大叶及己、四块瓦
**形态特征** 多年生草本；根状茎粗壮，黑褐色；茎直立，有6～7个明显的节。叶对生，通常4片生于茎上部，纸质，宽椭圆形、卵状椭圆形或倒卵形，边缘具锯齿。穗状花序顶生，通常二歧或总状分枝；花白色。核果球形。花期4—6月，果期7—8月。
**生境分布** 生长于林下阴湿地。采集于黄陂山（N 25°12′13″，E 116°11′3″，H 754 m）、云礤村（N 25°9′16″，E 116°9′26″，H 664 m）、新兰村（N 25°18′43″，E 116°14′4″，H 426 m）、礤文村（N 25°4′50.5″，E 116°11′27″，H 531 m）。较常见种。
**药用部位** 全草。
**性味功能** 辛，温。祛风除湿，活血散瘀。

### 26. 及己

**学名** *Chloranthus serratus* (Thunb.) Roem.et Schult
**别名** 四叶细辛、四块瓦
**形态特征** 多年生草本。根状茎横生，粗短多须根；茎直立，具明显的节。叶对生，4～6片生于茎上部，纸质，椭圆形、倒卵形或卵状披针形，边缘具锯齿，侧脉6～8对。穗状花序顶生，单一或2～3分枝；花白色。核果近球形或梨形，绿色。花期4—5月，果期6—8月。
**生境分布** 生长于山谷林缘阴湿地。采集于黄陂山（N 25°11′43″，E 116°11′5″，H 895 m）、新化村（N 25°17′42.7″，E 116°16′50″，H 451 m）、老好坑（N 25°11′19″，E 116°9′13″，H 704 m）。少见种。
**药用部位** 根。
**性味功能** 苦，平；有毒。舒筋活血，祛风止痛，消肿解毒。

## 27. 草珊瑚

**学名** *Sarcandra glahra* (Thunb.) Nakai
**别名** 接骨金粟兰、九节茶
**形态特征** 常绿半灌木。茎与枝均有膨大的节。叶革质，椭圆形、卵形至卵状披针形，边缘具粗锐锯齿，叶柄基部合生成鞘状。穗状花序顶生，通常分枝，多少成圆锥花序状；花黄绿色。核果球形，熟时亮红色。花期4—6月，果期8—10月。
**生境分布** 生长于林下阴湿地。采集于中心坑（N 25°16′1″，E 116°11′58″，H 630 m）、梁山岬（N 25°11′7″，E 116°8′25″，H 682 m）、黄陂山（N 25°11′29″，E 116°11′2″，H 947 m）。常见种。
**药用部位** 枝、叶。
**性味功能** 辛，平。清热解毒，祛风活血，消肿止痛，抗菌消炎。治流行性感冒、流行性乙型脑炎、肺炎、阑尾炎、盆腔炎、跌打损伤、风湿关节痛、闭经、创口感染、菌痢。

## 七、马兜铃科 Aristolochiaceae

## 28. 尾花细辛

**学名** *Asarum caudigerum* Hance
**别名** 江南细辛、白三百棒、顺河香
**形态特征** 多年生草本。叶片阔卵形、三角状卵形或卵状心形，叶面深绿色，脉两旁偶有白色云斑，疏被长柔毛，叶背浅绿色，稍稍带红色，被较密的毛。花单生于叶腋，花被钟形，花被绿色，被紫红色圆点状短毛丛。果近球状，具宿存花被。花期4—5月。
**生境分布** 生长于山谷、林下阴湿处。采集于伯公坑（N 25°8′42″，E 116°10′26″，H 806 m）、天马寨（N 25°6′54″，E 116°10′43″，H 897 m）、礤文村（N 25°4′27″，E 116°11′11″，H 554 m）。较常见种。
**药用部位** 全草。
**性味功能** 辛，温。祛风散寒，通窍止痛，温肺化饮药。治风寒感冒、头痛、牙痛、风湿痹痛、痰饮喘咳。

## 29. 五岭细辛

**学名** *Asarum wulingense* C. F. Liang
**别名** 山慈姑、倒插花
**形态特征** 多年生草本。根状茎短，根丛生，稍肉质粗壮。叶片长卵形或卵状椭圆形，稀三角状卵形，先端急尖至短渐尖，基部耳形或耳状心形，叶面绿色，偶有白色云斑，叶背密被棕黄色柔毛，叶柄长 7～18 cm。花绿紫色；花被管圆筒状，药隔伸出，舌状。花期 12 月—翌年 4 月。
**生境分布** 生长于林下阴湿处。采集于谷夫（N 25°12′46″，E 116°10′58″，H 663 m）、天马寨（N 25°6′49″，E 116°10′38″，H 918 m）、云礤村（N 25°9′16″，E 116°9′26″，H 665 m）。常见种。
**药用部位** 全草。
**性味功能** 辛，温；有小毒。祛风散热，止痛，活血解毒。治风寒头痛、牙痛、喘咳、中暑腹痛、痢疾、急性胃肠炎、风湿关节疼、跌打损伤。外用治毒蛇咬伤。

## 八、三白草科 Saururaceae

## 30. 蕺菜

**学名** *Houttuynia cordata* Thnub
**别名** 鱼腥草、侧耳根
**形态特征** 腥臭草本。茎下部伏地，节上轮生小根，上部直立，茎及叶背有时带紫红色。叶薄纸质，有腺点，卵形或阔卵形；叶脉 5～7 条。穗状花序在茎顶与叶对生，总苞片长圆形或倒卵形。蒴果，顶端有宿存的花柱。花期 4—7 月，果期 6—9 月。
**生境分布** 生长于山坡湿地或沟边。采集于中心坑（N 25°16′56″，E 116°15′43″，H 641 m）、老好坑（N 25°11′29″，E 116°8′49″，H 612 m）、天马寨（N 25°6′33″，E 116°10′31″，H 966 m）、黄陂山（N 25°11′45″，E 116°11′6″，H 894 m）。常见种。
**药用部位** 全草。
**性味功能** 辛，微寒。清热，解毒，利湿，消肿。治肺脓肿、痰热咳嗽、肾炎水肿、肠胃不适。

## 31. 三白草

**学名** *Saururus chinensis* (Lour.) Baill
**别名** 白面姑、塘边藕
**形态特征** 湿生草本。叶纸质，密生腺点，阔卵形至卵状披针形，基部心形或斜心形，两面均无毛，上部的叶较小，茎顶端的2～3片于花期常为白色，呈花瓣状；叶脉5～7条，均自基部发出。花序白色；苞片近匙形。果近球形，表面多疣状凸起。花期4—6月。
**生境分布** 生长于潮湿地及近水边处。采集于教文村（N 25°9′1″，E 116°11′57″，H 620 m）、老好坑（N 25°11′26″，E 116°8′50″，H 611 m）。较常见种。
**药用部位** 根茎或全草。
**性味功能** 甘、辛，寒。清热利尿，解毒消肿。治尿路感染、肾炎水肿。外用治疗疮脓肿。

## 九、胡椒科 Piperaceae

## 32. 山蒟

**学名** *Piper hancei* Maxim.
**别名** 小风藤、山蒌
**形态特征** 攀援藤本。茎枝具细纵纹，节上生根。叶纸质或近革质，卵状披针形或椭圆形；叶脉5～7条。花单性，雌雄异株，聚集成与叶对生的穗状花序。浆果球形，黄色。花期3—8月。
**生境分布** 生长于林下，攀援于树上或石头上。采集于石园地（N 25°17′40″，E 116°16′48″，H 499 m）、天马寨（N 25°7′29″，E 116°10′43″，H 765 m）、新化村（N 25°18′10″，E 116°16′38″，H 590 m）。少见种。
**药用部位** 全草。
**性味功能** 辛，微温。祛风湿，通经络，理气。治风寒湿痹、关节疼痛、经脉拘挛、跌打损伤、哮喘、久咳。

## 33. 风藤

**学名** *Piper kadsura* (Choisy) Ohwi
**别名** 海风藤、爬岩香、细叶青蒌藤
**形态特征** 木质藤本。叶近革质，具白色腺点，卵形或长卵形，顶端短尖或钝，基部心形；叶脉5条，基出或近基部发出，最外一对细弱。花单性，雌雄异株，聚集成与叶对生的穗状花序。浆果卵球形，黄褐色。花期5—8月。
**生境分布** 攀援于树上或石头上。采集于中心坑（N 25°16′53″，E 116°15′38″，H 656 m）、老鸦山（N 25°19′12″，E 116°13′41″，H 365 m）、教文村（N 25°8′53″，E 116°11′48″，H 604 m）、陈禾坑（N 25°5′17″，E 116°9′44″，H 441 m）。常见种。
**药用部位** 藤茎。
**性味功能** 辛、苦，微温。祛风湿，通经络，止痹痛。治风寒湿痹、肢节疼痛、筋脉拘挛、屈伸不利。

## 十、商陆科 Amaranthaceae

## 34. 垂序商陆

**学名** *Phytolacca americana* L.
**别名** 洋商陆、美国商陆、美商陆
**形态特征** 多年生草本。茎直立，圆柱形，有时带紫红色。叶片椭圆状卵形或卵状披针形，顶端急尖，基部楔形。总状花序顶生或侧生；花白色，微带红晕。果序下垂；浆果扁球形，熟时紫黑色。花期6—8月，果期8—10月。
**生境分布** 生长于林缘、路旁、林缘湿地或栽培。采集于谷夫（N 25°12′31″，E 116°10′45″，H 690 m）、云礤村（N 25°9′49″，E 116°8′59″，H 594 m）、东岗村（N 25°8′16″，E 116°8′9″，H 315 m）、教文村（N 25°9′1″，E 116°12′4″，H 621 m）。常见种。
**药用部位** 根。
**性味功能** 苦，寒；有毒。止咳，利尿，消肿。

## 十一、马齿苋科 Portulacaceae

### 35. 大花马齿苋

**学名** *Portulaca grandiflora* Hook.
**别名** 午时花、太阳花、半枝莲
**形态特征** 一年生草本。茎平卧或斜升，紫红色。叶密集枝端，不规则互生、圆柱形，有时微弯，顶端圆钝，叶腋常生白色长柔毛。花单生或数朵顶生；花瓣红色、紫色、或黄白色。蒴果近椭圆形，盖裂。花期6—9月，果期8—11月。
**生境分布** 生长于路旁、田间或栽培。采集于老鸦山（N 25°18′38″，E 116°13′8″，H 439 m）、教文村（N 25°9′7″，E 116°11′38″，H 637 m）。少见种。
**药用部位** 全草。
**性味功能** 苦、微辛，平。清热解毒，凉血消肿。治咽喉痛、烫伤、吐血、跌打损伤、疮疖肿毒。

### 36. 马齿苋

**学名** *Portulaca oleracea* L.
**别名** 马苋、五行草、马齿草
**形态特征** 一年生草本。茎平卧或斜倚，伏地铺散，多分枝，淡绿色或带暗红色。叶互生，叶片扁平，肥厚，倒卵形，似马齿状，先端圆钝或平截，有时微凹，基部楔形，全缘，上面暗绿色，下面淡绿色或带暗红色，中脉微隆起。花无梗，常3～5朵簇生枝端，午时盛开。蒴果卵球形，盖裂；种子细小，多数，黑褐色。花期5—8月，果期6—9月。
**生境分布** 生长于村旁、路边湿地。采集于云磜村（N 25°9′52″，E 116°8′57″，H 586 m）。常见种。
**药用部位** 全草。
**性味功能** 酸，寒。清热利湿，解毒消肿。

## 37. 土人参

**学名** *Talinum Paniculatum* (Jacq.) Gaertn
**别名** 土高丽参、栌兰
**形态特征** 一年生或多年生草本。全株无毛。叶互生或近对生，具短柄或近无柄，叶片稍肉质，倒卵形或倒卵状长椭圆形，全缘。圆锥花序顶生或腋生，较大形，常二叉状分枝；花小；萼片卵形，紫红色，早落；花瓣粉红色或淡紫红色，长椭圆形、倒卵形或椭圆形。蒴果近球形，3瓣裂，坚纸质。花期6—8月，果期9—11月。
**生境分布** 生长于阴湿处或栽培。采集于老好坑（N 25°11′28″，E 116°8′51″，H 617 m）、朝岭村（N 25°15′4″，E 116°13′31″，H 591 m）。少见种。
**药用部位** 根、叶。
**性味功能** 甘，平。根：补中益气，润肺生津。叶：消肿解毒。

## 十二、落葵科 Basellaceae

## 38. 落葵

**学名** *Basella abra* L.
**别名** 豆腐菜、胭脂菜、木耳菜
**形态特征** 一年生缠绕草本。茎肉质，绿色或略带紫红色。叶片卵形或近圆形，顶端渐尖，基部微心形或圆形，下延成柄，全缘。穗状花序腋生；小苞片2片，萼状，长圆形，宿存；花被片淡紫色或淡红色，卵状长圆形，全缘，下部白色，连合成管。果实球形，红色至深红色或黑色，多汁液。花期5—9月，果期7—10月。
**生境分布** 生长于路旁、园圃，多栽培。采集于云礤村（N 25°9′49″，E 116°8′59″，H 594 m）、朝岭村（N 25°15′4″，E 116°13′31″，H 591 m）、岩前（N 24°52′19″，E 116°13′17″，H 319 m）。少见种。
**药用部位** 全草。
**性味功能** 甘、淡，寒。清热解毒，滑肠凉血。治大便秘结、小便短涩、痢疾、便血。

## 十三、苋科 Amaranthaceae

### 39. 土牛膝

**学名** *Achyranthes aspera* L.
**别名** 倒钩草、倒梗草
**形态特征** 多年生草本。茎四棱形，有柔毛，节部稍膨大，分枝对生。叶片纸质，宽卵状倒卵形或椭圆状矩圆形，全缘或波状缘，两面密生柔毛，或近无毛。穗状花序顶生，直立花期后反折；苞片披针形，顶端长渐尖，小苞片刺状，坚硬，常带紫色，基部两侧各有1个薄膜质翅；花被片披针形，长渐尖，花后变硬且锐尖。胞果卵形。花期6—8月，果期10月。
**生境分布** 生长于路旁或荒地上。采集于老好坑（N 25°11′28″，E 116°8′51″，H 617 m）、谷夫（N 25°12′46″，E 116°10′58″，H 563 m）、新化村（N 25°18′5″，E 116°16′30″，H 605 m）。常见种。
**药用部位** 全草。
**性味功能** 甘、微酸，凉。活血散瘀，祛湿利尿，清热解毒。

### 40. 牛膝

**学名** *Achyranthes bidentata* Blume
**别名** 怀牛漆、牛髁漆
**形态特征** 多年生草本。茎有棱角或四方形，节膨大如牛膝盖。叶片椭圆形或椭圆状披针形，顶端尾尖，基部楔形或宽楔形，两面有柔毛。穗状花序顶生及腋生；总花梗有白色柔毛；花多数，密生；苞片宽卵形，顶端长渐尖；小苞片刺状，顶端弯曲，基部两侧各有一卵形膜质小裂片。胞果矩圆形，黄褐色。花期7—9月，果期9—10月。
**生境分布** 生长于屋旁、林缘、山坡草丛中。采集于云礤村（N 25°9′49″，E 116°8′55″，H 588 m）、新化村（N 25°17′27″，E 116°17′11″，H 422 m）、老好坑（N 25°11′25″，E 116°8′52″，H 612 m）。少见种。
**药用部位** 根。
**性味功能** 甘、苦、酸，平。散瘀血，消痈肿，补肝肾，强筋骨。治淋病、尿血、产后瘀血腹痛、喉痹。

## 41. 柳叶牛膝

**学名** *Achyranthes longifolia* (Makino) Makino

**别名** 长叶牛漆、红柳叶牛膝

**形态特征** 多年生草本。茎披散,多分枝,节稍膨大。叶片披针形或宽披针形,顶端尾尖,基部楔形或宽楔形,两面有柔毛。穗状花序顶生及腋生;总花梗有白色柔毛;花多数,密生;苞片宽卵形,顶端长渐尖;小苞片针状,顶端弯曲,基部有2片耳状薄片,仅有缘毛。胞果矩圆形,黄褐色。花、果期9—11月。

**生境分布** 生长于林缘或路旁较阴湿处。采集于马头山（N 25°5′48″, E 116°4′47″, H 295 m）、坑头（N 25°10′58″, E 116°12′11″, H 747 m）、大坪坑（N 25°17′3″, E 116°10′57″, H 391 m）。少见种。

**药用部位** 根。

**性味功能** 苦、酸,平。活血散瘀,泻火解毒,利尿通淋。

## 42. 喜旱莲子草

**学名** *Alternanthera Philoxeroides* (Mart.) Griseb.

**别名** 空心莲子草、空心苋

**形态特征** 多年生草本。茎匍匐。叶片矩圆形、矩圆状倒卵形或倒卵状披针形,顶端急尖或圆钝,具短尖,基部渐狭,全缘。花密生,具总花梗的头状花序,单生在叶腋,球形;苞片及小苞片白色,顶端渐尖;退化雄蕊矩圆状条形,约和雄蕊等长,子房倒卵形,具短柄,背面侧扁,顶端圆形。果实未见。花期5—10月。

**生境分布** 生长于路旁、田埂或水沟边。采集于马头山（N 25°5′48″, E 116°4′57″, H 275 m）、云礤村（N 25°9′54″, E 116°9′6″, H 607 m）、教文村（N 25°9′3″, E 116°11′40″, H 634 m）。常见种。

**药用部位** 全草。

**性味功能** 甘、寒,苦。清热,凉血,解毒。治流行性乙型脑炎早期、流行性出血热初期、麻疹。

## 43. 刺苋

**学名** *Amaranthus spinosus* L.
**别名** 笕苋菜、勒苋菜、野苋菜
**形态特征** 一年生草本。叶菱状卵形或卵状披针形，顶端圆钝，基部楔形，全缘；叶柄基部两侧中各有一锐刺。圆锥花序腋生及顶生，下部顶生花穗为雄花；苞片在腋生花簇及顶生花穗的基部者变成尖锐直刺，在顶生花穗的上部者狭披针形。胞果矩圆形，包裹在宿存花被片内。花、果期7—11月。
**生境分布** 生长于村旁、旷野荒地上。采集于云礤村（N 25°9′56″，E 116°9′0″，H 600 m）。较常见种。
**药用部位** 全草。
**性味功能** 甘、淡，凉。清热利湿，解毒消肿，凉血止血。

## 44. 皱果苋

**学名** *Amaranthus viridis* L.
**别名** 野苋、绿苋
**形态特征** 一年生草本。茎直立，绿色或带紫色。叶卵形、卵状矩圆形或卵状椭圆形，顶端尖凹或凹缺，有一芒尖，基部宽楔形或近截形。圆锥花序顶生，有分枝，由穗状花序形成，圆柱形，细长，直立，顶生花穗比侧生者长；花被片矩圆形或宽倒披针形，顶端急尖，背部有一绿色隆起中脉。胞果扁球形，绿色，不裂，极皱缩，超出花被片。花期6—8月，果期8—10月。
**生境分布** 生长于路旁或荒田上。采集于东云村（N 25°6′43″，E 116°6′42″，H 280 m）。较常见种。
**药用部位** 全草及根。
**性味功能** 甘、淡，微寒。清热利湿。

## 45. 青葙

**学名** *Celosia argentea* L.
**别名** 野鸡冠花、鸡冠花、百日红
**形态特征** 一年生草本。叶片矩圆披针形、披针形或披针状条线，绿色常带红色，顶端急尖或渐尖，具小芒尖，基部渐狭。花多数，密生，在茎端或枝端成单一、无分枝的塔状或圆柱状穗状花序；花被片初为白色顶端带红色，或全部粉红色，后成白色。胞果卵状，包裹在宿存花被片内。花期5—8月，果期6—10月。
**生境分布** 生长于平原、山坡、路边、较干燥的向阳处。采集于马头山（N 25°5′42″，E 116°4′55″，H 327 m）、新化村（N 25°17′0″，E 116°17′44″，H 391 m）。少见种。
**药用部位** 种子
**性味功能** 苦，寒。清肝火，祛风热，明目，降血压。治目赤痛、障翳、高血压。

## 十四、藜科 Polygonaceae

### 46. 土荆芥

**学名** *Dysphania ambrosioide* (L.) Mosyakin et Clemants
**别名** 臭草、杀虫芥、鸭脚草
**形态特征** 一年生或多年生草本。有强烈香味。茎直立，多分枝。叶片矩圆状披针形至披针形，先端急尖或渐尖，边缘具稀疏不整齐的大锯齿，基部渐狭具短柄。花两性及雌性，通常3～5个团集，生于上部叶腋；绿色。胞果扁球形，完全包于花被内。花期5—10月，果期7—11月。
**生境分布** 生长于村庄附近、路旁。采集于老好坑（N 25°11′29″，E 116°8′49″，H 612 m）、谷夫（N 25°12′31″，E 116°10′56″，H 705 m）、新化村（N 25°17′24″，E 116°17′19″，H 409 m）、教文村（N 25°8′47″，E 116°11′44″，H 586 m）。常见种。
**药用部位** 全草。
**性味功能** 辛、苦，微温；有小毒。祛风除湿，杀虫止痒，通经止痛。治蛔虫病、钩虫病、蛲虫病。外用治皮肤湿疹、瘙痒等。

## 十五、石竹科 Caryophyllaceae

### 47. 簇生卷耳

**学名** *Cerastium fontanum* Baumg. subsp. *Vulgare* (Hartm.) Greuter et Burdet

**别名** 簇生全卷耳

**形态特征** 多年生草本。茎单生或丛生，近直立，被白色短柔毛和腺毛。基生叶叶片近匙形或倒卵状披针形，两面被短柔毛；茎生叶近无柄，叶片卵形、狭卵状长圆形或披针形，两面均被短柔毛，边缘具缘毛。聚伞花序顶生；苞片草质；萼片5片，长圆状披针形；花瓣5片，白色，倒卵状长圆形。蒴果圆柱形，长为宿存萼的2倍。花期5—6月，果期6—7月。

**生境分布** 生长于林缘草地、田边及路旁。采集于马头山（N 25°5′52″, E 116°4′52″, H 299 m）。少见种。

**药用部位** 全草。

**性味功能** 苦，微寒。清热解毒，消肿止痛。治感冒、乳痈初起、疔疮肿痛。

### 48. 荷莲豆草

**学名** *Drymaria cordata* (L.) Willd. ex Schult.

**别名** 荷莲豆菜、穿线蛇

**形态特征** 一年生草本。根纤细。茎匍匐，节常生不定根。单叶对生，膜质，叶片卵状心形，顶端凸尖，具3～5条基出脉。聚伞花序顶生；花瓣白色，倒卵状楔形。蒴果卵形，3瓣裂。花期4—10月，果期6—12月。

**生境分布** 生长于山野阴湿地带。采集于东岗村（N 25°8′16″, E 116°8′9″, H 315 m）、陈禾坑（N 25°5′22″, E 116°9′50″, H 462 m）、梁山隔（N 25°11′26″, E 116°13′45″, H 440 m）。少见种。

**药用部位** 全草。

**性味功能** 微酸、淡，凉。清热解毒，利尿通便，活血消肿，退翳。治急性肝炎、胃痛、疟疾、翼状胬肉、腹水、便秘。外用治骨折、疮痈、蛇咬伤。

### 49. 繁缕

**学名** *Stellaria media* (L.) Cyr.
**别名** 鹅肠菜、鸡肠菜
**形态特征** 一年生草本。茎俯仰或上升，基部多少分枝，常带淡紫红色。叶宽卵形或卵形，全缘；基生叶具长柄，上部叶常无柄或具短柄。疏聚伞花序顶生；萼片5片，卵状披针形；花瓣白色，长椭圆形，比萼片短，深2裂达基部，裂片近线形；雄蕊3～5枚，短于花瓣；花柱3枚，线形。蒴果卵形，顶端6裂。花期6—7月，果期7—8月。
**生境分布** 生长于田间路边或溪旁草地。采集于谷夫（N 25°12′46″，E 116°10′58″，H 563 m）、新兰村（N 25°18′45″，E 116°14′4″，H 428 m）、云礤村（N 25°8′11″，E 116°8′20″，H 535 m）。常见种。
**药用部位** 全草。
**性味功能** 甘、微咸，平。活血祛瘀，下乳催生，清热解毒。治产后瘀滞腹痛、乳汁不多、暑热呕吐。

## 十六、蓼科 Polygonaceae

### 50. 金线草

**学名** *Antenoron filiforme* (Thunb.) Rob. et Vaut.
**别名** 毛蓼、山蓼、一串红
**形态特征** 多年生草本。茎具糙伏毛，有纵沟，节部膨大。叶椭圆形或长椭圆形，顶端短渐尖或急尖，基部楔形，全缘，两面均具糙伏毛；叶鞘筒状，膜质具短缘毛。总状花序呈穗状，顶生或腋生；花被4深裂，雄蕊5枚，柱头2枚，果时伸长，硬化，先端呈钩状，宿存。瘦果卵形，双凸镜状，褐色，包于宿存花被内。花期7—8月，果期9—10月。
**生境分布** 生长于山地林缘、路旁阴湿处。采集于谷夫（N 25°12′46″，E 116°10′58″，H 663 m）、礤文村（N 25°4′32″，E 116°11′13″，H 590 m）、老好坑（N 25°11′19″，E 116°9′13″，H 708 m）。常见种。
**药用部位** 全草。
**性味功能** 辛，凉。凉血止血，祛瘀止痛。治吐血、肺结核咯血、子宫出血、淋巴结结核、胃痛、痢疾、跌打损伤、骨折、风湿痹痛、腰痛。

## 51. 短毛金钱草

**学名** *Antenoron filiforme* (Thunb.) Rob. et Vaut. var. *neofiliforme* (Nakai) A. J. Li

**别名** 大叶辣蓼、毛蓼、金钱草

**形态特征** 多年生草本。茎具糙伏毛，有纵沟，节部膨大。叶椭圆形或长椭圆形，顶端长渐尖，基部楔形，全缘，两面疏生短糙伏毛；叶鞘筒状，膜质具短缘毛。总状花序呈穗状，顶生或腋生；花被4深裂，雄蕊5枚，柱头2枚，果时伸长，硬化，先端呈钩状，宿存。瘦果卵形，双凸镜状，褐色，包于宿存花被内。花期7—8月，果期9—10月。

**生境分布** 生长于林缘、沟边、路旁草丛中。采集于梁山岈（N 25°11′7″, E 116°8′25″, H 697 m）、谷夫（N 25°12′46″, E 116°10′56″, H 637 m）、大坪坑（N 25°17′4″, E 116°11′27″, H 502 m）。常见种。

**药用部位** 全草。

**性味功能** 辛、苦，凉；小毒。凉血止血，清热利湿，散瘀止痛。治咯血、吐血、便血、血崩、泄泻、痢疾、胃痛、经期腹痛、产后血瘀痛、跌打损伤、风湿痹痛、瘰疬、痈肿。

## 52. 金荞麦

**学名** *Fagopyrum dibotrys* (D. Don) Hara

**别名** 透骨消、苦荞麦根

**形态特征** 多年生草本。根状茎木质化，分枝，具纵棱。叶三角形，基部近戟形，全缘，两面具乳头状突起或被柔毛。托叶鞘筒状，膜质。花序伞房状，顶生或腋生；花被5深裂，白色。瘦果宽卵形，具3条锐棱，黑褐色。花期7—9月，果期8—10月。

**生境分布** 生长于荒地、路旁、河边阴湿地。采集于谷夫（N 25°12′31″, E 116°10′56″, H 705 m）、朝岭村（N 25°15′9″, E 116°13′48″, H 579 m）。少见种。

**药用部位** 根茎。

**性味功能** 辛、苦，凉。清热解毒，活血消痈，祛风除湿。治疮毒、蛇虫咬伤、肺痈、肺热咳喘、咽喉肿痛、痢疾、风湿痹症、跌打损伤、痈肿、癌。

### 53. 苦荞麦

**学名** *Fagopyrum tataricum* (L.) Gaertn.
**别名** 野荞麦、荞叶七
**形态特征** 一年生草本。茎直，分枝，绿色或微逞紫色，有细纵棱。叶宽三角形，下部叶具长柄，上部叶较小具短柄；托叶鞘偏斜，膜质。花序总状，腋生或顶生，花被白色或淡粉红色。瘦果长卵形，具3条棱，黑褐色。花期6—9月，果期8—10月。
**生境分布** 生长于路旁或荒地。采集于谷夫（N 25°12′41″，E 116°10′50″，H 673 m）。常见种。
**药用部位** 全草。
**性味功能** 苦，寒。除湿止痛，解毒消肿，健胃。治跌打损伤、腰腿疼痛、疮痈肿毒。

### 54. 何首乌

**学名** *Fallopia multiflora* (Thunb.) Harald.
**别名** 多花蓼、紫乌藤、夜交藤
**形态特征** 多年生草本。茎缠绕，多分枝，下部木质。叶卵形或长卵形，先端渐尖，基部心形，边缘全缘；托叶鞘膜质，偏斜。花序圆锥状，顶生或腋生；花被白色或淡绿色。瘦果卵形，具3条棱，黑褐色，有光泽，包于宿存花被内。花期8—9月，果期9—10月。
**生境分布** 生长于林下、山谷灌丛、沟边石隙。采集于谷夫（N 25°12′37″，E 116°10′49″，H 682 m）、教文村（N 25°8′56″，E 116°11′50″，H 613 m）、老好坑（N 25°11′24″，E 116°9′7″，H 655 m）。较常见种。
**药用部位** 干燥块根。
**性味功能** 甘、苦、涩，微温。解毒，消痈，润肠通便。治瘰疬疮痈、风疹瘙痒、肠燥便秘、高血脂。

## 55. 竹节蓼

**学名** *Homalocadium platycladum* (F. Muell. ex Hook.) L. H. Bailey

**别名** 百足草、蜈蚣竹

**形态特征** 直立灌木。扁平，具节，绿色，有细纵条纹。叶通常退化，有时存在，互生，披针形或卵状菱形，顶端急尖，基部渐狭，全缘。花小，两性，白色或淡红色。瘦果三棱形，包藏于肉质、深红色或淡紫红色、宿存的花被内，呈浆果状。花、果期夏季至冬季。

**生境分布** 生长于林下阴湿处或栽培。采集于云礤村（N 25°9′27″，E 116°9′23″，H 666 m）。稀少种。

**药用部位** 全草。

**性味功能** 甘酸，微寒。清热解毒，散瘀消肿。治痈疽肿毒、跌打损伤、蛇虫咬伤。

## 56. 火炭母

**学名** *Polygonum chinense* L.

**别名** 大沙甘草

**形态特征** 多年生草本。茎直立，具纵棱，多分枝。叶卵形或长卵形，顶端短渐尖，基部截形或宽楔形；托叶鞘膜质，无毛，具脉纹，顶端偏斜，无缘毛。花序头状，通常数个排成圆锥状，顶生或腋生；苞片宽卵形，每苞片具 1～3 朵花；花被 5 深裂，白色或淡红色。瘦果宽卵形，具 3 条棱，黑色，无光泽，包于宿存的花被。花期 7—9 月，果期 8—10 月。

**生境分布** 生长于沟边或路边湿地。采集于云礤村（N 25°9′56″，E 116°9′0″，H 600 m）、石园地（N 25°17′40″，E 116°16′50″，H 482 m）、教文村（N 25°9′11″，E 116°12′14″，H 648 m）。常见种。

**药用部位** 全草。

**性味功能** 微酸、微涩，凉。清热解毒，利湿消滞，凉血止痒，明目退翳。

## 57. 二歧蓼

**学名** *Polygonum dichotomum* Bl.
**别名** 水红骨蛇
**形态特征** 一年生草本。茎上升或直立，具纵棱，疏被倒生皮刺。叶披针形或狭椭圆形，顶端急尖，基部楔形、截形或近戟形，边缘全缘，沿中脉疏生短皮刺；托叶鞘筒状，膜质。花序头状，顶生或腋生，花序梗被腺毛，通常1~3个，二歧分枝。瘦果近圆形，双凸镜状，包于宿存花被内。花期6—7月，果期8—10月。
**生境分布** 生长于沟边、湿地。采集于云礤村（N 25°9′56″，E 116°8′60″，H 600 m）、礤文村（N 25°4′29″，E 116°11′11″，H 568 m）、老好坑（N 25°11′25″，E 116°9′7″，H 644 m）、坑头（N 25°11′6″，E 116°12′8″，H 739 m）。常见种。
**药用部位** 全草。
**性味功能** 酸、辛，凉；有小毒。清热解毒，消肿止痛，止痒。

## 58. 水蓼

**学名** *Polygonum hydropiper* L.
**别名** 辣蓼
**形态特征** 一年生草本。茎直立，多分枝，节部膨大。叶纸质，披针形或椭圆状披针形，边具全缘，具缘毛，具辛辣味；托叶鞘筒形，膜质，顶端截形，具短缘毛，通常托叶鞘内藏花簇。总状花序呈穗状，顶生或腋生；花被绿色，上部白色或淡红色。瘦果卵形，具3条棱。花期5—9月，果期6—10月。
**生境分布** 生长于水边湿地。采集于云礤村（N 25°9′46″，E 116°8′40″，H 587 m）、老好坑（N 25°11′29″，E 116°8′49″，H 612 m）、老鸦山（N 25°18′38″，E 116°13′8″，H 439 m）、新化村（N 25°17′29″，E 116°17′11″，H 432 m）、黄陂山（N 25°12′31″，E 116°10′56″，H 705 m）。常见种。
**药用部位** 全草。
**性味功能** 辛，平。化湿，行滞，祛风，消肿。

## 59. 红蓼

**学名** *Polygonum orientale* L.
**别名** 红草、大红蓼、东方蓼
**形态特征** 一年生草本。茎直立，密被开展的长柔毛。叶宽卵形、宽椭圆形或卵状披针形，边缘全缘，密生缘毛，两面密生短柔毛；托叶鞘筒状，膜质。总状花序呈穗状，顶生或腋生，花紧密，微下垂，通常数个再组成圆锥状；花被5深裂，淡红色或白色。瘦果近圆形，双凹，黑褐色。花期6—9月，果期8—10月。
**生境分布** 生长于村边、路旁、沟边湿地。采集于老好坑（N 25°11′24″，E 116°8′58″，H 621 m）。少见种。
**药用部位** 全草。
**性味功能** 辛，平；有小毒。祛风除湿，清热解毒，活血，截疟。治风湿痹痛、痢疾、腹泻、吐泻转筋、水肿、脚气、痈疮疔疖、蛇虫咬伤、小儿疳积疝气、跌打损伤、疟疾。

## 60. 杠板归

**学名** *Polygonum perfoliatum* L.
**别名** 刺犁头、贯叶蓼
**形态特征** 一年生草本。茎攀援，具纵棱，沿棱具稀疏的倒生皮刺。叶三角形，薄纸质，下面沿叶脉疏生皮刺；叶柄与叶片近等长，具倒生皮刺，盾状着生于叶片的近基部；托叶鞘叶状，穿叶。总状花序呈短穗状，不分枝顶生或腋生，苞片卵圆形；花被5深裂，淡红色或白色，果时增大，肉质，变为深蓝色。瘦果球形。花期6—8月，果期9—10月。
**生境分布** 生长于村旁荒地。采集于老好坑（N 25°11′28″，E 116°8′51″，H 617 m）、张畲村（N 25°4′51″，E 116°11′41″，H 519 m）、东岗村（N 25°8′16″，E 116°8′9″，H 315 m）、教文村（N 25°8′49″，E 116°11′45″，H 593 m）。常见种。
**药用部位** 全草。
**性味功能** 苦、酸，凉。利水消肿，清热解毒，止咳。治肾炎水肿、百日咳、泻痢、湿疹、疖肿、毒蛇咬伤。

## 61. 习见蓼

**学名** *Polygonim plebeium* R. Br.
**别名** 腋花蓼、小扁蓄、铁马齿苋
**形态特征** 一年生草本。茎平卧、自基部分枝，具纵棱，沿棱具小突起。叶狭椭圆形或倒披针形，两面无毛，侧脉不明显；叶柄极短或近无柄；托叶鞘膜质，白色，顶端撕裂。花3～6朵，簇生于叶腋，遍布全株；花被片长椭圆形，绿色，边缘白色或淡红色。瘦果宽卵形，具3条锐棱或双凸镜状。花期5—8月，果期6—9月。
**生境分布** 生长于路边或荒地。采集于黄门岭（N 25°6′35″，E 116°6′40″，H 275 m）、云磜村（N 25°8′34″，E 116°8′11″，H 452 m）。常见种。
**药用部位** 全草。
**性味功能** 苦，平。利屎通淋，化湿杀虫。治恶疮疥癣、阴蚀、蛔虫病。

## 62. 戟叶蓼

**学名** *Polygonum thunbergii* Sieb. et Zucc.
**别名** 鹿蹄草
**形态特征** 一年生草本。茎直立或上升，具纵棱，沿棱有倒生皮刺。叶戟形顶端渐尖，基部截形或近心形，边缘具短缘毛；叶柄具倒生皮刺，通常具狭翅；托叶鞘膜质，边缘具叶状翅，具粗缘毛。花序头状，顶生或腋生，分枝，花序梗具腺毛及短柔毛；花被5深裂，淡红色或白色。瘦果宽卵形，具3条棱。花期7—9月，果期8—10月。
**生境分布** 生长于路旁、沟边湿地。采集于坑头（N 25°10′58″，E 116°12′11″，H 747 m）。少见种。
**药用部位** 全草。
**性味功能** 淡，平。清热解毒，止泻。治毒蛇咬伤、泻痢。

## 63. 虎杖

**学名** *Reynoutria japonica* Houtt.

**别名** 酸筒杆、大接骨、花斑竹、大叶蛇总管

**形态特征** 多年生草本。茎直立，空心，具明显的纵棱，散生红色或紫红色斑点。叶宽卵形或卵状椭圆形，近革质，顶端渐尖，基部宽楔形、截形或近圆形；托叶鞘膜质，偏斜。花单性，雌雄异株，花序圆锥状，腋生。瘦果卵形，具3条棱，黑褐色。花期8—9月，果期9—10月。

**生境分布** 生长于山沟、溪边、林下阴湿处。采集于老好坑（N 25°11′30″，E 116°8′44″，H 608 m）、云礤村溪（N 25°9′16″，E 116°8′31″，H 482 m）、新化村（N 25°18′9″，E 116°16′32″，H 592 m）、黄陂山（N 25°12′27″，E 116°10′52″，H 648 m）。常见种。

**药用部位** 根状茎。

**性味功能** 微苦，微寒。清热解毒，利胆退黄，祛风利湿，散瘀定痛，止咳化痰。治关节痹痛、湿热黄疸、闭经、癥瘕、咳嗽痰多、水火烫伤、跌打损伤、痈肿疮毒。

## 64. 酸模

**学名** *Rumex acetosa* L.

**别名** 酸溜溜、遏蓝菜

**形态特征** 多年生草本。茎直立，具深沟槽。基生叶和茎下部叶箭形，先端急尖或圆钝，基部裂片急尖，全缘或微波状；茎上部叶较小，托叶鞘膜质，易破裂。花序狭圆锥状，顶生，分枝稀疏；花单性，雌雄异株。瘦果圆形，具3条锐棱，黑褐色。花期5—7月。果期6—8月。

**生境分布** 生长于路边、山坡及湿地。采集于老鸦山（N 25°18′42″，E 116°13′12″，H 435 m）、老好坑（N 25°11′26″，E 116°8′48″，H 614 m）。较常见种。

**药用部位** 根、叶。

**性味功能** 苦，寒。清热解毒，杀虫止痒。治乳痈、疮疡肿毒、疥癣。

## 十七、泽泻科 Alismataceae

### 65. 慈姑

**学名** *sagittifolia trifolia* L. var. *sinensis* (Sims) Makino
**别名** 华夏慈姑、燕尾草
**形态特征** 多年生水生或沼生草本。根状茎匍匐，末端膨大为球茎。挺水叶箭形，叶片宽大而肥厚，顶裂片的顶端钝圆，卵形至宽卵形；叶柄基部渐宽呈鞘状。花葶直立，挺水；圆锥花序高大；花单性，外轮花被片椭圆形，内轮花被片白色或淡黄色；雌花1~3轮；雄花多轮。瘦果两侧压扁，倒卵形，具翅。花、果期5—10月。
**生境分布** 生长于池塘、田边、湿地。采集于黄陂山（N 25°13′25″，E 116°10′47″，H 578 m）、新兰村（N 25°19′0″，E 116°14′5″，H 414 m）、朝岭村（N 25°15′6″，E 116°13′40″，H 560 m）。较常见种。
**药用部位** 根茎。
**性味功能** 甘、苦，凉。清热止血，解毒消肿，散结。治咯血、吐血、难产、产后胞衣不下、崩漏带下、尿路结石、小儿丹毒。外用治痈肿疮毒、毒蛇咬伤。

## 十八、眼子菜科 Potamogetonaceae

### 66. 鸡冠眼子菜

**学名** *Potamogeton cristatus* Rgl. et Maack.
**别名** 小叶眼子菜、水竹叶
**形态特征** 多年生水生草本。茎纤细，于节处生出多数纤长的须根，具分枝。叶两型，花期前全部为沉水型叶，线形，互生，全缘，近花期或开花时出现浮水叶，互生，在花序梗下近对生，叶片椭圆形、矩圆形或矩圆状卵形，稀披针形，革质，全缘。穗状花序顶生，或呈假腋生状，具花3~5轮，密集。果实斜倒卵形，背部中脊明显成鸡冠状，斜伸。花、果期5—9月。
**生境分布** 生长于水沟、水池、田边。采集于黄门岭（N 25°6′35″，E 116°6′40″，H 275 m）。常见种。
**药用部位** 全草。
**性味功能** 微苦，凉。清热解毒，利水通淋。治火眼、消气膨胀、黄疸、瘰疬、痔疮、月经不调、红崩白带、避孕、小儿蟮气腹痛。

## 十九、菖蒲科 Acoraceae

### 67. 菖蒲

**学名** *Acorus calamus* L.
**别名** 大叶菖蒲、白菖蒲
**形态特征** 多年生草本。根茎横走，稍扁，芳香。叶基生，基部两侧膜质叶鞘向上渐狭，至叶长1/3处渐行消失、脱落。叶片剑状线形，基部宽、对褶，中部以上渐狭，草质，绿色，光亮；中肋在两面均明显隆起。花序柄三棱形；叶状佛焰苞剑状线形；肉穗花序斜向上或近直立，狭锥状圆柱形；花黄绿色。浆果长圆形，红色。花期（2）6—9月。
**生境分布** 生长于池塘或浅水边。采集于孔下村（N 25°14′5″，E 116°10′33″，H 542 m）、新兰村（N 25°19′30″，E 116°13′50″，H 335 m）、新化村（N 25°15′50″，E 116°17′9″，H 572 m）。较常见种。
**药用部位** 根茎。
**性味功能** 辛、苦，温。辟秽开窍，宣气逐痰，健胃，解毒，杀虫。治癫狂、惊痫、痰厥昏迷、风寒湿痹、噤口毒痢、癫痫、痰热惊厥、胸腹胀闷、慢性支气管炎，外敷痈疽疥癣。

### 68. 石菖蒲

**学名** *Acorus tatarinowii* Schott
**别名** 九节菖蒲、菖蒲
**形态特征** 多年生草本。根茎芳香，外部淡褐色，根茎上部分枝甚密，植株因而成丛生状，分枝常被纤维状宿存叶基。叶无柄，叶片薄，基部两侧膜质叶鞘宽，上延几达叶片中部，渐狭，脱落；叶片暗绿色，线形，基部对折，中部以上平展。花序柄腋生，三棱形。叶状佛焰苞长；肉穗花序圆柱状。花白色。果序成熟时黄绿色或黄白色。花、果期2—6月。
**生境分布** 生长于湿地或溪涧旁石上。采集于云礤村（N 25°9′47″，E 116°8′59″，H 590 m）、老好坑（N 25°11′34″，E 116°8′42″，H 605 m）、新化村（N 25°17′52″，E 116°16′50″，H 502 m）。常见种。
**药用部位** 根茎。
**性味功能** 辛、苦，温。化湿开胃，开窍豁痰，醒神益智。治脘痞不饥、噤口下痢、神昏癫痫、健忘耳聋。

## 二十、天南星科 Araceae

### 69. 尖尾芋

**学名** *Alocasia cucullata* (Lour.) Schott
**别名** 观音莲、假海芋
**形态特征** 直立草本。地上茎圆柱形，具环形叶痕，丛生状。叶柄绿色，由中部至基部强烈扩大成宽鞘；叶片膜质或亚革质，深绿色；宽卵状心形，全缘。花序柄圆柱形；佛焰苞近肉质，管部长圆状卵形，淡绿至深绿色；肉穗花序比佛焰苞短，雌花序圆柱形，能育雄花序近纺锤形，苍黄色、黄色，附属器淡绿色、黄绿色，狭圆锥形。浆果近球形。花期5月。
**生境分布** 生长于沟边灌丛中、田边阴湿地。采集于教文村（N 25°8′58″，E 116°11′33″，H 625 m）。少见种。
**药用部位** 全株。
**性味功能** 辛、微苦，寒；有大毒。清热解毒，消肿镇痛。可治流感、高热、肺结核、急性胃炎、胃溃疡、慢性胃病、肠伤寒。外用治毒蛇咬伤、蜂窝组织炎、疮疖、风湿。

### 70. 海芋

**学名** *Alocasia macrorrhiza* (L.) Schott
**别名** 隔河仙、痕芋头、狼毒
**形态特征** 大型常绿草本，具匍匐根状。叶多数，叶柄绿色或污紫色，螺旋状排列；叶片亚革质，草绿色，箭状卵形，边缘浅波状。花序柄2～3枚丛生，圆柱形。佛焰苞管部绿色，卵形或椭圆形；檐部蕾时绿色，花时黄绿色、绿白色。肉穗花序芳香，雌花序白色，不育雄花序绿白色，能育雄花序淡黄色，附属器淡绿色至乳黄色，圆锥状。浆果红色。花期四季。
**生境分布** 生长于山谷密林下阴湿地。采集于磜文村（N 25°4′28″，E 116°11′10″，H 559 m）、新化村（N 25°17′17″，E 116°17′23″，H 414 m）、教文村（N 25°9′3″，E 116°11′43″，H 625 m）。少见种。
**药用部位** 根状茎。
**性味功能** 微辛、涩，寒；有毒。清热解毒，消肿。治感冒、肺结核、肠伤寒。外用治虫蛇咬伤、疮疡肿毒。

## 71. 魔芋

**学名** *Amorphophallus konjac* K. Koch
**别名** 蒟蒻、鬼芋
**形态特征** 块茎扁球形。叶片绿色，3裂，二歧分裂，二次裂片二回羽状分裂或二回二歧分裂，小裂片互生，大小不等，基部的较小，长圆状椭圆形。佛焰苞漏斗形，基部席卷，苍绿色，杂以暗绿色斑块，边缘紫红色。肉穗花序比佛焰苞长1倍，雌花序圆柱形，紫色；雄花序紧接（有时杂以少数两性花）。浆果球形或扁球形，成熟时黄绿色。花期4—6月，果8—9月成熟。
**生境分布** 生长于林下阴湿处。采集于云礤村（N 25°9′4″，E 116°8′31″，H 394 m）、新化村（N 25°17′32″，E 116°17′4″，H 428 m）、谷夫（N 25°12′37″，E 116°10′51″，H 675 m）、教文村（N 25°8′52″，E 116°11′47″，H 594 m）。少见种。
**药用部位** 球状块茎。
**性味功能** 辛，寒。消肿散结，解毒止痛。治肿瘤、颈淋巴结结核。外用治痈疖肿毒、毒蛇咬伤。

## 72. 一把伞南星

**学名** *Arisaema erubesccns* (Wall.) Schott
**别名** 一把伞、天南星
**形态特征** 块茎扁球形。叶柄中部以下具鞘；叶片放射状分裂，裂片无定数，披针形、长圆形至椭圆形，具线形长尾。花序柄比叶柄短，果时下弯。佛焰苞绿色，背面有清晰的白色条纹，或淡紫色至深紫色而无条纹，管部圆筒形，喉部边缘截形或稍外卷。肉穗花序单性。浆果红色。花期5—7月，果9月成熟。
**生境分布** 生长于林下阴湿处。采集于黄陂山（N 25°11′51″，E 116°11′10″，H 842 m）、坑头（N 25°10′58″，E 116°12′11″，H 747 m）。较常见。
**药用部位** 块茎。
**性味功能** 苦、辛，温；有毒。燥湿化痰，祛风止痉，散结消肿。治顽痰咳嗽、风痰眩晕、中风痰壅、口眼歪斜、半身不遂、癫痫、惊风、破伤风。生用外治痈肿、蛇虫咬伤。

## 73. 天南星

**学名** *Arisaema heterophyllum* Blume.
**别名** 异叶天南星、独脚莲、狗爪半夏
**形态特征** 块茎扁球形。叶单1片，叶柄圆柱形；叶片鸟足状分裂，裂片13～19片，倒披针形、长圆形、线状长圆形，中央裂片比侧裂片几短1/2；侧裂片向外渐小，排成蝎尾状。花序柄从叶柄鞘筒内抽出；佛焰苞管部圆柱形；肉穗花序两性和雄花序单性。两性花序，下部雌花序，上部雄花序；单性雄花序，苍白色，雄花具柄，白色。浆果黄红色、红色，圆柱形。花期4—5月，果期7—9月。
**生境分布** 生长于路边或林下阴湿处。采集于新兰村（N 25°19′13″，E 116°13′50″，H 367 m）、磜文村（N 25°4′49″，E 116°11′25″，H 498 m）、黄陂山（N 25°12′9″，E 116°11′4″，H 782 m）、新化村（N 25°17′41″，E 116°16′51″，H 448 m）。较常见种。
**药用部位** 块茎。
**性味功能** 苦、辛，温。燥湿化痰，祛风止痉，散结消肿。治中风痰壅、口眼歪斜、半身不遂、癫病、破伤风。外用消痈肿。鲜品有毒，内服慎用，孕妇禁忌。

## 74. 野芋

**学名** *Colocasia esculentum* var. *antiquorum* (Schott) Hubbard et Rehder
**别名** 红芋荷、野芋头
**形态特征** 多年生湿生草本。块茎球形，具小球茎。叶柄肥厚，直立；叶片薄革质，盾状卵形，基部心形。花序柄比叶柄短许多。佛焰苞苍黄色。肉穗花序短于佛焰苞。雌花序与不育雄花序等长，能育雄花序和附属器各长4～8 cm。
**生境分布** 生长于田边、林下阴湿处。采集于云磜村（N 25°9′44″，E 116°9′11″，H 602 m）、新兰村（N 25°18′50″，E 116°14′3″，H 426 m）、老好坑（N 25°11′25″，E 116°9′7″，H 644 m）。常见种。
**药用部位** 根茎。
**性味功能** 辛，寒；有小毒。解毒，消肿止痛。治痈疖肿毒、急性颈淋巴结炎、指头疔、创伤出血、虫蛇咬伤。

## 75. 半夏

**学名** *Pinellia ternate* (Thunb.) Breit.
**别名** 三叶半夏

**形态特征** 块茎圆球形。叶柄基部具鞘，鞘内、鞘部以上或叶片基部（叶柄顶头）有珠芽，珠芽在母株上萌发或落地后萌发；幼苗叶片卵状心形至戟形，为全缘单叶；老株叶片3全裂，裂片绿色，背淡，长圆状椭圆形或披针形，两头锐尖。花序柄长于叶柄。佛焰苞绿色或绿白色，管部狭圆柱形。肉穗花序。浆果卵圆形，黄绿色，先端渐狭为明显的花柱。花期5—7月，果8月成熟。
**生境分布** 生长于田边、路边或疏林下。采集于岩前狮岩（N24°52′19″，E 116°13′17″，H 319 m）、教文村（N 25°8′52″，E 116°11′47″，H 594 m）。少见种。
**药用部位** 块茎。
**性味功能** 辛，温；有毒。燥湿化痰，降逆止呕，消痞散结。治湿痰冷饮、呕吐、反胃、咳喘痰多、胸膈胀满、痰厥头痛、头晕不眠。外消痈肿。

## 76. 犁头尖

**学名** *Typhonium blumei* Nicolson et Sivadasan
**别名** 犁头草、芋头七

**形态特征** 块茎近球形、头状或椭圆形。幼株叶1～2片，叶片深心形、卵状心形至戟形，多年生植株有叶4～8枚，基部鞘状，莺尾式排列，淡绿色，上部圆柱形，绿色；叶片绿色，背淡，戟状三角形，前裂片卵形。花序柄单1个，从叶腋抽出，淡绿色，圆柱形。佛焰苞管部绿色，卵形。肉穗花序无柄，雌花序圆锥形，位于花序轴下方；中性花序紧接雌花序之上；雄花序在最上部。浆果倒卵形。花期5—7月。
**生境分布** 生长于路旁、田边、草地。采集于岩前狮岩（N24°52′18″，E 116°13′16″，H 288 m）。常见种。
**药用部位** 块茎。
**性味功能** 苦、辛，温；有毒。散瘀，止血，消肿，解毒。治跌打损伤、外伤出血、乳痈。

## 二十一、浮萍科 Lemnaceae

### 77. 浮萍

**学名** *Lemna minor* L.
**别名** 浮萍草、青萍
**形态特征** 浮水小草本。根1条，纤细，着生于叶状体下面的中部。叶状体对称，倒卵形、椭圆形或近圆形，全缘，上面绿色，下面浅黄色或紫色。通常以叶状体的侧边生无性芽敏繁殖。
**生境分布** 生长于水田、池沼或其他静水水域。采集于云磜村（N 25°9′47″，E 116°9′06″，H 595 m）、天马寨（N 25°7′32″，E 116°10′43″，H 758 m）、新化村（N 25°18′9″，E 116°16′32″，H 592 m）、陈禾坑（N 25°5′21″，E 116°9′46″，H 437 m）。常见种。
**药用部位** 全草。
**性味功能** 辛，寒。发汗，祛风，行水，清热，解毒。治时行热痫、斑疹不透、风热痛疹、皮肤瘙痒、水肿、闭经、疮癣、丹毒、烫伤。

### 78. 紫萍

**学名** *Spirodela polyrhiza* (L.) Schneid.
**别名** 紫背浮萍
**形态特征** 浮水小草本。叶状体扁平，阔倒卵形，表面绿色，背面紫色，具掌状脉5～11条，背面中央生5～11条根；根基附近的一侧囊内形成圆形新芽，萌发后，幼小叶状体渐从囊内浮出，由一细弱的柄与母体相连。花未见，据记载，肉穗花序有2朵雄花和1朵雌花。
**生境分布** 生长于池塘、稻田及水沟水面上。采集于老好坑（N 25°11′20″，E 116°9′12″，H 696 m）、坑头（N 25°11′6″，E 116°12′8″，H 739 m）。较常见种。
**药用部位** 全草。
**性味功能** 辛，寒。发汗，祛风，行水，清热，解毒。治时行热痫、斑疹不透、风热痛疹、皮肤瘙痒、水肿、闭经、疮癣、丹毒、烫伤。

## 二十二、百部科 Stemonaceae

### 79. 大百部

**学名** *Stemona tuberosa* Lour.
**别名** 对叶百部、九重根、山百部
**形态特征** 块根通常纺锤状。茎常具少数分枝，攀援状，下部木质化，分枝表面具纵槽。叶对生或轮生，极少兼有互生，卵状披针形、卵形或宽卵形，顶端渐尖至短尖，基部心形，边缘稍波状，纸质或薄革质。花单生或2～3朵排成总状花序，生于叶腋或偶尔贴生于叶柄上；苞片小，披针形；花被片黄绿色带紫色脉纹。蒴果光滑，具多数种子。花期4—7月，果期（5）7—8月。
**生境分布** 生长于林下、路旁、溪边或阴湿岩石中。采集于云磜村（N 25°9′77″，E 116°8′39″，H 634 m）、新华村（N 25°19′22″，E 116°13′48″，H 366 m）、陈禾坑（N 25°5′21″，E 116°9′44″，H 463 m）。少见种。
**药用部位** 块根。
**性味功能** 甘、苦，微温。润肺下气止咳，杀虫。治新久咳嗽、肺痨咳嗽、百日咳。外用于头虱、体虱、蛲虫病、阴痒症。

## 二十三、薯蓣科 Dioscoreaceae

### 80. 黄独

**学名** *Dioscorea bulbifera* L.
**别名** 黄药子、黄药
**形态特征** 缠绕草质藤本。茎左旋，浅绿色稍带红紫色，光滑无毛。叶腋内有紫棕色，球形或卵圆形珠芽，大小不一，表面有圆形斑点。单叶互生；叶片宽卵状心形或卵状心形，边缘全缘或微波状，两面无毛。花单性异株；雄花序穗状，下垂，常数个丛生于叶腋，有时分枝呈圆锥状；雄花单生，密集，花被片新鲜时紫色；雌花序与雄花序相似，常2至数个丛生叶腋。蒴果反折下垂，三棱状长圆形，成熟时草黄色，表面密被紫色小斑点。花期7—10月，果期8—11月。
**生境分布** 生长于沟边、路旁或灌木丛中。采集于谷夫（N 25°12′26″，E 116°10′59″，H 723 m）教文村（N 25°8′52″，E 116°11′47″，H 585 m）、新化村（N 25°17′17″，E 116°17′23″，H 414 m）。少见种。
**药用部位** 块茎。
**性味功能** 苦，寒；有毒。清热解毒，凉血止血，止咳平喘。治甲状腺肿、吐血、咯血、咳嗽气喘、百日咳。

## 81. 薯莨

**学名** *Dioscorea cirrhosa* Lour.
**别名** 山猪薯、山羊头、风车子
**形态特征** 藤本。茎绿色，右旋，有分枝，下部有刺。单叶，在茎下部互生，中部以上对生；叶片革质或近革质，长椭圆状卵形至卵圆形，或为卵状披针形至狭披针形，全缘。雄花序为穗状花序，排列呈圆锥状花序；雄花的外轮花被片为宽卵形。雌花序为穗状花序，单生于叶腋，雌花外轮花被片为卵形。蒴果不反折，近三棱状扁圆形。花期4—6月，果期7月—翌年1月。

**生境分布** 生长于阔叶林中、林缘、路旁或灌丛中。采集于老好坑（N 25°11′33″，E 116°8′36″，H 637 m）、石园地（N 25°17′37″，E 116°16′52″，H 473 m）、天马寨（N 25°7′27″，E 116°10′43″，H 781 m）。常见种。
**药用部位** 块茎。
**性味功能** 苦、微酸、涩，平。活血补血，收敛固涩。治功能性子宫出血、产后出血、咯血、吐血、便血、尿血、腹泻。外用治烧伤。

## 82. 日本薯蓣

**学名** *Dioscorea japonica* Thunb.
**别名** 土淮山、药薯、怀山药
**形态特征** 缠绕草质藤本。茎绿色，右旋。单叶，在茎下部互生，中部以上的对生；叶片纸质，变异大，三角状披针形，长椭圆状狭三角形至长卵形，有时茎上部的为线状披针形至披针形，下部的为宽卵心形。叶腋内有珠芽。花单性，雌雄异株；雄花序为穗状花序，雄花淡黄色或绿白色；雌花序为穗状花序。蒴果三棱扁圆形或三棱状圆形。花期5—10月，果期7—11月。

**生境分布** 生长于灌丛或林下。采集于新化村（N 25°17′1″，E 116°17′44″，H 358 m）。常见种。
**药用部位** 块茎。
**性味功能** 甘，平。补脾养胃，生津益肺，补肾涩精。

## 83. 薯蓣

**学名** *Dioscorea polystachya* Turcz.
**别名** 山药、药薯、怀山药
**形态特征** 缠绕草质藤本。茎通常带紫红色，右旋。单叶，在茎下部互生，中部以上对生，少为3片轮生；叶片变异大，卵状三角形至宽卵形或戟形，边缘常3浅裂至3深裂；叶腋内常有珠芽。花单性，雌雄异株；均为穗状花序。蒴果三棱状扁圆形或三棱状圆形，外有白粉。花期6—9月，果期7—11月。
**生境分布** 生长于山坡路旁草丛中或栽培。采集于谷夫（N 25°12′23″, E 116°11′0″, H 723 m）、新化村（N 25°17′54″, E 116°16′49″, H 500 m）。常见种。
**药用部位** 根茎。
**性味功能** 甘，平。补脾养胃，生津益肺，补肾涩精。治脾虚食少、久泻不止、肺虚喘咳、肾虚遗精、带下、尿频、虚热消渴。

## 84. 五叶薯蓣

**学名** *Dioscorea pentaphylla* L.
**别名** 毛狗苕、玉苁蓉
**形态特征** 缠绕草质藤本。掌状复叶3～7片小叶，小叶片倒卵状椭圆形、长椭圆形或椭圆形，最外侧小叶片斜卵状椭圆形，顶端短渐尖或凸尖，全缘，叶腋内有珠芽。雄花穗状花序排列成圆锥状，发育雄蕊3枚；雌花序为穗状花序，单一或分枝。蒴果三棱状长椭圆形，薄革质，成熟时黑色。花期8—10月，果期11月—翌年2月。
**生境分布** 生长于林边或灌丛中。采集于云礤村（N 25°9′49″, E 116°8′59″, H 594 m）、谷夫（N 25°12′34″, E 116°10′47″, H 686 m）、教文村（N 25°8′52″, E 116°11′47″, H 613 m）。较常见种。
**药用部位** 块茎。
**性味功能** 甘，平。补脾益肾，利湿消肿。治脾肾虚弱、浮肿、泄泻、产后瘦弱、缺乳、无名肿毒。

## 二十四、重楼科 Trilliaceae

### 85. 七叶一枝花

**学名** *Paris polyphylla* Sm.
**别名** 华重楼、蚤休
**形态特征** 根状茎粗厚，密生多数环节和许多须根。茎通常带紫红色，基部有灰白色干膜质的鞘1～3枚。叶(5)7～10枚，矩圆形、椭圆形或倒卵状披针形；叶柄明显，带紫红色。外轮花被片绿色，(3)4～6枚，狭卵状披针形；内轮花被片狭条形，通常比外轮长。蒴果紫色，3～6瓣裂开。种子多数，具鲜红色多浆汁的外种皮。花期4—7月，果期8—11月。
**生境分布** 生长于林下或较阴湿处。采集于谷夫（N 25°12′46″，E 116°10′58″，H 563 m）、坑头（N 25°10′56″，E 116°12′12″，H 755 m）。少见种。
**药用部位** 根茎。
**性味功能** 苦，寒；有小毒。清热解毒，消肿止痛。治流行性乙型脑炎、胃痛、阑尾炎、淋巴结结核、扁桃体炎、腮腺炎、乳腺炎、毒蛇、毒虫咬伤、疮疡肿毒。

## 二十五、菝葜科 Smilacaceae

### 86. 菝葜

**学名** *Smilax china* L.
**别名** 金刚根、王瓜草、金刚刺（武平）
**形态特征** 攀援灌木；根状茎粗厚，坚硬。茎疏生刺。叶薄革质或坚纸质，圆形、卵形或其他形状，下面通常淡绿色，较少苍白色；叶柄约一半具狭鞘，有卷须，脱落点位于靠近卷须处。花单性，雌雄异株，数朵花排成伞形花序；花绿黄色。浆果熟时红色，有粉霜。花期2—5月，果期9—11月。
**生境分布** 生长于山坡、灌木丛林缘。采集于谷夫（N 25°12′19″，E 116°11′5″，H 736 m）、磜文村（N 25°4′29″，E 116°11′11″，H 568 m）。常见种。
**药用部位** 根茎。
**性味功能** 甘，温。祛风湿，利小便，消肿毒。治关节疼痛、肌肉麻木、泄泻、痢疾、水肿、淋病、疔疮、肿毒、瘰疬、痔疮。

## 87、牛尾菜

**科名** 百合科 Liliaceae
**学名** *Smilax riparia* A. DC.
**别名** 牛尾蕨、土春根、草菝葜
**形态特征** 多年生草质藤木。茎中空。叶薄，卵形、椭圆形或长圆状披针形，叶柄中部以下有卷须。花单性，雌雄异株，淡绿色，多朵排成伞形花序，雌花比雄花略小，不具或具钻形退化雄蕊。浆果球形，成熟时黑色。花期5—6月。果期9—10月。
**生境分布** 生长于林下或路边灌丛。采

集于梁山圳（N 25°11'10"，E 116°8'26"，H 672 m)、谷夫（N 25°12'23"，E 116°11'1"，H 746 m）、云磜村（N 25°9'14"，E 116°8'22"，H 541 m)、新化村（N 25°18'2"，E 116°16'41"，H 558 m）。常见种。
**药用部位** 根及根状茎。
**性味功能** 甘、苦，平。祛风活络，祛痰止咳。治风湿性关节炎、筋骨疼痛、跌打损伤、腰肌劳损、支气管炎、肺结核咳嗽咯血。

## 88、土茯苓

**学名** *Smilax glabra* Roxb.
**别名** 硬饭头、冷饭团
**形态特征** 攀援灌木。根状茎粗厚、块状。叶薄革质，狭椭圆状披针形或狭卵状披针形，叶柄具狭鞘，有卷须。伞形花序通常具10余朵花；总花梗短于叶柄；花绿白色，六棱状球形；雄花外花被片近扁圆形；雌花外形与雄花相似，但内花被片边缘无齿，具3枚退化雄蕊。浆果熟时黑色，具粉霜。花期7—11月，果期11月—次年4月。
**生境分布** 生长于林下或林缘、灌丛

中。采集于天马寨（N 25°6'30"，E 116°10'30"，H 979 m)、东岗村（N 25°8'34"，E 116°8'26"，H 345 m)、黄陂山（N 25°11'28.9"，E 116°11'2"，H 947 m)、云磜村（N 25°10'3"，E 116°9'15"，H 646 m）。常见种。
**药用部位** 根茎。
**性味功能** 甘、淡，平。解毒，除湿，利关节。治梅毒、淋浊、筋骨挛痛、脚气、疔疮、痈肿、瘰疬、梅毒及汞中毒所致的肢体拘挛、筋骨疼痛。

### 89. 粉背拔葜

**学名** *Smilax hypoglauca* Benth.
**别名** 大通筋
**形态特征** 攀援灌木。茎无刺。叶革质，椭圆形至卵状披针形，顶端短渐尖，基部近圆形至楔形，上面绿色，下面灰白色；鞘占叶柄全长一半，叶柄顶端一般有卷须，叶脱落点位于叶柄近顶端。花单性，雌雄异株，10多朵组成腋生伞形花序，花绿黄色。果实为浆果。花期6—8月，果期10—11月。
**生境分布** 生长于疏林下或灌丛中。采集于云磜村（N 25°9′55″，E 116°8′41″，H 638 m）、磜文村（N 25°4′28″，E 116°11′10″，H 559 m）、新化村（N 25°17′59″，E 116°16′43″，H 556 m）。少见种。
**药用部位** 根茎。
**性味功能** 苦，寒。消炎解毒，祛湿止痛。

## 二十六、铃兰科 Convallariaceae

### 90. 深裂竹根七

**学名** *Disporopsis pernyi* (Hua) Diels
**别名** 黄脚鸡、竹根假万寿竹
**形态特征** 状茎圆柱状，茎具紫色斑点。叶纸质，披针形、矩圆状披针形、椭圆形或近卵形。花1~2朵生于叶腋，白色；花被钟形；花被筒长约为花被的1/3或略长；副花冠裂片膜质，与花被裂片对生。浆果近球形或稍扁，熟时暗紫色。花期4—5月，果期11—12月。
**生境分布** 生长于林下或荫蔽水旁。采集于云磜村（N 25°9′4″，E 116°8′32″，H 506 m）、老好坑（N 25°11′19″，E 116°9′13″，H 708 m）、黄陂山（N 25°12′08″，E 116°11′6″，H 760 m）。少见种。
**药用部位** 根茎。
**性味功能** 甘，平。养阴润肺，生津止咳。治虚咳多汗、产后虚弱。

## 91. 禾叶山麦冬

**学名** *Liriope graminifolia* (L.) Baker
**别名** 书带草
**形态特征** 根细，分枝多，有时具纺锤形小块根；根状茎短或稍长，具地下匍匐茎。叶呈禾叶状，密集成丛，具5条脉，近全缘，但先端边缘具细齿，基部常有残存的枯叶或有时撕裂成纤维状。花葶通常稍短于叶，总状花序具许多花；花通常3～5朵簇生于苞片腋内；花被片狭矩圆形或矩圆形，先端钝圆，白色或淡紫。种子卵圆形或近球形，成熟时蓝黑色。花期6—8月，果期9—11月。
**生境分布** 生长于林下灌丛中或山沟阴湿处。采集于云礤溪（N 25°11′49″，E 116°11′10″，H 844 m）。
**药用部位** 块根（山麦冬）。
**性味功能** 甘、微苦，微寒。清心润肺，养胃生津。

## 92. 宽叶山麦冬

**学名** *Liriope muscari* (Decne.) L. H. Bailey
**别名** 宽叶土麦冬
**形态特征** 根细长，分枝多，有时局部膨大成纺锤形的小块根，肉质；根状茎短，木质。叶密集成丛，革质，具9～11条脉，有明显的横脉，边缘几不粗糙。花葶通常长于叶；总状花序具许多花；花（3）4～8朵簇生于苞片腋内；苞片小，近刚毛状；花被片矩圆状披针形或近矩圆形，紫色或红紫色。种子球形，初期绿色，成熟时变黑紫色。花期7—8月，果期9—11月。
**生境分布** 采集于黄陂山（N 25°11′49″，E 116°11′10″，H 844 m）、梁山顶（N 25°10′33″，E 116°11′8″，H 1 334 m）。较常见种。
**药用部位** 块根。
**性味功能** 甘，平。补虚、止痛。治精气不足、各种疼痛。

## 93. 山麦冬

**学名** *Liriope spicata* (Thunb.) Lour.
**别名** 大麦冬、土麦冬
**形态特征** 植株有时丛生；根状茎短，木质，具地下走茎。叶基生成丛，禾叶状，狭长形，先端急尖或钝，基部常包以褐色的叶鞘，上面深绿色，背面粉绿色，具5条脉，中脉比较明显，边缘具细锯齿。花葶通常长于或几等长于叶，少数稍短于叶；总状花序具多数花；花通常（2）3～5朵簇生于苞片腋内；花被片矩圆形、矩圆状披针形，淡紫色或淡蓝色。种子近球形。花期5—7月，果期8—10月。

**生境分布** 生长于林下、路旁及山间阴湿处。山谷采集于石园地（N 25°17′38″，E 116°16′46″，H 515 m）、黄陂山（N 25°11′35″，E 116°11′5″，H 956 m）。较常见种。
**药用部位** 块根。
**性味功能** 甘、微苦，微寒。养阴生津，润肺清心。治肺燥干咳、虚劳咳嗽、津伤口渴、心烦失眠、肠燥便秘。

## 94. 沿阶草

**学名** *Ophiopogon bodinieri* Levl.
**别名** 麦门冬、书带草、不死草
**形态特征** 茎很短。叶基生成丛，禾叶状，具3～5条脉，边缘具细锯齿。花葶较叶稍短或几等长，总状花序具几朵至十几朵花；花常单生或2朵簇生于苞片腋内；苞片条形或披针形，少数呈针形，稍带黄色，半透明；花被片卵状披针形、披针形或近矩圆形，内轮三片宽于外轮三片，白色或稍带紫色。种子近球形或椭圆形。花期6—8月，果期8—10月。
**生境分布** 生长于林下、沟边或山谷潮湿处。采集于谷夫（N 25°12′23″，

E 116°11′1″，H 746 m）、云磜村（N 25°9′52″，E 116°8′58″，H 495 m）、新兰村（N 25°19′5″，E 116°13′57″，H 408 m）、新化村（N 25°18′10″，E 116°16′38″，H 590 m）。常见种。
**药用部位** 块根。
**性味功能** 甘，微苦，寒。滋阴润肺，益胃生津，清心除烦。治肺燥干咳、肺痈、阴虚劳嗽、津伤口渴、消渴、心烦失眠、咽喉疼痛、肠燥便秘、血热吐衄。

## 95. 多花黄精

**学名** *Polugonatum cyrtinema* Hua
**别名** 黄精、长叶黄精
**形态特征** 根状茎肥厚，通常连珠状或结节成块。通常具 10～15 枚叶；叶互生，椭圆形、卵状披针形至矩圆状披针形。花序具（1）2～7（14）朵花，伞形；花被黄绿色。浆果黑色，具 3～9 颗种子。花期 5—6 月，果期 8—10 月。
**生境分布** 生长于林下、灌丛或山坡阴处。采集于云礤溪（N 25°9′13″，E 116°8′32″，H 459 m）、新化村（N 25°18′5″，E 116°16′30″，H 605 m）、教文村（N 25°8′50″，E 116°11′46″，H 591 m）、梁山顶（N 25°10′16″，E 116°10′22″，H 988 m）。常见种。
**药用部位** 根茎。
**性味功能** 甘，平。滋肾润脾，补脾益气。

## 96. 长梗黄精

**学名** *Polygonatum filipes* Merr.
**别名** 黄精
**形态特征** 根状茎有间断膨大，呈珠状，有时膨大的间隔稍长。叶互生，矩圆状披针形至椭圆形，先端尖至渐尖，下面脉上有短毛。花序腋生，具 2～7 朵花，总花梗细丝状；花被淡黄绿色。浆果近球形，绿色，具 2～5 颗种子。花期 4—5 月，果期 6—7 月。
**生境分布** 生长于林下或草灌丛中。采集于梁山顶（N 25°10′28″，E 116°10′46″，H 1 458 m）。少见种。
**药用部位** 根茎。
**性味功能** 甘，平。健脾益气，滋肾填精，润肺养阴。治阴虚劳嗽肺燥干咳、脾虚食少倦怠乏力、口干消渴、肾亏腰膝酸软、阳痿遗精、耳鸣目暗、须发早白、体虚羸瘦、风癞癣疾。

## 97. 玉竹

**学名** *Polygonatum odoratum* (Mill.) Druce
**别名** 萎、山玉竹、笔管子
**形态特征** 根状茎圆柱形。叶互生，椭圆形至卵状矩圆形，具7～12片叶，下面带灰白色，下面脉上平滑至呈乳头状粗糙。花序具1～4朵花，花被黄绿色至白色，花被筒较直，花丝丝状，近平滑至具乳头状突起。浆果蓝黑色。花期5—6月，果期7—9月。
**生境分布** 生长于林下或山坡阴湿处。采集于梁山顶（N 25°10′41″，E 116°10′31″，H 1 395 m）。少见种。
**药用部位** 根茎。
**性味功能** 甘，平。滋阴润肺，养胃生津。治燥咳、劳嗽、热病阴液耗伤之咽干口渴、内热消渴、阴虚外感、头昏眩晕、筋脉挛痛。

## 二十七、天门冬科 Asparagaceae

### 98. 天门冬

**学名** *Asparagus cochinchinensis* (Lour.) Merr.
**别名** 天冬
**形态特征** 攀援植物。根在中部或近末端成纺锤状膨大。茎平滑，常弯曲或扭曲，分枝具棱或狭翅。叶状枝通常每3枚成簇，扁平或由于中脉龙骨状而略呈锐三棱形，稍镰刀状；茎上的鳞片状叶基部延伸为硬刺，在分枝上的刺较短或不明显。花单性，雌雄异株，通常每2朵腋生，淡绿色。浆果熟时红色，有1颗种子。花期5—6月，果期8—10月。
**生境分布** 生长于路旁、疏林下和荒地。采集于梁山垇（N 25°11′7″，E 116°8′25″，H 687 m）、天马寨（N 25°6′55″，E 116°10′44″，H 891 m）、老鸦山（N 25°18′57″，E 116°13′31″，H 421 m）、云礤溪（N 25°9′7″，E 116°8′32″，H 469 m）。较常见种。
**药用部位** 块根。
**性味功能** 甘，苦，性寒。滋阴润燥，清肺生津。治燥热咳嗽、阴虚劳嗽、热病伤阴、内热消渴、肠燥便秘、咽喉肿痛、糖尿病、大便燥结。外用治疮疡肿毒、蛇咬伤。

## 二十八、山菅兰科 Phormiaceae

### 99. 山菅

**学名** *Dianella ensifolia* (L.) DC.
**别名** 石兰花、山菅兰
**形态特征** 多年生草本。根状茎圆柱状，横走。叶狭条状披针形，基部稍收狭成鞘状，套迭或抱茎，边缘和背面中脉具锯齿。顶生圆锥花序，分枝疏散；花常多朵生于侧枝上端；花被片条状披针形，绿白色、淡黄色至青紫色，5条脉。浆果近球形，深蓝色，具5～6颗种子。花、果期3—8月。
**生境分布** 生长于林下、林缘、草丛中。采集于新兰村（N 25°19′22″, E 116°13′50″, H 325 m）、礤文村（N 25°4′30″, E 116°11′7″, H 512 m）。较常见种。
**药用部位** 根状茎。
**性味功能** 甘、辛，凉；有大毒。拔毒消肿。治痈疮脓肿、癣、疔疮、瘰疬、淋巴结炎。严禁内服。

## 二十九、萱草科 Hemerocallidaceae

### 100. 黄花菜

**学名** *Hemerocallis citrina* Baroni
**别名** 萱草、忘忧草、金针菜
**形态特征** 多年生草本。植株较高大；根近肉质，中下部常有纺锤状膨大。叶基生，排成2列，7～20枚。花葶长短不一，一般稍长于叶，基部三棱形，上部多少圆柱形，有分枝；苞片披针形；花多朵；花被淡黄色，有时在花蕾时顶端带黑紫色。蒴果钝三棱状椭圆形。花、果期5—9月。
**生境分布** 生长于溪沟边或林下阴湿草丛中。采集于云礤村（N 25°9′47″, E 116°8′59″, H 590 m）、老鸦山（N 25°18′42″, E 116°13′14″, H 435 m）、新化村（N 25°17′29″, E 116°17′11″, H 432 m）。常见种。
**药用部位** 根、花。
**性味功能** 甘，微寒。清热利尿，凉血止血。治血热尿血、便血、衄血，小便不利，乳汁缺乏。外用治乳痈。

## 三十、玉簪科 Hostaceae

### 101. 紫萼

**学名** *Hosta ventricosa* (Salisb.) Stearn
**别名** 紫玉簪
**形态特征** 根状茎粗。叶卵状心形、卵形至卵圆形，先端通常近短尾状或骤尖，基部心形或近截形，极少叶片基部下延而略呈楔形，具 7～11 对侧脉。花葶高，具 10～30 朵花；苞片矩圆状披针形，白色，膜质；花单生，盛开时从花被管向上骤然做近漏斗状扩大，紫红色。蒴果圆柱状，有 3 条棱。花期 6—7 月，果期 7—9 月。
**生境分布** 生长于林下、草坡或路旁。采集于谷夫（N 25°12′10″，E 116°11′5″，H 797 m）、新化村（N 25°18′6″，E 116°16′30″，H 591 m）、梁山顶（N 25°10′16″，E 116°10′22″，H 988 m）。较常见种。
**药用部位** 全草、根。
**性味功能** 甘、辛，寒。散瘀止痛、解毒。全草：治疗胃痛、跌打损伤、蛇咬伤。根：治牙痛、赤目红肿、咽喉肿痛、乳腺炎、中耳炎、疮痈肿毒、烧烫伤、蛇咬伤。

## 三十一、石蒜科 Amaryllidaceae

### 102. 石蒜

**学名** *Lycoris rakiata* (L'Hér.) Herb.
**别名** 乌蒜、老鸦蒜、龙爪花、彼岸花、曼珠沙华
**形态特征** 多年生草本。鳞茎近球形。秋季出叶，叶狭带状，顶端钝，深绿色，中间有粉绿色带。花茎高；总苞片 2 枚，披针形；伞形花序有花 4～7 朵，花鲜红色；花被裂片狭倒披针形，强度皱缩和反卷，花被筒绿色；雄蕊显著伸出于花被外，比花被长 1 倍左右。花期 8—9 月，果期 10 月。
**生境分布** 生长于林中、溪边石缝或草丛中。采集于谷夫（N 25°12′37″，E 116°10′59″，H 682 m）、伯公坑（N 25°8′40″，E 116°10′21″，H 821 m）、老鸦山（N 25°18′42″，E 116°13′12″，H 435 m）。常见种。
**药用部位** 鳞茎。
**性味功能** 辛、甘，温；有毒。消肿，杀虫。外用治淋巴结结核、疔疮疖肿、风湿关节痛、蛇咬伤、水肿、灭蛆、灭鼠。

## 三十二、百合科 Liliaceae

### 103. 百合

**学名** *Lilium brownii* F. E. Br. ex Miellez var. *viridulum* Bake

**别名** 野百合、重迈、中庭

**形态特征** 鳞茎球形；鳞片披针形，白色。叶散生，通常自下向上渐小，叶倒披针形至倒卵形，具 5～7 条脉，全缘，两面无毛。花单生或几朵排成近伞形；苞片披针形；花喇叭形，有香气，乳白色，外面稍带紫色，无斑点，向外张开或先端外弯而不卷；外轮花被片先端尖；内轮花被片蜜腺两边具小乳头状突起。蒴果矩圆形，有棱，具多数种子。花期 5—6 月，果期 9—10 月。

**生境分布** 生长于山坡草地、路旁或灌木丛中。采集于磜文村（N 25°4′52″，E 116°11′27″，H 556 m）、谷夫（N 25°12′23″，E 116°10′59″，H 723 m）、新化村（N 25°17′38″，E 116°16′52″，H 445 m）、云磜村（N 25°10′3″，E 116°9′18″，H 661 m）。常见种。

**药用部位** 鳞茎。

**性味功能** 甘、微苦，微寒。养阴润肺，清心安神。治阴虚久咳、痰中带血、虚烦惊悸、失眠多梦、精神恍惚。

## 三十三、秋水仙科 Colchicaceae

### 104. 宝铎草

**学名** *Disporum sessile* D. Don.

**别名** 淡竹花

**形态特征** 根状茎肉质，横出；根簇生。茎直立，上部具叉状分枝。叶薄纸质至纸质，矩圆形、卵形、椭圆形至披针形，下面色浅，脉上和边缘有乳头状突起，具横脉，先端骤尖或渐尖，基部圆形或宽楔形，有短柄或近无柄。花黄色、绿黄色或白色，1～3（5）朵着生于分枝顶端。浆果椭圆形或球形，具 3 颗种子。花期 3—6 月，果期 6—11 月。

**生境分布** 生长于林下或沟边潮湿处。采集于梁山垇（N 25°10′58″，E 116°8′30″，H 695 m）、梁山顶（N 25°10′38″，E 116°10′36″，H 1 458 m）。少见种。

**药用部位** 块根。

**性味功能** 淡，平。益气补肾、润肺止咳。治脾胃虚弱、食欲不振、泄泻、肺气不足、气短、喘咳、自汗、津伤口渴、慢慢性肝炎、病后或慢性病身体虚弱、小儿消化不良等症。

## 三十四、藜芦科 Melanthiaceae

### 105. 牯岭藜芦

**学名** *Veratrum schindleri* Loes.F.
**别名** 闽浙藜芦
**形态特征** 多年生草本。叶在茎下部，宽椭圆形或狭矩圆形，先端渐尖，基部收狭为柄。圆锥花序具多数侧生的总状花序，总轴和分枝长而扩展，被灰白色绵毛，花被片伸展或反折，淡黄绿色、绿白色或褐色。蒴果直立。花、果期6—10月。
**生境分布** 生长于林下、灌草丛中。采集于黄陂山（N 25°11′49″，E 116°11′7″，H 875 m）、梁山顶（N 25°10′34″，E 116°11′8″，H 1 351 m）。少见种。
**药用部位** 根状茎、根。
**性味功能** 苦、辛，寒；有毒。涌吐风痰，杀虫。

## 三十五、鸢尾科 Iridaceae

### 106. 射干

**学名** *Belamcanda chinensis* (L.) Redouté
**别名** 乌扇、乌蒲、交剪草
**形态特征** 多年生草本。叶互生，2列，嵌迭状排列，剑形，基部鞘状抱茎，顶端渐尖，无中脉。花序顶生，叉状分枝，每分枝的顶端聚生有数朵花；花橙红色，散生紫褐色的斑点；花被裂片6片，2轮排列，外轮花被裂片倒卵形或长椭圆形。蒴果倒卵形或长椭圆形，成熟时室背开裂，果瓣外翻。花期6—8月，果期7—9月。
**生境分布** 生长于山坡、草地、田野旷地。采集于谷夫（N 25°12′37″，E 116°10′49″，H 682 m）、教文村（N 25°8′55″，E 116°11′35″，H 631 m）、老好坑（N 25°11′25″，E 116°9′7″，H 644 m）。较常见种。
**药用部位** 根茎。
**性味功能** 苦，寒。降火，解毒，散血，消痰。治喉痹咽痛、咳逆上气、痰涎壅盛、瘰疬结核、疟母、闭经、痈肿疮毒。

## 三十六、仙茅科 Hypoxidaceae

### 107. 仙茅

**学名** *Curculigo orchioides* Gaerth

**别名** 独茅根、地棕、独茅

**形态特征** 多年生草本。根状茎近圆柱状，粗厚，直生。叶线形、线状披针形或披针形，大小变化甚大，基部渐狭成短柄或近无柄，两面散生疏柔毛或无毛。花茎甚短，大部分藏于鞘状叶柄基部之内；苞片披针形，具缘毛；总状花序多少呈伞房状，具花4～6朵；花黄色。浆果近纺锤状，顶端有长喙。花、果期4—9月。

**生境分布** 生长于林中、草地或荒坡上。采集于马头山（N 25°5′39″，E 116°4′49″，H 309 m）、老好坑（N 25°11′19″，E 116°9′13″，H 708 m）。较常见种。

**药用部位** 根茎。

**性味功能** 辛、温，有毒。补肾阳，强筋骨，散寒湿。治阳痿精冷、小便失禁、崩漏、心腹冷痛、腰脚冷痹、痈疽、瘰疬、阳虚冷泻。

## 三十七、兰科 Orchidaceae

### 108. 金线兰

**学名** *Anoectochilus roxbourgii* (Wall.) Lindl.

**别名** 金线莲、花叶开唇兰、金草

**形态特征** 茎基部匍匐，淡红褐色，稍肉质。叶2～4片，互生，宽卵形，上面为暗的天鹅绒绿色而具有金黄色的网纹细脉，下面淡紫红色。总状花序具2～6朵疏散的花；花苞片淡红色，萼片淡红色，被短柔毛；花瓣白色；唇瓣2裂，裂片舌状形。花期10—11月。

**生境分布** 生长于常绿阔叶林下的沟边、土质松散的潮湿地带。采集于黄陂山（N 25°11′43″，E 116°11′5″，H 896 m）。少见种。

**药用部位** 全草。

**性味功能** 甘、平。清热凉血，祛风利湿，强心利尿，固肾，平肝。治肺热咳嗽、肺结核咯血、尿血、小儿惊风、破伤风、肾炎水肿、风湿痹痛、跌打损伤、毒蛇咬伤、支气管炎、膀胱炎、糖尿病、血尿、急慢性肝炎、风湿性关节炎、肿瘤、青春痘。

## 109. 竹叶兰

**学名** *Arundina gaminifolia* (D. Don) Hochr
**形态特征** 陆生兰。茎直立，常数个丛生或成片生长，圆柱形，细竹竿状，通常为叶鞘所包，具多枚叶。叶线状披针形，薄草质或坚纸质，基部具圆筒状的鞘抱茎。花序总状或基部有1～2个分枝而成圆锥状，具2～10朵花，每次仅开1朵花；花粉红色或略带紫色或白色。蒴果近长圆形，花、果期9—11月。
**生境分布** 生长于灌草丛中。采集于云磜溪（N 25°8′45″，E 116°8′31″，H 386 m）。稀见种。
**药用部位** 干燥根茎。
**性味功能** 苦，平。清热解毒，通经活血。

## 110. 广东石豆兰

**学名** *Bulbophyllum kwangtungense* Schltr.
**别名** 乌都能
**形态特征** 根状茎粗；假鳞茎直立，顶生1枚叶。叶革质，长圆形，近无柄。花葶1个，从假鳞茎基部或靠近假鳞茎基部的根状茎节上发出，远高出叶外，总状花序缩短呈伞状，具2～4(7)朵花；花淡黄色；萼片离生，狭披针形，具3条脉；花瓣狭卵状披针形，唇瓣肉质。花期5—8月。
**生境分布** 生长于林下岩石上。采集于老鸦山（N 25°18′45″，E 116°13′14″，H 425 m）。少见种。
**药用部位** 全草。
**性味功能** 微酸，平。宣肺止咳。治百日咳、肺痨咳嗽、久咳等。

## 111. 钩距虾脊兰

**学名** *Calanthe graciliflora* Hayata
**别名** 纤花根节兰、细花根节兰
**形态特征** 茎短，被3枚鞘状叶。叶长圆形或椭圆形，具叶柄。花葶从叶丛中抽出，超出叶片，总状花序顶生，疏生多数花，全体被柔毛；花萼和花瓣内面黄绿色，外面红褐色，唇瓣白色。花期3—4月。
**生境分布** 生长于常绿阔叶林下和山谷溪边。采集于黄陂山（N 25°11′48″，E 116°11′9″，H 826 m）、云礤村（N 25°9′57″，E 116°8′39″，H 611 m）。少见种。
**药用部位** 根及全草。
**性味功能** 辛、苦，寒。清热解毒，活血止痛。治咽喉肿痛、痔疮、脱肛、风湿痹痛、跌打损伤。

## 112. 建兰

**学名** *Cymbidium ensifolium* (L.) Sw.
**别名** 秋兰、雄兰、骏河兰
**形态特征** 地生植物。假鳞茎卵球形，包藏于叶基之内。叶2～4(6)枚，带形，前部边缘有时有细齿。花葶从假鳞茎基部发出，直立；总状花序具3～9(13)朵花；花常有香气，色泽通常为浅黄绿色具紫斑。蒴果狭椭圆形。花期6—10月。
**生境分布** 生长于林下灌木丛中或阴湿处。采集于云礤溪（N 25°9′27″，E 116°8′32″，H 535 m）、礤文村（N 25°4′55″，E 116°11′27″，H 567 m）。少见种。
**药用部位** 根、叶。
**性味功能** 辛，平。根：顺气，和血，利湿，消肿。治咳嗽吐血、肠风、血崩、淋病、白浊、白带、跌打损伤、痈肿。叶：理气，宽中，明目。治久咳、胸闷、腹泻、青盲内障。

## 113. 铁皮石斛

**学名** *Dendrobium officinale* Kimura et Migo

**别名** 黑节草、云南铁皮

**形态特征** 茎直立，圆柱形，不分枝，具多节，常在中部以上互生3～5枚叶。叶两列，纸质，长圆状披针形，先端钝并且多少钩转，基部下延为抱茎的鞘，边缘和中肋常带淡紫色，叶鞘常具紫斑。总状花序从落了叶的老茎上部发出，具2～3朵花；萼片和花瓣黄绿色。花期3—6月。

**生境分布** 生长于阴湿的岩石上或树上。采集于教文村（N 25°9′8″，E 116°11′45″，H 638 m）。稀见种。

**药用部位** 全草。

**性味功能** 甘，微寒。生津养胃，滋阴清热，润肺益肾，明目强腰。

## 114. 多叶斑叶兰

**学名** *Goodyera foliosa* (Lindl.) Benth.

**别名** 高岭斑叶兰、厚唇斑叶兰

**形态特征** 茎直立，绿色，具4～6枚叶。叶疏生于茎上或集生于茎的上半部，叶片卵形至长圆形，偏斜；叶柄基部扩大成抱茎的鞘。总状花序具几朵至多朵密生而常偏向一侧的花；花中等大，半张开，白带粉红色、白带淡绿色或近白色；萼片狭卵形，凹陷；花瓣斜菱形，具爪，具1条脉，无毛，与中萼片黏合呈兜状；唇瓣基部凹陷呈囊状，囊半球形。花期7—9月。

**生境分布** 生长于林下或沟谷阴湿处。采集于天马寨（N 25°6′54″，E 116°10′41″，H 902 m）。稀见种。

**药用部位** 全草。

**性味功能** 清热解毒，活血消肿。治肺痨、肝炎、痈疖疮肿、毒蛇咬伤。

## 115. 高斑叶兰

**学名** *Goodyera procera* (Kergawl.) Hook.
**别名** 穗花斑叶兰
**形态特征** 陆生植物。根状茎短而粗。茎直立，具6～8枚叶。叶片长圆形或狭椭圆形，叶柄基部扩大成抱茎的鞘。总状花序具多数密生的小花，似穗状；花小，白色带淡绿，芳香；萼片具1条脉，中萼片卵形或椭圆形，凹陷，与花瓣黏合呈兜状，侧萼片偏斜的卵形；花瓣匙形，白色。花期4—5月。
**生境分布** 生长于山溪涧湿地或石壁上。采集于云礤溪（N 25°9′1″，E 116°8′30″，H 425 m）。较常见种。
**药用部位** 全草。
**性味功能** 苦，辛，温。祛风除湿，养血舒筋，润肺止咳，止血。治风湿关节痛、半身不遂、肺痨咯血、咳喘、病后虚弱、肾虚腰痛、淋浊、黄疸、咳嗽痰喘、跌打损伤。

## 116. 斑叶兰

**学名** *Goodyera schlechtendaliana* Reichb. f.
**别名** 大斑叶兰、白花斑叶兰、银线莲
**形态特征** 茎直立，绿色，具4～6枚叶。叶片卵形或卵状披针形，上面绿色，具白色不规则的点状斑纹，背面淡绿色，具柄，基部扩大成抱茎的鞘。花茎直立，被长柔毛，具3～5枚鞘状苞片；总状花序偏向一侧；花较小，白色或带粉红色；中萼片狭椭圆状披针形，舟状，与花瓣黏合呈兜状；花瓣菱状倒披针形；唇瓣卵形，基部凹陷呈囊状。花期8—10月。
**生境分布** 生长于山坡或沟谷阔叶林下。采集于黄陂山（N 25°11′27″，E 116°11′2″，H 954 m）、云礤溪上部（N 25°10′17″，E 116°10′22″，H 988 m）、梁山顶（N 25°10′11″，E 116°11′32″，H 1 279 m）。少见种。
**药用部位** 全草。
**性味功能** 淡，寒。清肺止咳、解毒消肿、止痛。治肺结核咳嗽、支气管炎。外用治毒蛇咬伤、痈疖疮疡。

## 117. 绒叶斑叶兰

**学名** *Goodyera velutina* Maxim.
**别名** 鸟嘴莲、白肋斑叶兰
**形态特征** 根状茎匍匐，茎直立，具3～5枚叶。叶片卵形至椭圆形，上面深绿色或暗紫绿色，天鹅绒状，沿中肋具1条白色带，背面紫红色。总状花序具6～15朵偏向一侧的花；萼片淡红褐色或白色，中萼片与花瓣粘合呈兜状；唇瓣基部凹陷呈囊状。花期9—10月。
**生境分布** 生长于林下阴湿处。采集于东留南方（N 25°14′12″，E 116°58′32″，H 596 m）。少见种。
**药用部位** 全草。
**性味功能** 淡，寒。清肺止咳，补肾益气，行气活血，消肿解毒。

## 118. 见血青

**学名** *Liparis nervosa* (Thunb. ex A. Murray) Lindl.
**别名** 有脉羊耳蒜
**形态特征** 陆生草本。假鳞茎圆柱形。下部叶鞘状，中部叶3～5枚，卵形或狭椭圆状披针形。花葶发自茎顶端，总状花序具数朵至10余朵花，花序轴有时具很狭的翅；花紫色；花瓣丝状；唇瓣长圆状倒卵形。蒴果倒卵状长圆形或狭椭圆形。花期2—7月，果期10月。
**生境分布** 生长于山坡阔叶林下。采集于中心坑（N 25°16′43″，E 116°15′38″，H 690 m）、云礤村（N 25°9′33″，E 116°9′18″，H 647 m）、老鸦山（N 25°19′10″，E 116°13′44″，H 357 m）。较常见种。
**药用部位** 全草。
**性味功能** 苦，凉。凉血止血，清热解毒。治胃热吐血、肺热咯血、肠风下血、崩漏、手术出血、创伤出血、疮疡肿毒、毒蛇咬伤、跌打损伤。

## 119. 细叶石仙桃

**学名** *Pholidota cantonensis* Rolfe
**别名** 双叶岩珠
**形态特征** 附生草本。根状茎匍匐，分枝，密被鳞片状鞘；假鳞茎疏生，肉质，卵形或卵状长圆形，顶端生2枚叶。叶线形或线状披针形，纸质。花葶生于幼嫩假鳞茎顶端，发出时其基部连同幼叶均为鞘所包；总状花序具10余朵小花；花小，白色或淡黄色。蒴果倒卵形。花期4月，果期8—9月。
**生境分布** 生长于林中或荫蔽处的岩石上。采集于石园地（N 25°17′38″，E 116°16′36″，H 557 m）。少见种。
**药用部位** 全草或假鳞茎。
**性味功能** 苦，寒。泻火解毒，燥湿止痒，清热凉血，滋阴润肺。治高热、湿疹、头晕、头痛、肺热咳嗽、咯血、急性胃肠炎、慢性骨髓炎、跌打损伤。

## 120. 小舌唇兰

**学名** *Platanthera minor* (Miq.) Rchb. f.
**别名** 小长距兰、卵唇粉蝶兰、高山粉蝶兰
**形态特征** 陆生草本。茎粗壮，直立，下部具1～2(3)枚较大的叶，上部具2～5枚逐渐变小为披针形或线状披针形的苞片状小叶，基部具1～2枚筒状鞘，叶互生，叶片椭圆形、卵状椭圆形或长圆状披针形，基部鞘状抱茎。总状花序具多数疏生的花；花黄绿色，萼片具3条脉；花瓣直立，斜卵形；唇瓣舌状，肉质，下垂，距细圆筒状。花期5—7月。
**生境分布** 生长于林下或草地上。采集于云礤村（N 25°10′5″，E 116°9′23″，H 609 m）。少见种。
**药用部位** 全草。
**性味功能** 甘，平。养阴润肺，益气生津。治咳痰带血、咽喉肿痛、病后体弱、遗精、头昏身软、肾虚腰痛、咳嗽气喘、肠胃湿热、小儿疝气。

## 121. 绶草

**学名** *Spiranthes sinensis* (Pers.) Ames
**别名** 盘龙参、龙抱柱
**形态特征** 陆生植物。茎较短，近基部生2～5枚叶。叶片宽线形或宽线状披针形，基部收狭具柄状抱茎的鞘。花茎直立；总状花序具多数密生的花，呈螺旋状扭转；花小，紫红色、粉红色或白色；萼片的下部靠合，中萼片与花瓣靠合呈兜状；唇瓣宽长圆形，中部以上呈强烈的皱波状啮齿。花、果期4—9月。
**生境分布** 生长于林荫下或湿润草地上。采集于中心坑（N 25°8′57″，E 116°8′28″，H 357 m）、黄陂山（N 25°11′27″，E 116°11′2″，H 954 m）。较常见种。
**药用部位** 根、全草。
**性味功能** 甘、苦，平。益阴清热，润肺止咳。治病后虚弱、阴虚内热、咳嗽吐血、头晕、腰酸、遗精、淋浊带下、疮疡痈肿。

## 三十八、雨久花科 Pontederiaceae

## 122. 鸭舌草

**学名** *Monochoria vaginalis* (Burm. f.) C. Presl ex Kunth
**别名** 水玉簪、肥菜、合菜
**形态特征** 水生草本。叶基生和茎生；叶片形状和大小变化较大，由心状宽卵形、长卵形至披针形，顶端短突尖或渐尖，基部圆形或浅心形，全缘，具弧状脉；叶柄基部扩大成开裂的鞘，鞘顶端有舌状体。总状花序从叶柄中部抽出，该处叶柄扩大成鞘状；花通常3～5朵（稀有10余朵），蓝色；花被片卵状披针形或长圆形。蒴果卵形至长圆形。花期8—9月，果期9—10月。
**生境分布** 生长于潮湿地或稻田中。采集于教文村（N 25°8′53″，E 116°11′46″，H 593 m）、老好坑（N 25°11′20″，E 116°9′12″，H 696 m）、梁山隔（N 25°10′27″，E 116°13′46″，H 573 m）。常见种。
**药用部位** 全草。
**性味功能** 苦，凉。清热解毒。治感冒高热、肺热咳喘、百日咳、咯血、吐血、崩漏、尿血、热淋、痢疾、肠炎、肠痈、丹毒、疮肿、咽喉肿痛、牙龈肿痛、风火赤眼、毒蛇咬伤、毒菇中毒。

## 三十九、姜科 Zingiberaceae

### 123. 山姜

**学名** *Alpinia japonica* (Thunb.) Miq.
**别名** 箭杆风、九姜连
**形态特征** 根茎横生，分枝。叶片2～5片，倒披针形或狭长椭圆形，顶端具小尖头，两面，特别是叶背被短柔毛。总状花序顶生，花序轴密生绒毛；花2朵聚生，在两朵花之间有退化的小花残迹；花冠裂片长圆形；唇瓣卵形，白色而具红色脉纹，边缘具不整齐缺刻。果球形或椭圆形，熟时橙红色。花期4—8月，果期7—12月。
**生境分布** 生长于林下阴湿处。采集于梁山坳（N 25°10′58″，E 116°8′30″，H 697 m）、中心坑（N 25°16′15″，E 116°15′2″，H 760 m）、老鸦山（N 25°19′12″，E 116°13′41″，H 364 m）、新化村（N 25°18′6″，E 116°16′31″，H 591 m）。常见种。
**药用部位** 根茎。
**性味功能** 辛，温。祛风通络，理气止痛。治风湿性关节炎、跌打损伤、牙痛、胃痛。

### 124. 姜黄

**学名** *Curcuma longa* L.
**别名** 郁金、黄姜、宝鼎香
**形态特征** 根茎发达，成丛，分枝多，椭圆形或圆柱形，极香。叶每株5～7片，叶片长圆形或椭圆形，绿色。花葶由叶鞘内抽出；穗状花序圆柱状；花冠淡黄色，上部膨大，后方的一片较大；侧生退化雄蕊比唇瓣短；唇瓣倒卵形。花期8月。
**生境分布** 生长于山间草地或灌木丛中。采集于礤文村（N 25°4′31″，E 116°11′7″，H 537 m）。少见种。
**药用部位** 根茎。
**性味功能** 辛、苦，温。破血行气，通经止痛。治胸胁刺痛、闭经、癥瘕、风湿肩臂疼痛、跌扑肿痛。

### 125. 舞花姜

**学名** *Globba racemosa* Smith
**别名** 云南小草冠、竹叶草、假山姜
**形态特征** 茎基部膨大。叶片长圆形或卵状披针形，先端尾尖。圆锥花序顶生；花黄色，各部均被橙色斑点；花萼漏斗状，顶端具3齿；花冠裂片反折；侧生退化雄蕊披针形与花冠裂片等长；唇瓣倒楔形，先端2裂，反折。蒴果椭圆形。花期6—9月，果期9—11月。
**生境分布** 生长于山坡林下或路边。采集于坑头（N 25°10′56″，E 116°12′12″，H 755 m）。少见种。
**药用部位** 果实。
**性味功能** 辛，温。行气祛瘀，润肺止咳，舒筋活络。治急性水肿、崩漏、劳伤、咳嗽、痰喘、腹胀、风湿骨痛等症。

### 126. 蘘荷

**学名** *Zingiber mioga* (Thunb.) Rosc.
**别名** 野姜、莲花姜
**形态特征** 根茎淡黄色。叶片披针状椭圆形或线状披针形，顶端尾尖；叶舌膜质，2裂。穗状花序椭圆形；总花梗被长圆形鳞片状鞘；苞片覆瓦状排列，红绿色，具紫脉；花冠管较萼为长，淡黄色；唇瓣卵形，中部黄色，边缘白色。果倒卵形，熟时裂成3瓣，果皮里面鲜红色。花期8—10月，果期10—11月。
**生境分布** 生长于林下阴湿处中。采集于梁山顶（N 25°10′19″，E 116°11′22″，H 1 253 m）、教文村（N 25°9′5″，E 116°11′42″，H 630 m）。少见种。
**药用部位** 根茎。
**性味功能** 辛，温。活血调经，镇咳祛痰，消肿解毒。治妇女月经不调、老年咳嗽、疮肿、瘰疬、目赤、喉痹。

## 四十、鸭跖草科 Commelinaceae

### 127. 饭包草

**学名** *Commelina bengalensis* L.
**别名** 竹叶菜、卵叶鸭跖草
**形态特征** 多年生披散草本。茎大部分匍匐，节上生根。叶有明显的叶柄；叶片卵形；叶鞘口沿有疏而长的睫毛。总苞片漏斗状，与叶对生，常数个集于枝顶，下部边缘合生；花序下面一枝具细长梗，具1～3朵不孕的花，伸出佛焰苞，上面一枝有花数朵，结实，不伸出佛焰苞；萼片膜质，披针形；花瓣蓝色，圆形。蒴果椭圆状。花期夏、秋季。
**生境分布** 生长于沟边湿地。采集于云磜村（N 25°9′53″，E 116°9′5″，H 604 m）。常见种。
**药用部位** 全草。
**性味功能** 苦，寒。清热解毒，利水消肿。治水肿、肾炎、小便短赤涩痛、赤痢、小儿肺炎、疔疮肿毒。

### 128. 鸭跖草

**学名** *Commelina communis* L.
**别名** 鸭仔草
**形态特征** 一年生披散草本。叶披针形至卵状披针形。总苞片佛焰苞状，与叶对生，折叠状，展开后为心形，顶端短急尖，基部心形，边缘常有硬毛；聚伞花序，下面一枝仅有1朵花，不孕；上面一枝具花3～4朵，具短梗，几乎不伸出佛焰苞。萼片膜质，内面2枚常靠近或合生；花瓣深蓝色；内面2枚具爪。蒴果椭圆形。花、果期4—11月。
**生境分布** 生长于路边阴湿地或水田边。采集于张畲（N 25°5′45″，E 116°11′31″，H 512 m）、东岗村（N 25°8′19″，E 116°8′13″，H 296 m）、黄陂山（N 25°11′55″，E 116°11′9″，H 816 m）、新化村（N 25°17′21″，E 116°17′19″，H 418 m）。常见种。
**药用部位** 全草。
**性味功能** 甘，寒，淡。清热解毒，利水消肿。治水肿、脚气、小便不利、感冒、丹毒、腮腺炎、黄疸肝炎、热痢、疟疾、鼻衄、尿血、血崩、白带、咽喉肿痛、痈疽疔疮、毒蛇咬伤。

## 129. 聚花草

**学名**　*Floscopa scandens* Lour.
**别名**　水竹菜、水竹叶
**形态特征**　植株具极长的根状茎，根状茎节上密生须根。叶无柄或有带翅的短柄；叶片椭圆形至披针形，上面有鳞片状突起。圆锥花序多个，顶生并兼有腋生，组成扫帚状复圆锥花序，下部总苞片叶状，与叶同型、同大，上部的比叶小得多。花梗极短；苞片鳞片状；萼片浅舟状；花瓣蓝色或紫色，少白色，倒卵形。蒴果卵圆状，侧扁。花、果期7—11月。
**生境分布**　生长于水沟边或林下湿地。

采集于石园地（N 25°17′37″，E 116°16′45″，H 498 m）、老鸦山（N 25°19′8″，E 116°13′40″，H 363 m）、新化村（N 25°18′5″，E 116°16′39″，H 569 m）、教文村（N 25°9′3″，E 116°12′1″，H 622 m）。常见种。
**药用部位**　全草。
**性味功能**　苦，凉。清热利水，解毒。治肺热咳嗽、目赤肿痛、淋症、水肿、疮疖肿毒。

## 130. 裸花水竹草

**学名**　*Murdannia nudiflora* (L.) Brenan
**别名**　红毛草
**形态特征**　柔弱草本。茎常丛生，节间较短，下部常匍匐生根。叶披针形或线状披针形，基生叶披散，全缘。聚伞花序数朵，短而密，排成顶生、少分枝圆锥花序，苞片狭披针形；萼片长圆形；花瓣小。天蓝色或紫色。蒴果卵圆状三棱形。花、果期7—10月。
**生境分布**　生长于潮湿的沟边及荒地。采集于老好坑（N 25°11′18.8″，E 116°9′12.8″，H 708 m）、坑头（N 25°11′6″，E 116°12′8″，H 739 m）、

云礤溪（N 25°9′15″，E 116°8′31″，H 501 m）。常见种。
**药用部位**　全草。
**性味功能**　甘、淡，温。清热解毒，止咳止血。治肺热咳嗽、吐血、乳痈、肺痈、无名肿毒。

## 131. 杜若

**学名** *Pollia japonica* Thunb
**别名** 地藕、竹叶莲
**形态特征** 多年生草本。叶片长椭圆形，基部楔形，顶端长渐尖，近无毛，上面粗糙。蝎尾状聚伞花序成轮地集成圆锥花序，花序远远地伸出叶子，各级花序轴和花梗被相当密的钩状毛；总苞片披针形；花瓣白色，倒卵状匙形。果球状，果皮黑色。花期7—9月，果期9—10月。
**生境分布** 生长于阔叶林下潮湿处。采集于新化村（N 25°18′5″，E 116°16′29″，H 638 m）、教文村（N 25°9′5″，E 116°11′42″，H 632 m）、坑头（N 25°11′6″，E 116°12′8″，H 739 m）。常见种。
**药用部位** 全草。
**性味功能** 辛，微温。理气治痛，疏风消肿。治胸胁气痛、胃痛、腰痛、头肿痛、流泪。外用治毒蛇咬伤。

## 四十一、谷精草科 Eriocaulaceae

### 132. 谷精草

**学名** *Eriocaulon buergerianum* Koern.
**别名** 连萼谷精草、挖耳朵草
**形态特征** 草本。叶线形，丛生，半透明，具横格，脉7～12（18）条。花葶多数，扭转，具4～5条棱，花序熟时近球形，禾秆色。总苞片倒卵形至近圆形。雄花花萼佛焰苞状，外侧裂开，雄蕊6枚，花药黑色；雌花花萼合生，外侧开裂，花瓣3枚，离生，扁棒形，肉质。蒴果褐色。花、果期7—12月。
**生境分布** 生长于水田边或路边潮湿处。采集于云磜溪（N 25°10′6″，E 116°9′23″，H 595 m）、梁山顶（N 25°10′0″，E 116°10′45″，H 1 251 m）。少见种。
**药用部位** 带花茎的花序。
**性味功能** 辛、甘，凉。祛风散热，明目退翳。治目翳、雀盲、头痛、齿痛、喉痹、鼻衄。

## 四十二、灯心草科 Juncaceae

### 133. 灯心草

**学名** *Juncus effuses* L.
**别名** 灯芯草
**形态特征** 多年生草本。根状茎粗壮横走，具黄褐色稍粗的须根。茎丛生，直立，圆柱形，淡绿色，具纵条纹，茎内充满白色的髓心。叶全部为低出叶，呈鞘状或鳞片状，包围在茎的基部，基部红褐至黑褐色；叶片退化为刺芒状。聚伞花序假侧生，含多花，排列紧密或疏散；总苞片圆柱形，生于顶端；小苞片2枚，宽卵形，膜质，顶端尖；花淡绿色；花被片线状披针形。蒴果长圆形或卵形。花期4—7月，果期6—9月。
**生境分布** 生长于水沟边、沼泽处。采集于中心坑（N 25°16′27″，E 116°15′20″，H 716 m）、老鸦山（N 25°18′39″，E 116°13′11″，H 437 m）、东岗村（N 25°8′26″，E 116°8′21″，H 331 m）、新化村（N 25°18′3″，E 116°16′29″，H 614 m）。较常见。
**药用部位** 茎髓。
**性味功能** 甘、淡，微寒。利水通淋，清心降火。治淋病、水肿、小便不利、尿少涩痛、湿热黄疸、心烦不寐、小儿夜啼、喉痹、口舌生疮、创伤。

## 四十三、莎草科 Cyperraceae

### 134. 浆果薹草

**学名** *Carex baccans* Nees
**别名** 山稗子
**形态特征** 秆密丛生，中部以下生叶。叶基生和秆生，长于秆，基部具红褐色、分裂成网状的宿存叶鞘。苞片叶状，长于花序，基部具长鞘。圆锥花序复出，支圆锥花序3～8个，单生，下部的1～3个疏远，花序轴钝三棱柱形，小穗多数。果囊倒卵状球形或近球形，肿胀，近革质，成熟时鲜红色或紫红色。小坚果椭圆形，三棱形，成熟时褐色。花、果期8—12月。
**生境分布** 生长于河边、村旁、路旁及山坡疏林中。采集于老鸦山（N 25°19′6″，E 116°13′41″，H 393 m）、云礤溪（N 25°9′4″，E 116°8′32″，H 517 m）。少见种。
**药用部位** 果实、根或全草。
**性味功能** 米：甘，壳：涩，根叶：苦涩，微寒。凉血止血，调经。治月经不调、崩漏、鼻衄、消化道出血。

### 135. 十字薹草

**学名** *Carex cruciata* Wahlenb.
**别名** 黄牛草、烟火薹
**形态特征** 根状茎粗壮,木质,具匍匐枝。秆丛生,坚挺,三棱形。叶基生和秆生,长于秆,扁平,边缘具短刺毛。苞片叶状,长于支花序,基部具长鞘。圆锥花序复出,支圆锥花序数个,通常单生,钝三棱形,小穗极多数,全部从枝先出叶中生出,横展。小坚果卵状椭圆形,三棱形,成熟时暗褐色。花、果期5—11月。
**生境分布** 生长于路旁、林缘、草地上。采集于云礤溪(N 25°9′0″, E 116°8′29″, H 410 m)、新兰村(N 25°19′5″, E 116°13′57″, H 408 m)、梁山隔(N 25°10′38″, E 116°13′45″, H 551 m)。较常见种。
**药用部位** 全草。
**性味功能** 辛、甘,平。解表透疹,理气健脾。治风热感冒、麻疹透发不畅、消化不良。

### 136. 花葶薹草

**学名** *Carex scaposa* C. B. Clarke
**别名** 翻天红、落地蜈蚣
**形态特征** 根状茎匍匐,粗壮;秆侧生,三棱形。基生叶数枚丛生,狭椭圆形、椭圆形、椭圆状披针形,有3条隆起的脉及多数细脉;秆生叶退化呈佛焰苞状,生于秆的下部或中部以下,褐色纸质。苞片与秆生叶同型。圆锥花序复出,具3至数枚支花序,支花序圆锥状。小穗10余个至20余个,开展,两性,雄雌顺序,长圆状圆柱形。小坚果椭圆形,三棱形,成熟时褐色。花、果期5—11月。
**生境分布** 生长于阔叶树下。采集于伯公坑(N 25°8′46″, E 116°10′38″, H 763 m)、中心坑(N 25°16′16″, E 116°14′51″, H 734 m)、老鸦山(N 25°18′39″, E 116°13′11″, H 437 m)、天马寨(N 25°6′50″, E 116°10′38″, H 920 m)。常见种。
**药用部位** 全草。
**性味功能** 苦,寒。消肿止痛。治扭伤、闪伤、腰肌劳损、跌打损伤、瘀血肿痛。

## 137. 碎米莎草

**学名** *Cyperus iria* L.
**别名** 三楞草、三轮草
**形态特征** 一年生草本。秆丛生，扁三棱形。叶与秆等长或稍短于秆，叶状苞片3～5枚，下面的2～3枚常较花序长；长侧枝聚伞花序复出，具4～7个辐射枝；穗状花序卵形或长圆状卵形，具5至更多个小穗；小穗排列松散，线状披针形，压扁；鳞片排列疏松，膜质，宽倒卵形；雄蕊3枚；花柱短，柱头3个。小坚果倒卵形，三棱形。花、果期6—10月。
**生境分布** 生长于田间、路旁阴湿处。采集于云磙村（N 25°9′46″，E 116°8′40″，H 587 m）、教文村（N 25°8′53″，E 116°11′46″，H 593 m）、陈禾坑（N 25°5′22″，E 116°9′42″，H 463 m）。常见种。
**药用部位** 全草。
**性味功能** 辛，微温。祛风除湿，活血调经。治风湿筋骨疼痛、瘫痪、月经不调、闭经、痛经、跌打损伤。

## 138. 毛轴莎草

**学名** *Cyperus pilosus* Vahl
**别名** 三角草、三棱草
**形态特征** 匍匐根状茎细长。秆散生，锐三棱形。叶短于秆，平张，边缘粗糙；叶鞘短，淡褐色。苞片3枚，长于花序。聚伞花序复出，穗状花序卵形或长圆形，无总花梗；小穗线状披针形。小坚果宽椭圆形或倒卵形、三棱形。花、果期8—11月。
**生境分布** 生长于水田边、路旁潮湿处。采集于老好坑（N 25°11′29″，E 116°8′49″，H 612 m）。少见种。
**药用部位** 全草。
**性味功能** 辛，温。散瘀消肿。治跌打损伤、水肿等。

## 139. 短叶水蜈蚣

**学名** *Kyllinga brevifolia* Rottb.
**别名** 三荚草、金钮子
**形态特征** 多年生草本。根状茎长而匍匐。秆散生，细弱，扁三棱形，具4～5个圆筒状叶鞘，最下面2个叶鞘常为干膜质，棕色，上面2～3个叶鞘顶端具叶片。叶线形，柔弱，边缘具细齿。叶状苞片3枚，极展开，后期常向下反折；穗状花序单个，球形或卵球形，具极多数密生的小穗。小穗长圆状披针形或披针形，压扁，具1朵花。小坚果倒卵状长圆形，扁双凸状。花、果期5—9月。
**生境分布** 生长于水边、路旁、水田及旷野湿地。采集于老好坑（N 25°11′29″，E 116°8′49″，H 612 m）、云磜村（N 25°10′6″，E 116°9′27″，H 715 m）。常见种。
**药用部位** 全草。
**性味功能** 辛，平。解热利尿。治感冒风寒、寒热头痛、筋骨疼痛、咳嗽、疟疾、黄疸、痢疾、疮疡肿毒、跌打刀伤。

## 140. 砖子苗

**学名** *Mariscus umbellatus* Vahl
**别名** 大香附子
**形态特征** 根状茎短。秆疏丛生，锐三棱形。叶短于秆或几与秆近等长，边缘不粗糙；叶鞘褐色或红棕色。叶状苞片5～8枚，长于花序；长侧枝聚伞花简单，具6～12个辐射枝；穗状花序圆筒形或长圆形，具多数密生的小穗；小穗平展或稍下垂，线状披针形。小坚果三棱形、狭长圆形。花、果期4—10月。
**生境分布** 生长于路旁、溪边、草地。采集于教文村（N 25°8′52″，E 116°11′47″，H 585 m）、老好坑（N 25°11′25″，E 116°8′52″，H 612 m）。少见种。
**药用部位** 全草。
**性味功能** 辛、微苦，平。止咳化痰，解郁调经。治风寒感冒、咳嗽痰多、皮肤瘙痒、月经不调。

## 四十四、禾本科 Gramineae

### 141. 看麦娘

**学名** *Alopecurus aequalis* Sobol.
**别名** 牛头猛、山高粱、道旁
**形态特征** 一年生草本。秆少数丛生，节处常膝曲。叶鞘短于节间；叶舌膜质；叶片扁平。圆锥花序圆柱状，灰绿色；小穗椭圆形或卵状椭圆形；颖膜质，基部互相联合，具3条脉，外稃膜质，先端钝，等大或稍长于颖，下部边缘相连合，花药橙黄色。颖果长约1 mm。花、果期4—8月。
**生境分布** 生长于田边、湿地或沟边。采集于马头山（N 25°5′50″, E 116°4′54″, H 299 m）、尧禄村（N 25°7′16″, E 116°9′9″, H 348 m）。常见种。
**药用部位** 全草。
**性味功能** 淡，凉。利湿消肿，解毒。治水肿、水痘。外用治小儿腹泻、消化不良。

### 142. 荩草

**学名** *Arthraxon hispidus* (Thunb.) Makino
**别名** 马耳草、中亚荩草
**形态特征** 一年生草本。秆细弱，基部倾斜，具多节，常分枝，节易生根。叶鞘短于节间，生短硬疣毛；叶舌膜质，边缘具纤毛；叶片卵状披针形，基部心形，抱茎，除下部边缘生疣基毛外余均无毛。总状花序细弱，2～10枚呈指状排列或簇生于秆顶；无柄小穗卵状披针形，呈两侧压扁，灰绿色或带紫色。颖果长圆形，与稃体几等长。花、果期9—11月。
**生境分布** 生长于山坡草地和阴湿处。采集于云礤村（N 25°9′44″, E 116°9′11″, H 602 m）、礤文村（N 25°4′29″, E 116°11′8″, H 545 m）。常见种。
**药用部位** 全草。
**性味功能** 苦，平。清热，降逆，止咳平喘，解毒，祛风湿。治肝炎、久咳气喘、咽喉炎、口腔炎、鼻炎、淋巴腺炎、乳腺炎。外用治疥癣、皮肤瘙痒、痈疖。

### 143. 薏苡

**学名** *Coix lacrym. -jobi* L.
**别名** 药玉米、水玉米
**形态特征** 一年生或多年生草本。秆直立丛生，节多分枝。叶鞘短于其节间，无毛；叶舌干膜质；叶片扁平宽大，开展，边缘粗糙，通常无毛。总状花序一至数枚，由上部叶鞘内抽出；雄小穗伸出念珠状总苞之外；雌小穗包藏在骨质念珠状总苞内，总苞卵形或近球形，成熟时光亮，白色、灰色、蓝紫色至带黑色。花、果期8—11月。
**生境分布** 生长于河边、溪边或阴湿河谷中。采集于谷夫（N 25°12′44″，E 116°10′53″，H 673 m）、云磜村（N 25°9′57″，E 116°9′5″，H 374 m）、教文村（N 25°8′52″，E 116°11′47″，H 598 m）。少见种。
**药用部位** 种仁。
**性味功能** 甘、淡，微寒。温中散寒、补益气血。治胃寒疼痛、气血虚弱。

### 144. 狗牙根

**学名** *Cynodon dactylon* (L.) Pers.
**别名** 绊根草、铁线草
**形态特征** 多年生草本。秆匍匐地面，节上生根。叶鞘微具脊；叶舌仅为一轮纤毛；叶片线形。穗状花序（2）3～5（6）枚，小穗灰绿色或带紫色。颖果长圆柱形。花、果期5—10月。
**生境分布** 生长于旷野、路边及草地上。采集于新化村（N 25°17′27″，E 116°17′11″，H 422 m）、教文村（N 25°7′8″，E 116°12′41″，H 408 m）、陈禾坑（N 25°5′22″，E 116°9′48″，H 447 m）。常见种。
**药用部位** 全草。
**性味功能** 苦、微甘，平。解热利尿、舒筋活血、止血、生肌。治风湿痹拘挛、半身不遂、劳伤吐血、跌打、刀伤、臁疮。

## 145. 稗

**学名** *Echinochloa crusgalli* (L.) Beauv.
**别名** 稗草、稗子
**形态特征** 一年生草本。叶鞘疏松裹秆，平滑无毛，下部者长于而上部者短于节间，叶舌缺，叶片扁平，线形。圆锥花序直立，近尖塔形，第一颖三角形，第二颖与小穗等长。花、果期夏、秋季。
**生境分布** 生长于溪沟或水田中。采集于云磜村（N 25°9′47″，E 116°9′6″，H 595 m）、老好坑（N 25°11′25″，E 116°9′3″，H 629 m）、坑头（N 25°12′9″，E 116°12′43″，H 536 m）。常见种。
**药用部位** 根、苗叶。
**性味功能** 甘、微苦，微寒。稗子：益气、健脾。根、苗：止血。

## 146. 牛筋草

**学名** *Eleusine indica* (L.) Gaertn.
**别名** 千金草、蟋蟀草
**形态特征** 一年生草本。秆丛生。叶鞘两侧压扁而具脊；叶片平展，线形。穗状花序 2～7 个指状着生于秆顶；小穗有花 3～6 朵，颖披针形，具脊。囊果卵形，基部下凹，具明显的波状皱纹。花、果期 6—10 月。
**生境分布** 生长于村边、旷野、田边、路边。采集于云磜村（N 25°9′46″，E 116°8′40″，H 587 m）、陈禾坑（N 25°5′21″，E 116°9′46″，H 437 m）、坑头（N 25°11′6″，E 116°12′8″，H 739 m）。常见种。
**药用部位** 全草。
**性味功能** 甘，平。清热，利湿。治伤暑发热、小儿急惊、黄疸、痢疾、淋病、小便不利，防治乙脑。

## 147. 鹅观草

**学名** *Elymus kamoji* (Ohwi) S. L. Chen
**别名** 茅草箭、茅灵芝
**形态特征** 多年生草本。秆直立或基部倾斜。叶鞘外侧边缘常被纤毛；叶片线形，扁平。穗状花序下垂，小穗绿色或带紫色，含3～10朵小花；颖卵状披针形至长圆状披针形，先端锐尖至具短芒，边缘为宽膜质。花、果期4—7月。
**生境分布** 生长于田边、沟边或湿地。采集于云礤溪（N 25°9′1″，E 116°8′30″，H 425 m）。较常见种。
**药用部位** 全草。
**性味功能** 甘，凉。清热凉血，镇痛。治咳嗽痰中带血、风丹、劳伤疼痛。

## 148. 白茅

**学名** *Imperata cylindrical* (L.) Beauv.
**别名** 丝茅草、茅草、白茅草
**形态特征** 多年生草本。根状茎长，粗壮。叶鞘聚集于秆基；叶舌膜质，紧贴其背部或鞘口具柔毛；秆生叶片窄线形，通常内卷，顶端渐尖呈刺状，下部渐窄，或具柄，质硬，被有白粉，基部上面具柔毛。圆锥花序稠密，两颖草质及边缘膜质，近相等，第一外稃卵状披针形，第二外稃与其内稃近相等。颖果椭圆形。花、果期4—6月。
**生境分布** 多生长于路旁、山坡、草地上。采集于东岗村（N 25°8′19″，E 116°8′13″，H 296 m）、马头山（N 25°5′43″，E 116°4′55″，H 352 m）、陈禾坑（N 25°5′22″，E 116°9′42″，H 463 m）。常见种。
**药用部位** 根茎。
**性味功能** 甘，寒。凉血止血，清热利尿。治血热吐血、衄血、尿血、热病烦渴、黄疸、水肿、热淋涩痛、急性肾炎水肿。

## 149. 箬竹

**学名** *Indocalamus tessellatus* (Munro) Keng f.
**别名** 簹竹
**形态特征** 竿壁较竿壁较厚，节下方有红棕色贴竿的毛环。箨鞘长于节间，无箨耳，箨舌厚膜质，箨片大小多变化，窄披针形。小枝2～4片叶，叶鞘紧密抱竿，有纵肋；无叶耳，叶片宽披针形或长圆状披针形，中脉两侧或仅一侧生有1条毡毛，次脉8～16对，小横脉明显，成方格状，叶缘有细锯齿。笋期4—5月，花期6—7月。
**生境分布** 生长于路旁、溪流、河岸边。采集于黄陂山（N 25°12′16″，E 116°11′6″，H 766 m）、中心坑（N 25°16′43″，E 116°15′38″，H 688 m）、老鸦山（N 25°19′2″，E 116°13′37″，H 463 m）、老好坑（N 25°11′20″，E 116°9′12″，H 694 m）。常见种。
**药用部位** 叶。
**性味功能** 甘，寒。清热止血，解毒消肿。治吐血、衄血、下血、小便不利、喉痹、痈肿。

## 150. 淡竹叶

**学名** *Lophatherum gracile* Brongn
**别名** 竹叶、竹麦冬、长竹叶、山鸡米
**形态特征** 多年生草本。须根中部膨大呈纺锤形小块根。叶鞘平滑或外侧边缘具纤毛；叶片披针形，具横脉，基部收窄成柄状。圆锥花序顶生，小穗线状枝针形，颖长圆形。颖果长椭圆形，深褐色。花、果期6—10月。
**生境分布** 生长于林下荫蔽处。采集于梁山坳（N 25°11′7″，E 116°8′25″，H 688 m）、礤文村（N 25°4′33″，E 116°11′12″，H 570 m）、黄陂山（N 25°11′52″，E 116°11′8″，H 835 m）、云礤村（N 25°10′4″，E 116°9′18″，H 668 m）。常见种。
**药用部位** 茎、叶。
**性味功能** 甘、淡，寒。甘淡渗利，性寒清降，利尿通淋。治胸中疾热、咳逆上气、吐血、热毒风、止消渴、压丹石毒、消痰、热狂烦闷。

## 151. 五节芒

**学名** *Miscanthus floridulu* (Lab.) Warb. ex Schum. et Laut.
**别名** 芒草、管芒、管草、寒芒。
**形态特征** 多年生草本。节下具白粉。叶鞘无毛，鞘节具微毛；叶舌顶端具纤毛；叶片披针形。圆锥花序大而稠密，主轴延伸达花序的2/3以上；分枝较细弱，通常10多枚簇生于基部各节，具二至三回小分枝。花果期5—10月。
**生境分布** 生长于山坡灌草丛中。采集于云磜村（N 25°9′52″，E 116°9′3″，H 600 m）、新华村（N 25°19′24″，E 116°13′49″，H 361 m）、东岗村（N 25°8′19″，E 116°8′13″，H 296 m）、磜文村（N 25°4′33″，E 116°11′7″，H 531 m）。常见种。
**药用部位** 茎。
**性味功能** 甘，平。祛风除湿，利水通淋。治热淋、白浊、白带、风湿关节痛、鼻衄、乳糜尿、急性肾盂炎、泌尿道结石。

## 152. 芒

**学名** *Miscanthus sinensis* Anderss.
**别名** 中国芒、芒草、芭茅
**形态特征** 多年生草本。叶鞘无毛，长于其节间；叶舌膜质，顶端及其后面具纤毛；叶片线形，下面疏生柔毛及被白粉，边缘粗糙。圆锥花序直立，主轴无毛，延伸至花序的中部以下，节与分枝腋间具柔毛；分枝较粗硬，直立，不再分枝或基部分枝具第二次分枝；小穗披针形，黄色有光泽，基盘具等长于小穗的白色或淡黄色的丝状毛。颖果长圆形，暗紫色。花、果期7—12月。
**生境分布** 生长于路旁或荒野。采集于老好坑（N 25°11′34″，E 116°8′41″，H 607 m）、谷夫（N 25°12′37″，E 116°10′49″，H 682 m）、东岗村（N 25°8′34″，E 116°8′23″，H 296 m）。常见种。
**药用部位** 花序、根状茎、气笋子（幼茎内有寄生虫者）。
**性味功能** 甘，平。花序：活血通经。治月经不调、半身不遂。根状茎：利尿，止渴。治小便不利、热病口渴。气笋子：调气，补肾，生津。治妊娠呕吐、精枯阳痿。

## 153. 类芦

**学名** *Neyraudia reynaudiana* (kunth.) Keng

**别名** 假芦、石珍茅

**形态特征** 多年生草本。具木质根状茎。秆直立，通常节具分枝，节间被白粉；叶鞘无毛，仅沿颈部具柔毛；叶舌密生柔毛；叶片扁平或卷折，顶端长渐尖，无毛或上面生柔毛。圆锥花序，分枝细长，开展或下垂；小穗含5～8朵小花。花、果期8—12月。

**生境分布** 生长于生于河边或草地上。采集于马头山（N 25°5′31″，E 116°5′26″，H 276 m）、东岗村（N 25°8′40″，E 116°7′44″，H 360 m）。较常见种。

**药用部位** 全草。

**性味功能** 甘、淡，平。解毒利湿。治虫蛇咬伤、肾炎水肿、竹木刺入肉。

## 154. 铺地黍

**学名** *Panicum repens* L.

**别名** 匍地黍、硬骨草、枯骨草

**形态特征** 多年生草本。根茎粗壮，秆直立，坚挺。叶鞘光滑，边缘被纤毛；叶片质硬，线形，叶舌极短，膜质。圆锥花序开展，小穗长圆形。花、果期6—11月。

**生境分布** 多生长于路边、山坡草地上。采集于黄门岭（N 25°6′35″，E 116°6′40″，H 275 m）、马头山（N 25°5′46″，E 116°4′49″，H 295 m）、陈禾坑（N 25°5′21″，E 116°9′46″，H 437 m）。常见种。

**药用部位** 全草。

**性味功能** 甘，平。清热平肝，利湿解毒。治高血压、鼻窦炎、鼻出血、湿热带下、尿路感染、肋间神经痛、黄疸型肝炎、骨鲠喉。

## 155. 狼尾草

**学名** *Pennisetum alopecuroides* (L.) Spreng.

**别名** 大狗尾草、戾草

**形态特征** 多年生草本。秆直立，丛生。叶鞘光滑，两侧压扁，主脉呈脊，在基部者跨生状，秆上部者长于节间，叶片线形。圆锥花序直立，主轴密生柔毛，刚毛粗糙，小穗单生，线状披针形。颖果长圆形。花、果期夏、秋季。

**生境分布** 生长于路边、田边及山坡草地上。采集于马头山（N 25°5′43″，E 116°4′57″，H 359 m）、新化村（N 25°18′3″，E 116°16′29″，H 614 m）、梁山坝（N 25°11′4″，E 116°8′20″，H 686 m）。较常见种。

**药用部位** 根或根茎，全草。

**性味功能** 甘，平。清肺止咳，凉血明目。治肺热咳嗽、目赤肿痛。

## 156. 毛竹

**学名** *Phyllostachys edulis* (Carrière) J. Houz.

**别名** 楠竹

**形态特征** 地下茎单轴型。节间圆筒形，着枝一侧有沟槽。箨鞘背面黄褐色或紫褐色，具黑褐色斑点及密生棕色刺毛；箨耳微小，繸毛发达；箨舌宽短，强隆起至为尖拱形，边缘具粗长纤毛；箨片较短，长三角形至披针形，有波状弯曲，绿色。每节两分枝，一大一小，每小枝具 2～4 片叶；叶鞘淡黄色，无叶耳，鞘口繸毛存在而为脱落性；叶舌隆起；叶片较小较薄，披针形。花枝穗状。小穗仅有 1 朵小花。笋于秋、冬季在土中生长为冬笋，清明节前后出土为春笋。

**生境分布** 生长于低山、丘陵。采集于黄陂山（N 25°11′53″，E 116°11′9″，H 840 m）、东岗村（N 25°8′22″，E 116°8′3″，H 315 m）、朝岭村（N 25°15′9″，E 116°13′50″，H 585 m）。常见种。

**药用部位** 地下茎、节、嫩叶、箨叶（笋壳）、苗（笋）。

**性味功能** 甘，凉。竹鞭：消肿止痛。治跌打伤痛、喉部异物（竹片）刺伤。竹节：祛风，利关节。治半身不遂、扭伤、风火耳鸣、腰膝痛。嫩叶：清热除烦。治烦热口渴、带状疱疹。箨叶：解毒泻火。治重舌。苗：透疹。治麻疹不透。竹茹：治呕逆。

### 157. 金丝草

**学名** *Pogonatherum crinitum* (Thunb.) Kunth

**别名** 黄毛草、笔仔草、竹叶草

**形态特征** 多年生草本。秆直立丛生。叶鞘短于或长于节间，向上部渐狭；叶舌短，纤毛状；叶片线形，扁平。穗形总状花序单生于秆顶，总状花序轴节间与小穗柄均压扁。颖果卵状长圆形。花、果期5—9月。

**生境分布** 生长于河边、墙隙、山坡和潮湿田圩。采集于陈禾坑（N 25°5′22″，E 116°9′42″，H 463 m）、老鸦山（N 25°18′57″，E 116°13′32″，H 439 m）、云磜村（N 25°10′6″，E 116°9′25″，H 678 m）。常见种。

**药用部位** 全草。

**性味功能** 甘、淡，凉。清热，解暑，利尿。治感冒高热、中暑、尿路感染、肾炎水肿、黄疸型肝炎、糖尿病、小儿久热不退。

### 158. 棕叶狗尾草

**学名** *Setaria palmifolia* (Koen.) Stapf

**别名** 箬叶莩、棕茅、棕叶草、涩船草

**形态特征** 多年生草本。秆直立或基部稍膝曲。叶鞘松弛，具密或疏疣毛；叶片纺锤状宽披针形，基部窄缩呈柄状，具纵深皱折。圆锥花序主轴延伸甚长，呈开展或稍狭窄的塔形，小穗卵状披针形，密集或疏松排列于小枝的一侧。颖果卵状披针形，成熟时不带着颖片脱落。花、果期8—12月。

**生境分布** 生长于路旁、溪边或林下阴湿处。采集于谷夫（N 25°12′27″，E 116°10′44″，H 693 m）、张畲（N 25°5′45″，E 116°11′31″，H 512 m）、新化村（N 25°17′32″，E 116°17′4″，H 428 m）。常见种。

**药用部位** 根。

**性味功能** 淡，平。祛温强健。治脱肛、子宫脱垂。

## 159. 狗尾草

**学名** *Setaira viridis* (L.) Beauv.
**别名** 绿狗尾草、谷莠子、狗尾巴草
**形态特征** 一年生草本。叶鞘松弛；叶舌极短；叶片扁平，长三角状狭披针形或线状披针形。圆锥花序紧密呈圆柱状或基部稍疏离，直立或稍弯曲，通常绿色或褐黄到紫红或紫色，小穗2～5个簇生于主轴上或着生在短小枝上，椭圆形。颖果灰白色。花、果期5—10月。
**生境分布** 生长于荒野、道旁。采集于云礤村（N 25°9′46″，E 116°8′40″，H 587 m）、东岗村（N 25°8′34″，E 116°8′23″，H 319 m）。常见种。

**药用部位** 全草。
**性味功能** 淡，平。祛风明目，清热利尿。治风热感冒、砂眼、目赤疼痛、黄疸肝炎、小便不利。外用治颈淋巴结结核。

## 四十五、棕榈科 Palmae

## 160. 高毛鳞省藤

**学名** *Calamus hoplites* Dunn
**别名** 红藤、赤藤
**形态特征** 直立灌木。丛生。叶羽状全裂，羽片多数，每2～6片成组聚生于叶轴两侧，并指向不同方向，线状剑形，中脉两面及边缘疏被微刺，叶轴背面具单生的爪刺；叶柄背面及两侧具强壮的黑刺；叶鞘密被黑刺。雄花序三回分枝，雌花序二回分枝。果实椭圆形或卵形，具圆锥状的喙，鳞片21纵列，黄色，中央凸起。花期5—6月，果期11月。
**生境分布** 生长于林中、林下。采集于云礤溪（N 25°9′17″，E 116°8′31″，H 451 m）。常见种。

**药用部位** 茎。
**性味功能** 苦，平。驱虫，通淋，祛风止痛。治蛔虫、蛲虫、绦虫病，小便淋痛，齿痛。

### 161. 棕榈

**学名** *Trachycarpus fortunei* (Hook.) H. Wendl.

**别名** 棕衣树、棕树

**形态特征** 乔木。叶圆扇形，掌状深裂几达基部，裂片线状剑形，革质，顶端具短2裂；叶鞘纤维质，棕褐色，网状包茎。肉穗花序圆锥状，腋生，雌雄异株，雄花黄绿色，雌花淡绿色；佛焰苞管状，上部开裂，红棕色。核果肾形，有脐，成熟时蓝黑色，被白粉。花期4月，果期9—10月。

**生境分布** 生长于疏林中或栽培于四旁。采集于教文村（N 25°9′1″，E 116°12′17″，H 654 m）。较常见种。

**药用部位** 干燥叶柄。

**性味功能** 苦、涩，平。收涩止血。治吐血、衄血、尿血、便血、崩漏下血。

## 四十六、莲科 Nelumbonaceae

### 162. 莲

**学名** *Nelumbo nucifera* Gaertn

**别名** 莲花、荷花

**形态特征** 多年生水生草本。根状茎横生，节间膨大。叶圆形，盾状，全缘稍呈波状，上面光滑，具白粉，下面叶脉从中央射出；叶柄粗壮，圆柱形，外面散生小刺。花单生于花梗顶端，花瓣红色、粉红色或白色。坚果椭圆形或卵形，果皮革质，坚硬，熟时黑褐色；种子（莲子）卵形或椭圆形，种皮红色或白色。花期6—8月，果期8—10月。

**生境分布** 生长于水塘、湖泊中。采集于陈禾坑（N 25°5′22″，E 116°9′50″，H 462 m）、朝岭村（N 25°15′0″，E 116°13′35″，H 576 m）。常见种。

**药用部位** 荷花、莲子、莲衣、莲房、莲须、莲子心、荷叶、荷梗、藕。

**性味功能** 苦、甘，平。荷花：活血止血，去湿消风，清心凉血，解热解毒。莲子：养心，益肾，补脾，涩肠。莲须：清心，益肾，涩精，止血，解暑除烦，生津止渴。荷叶：清暑利湿，升阳止血，减肥瘦身。藕：止血，散瘀，解热毒。荷梗：清热解暑，通气行水，泻火清心。

## 四十七、木通科 Lardizabalaceae

### 163. 五月瓜藤

**学名** *Holboellia angustifolia* Wall.
**别名** 五月藤、八月果
**形态特征** 常绿木质藤本。掌状复叶，小叶5～9片；小叶近革质或革质，线状长圆形、长圆状披针形至倒披针形，下面苍白色，密布极微小的乳凸。花雌雄同株，数朵组成伞房式的短总状花序；雄花，绿白色；雌花，紫色。果紫色，长圆形。花期4—5月，果期7—8月。
**生境分布** 生长于沟谷或阔叶林中。采集于马头山（N 25°5′40″, E 116°4′51″, H 334 m）。少见种。
**药用部位** 果实、茎藤。
**性味功能** 苦，凉。利湿，通乳，解毒。治胃痛、风湿痛、跌打损伤。

### 164. 野木瓜

**学名** *Stauntonia chinensis* DC.
**别名** 七叶莲、沙引藤、山芭蕉、牛芽标
**形态特征** 木质藤本。掌状复叶，小叶5～7片；叶革质，长圆形、椭圆形或长圆状披针形，边缘略加厚；中脉在上面凹入，侧脉和网脉在两面均明显凸起。花雌雄同株，通常3～4朵组成伞房花序式的总状花序；雄花萼片外面淡黄色或乳白色，内面紫红色；雌花萼片与雄花的相似但稍大。果长圆形。花期3—4月，果期6—10月。
**生境分布** 生长于溪边、沟谷林缘或灌丛中。采集于黄陂山（N 25°11′56″, E 116°11′10″, H 826 m）、中心坑（N 25°15′57″, E 116°15′0″, H 614 m）、云磜村（N 25°9′58″, E 116°8′39″, H 629 m）、坑头（N 25°11′2″, E 116°12′10″, H 743 m）。常见种。
**药用部位** 根、根茎及茎叶。
**性味功能** 甘，温。祛风和络，活血止痛，利尿消肿。治风湿痹痛，胃、肠道及胆道疾患之疼痛，三叉神经痛，跌打损伤，痛经，小便不利，水肿。

### 165. 尾叶那藤

**学名** *Stauntonia obovatifoliola* Hayata subsp. *urophylla* (Hand. -Mazz.) H. N. Qin
**别名** 五指那藤、牛藤果
**形态特征** 木质藤本。掌状复叶，小叶5～7片，小叶革质，倒卵形至倒卵状长圆形，先端猝然收缩为一狭而弯的长尾尖，尖顶常具短的易断的丝状尖头。花雌雄同株，常排成疏松的总状花序。果椭圆形。花期4—5月，果期9—11月。
**生境分布** 生长于灌木丛、林缘和沟谷中。采集于中心坑（N 25°15′57″，E 116°15′0″，H 615 m）、教文村（N 25°9′19″，E 116°11′38″，H 657 m）、梁山隔（N 25°11′11″，E 116°13′47″，H 491 m）。常见种。
**药用部位** 果实。
**性味功能** 苦，寒。解毒消肿，杀虫止痛。治疮痈、疝气疼痛、蛔虫病、鞭虫病。

## 四十八、大血藤科 Sargentodoxaceae

### 166. 大血藤

**学名** *Sargentodoxa cuneata* (Oliv.) Rehd. et Wils.
**别名** 血藤、红皮藤
**形态特征** 落叶木质藤本。三出复叶，或兼具单叶；小叶革质，顶生小叶棱状倒卵圆形，侧生小叶斜卵状，先端急尖，基部内面楔形，外面截形或圆形。总状花序，雄花与雌花同序或异序；萼片6枚，花瓣状，长圆形；花瓣6片，小，圆形。浆果近球形，成熟时黑蓝色。花期4—5月，果期6—9月。
**生境分布** 生长于疏林中或林缘灌丛中。采集于谷夫（N 25°12′29″，E 116°10′57″，H 677 m）。少见种。
**药用部位** 茎。
**性味功能** 苦，平。清热解毒，活血，祛风。

## 四十九、防己科 Menispermaceae

### 167. 木防己

**学名** *Cocculus orbiculatus* (L.) DC.
**别名** 土防己、青藤根
**形态特征** 木质藤本。小枝被绒毛至疏柔毛。叶片纸质至近革质，形状变异极大，自线状披针形至阔卵状近圆形、狭椭圆形至近圆形、倒披针形至倒心形，边全缘或3裂，有时掌状5裂，两面被密柔毛至疏柔毛；掌状脉3条，在下面微凸起。聚伞花序少花，腋生，或排成多花，狭窄聚伞圆锥花序，顶生或腋生。核果近球形，红色至紫红色。花期4—7月，果期6—10月。
**生境分布** 生长在山坡路旁或疏林中。采集于谷夫（N 25°12′17″，E 116°11′25″，H 664 m）、老好坑（N 25°11′25″，E 116°8′52″，H 612 m）。较常见种。
**药用部位** 根。
**性味功能** 苦、辛，寒。祛风止痛，利尿消肿，解毒，降血压。治风湿关节痛、肋间神经痛、急性肾炎、尿路感染、高血压、风湿性心脏病、水肿。外用治毒蛇咬伤。

### 168. 粉叶轮环藤

**学名** *Cyclea hypoglauca* (Schauer) Diels
**别名** 百解藤、须龙藤
**形态特征** 藤本。叶纸质，阔卵状三角形至卵形，顶端渐尖，基部截平至圆，边全缘而稍反卷；掌状脉5～7条，纤细，网脉不很明显。花序腋生，雄花序为间断的穗状花序状，花序轴常不分枝或有时基部有短小分枝；雌花序较粗壮，总状花序状，花序轴明显曲折。核果红色，背部中肋两侧各有3列小瘤状凸起。花期5—8月，果期6—9月。
**生境分布** 生长于林中或山谷溪边。采集于云磜村（N 25°9′49″，E 116°9′13″，H 619 m）、中心坑（N 25°15′56″，E 116°15′1″，H 612 m）、教文村（N 25°8′59″，E 116°11′45″，H 618 m）。常见种。
**药用部位** 根。
**性味功能** 苦，寒。清热解毒，利尿止痛。治咽喉炎、白喉、扁桃体炎、尿路感染及结石、牙痛、胃痛、风湿骨痛。外用治痈疮、无名肿毒、毒蛇咬伤。

## 169. 秤钩风

**学名** *Diploclisia affinis* (Oliv.) Diels
**别名** 土防己、蛇总管
**形态特征** 木质藤本。叶革质，三角状扁圆形至菱状扁圆形，顶端短尖或钝而具小凸尖，基部近截平至浅心形，边缘具明显或不明显的波状圆齿；掌状脉常5条。聚伞花序腋生，花单性，雌雄异株。核果红色，倒卵团形。花期4—5月，果期7—9月。
**生境分布** 生长于林缘或灌丛中。采集于新华（N 25°19′27″, E 116°13′52″, H 338 m）。较常见种。
**药用部位** 藤、叶。
**性味功能** 微苦，平。清热利湿，消肿解毒。治风湿骨痛、胆囊炎、尿路感染、毒蛇咬伤。

## 170. 细圆藤

**学名** *Pericampylus glaucus* (Lam.) Merr.
**别名** 黑风散、广藤
**形态特征** 木质藤本，小枝通常被灰黄色绒毛。叶纸质至薄革质，三角状卵形至三角状近圆形，边缘有圆齿或近全缘，两面被绒毛或上面被疏柔毛至近无毛；掌状脉5条，很少3条。聚伞花序伞房状，被绒毛；雄花萼片背面多少被毛，花瓣6片，楔形或有时匙形；雄蕊6枚；雌花萼片和花瓣与雄花相似；退化雄蕊6枚。核果红色或紫色。花期4—6月，果期9—10月。
**生境分布** 生长于林中、林缘或灌丛中。采集于东岗村（N 25°8′39″, E 116°8′31″, H 354 m）、教文村（N 25°9′2″, E 116°11′44″, H 625 m）。常见种。
**药用部位** 全草。
**性味功能** 苦、辛，寒。祛风镇痛，清热解毒，散瘀止痛。

## 171. 千金藤

**学名** *Stephania japonica* (Thunb.) Miers
**别名** 金线吊乌
**形态特征** 稍木质藤本。叶纸质或坚纸质，通常三角状近圆形或三角状阔卵形，顶端有小凸尖，基部通常微圆，下面粉白；掌状脉约10～11条；叶柄盾状着生。复伞形聚伞花序腋生，通常有伞梗4～8条，小聚伞花序近无柄，密集呈头状；雄花花瓣3或4片，黄色。果倒卵形至近圆形，成熟时红色。花期6—7月，果期8—9月。
**生境分布** 生长于草丛或林缘灌木丛中。采集于黄陂山（N 25°12′7″, E 116°11′7″, H 775 m）、新化村（N 25°17′43″, E 116°16′50″, H 451 m）。少见种。
**药用部位** 根或藤茎。
**性味功能** 苦、辛，寒。清热解毒，利尿消肿，祛风止痛。治咽喉肿痛、牙痛、胃痛、水肿、脚气、尿急尿痛、小便不利、外阴湿疹、风湿关节痛。外用治跌打损伤、毒蛇咬伤、痈肿疮疖。

## 五十、毛茛科 Ranunculaceae

### 172. 威灵仙

**学名** *Clematis chinensis* Osbeck
**别名** 铁线根、铁脚威灵仙
**形态特征** 木质藤本。一回羽状复叶，小叶5枚；小叶片纸质，卵状椭圆形或卵状披针形，顶端锐尖至渐尖，偶有微凹，基部圆形、宽楔形至浅心形，全缘，两面近无毛，或疏生短柔毛。圆锥状聚伞花序，多花，顶生或腋生；萼片4（或5）片，开展，白色，长圆形或长圆状倒卵形。瘦果扁，卵形至宽卵形。花期6—9月，果期8—11月。
**生境分布** 生长于林缘或灌丛中。采集于云磜溪（N 25°9′0″, E 116°8′29″, H 477 m）、大坪坑（N 25°17′6″, E 116°11′38″, H 532 m）。少见种。
**药用部位** 根或根茎。
**性味功能** 辛、咸，温。祛风除湿，通络止痛。

## 173. 厚叶铁线莲

**学名** *Clematis crassifolia* Benth.
**形态特征** 藤本。三出复叶；小叶片革质，长椭圆形、椭圆形或卵形，顶端锐尖或钝，基部楔形至近圆形，全缘。圆锥状聚伞花序腋生或顶生，多花，长而疏展；花萼4枚，开展，白色或略带水红色。瘦果镰刀状狭卵形，有柔毛。花期12月—第二年1月，果期2月。
**生境分布** 生长于路旁林下或疏林中。采集于马头山（N 25°5′37″，E 116°4′41″，H 347 m）。少见种。
**药用部位** 全草及根。
**性味功能** 祛风除湿，解毒消肿。治风湿关节痛、结核性溃疡。

## 174. 山木通

**学名** *Clematis fintiana* Levl. et Vant.
**别名** 老虎须、冲倒山
**形态特征** 木质藤本。三出复叶，基部有时为单叶，小叶革质或薄革质，卵状披针形至狭卵形，全缘，两面无毛。花常单生，或为聚伞花序、总状聚伞花序，腋生或顶生；苞片小，钻形，有时下部苞片为宽线形至三角状披针形，顶端3裂；萼片4～6片，白色，狭长圆形，边缘密生短茸毛。瘦果镰刀状狭卵形，宿存花柱有黄褐色长柔毛。花期4—6月，果期7—11月。
**生境分布** 生长于林缘或路旁灌丛中。采集于天马寨（N 25°6′24″，E 116°10′21″，H 1 108 m）。少见种。
**药用部位** 根、茎、叶。
**性味功能** 苦，温。祛风利湿，活血解毒。

## 175. 毛柱铁线莲

学名　*Clematis meyeniana* Walp
别名　吹风藤、甘草藤
形态特征　木质藤本。老枝圆柱形，有纵条纹，小枝有棱。三出复叶；小叶片近革质，卵形或卵状长圆形，有时为宽卵形，顶端锐尖、渐尖或钝急尖，基部圆形、浅心形或宽楔形，全缘。圆锥状聚伞花序多花，腋生或顶生，萼片4枚，开展，白色。瘦果镰刀状狭卵形或狭倒卵形。花期6—8月，果期8—10月。
生境分布　生长于疏林下、路旁灌丛中。采集于老鸦山（N 25°18′39″，E 116°13′8″，H 437 m）、伯公坑（N 25°8′45″，E 116°10′58″，H 685 m）。少见种。
药用部位　根、茎。
性味功能　辛、咸，温。祛风除湿，活络止痛，消痰化积。治风寒感冒、胃痛、闭经、跌打瘀肿、风湿麻木、腰痛。

## 176. 短萼黄连

学名　*Coptis chinensis* Franch. var. *brevisepata* W. T. Wang et Hsiao
别名　黄连
形态特征　多年生草本。叶基生，叶片稍革质，卵状三角形，3全裂，中央裂片卵状菱形，有3～6对羽状深裂，侧生全裂片做不等二深裂或全裂，各裂片又做羽状深裂。花葶1～2条；二歧或多歧聚伞花序有3～8朵花；花小，黄绿色，萼片5片，花瓣9～12片。果为蓇葖果。花期1—2月，果期2—3月。
生境分布　生长于林下阴湿处。采集于黄陂山（N 25°11′56″，E 116°11′10″，H 826 m）。稀少种。
药用部位　根。
性味功能　苦，寒。清热解毒，消肿，泻火，燥湿健胃。

## 177. 毛茛

**学名** *Ranunculus japonicus* Thunb.
**别名** 鱼疗草、鸭脚板
**形态特征** 多年生草本。基生叶多数；叶片圆心形或五角形，基部心形或截形，通常3深裂不达基部。下部叶与基生叶相似，渐向上叶柄变短，叶片较小，3深裂，裂片披针形，有尖齿牙或再分裂；最上部叶线形，全缘，无柄。聚伞花序有多数花，疏散；萼片椭圆形，生白柔毛；花瓣5片，倒卵状圆形，基部有爪。聚合果近球形；瘦果扁平。花、果期4—9月。
**生境分布** 生长于路边、沟边、山坡杂草丛中。采集于张畲（N 25°5′45″，E 116°11′31″，H 512 m）、天马寨（N 25°7′33″，E 116°10′42″，H 746 m）、东岗村（N 25°8′19″，E 116°8′13″，H 296 m）、新化村（N 25°18′9″，E 116°16′32″，H 592 m）。常见种。
**药用部位** 全草。
**性味功能** 辛、微苦，温；有毒。利湿，消肿，止痛，退翳，截疟，杀虫。治胃痛、黄疸、疟疾、淋巴结结核、翼状胬肉、角膜云翳，灭蛆、杀孑孓。

## 178. 石龙芮

**学名** *Ranunculus sceleratus* L.
**别名** 野芹菜
**形态特征** 一年生草本。基生叶多数；叶片肾状圆形，基部心形，3深裂不达基部，裂片倒卵状楔形，不等地2～3裂。茎生叶多数，下部叶与基生叶相似；上部叶较小，3全裂。聚伞花序有多数花；花小；萼片椭圆形，外面有短柔毛，花瓣5片，倒卵形，基部有短爪。聚合果长圆形；瘦果极多数，近百枚，紧密排列，倒卵球形，稍扁。花、果期5—8月。
**生境分布** 生长于河沟边湿地。采集于马头山（N 25°5′52″，E 116°4′52″，H 299 m）。少见种。
**药用部位** 全草。
**性味功能** 苦、辛，平；有毒。消肿，拔毒散结，截疟。治淋巴结结核、疟疾、痈肿、蛇咬伤、慢性下肢溃疡。

### 179. 华东唐松草

**学名** *Thalictrum fortunei* S. Moore
**形态特征** 多年生草本。植株全体无毛。基生叶有长柄，为二至三回三出复叶；小叶草质，背面粉绿色，顶生小叶近圆形，顶端圆，基部圆形或浅心形，侧生小叶的基部斜心形。复单歧聚伞花序圆锥状，花梗丝形，萼片4片，白色或淡紫色。瘦果无柄，圆柱状长圆形。花期3—5月。
**生境分布** 生长于林下或较阴湿处。采集于东岗村（N 25°9′21.7″，E 116°8′31″，H 507 m）、黄陂山（N 25°11′27″，E 116°11′2″，H 954 m）、梁山顶（N 25°10′17″，E 116°10′22″，H 988 m）。较常见种。
**药用部位** 根。
**性味功能** 苦，寒。解毒消肿，明目，止泻。

## 五十一、小檗科 Berberidaceae

### 180. 豪猪刺

**学名** *Berberis julianae* Schneid
**别名** 三颗针、小檗
**形态特征** 常绿灌木。茎刺粗壮，三分叉，腹面具槽。叶革质，椭圆形，披针形或倒披针形，先端渐尖，基部楔形，上面深绿色，中脉凹陷，侧脉微显，背面淡绿色，中脉隆起，每边具10～20个刺齿。花10～25朵簇生，花黄色。浆果长圆形，蓝黑色，被白粉。花期3月，果期5—11月。
**生境分布** 生长于山坡林下、林缘。采集于梁山顶（N 25°10′22″，E 116°10′49″，H 1 434 m）。常见种。
**药用部位** 根或茎叶（土黄连）。
**性味功能** 苦，寒。清热解毒，利小便。

## 181. 庐山小檗

**学名** *Berberis virgetorum* Schneid.
**别名** 黄疸树、土黄檗
**形态特征** 落叶灌木。茎刺单生，偶有三分叉，腹面具槽。叶薄纸质，长圆状菱形，先端急尖、短渐尖或微钝，基部楔形，渐狭下延，上面暗黄绿色，背面灰白色，叶缘平展，全缘，有时稍呈波状。总状花序具3～15朵花，花梗细弱，花黄色。浆果长圆状椭圆形，熟时红色。花期4—5月，果期6—10月。
**生境分布** 生长于山地灌丛或山谷溪边。采集于云礤钟屋坑（N 25°9′30″，E 116°9′27″，H 632 m）、新化村（N 25°18′10″，E 116°16′35″，H 560 m）。较常见种。
**药用部位** 茎及根。
**性味功能** 苦，寒。清热解毒。治肝炎、胆囊炎、肠炎、菌痢、咽喉炎、结膜炎、尿道炎、疮疡肿毒。

## 182. 八角莲

**学名** *Dysosma versipellis* (Hance) M. Cheng ex Ying
**别名** 金魁莲、旱八角
**形态特征** 多年生草本。根茎粗壮，横生；不分枝。茎生叶2片，薄纸质，互生，盾状，近圆形，4～9掌状浅裂。花深红色，5～8朵簇生于离叶基部不远处，下垂；萼片6片，长圆状椭圆形；花瓣6片，勺状倒卵形。浆果椭圆形。花期3—6月，果期5—9月。
**生境分布** 生长于山坡林下或沟谷溪流边。采集于黄陂山（N 25°12′8″，E 116°11′1″，H 790 m）。稀见种。
**药用部位** 根茎。
**性味功能** 苦、辛，凉；有毒。清热解毒，化痰散结，祛瘀消肿。

## 183. 阔叶十大功劳

**学名** *Mahania bealei* (Fort.) Carr.
**别名** 十大功劳
**形态特征** 常绿灌木。叶聚集于茎上部，一回奇数羽状复叶，厚革质，卵形、广卵形或卵状椭圆形，有刺状锯齿。总状花序直立，通常3～9个簇生；苞片阔卵形或卵状披针形，先端钝；花黄色；花瓣倒卵状椭圆形。浆果卵形，深蓝色，被白粉。花期9月—翌年1月，果期3—5月。
**生境分布** 多生长于较高的山坡灌木丛中和林阴下。采集于黄陂山（N 25°11′53″，E 116°11′09″，H 824 m）、云礤村（N 25°9′33″，E 116°9′19″，H 635 m）、老好坑（N 25°11′20″，E 116°9′12″，H 694 m）。较常见种。
**药用部位** 根、茎、花。
**性味功能** 苦，寒。清热燥湿，消肿解毒。

## 五十二、罂粟科 Papaveraceae

## 184. 血水草

**学名** *Eomecon chionantha* Hance
**别名** 水黄连、雪花罂粟
**形态特征** 多年生草本。具红黄色汁液。叶全部基生，叶片心形或心状肾形，稀心状箭形，先端渐尖或急尖，基部耳垂，边缘呈波状，表面绿色，背面灰绿色。花葶灰绿色略带紫红色，有3～5朵花，排列成聚伞状伞房花序，花瓣倒卵形，白色。蒴果狭椭圆形。花期3—6月，果期6—10月。
**生境分布** 生长于路旁、溪边、林边潮湿地。采集于黄陂山（N 25°12′11″，E 116°11′4″，H 780 m）。少见种。
**药用部位** 全草。
**性味功能** 苦，寒；有小毒。清热解毒，活血止血。治劳伤腰痛、肺结核、咯血。外用治湿疹、疮疖、无名肿毒、毒蛇咬伤、跌打损伤。

## 五十三、紫堇科 Fumariaceae

### 185. 紫堇

**学名** *Corydalis edulis* Maxim.
**别名** 蝎子花、麦黄草、断肠草
**形态特征** 一年生灰绿色草本。叶近三角形，一至二回羽状全裂，一羽片2～3对，具短柄，二回羽片近无柄，倒卵圆形，羽状分裂，裂片狭卵圆形，顶端钝。总状花序；萼片小，近圆形；花粉红色至紫红色，平展。蒴果线形，下垂，具1列种子。花期4—5月，果期5—6月。
**生境分布** 生长于路边、林下、多石处等潮湿地。新兰村（N 25°19′0″，E 116°14′5″，H 414 m）。少见种。
**药用部位** 全草。
**性味功能** 苦、涩，凉；有毒。清热解毒，止痒，收敛，固精。治疮毒、顽癣、秃疮、带状疱疹、蛇咬伤、脱肛、遗精。

### 186. 小花黄堇

**学名** *Corydalis racemosa* (Thunb.) Pers.
**别名** 黄花地锦苗、断肠草、黄堇
**形态特征** 灰绿色丛生草本。叶片三角形，上面绿色，下面灰白色，二回羽状全裂，一回羽片约3～4对，具短柄，二回羽片1～2对，卵圆形至宽卵圆形，二回三深裂，末回裂片圆钝。总状花序，密具多花。花黄色或淡黄色。蒴果线形，具1列种子。花期4—5月，果期5—6月。
**生境分布** 生长于沟边、石缝或林下潮湿处。采集于张畲（N 25°5′45″，E 116°11′31″，H 512 m）、东岗村（N 25°8′19″，E 116°8′13″，H 296 m）、新兰村（N 25°19′5″，E 116°13′57″，H 408 m）。常见种。
**药用部位** 全草。
**性味功能** 微苦，凉。清热利尿，止痢，止血。治暑热腹泻、痢疾、肺结核咯血、高热惊风、目赤肿痛、流火、毒蛇咬伤、疮毒肿痛。

### 187. 地锦苗

**学名** *Corydalis shearery* S. Moore
**别名** 芹菜、断肠草、鹿耳草、高山羊不吃、蛇含七
**形态特征** 多年生草本。基生叶数枚，叶片轮廓三角形或卵状三角形，二回羽状全裂，第一回全裂片具柄，第二回无柄，卵形，中部以上具圆齿状深齿，下部宽楔形，表面绿色，背面灰绿色，叶脉在表面明显，背面稍凸起。总状花序生于茎及分枝先端，有 10～20 朵花，花瓣紫红色。蒴果狭圆柱形。花、果期3—6月。
**生境分布** 生长于林下、沟边湿草地。采集于天马寨（N 25°6′42″, E 116°10′35″, H 952 m）。少见种。
**药用部位** 全草。
**性味功能** 苦，凉。清热解毒，消肿止痛。治痈疮肿毒、顽癣、跌打损伤。

## 五十四、金缕梅科 Hamamelidaceae

### 188. 蕈树

**学名** *Altingia chinensis* (Champ.) Oliver ex Hance
**别名** 阿丁枫、半边枫、老虎斑
**形态特征** 常绿乔木。叶革质或厚革质，二年生，倒卵状矩圆形；侧脉约 7 对，在上、下两面均突起，网状小脉在上面很明显，在下面稍突起，边缘有钝锯齿。雄花短穗状花序，常多个排成圆锥花序；雌花头状花序单生或数个排成圆锥花序，有花 15～26 朵。头状果序近于球形，基底平截；种子多数，褐色有光泽。花期4—6月，果期9—10月。
**生境分布** 生长于林中、沟谷林缘或路边。采集于云礤村（N 25°10′8″, E 116°9′27″, H 748 m）。常见种。
**药用部位** 根。
**性味功能** 苦，平。消肿止痛。治风湿痹症、寒热、肢体肿胀、挛急疼痛、关节屈伸不利、跌扑闪扭、筋骨被伤、局部青瘀、活动不能。

## 189. 细柄蕈树

**学名** *Altingia gracilipes* Hemsl.
**别名** 细柄阿丁枫、细叶枫
**形态特征** 常绿乔木。叶革质，卵状披针形，先端尾状渐尖，上面下陷，下面略突起，网脉不显著，全缘，叶柄纤细。雄花头状花序圆球形，多个排成圆锥花序，生枝顶叶腋内；雌花头状花序生于当年枝的叶腋里，单独或数个排成总状式，有花5～6朵。头状果序倒圆锥形，蒴果。花期3—4月，果期9—10月。
**生境分布** 生长于林中、林缘或路边。采集于老好坑（N 25°11′33″，E 116°8′42″，H 606 m）、云礤村（N 25°10′7″，E 116°9′28″，H 723 m）、牛麻窝（N 25°12′8″，E 116°9′11″，H 578 m）。常见种。
**药用部位** 树皮油脂。
**性味功能** 辛，温。开窍，止痛。治中风痰厥、卒然昏倒的寒闭证、胸腹冷痛满闷之症。

## 190. 枫香树

**学名** *Liquidambar formosana* Hance
**别名** 枫树
**形态特征** 落叶乔木。叶薄革质，阔卵形，掌状3裂，中央裂片较长，先端尾状渐尖；两侧裂片水平展开；基部心形；掌状脉3～5条；边缘有锯齿。雄性短穗状花序常多个排成总状，雌花排成头状花序。头状果序圆球形，木质；蒴果下半部藏于花序轴内，有宿存花柱及针刺状萼齿。花期3—4月，果期8—9月。
**生境分布** 生长于次生林中或路旁。采集于云礤村（N 25°9′49″，E 116°8′59″，H 594 m）、礤文村（N 25°4′29″，E 116°11′11″，H 568 m）。常见种。
**药用部位** 果实。
**性味功能** 苦、微涩，平。行气止痛，活血通络，利水消肿。

## 191. 檵木

**学名** *Loropetalum chinensis* (R. Br.) Oliv.
**别名** 鱼骨柴、白花檵木
**形态特征** 灌木或小乔木。叶革质，卵形，上面略有粗毛或秃净，无光泽，下面被星毛，稍带灰白色，侧脉约5对，全缘。花3～8朵簇生，有短花梗，白色，比新叶先开放，或与嫩叶同时开放；苞片线形；萼筒杯状，被星毛，萼齿卵形；花瓣4片，带状。蒴果卵圆形，被褐色星状绒毛。花期3—4月。
**生境分布** 生长于路边或灌丛中。采集于老好坑（N 25°12'19"，E 116°11'5"，H 733 m）、谷夫（N 25°12'21"，E 116°11'1"，H 751 m）、云礤村（N 25°9'33"，E 116°9'25"，H 629 m）、新化村（N 25°17'26"，E 116°17'11"，H 417 m）。常见种。
**药用部位** 根、叶、花。
**性味功能** 根：苦，温。行血祛瘀。叶：甘、涩，平。止血，止泻，止痛，生肌。花：甘、涩，平。清热，止血。

## 192. 半枫荷

**学名** *Semiliquidambar cathayensis* Chang
**别名** 金缕半枫荷、片荷枫（武平）
**形态特征** 常绿乔木。叶簇生枝顶，革质，异型，不分裂的叶卵状椭圆形；或为掌状3裂，两侧裂片卵状三角形，边缘有具腺锯齿；掌状脉3条。雄花的短穗状花序常数个排成总状；雌花排成头状花序单生，萼齿针形，花柱顶端卷曲。头状果序。花期3—4月，果期7—10月。
**生境分布** 生长于次生林中。采集于黄陂山（N 25°11'51"，E 116°11'8"，H 864 m）、云礤村（N 25°9'49"，E 116°8'41"，H 591 m）。稀少种。
**药用部位** 根。
**性味功能** 涩、微苦，温。祛风除湿，舒筋活血。治风湿性关节炎、类风湿关节炎、腰肌劳损、慢性腰腿痛、半身不遂、跌打损伤、扭挫伤。
**保护** 国家Ⅱ级保护树种。

## 五十五、壳斗科 Fagaceae

### 193. 钩锥

**学名** *Castanopsis tibetana* Hance
**别名** 钩栲、大叶锥栗。
**形态特征** 乔木。叶硬革质，长圆形至椭圆形，叶缘在近顶部有锯齿状锐齿，中脉在叶面凹陷，新叶叶背红褐色，老叶淡棕灰或银灰色。雄穗状花序或圆锥花序，雌花序花柱3枚。壳斗球形，整齐的4、很少5瓣开裂，刺粗硬，二至三回鹿角状分叉，近基部合生成束，全遮盖壳斗。坚果扁圆锥形。花期4—5月，果期次年8—10月。
**生境分布** 生长于山地阔叶林中。采集于谷夫（N 25°12′48″，E 116°10′57″，H 665 m）、天马寨（N 25°6′55″，E 116°10′43″，H 892 m）、老鸦山（N 25°18′52″，E 116°13′24″，H 414 m）、老好坑（N 25°11′22″，E 116°9′11″，H 676 m）。常见种。
**药用部位** 果实。
**性味功能** 甘，平。厚肠，止痢。

### 194. 柯

**学名** *Lithocarpus glaber* (Thunb.) Nakai
**别名** 石栎、椆、珠子栎、槠子
**形态特征** 常绿乔木。芽及小枝密被灰黄色绒毛。叶革质，狭椭圆形至倒披针状椭圆形，近顶端有2～4个浅裂齿或全缘。雄穗状花序多排成圆锥花序或单穗腋生；雌花序常着生少数雄花，雌花每3朵一簇。壳斗碟状或浅碗状，硬木质，鳞片三角形；坚果椭圆形，有淡薄的白色粉霜，暗栗褐色。花期7—11月，果次年同期成熟。
**生境分布** 生长于阔叶林中。采集于谷夫（N 25°12′16″，E 116°11′6″，H 766 m）、中心坑（N 25°16′55″，E 116°15′42″，H 640 m）。常见种。
**药用部位** 树皮。
**性味功能** 辛，平；小毒。行气，利水。

## 195. 木姜叶柯

**学名** *Lithocarpus litseifolius* (Hance) Chun

**别名** 甜茶、多穗石栎、多穗柯

**形态特征** 乔木。叶纸质至近革质，椭圆形、倒卵状椭圆形或卵形，两面同色或叶背带苍灰色，有紧实鳞秕层。雄穗状花序多穗排成圆锥花序；有时雌雄同序，雌花序通常2～6个穗聚生于枝顶部；雌花每3～5朵一簇。壳斗浅碟状，坚果宽圆锥形或近圆球形，果脐深陷。花期5—9月，果期6—10月。

**生境分布** 生长于阔叶林中。采集于碓公坑（N 25°16′17″，E 116°10′55″，H 497 m）。较常见种。

**药用部位** 根。

**性味功能** 甘、涩。补肝肾，祛风湿。

## 五十六、桦木科 Betulaceae

## 196. 亮叶桦

**学名** *Betula luminifera* H. Wainkl.

**别名** 光皮桦

**形态特征** 乔木。树皮红褐色或暗黄灰色，平滑。叶阔卵形至卵状椭圆形，边缘具不规则的锐尖重锯齿。雄花序2～5个，顶生，狭圆柱状；雌花序单生叶腋，下垂。果序单生，长圆柱形。小坚果倒卵形，翅膜质。花期4月，果期8—9月。

**生境分布** 生长于林缘或向阳坡地。采集于黄陂山（N 25°12′14″，E 116°11′4″，H 788 m）。少见种。

**药用部位** 根、皮、叶。

**性味功能** 根：甘、微辛，凉。清热利尿。治小便淋痛、水肿。皮：苦，微温。除湿，消食，解毒。治食积停滞、乳痈红肿。叶：甘、辛，凉。清热解毒，利尿。治疔毒、水肿。

## 五十七、胡桃科 Juglandaceae

### 197. 枫杨

**学名** *Pterocarya stenoptera* C. DC.
**别名** 枰柳、麻柳树、水麻柳
**形态特征** 大乔木。叶多为偶数或稀奇数羽状复叶，对生或稀近对生，叶轴具狭翅，长椭圆形至长椭圆状披针形，边缘有向内弯的细锯齿。花单性，雌雄同株；雄花序生于叶腋，雌花序顶生。果实长椭圆形，果翅狭。花期4—5月，果期8—9月。
**生境分布** 生长于溪边。采集于新兰村（N 25°19′21.6″，E 116°13′51″，H 325 m）、坑头（N 25°11′52″，E 116°15′32″，H 459 m）。较常见种。
**药用部位** 皮、叶。
**性味功能** 辛、苦，温；有毒。树皮：祛风止痛，杀虫，敛疮。叶：祛风止痛，杀虫止痒，解毒敛疮。

## 五十八、杨梅科 Myricaceae

### 198. 杨梅

**学名** *Myrica rubra* (Lour.) Sieb.et Zucc
**别名** 山杨梅、圣僧梅、朱红
**形态特征** 常绿乔木。叶革质，密集于小枝上端部分；萌发条上者为长椭圆状或楔状披针形，边缘中部以上具稀疏的锐锯齿；孕性枝上者为楔状倒卵形或长椭圆状倒卵形。花雌雄异株。雄花序单独或数条丛生于叶腋，不分枝呈单穗状。雌花序单生于叶腋，雌花具4枚卵形小苞片。核果球状，外表面具乳头状凸起，外果皮肉质，成熟时深红色、紫红色或白色。花期4月，果期6—7月。
**生境分布** 生长于疏林或灌丛中。采集于黄陂山（N 25°12′16″，E 116°11′06″，H 766 m）、中心坑（N 25°16′13″，E 116°14′53″，H 737 m）、新化村（N 25°17′4″，E 116°17′42″，H 414 m）、云礤村（N 25°10′6″，E 116°9′24″，H 678 m）。常见种。
**药用部位** 根、根皮、果实。
**性味功能** 根、根皮：苦，温。散瘀止血，止痛。果：酸、甘，平。生津解渴，和胃消食，止痢。

# 五十九、虎皮楠科 Daphniphyllaceae

## 199. 牛耳枫

**学名** *Daphniphyllum calycinum* Benth.
**别名** 南岭虎皮楠、虎耳、牛屎青
**形态特征** 灌木。叶纸质，阔椭圆形至倒卵形，先端钝或圆形，基部阔楔形，全缘，叶背多少被白粉，有细小乳突体，侧脉8～11对。总状花序腋生。果卵圆形，被白粉，具小疣状突起，先端具宿存柱头，基部具宿萼。花期4—6月，果期8—11月。
**生境分布** 生长于山坡或灌丛中。采集于谷夫（N 25°12′17″，E 116°11′25″，H 664 m）、云磜村（N 25°9′50″，E 116°8′40″，H 580 m）。常见种。
**药用部位** 根、叶。
**性味功能** 辛、苦，凉。清热解毒，活血舒筋。治感冒发热、扁桃体炎、风湿关节痛。外用治跌打肿痛、骨折、毒蛇咬伤、疮疡肿毒。

## 200. 虎皮楠

**学名** *Daphniphyllum oldhamii* (Hemsl.) Rosenth.
**别名** 四川虎皮楠、南宁虎皮楠
**形态特征** 乔木或小乔木。叶纸质，披针形、倒卵状披针形、长圆形或长圆状披针形，最宽处常在叶的上部，先端急尖或渐尖或短尾尖，基部楔形或钝，边缘反卷，叶背通常显著被白粉，具细小乳突体。雄花序较短，雌花序长。果椭圆或倒卵圆形，先端具宿存柱头，基部无宿存萼片或多少残存。花期3—5月，果期8—11月。
**生境分布** 生长于疏林或林缘。采集于谷夫（N 25°12′48″，E 116°10′57″，H 650 m）、东岗村（N 25°8′45″，E 116°8′32″，H 390 m）。较常见种。
**药用部位** 根、叶。
**性味功能** 苦，涩，凉。清热解毒，活血散瘀。治风热表证、温病初起、感冒发热、扁桃体炎、血瘀经闭、风湿痹痛、跌打损伤。

## 六十、旌节花科 Stachyuraceae

### 201. 中国旌节花

**学名** *Stachyurus chinensis* Franch

**别名** 旌节花、水凉子、萝卜药

**形态特征** 落叶灌木。叶于花后发出，互生，纸质至膜质，卵形，长圆状卵形至长圆状椭圆形，先端渐尖至短尾状渐尖，基部钝圆至近心形，边缘为圆齿状锯齿。穗状花序腋生，先叶开放，无梗；花黄色。果实圆球形，基部具花被的残留物。花期3—4月，果期5—7月。

**生境分布** 生长于路边、林缘灌丛中。采集于小岭（N 25°11′40″，E 116°18′1″，H 547 m）、谷夫（N 25°12′23″，E 116°11′1″，H 744 m）、老好坑（N 25°11′23″，E 116°9′8″，H 661 m）。较常见种。

**药用部位** 茎髓。

**性味功能** 甘、淡，寒。清湿热，利尿，催乳。治水肿、淋病。

## 六十一、山茶科 Theaceae

### 202. 杨桐

**学名** *Adinandra millettii* (Hook. et Arn.) Benth. et Hook. f. ex Hance

**别名** 乌珠子、黄瑞木

**形态特征** 灌木或小乔木。叶互生，革质，长圆状椭圆形，顶端短渐尖或近钝形，基部楔形，边全缘。花单朵腋生，花瓣5片，白色。果圆球形，熟时黑色。花期5—7月，果期8—10月。

**生境分布** 生长于灌丛或疏林中。采集于中心坑（N 25°16′2″，E 116°14′59″，H 630 m）、天马寨（N 25°6′30″，E 116°10′30″，H 976 m）、新化村（N 25°17′26″，E 116°17′11″，H 417 m）。常见种。

**药用部位** 根、嫩叶。

**性味功能** 甘、微苦，凉。凉血止血，消肿解毒。根：治鼻衄、睾丸炎、腮腺炎。嫩叶：外用治疖肿、毒蛇咬伤、毒蜂蜇伤。

## 203. 毛柄连蕊茶

**学名** *Camellia fraterna* Hance
**别名** 连蕊茶
**形态特征** 灌木或小乔木。叶革质，椭圆形，先端渐尖而有钝尖头，基部阔楔形，边缘有钝锯齿。花常单生于枝顶；花冠白色，花瓣5～6片，外侧2片革质，有丝毛，内侧3～4片阔倒卵形。蒴果圆球形，果壳薄革质。花期4—5月。
**生境分布** 生长于山坡、沟谷疏林、林缘、灌丛中。采集于新兰村（N 25°19′22″，E 116°13′49″，H 369 m）。少见种。
**药用部位** 根、叶。
**性味功能** 微苦，微寒。清热解毒消肿。治痈肿疮疡、咽喉肿痛、跌打损伤。

## 204. 油茶

**学名** *Camellia oleifera* Abel
**别名** 桃茶、白花油茶
**形态特征** 灌木或中乔木。嫩枝有粗毛。叶革质，椭圆形，长圆形或倒卵形，上面深绿色，发亮，下面浅绿色，边缘有细锯齿。花顶生，近于无柄，花瓣白色。蒴果球形或卵圆形。花期冬春间。
**生境分布** 生长于阳坡山地。采集于谷夫（N 25°12′27″，E 116°10′58″，H 683 m）、中心坑（N 25°16′2″，E 116°14′56″，H 666 m）。常见种。
**药用部位** 根、叶、油。
**性味功能** 根：苦，微温。调胃理气。治胃病、水肿、牙痛、烫伤。叶：微苦，平。收敛止血。治鼻衄。油：甘，平。润肠。治腹痛、绞肠痧、蛔虫性肠梗阻、肺结核、滞产。

## 205. 茶

**学名** *Camellia sinensis* (L.) O. Kuntze
**别名** 茶树、茶叶树
**形态特征** 灌木或小乔木。叶革质，长圆形或椭圆形，先端钝或尖锐，基部楔形，边缘有锯齿。花1~3朵腋生，白色。蒴果球形。花期10月—翌年2月。
**生境分布** 生长于灌丛中。采集于黄陂山（N 25°12′8″，E 116°11′6″，H 760 m）、天马寨（N 25°7′0″，E 116°10′47″，H 871 m）、礤文村（N 25°4′56″，E 116°111′28″，H 588 m）、新化村（N 25°17′21″，E 116°17′19″，H 418 m）。常见种。
**药用部位** 根、叶、花。
**性味功能** 根：苦、甘、凉。清热解毒，强心利尿。治带状疱疹、漆过敏、牙痛、心律不齐、冠心病。叶：苦、甘、凉。提神醒脑，消食利水。治痢疾、急性肠炎、中暑、消化不良、感冒。花：淡，凉。清肺平肝。治高血压。

## 206. 微毛柃

**学名** *Eurya hebeclados* Ling
**形态特征** 灌木或小乔木。嫩枝、顶芽密被灰色微毛。叶革质，长圆状椭圆形、椭圆形或长圆状倒卵形，顶部急窄缩呈短尖，基部楔形，边缘有浅细齿。花4~7朵簇生于叶腋。雄花花瓣5片，白色。果实圆球形，成熟时蓝黑色。花期12月—次年1月，果期8—10月。
**生境分布** 生长于林缘或路旁灌丛中。采集于云礤村（N 25°9′17″，E 116°9′26″，H 666 m）、伯公坑（N 25°8′44″，E 116°10′34″，H 731 m）、新化村（N 25°17′57″，E 116°16′45″，H 528 m）。常见种。
**药用部位** 全株。
**性味功能** 辛，平。祛风，消肿，解毒，止血。

## 207. 细齿叶柃

**学名** *Eurya nitida* Korthals

**形态特征** 灌木或小乔木。幼枝具2条棱。叶薄革质，椭圆形、长圆状椭圆形或倒卵状长圆形，边缘密生锯齿或细钝齿，两面无毛，侧脉9～12对。花1～4朵簇生叶腋。果实圆球形，成熟时蓝黑色。花期11月—次年1月，果期次年7—9月。

**生境分布** 生长于林下或石山灌丛中。采集于云礤村（N 25°9′51″，E 116°9′3″，H 599 m）、黄陂山（N 25°11′27″，E 116°11′2″，H 954 m）、梁山顶（N 25°10′17″，E 116°10′22″，H 988 m）。常见种。

**药用部位** 全株。

**性味功能** 苦、涩，平。祛风除湿，解毒敛疮，止血。治风湿痹痛、泄泻、无名肿毒、疮疡溃烂、外伤出血。

## 208. 单耳柃

**学名** *Eurya weissiae* Chun

**别名** 漆虎、猫拔洋

**形态特征** 灌木。嫩枝圆柱形；顶芽披针形，密被黄褐色长柔毛。叶革质，长圆形或椭圆状长圆形，顶端急窄缩呈短渐尖，尖头钝，基部耳形抱茎，两侧耳片圆形，通常下侧较大。花1～3朵腋生，为一片细小而呈叶状总苞所包裹。果实圆球形，成熟时蓝黑色。花期9—11月，果期11月—次年1月。

**生境分布** 生长于林下阴湿处。采集于梁山圳（N 25°11′7″，E 116°8′25″，H 680 m）、伯公坑（N 25°8′41″，E 116°10′20″，H 835 m）。较常见种。

**药用部位** 叶。

**性味功能** 苦，平。祛风止痒。

## 209. 木荷

**学名** *Schima superba* Gardn et Champ
**别名** 荷树
**形态特征** 大乔木。叶革质或薄革质，椭圆形，先端尖锐，有时略钝，基部楔形，边缘有钝齿。花生于枝顶叶腋，常多朵排成总状花序，白色；萼片半圆形，外面无毛，内面有绢毛。蒴果。花期6—8月。
**生境分布** 生长于阔叶林中。采集于梁山岬（N 25°11′9″，E 116°8′28″，H 685 m）、谷夫（N 25°12′16″，E 116°11′6″，H 766 m）、礤文村（N 25°4′30″，E 116°11′11″，H 568 m）。常见种。
**药用部位** 根皮。
**性味功能** 辛，温；有大毒。清热解毒。外敷疔疮、无名肿毒。

## 210. 厚皮香

**学名** *Ternstroemia gymnanthera* (Wight et Arn.) Beddome
**别名** 山茶树、猪血柴、气血藤
**形态特征** 灌木或小乔木。叶革质或薄革质，聚生于枝端，呈假轮生状，椭圆形、椭圆状倒卵形至长圆状倒卵形，顶端短渐尖或急窄缩成短尖，尖头钝，基部楔形，全缘。花两性或单性，通常生于当年生无叶的小枝上或生于叶腋；两性花，花瓣5片，淡黄白色，倒卵形。果实圆球形，小苞片和萼片均宿存；种子肾形，成熟时肉质假种皮红色。花期5—7月，果期8—10月。
**生境分布** 生长于阔叶林中或林缘。采集于梁山顶东坡（N 25°10′31″，E 116°11′11″，H 1 328 m）、梁山顶西坡（N 25°10′25″，E 116°10′48″，H 1 447 m）。较常见种。
**药用部位** 果实、叶。
**性味功能** 苦、涩，凉；花、果有小毒。清热解毒，散瘀消肿。治疮痈肿毒、乳痈、乳腺炎，捣烂外敷。花揉烂擦癣可止痒痛。

## 六十二、藤黄科 Guttiferae

### 211. 木竹子

**学名** *Garcinia multiflora* Champ. ex Benth.

**别名** 多花山竹子、山竹子、山桐子

**形态特征** 乔木，稀灌木。叶片革质，卵形，长圆状卵形或长圆状倒卵形，边缘微反卷。花杂性，同株。雄花序成聚伞状圆锥花序式，雄花花瓣橙黄色，倒卵形。雌花序有雌花 1～5 朵，退化雄蕊束短。果卵圆形至倒卵圆形，成熟时黄色，盾状柱头宿存。花期 6—8 月，果期 11—12 月，同时偶有花果并存。

**生境分布** 生长于山地林中。采集于教文村（N 25°8′30″，E 116°11′19″，H 602 m）、中心坑（N 25°15′59″，E 116°15′1″，H 613 m）、云礤村（N 25°10′6″，E 116°9′27″，H 715 m）。常见种。

**药用部位** 茎二重皮、果实。

**性味功能** 茎皮：苦、涩，凉。果实：酸，凉；有小毒。消炎止痛，收敛生肌。治肠炎、小儿消化不良、胃及十二指肠溃疡、胃出血、口腔炎、风火牙痛、烫火伤、臁疮、湿疹、蛇伤溃疡。

## 六十三、金丝桃科 Hypericaceae

### 212. 挺茎遍地金

**学名** *Hypericum elodeoides* Choisy.

**别名** 挺茎金丝桃、黄花草（武平）

**形态特征** 多年生草本。叶近无柄；叶片披针状长圆形至长圆形，先端钝形或近圆形，基部浅心形而略抱茎，全缘，坚纸质，上面绿色，下面淡绿色，边缘疏生黑色腺点，全面散布多数透明松脂状腺点。花序于茎及分枝上顶生，为多花蝎尾状二歧聚伞花序。花瓣倒卵状长圆形，上部边缘具黑色腺点，有时尚有黑腺条。蒴果卵珠圆形，成熟时褐色，外密布腺纹。花期 7—8 月，果期 9—10 月。

**生境分布** 生长于灌丛、林缘或路旁。采集于梁山顶（N 25°10′8″，E 116°10′44″，H 1 282 m）。常见种。

**药用部位** 全草。

**性味功能** 苦，平。清热解毒，通经活络。治月经不调。

## 213. 地耳草

**学名** *Hypericum japonicum* Thunb.et Murray

**别名** 小元宝草、田基黄

**形态特征** 一年生草本。直立或披散，茎四棱形。叶对生，薄纸质，三角状卵形或卵圆形或椭圆形，全缘，上面绿色，下面淡绿色，全面散布透明腺点。聚伞花序顶生；花小，橙黄色。蒴果椭圆形。花期3—7月，果期6—10月。

**生境分布** 生长于路边或沟边潮湿地。采集于新化村（N 25°17′33″, E 116°17′2″, H 437 m）、中心坑（N 25°16′15″, E 116°14′51″, H 717 m）、新兰村（N 25°18′50″, E 116°14′3″, H 426 m）。常见种。

**药用部位** 全草。

**性味功能** 苦、甘，凉。清热解毒，止血消肿。治肝炎、跌打损伤、疮毒。

## 214. 金丝桃

**学名** *Hypericum chinense* L.

**别名** 金腺海棠、金线蝴蝶

**形态特征** 灌木。叶对生，无柄或具短柄；叶片倒披针形或椭圆形至长圆形，边缘平坦，坚纸质，上面绿色，下面淡绿但不呈灰白色，叶片腺体小而点状。花单生或排成顶生的聚伞花序，鲜黄色。蒴果卵圆形。花期5—8月，果期8—9月。

**生境分布** 生长于山谷、山坡灌丛中。采集于天马寨（N 25°6′16″, E 116°10′22″, H 1 093 m）、梁山顶（N 25°10′30″, E 116°11′11″, H 1 326 m）。少见种。

**药用部位** 全草。

**性味功能** 苦，凉。清热解毒，祛风消肿。治急性咽喉炎、结合膜炎、肝炎、腰膝酸痛、疖、漆过敏、毒蛇咬伤。果实：治肺结核、百日咳。

### 215. 元宝草

**学名** *Hypericum sampsonii* Hance
**别名** 对叶草、王不留行
**形态特征** 多年生草本。叶对生，无柄，基部合生为一体而茎贯穿其中心，或宽或狭的披针形至长圆形或倒披针形，全缘，坚纸质。花序顶生，多花，伞房状，形成一个庞大的疏松伞房状至圆柱状圆锥花序，花瓣淡黄色。蒴果卵状，果瓣上具明显的褐色囊状腺体。花期4—10月，果期5—11月。
**生境分布** 生长于坡地、路边杂草丛中。采集于新兰村（N 25°19′4″，E 116°13′53″，H 395 m）、黄陂山（N 25°12′19″，E 116°11′4″，H 753 m）、新化村（N 25°17′22″，E 116°17′18″，H 418 m）、教文村（N 25°8′50″，E 116°11′46″，H 590 m）。较常见种。
**药用部位** 全草。
**性味功能** 辛、苦，寒。清热解毒，通经活络，凉血止血。治小儿高热、痢疾、肠炎、吐血、衄血、月经不调、白带。外用治外伤出血、跌打损伤、乳腺炎、烧烫伤、毒蛇咬伤。

## 六十四、大风子科 Flacourtiaceae

### 216. 山桐子

**学名** *Idesia polycarpa* Maxim.
**别名** 水冬瓜、水冬桐、毛桐
**形态特征** 落叶乔木。叶薄革质或厚纸质，卵形或心状卵形，或为宽心形，基部通常心形，边缘有粗的齿，齿尖有腺体，上面深绿色，光滑无毛，下面有白粉，沿脉有疏柔毛，通常5条基出脉；叶柄下部有2~4个紫色扁平腺体，基部稍膨大。花单性，雌雄异株或杂性，黄绿色，有芳香，花瓣缺，排列成顶生下垂的圆锥花序，花序梗有疏柔毛。浆果成熟期紫红色，扁圆形。花期4—5月，果期10—11月。
**生境分布** 生长于林中或林缘。采集于云磜村（N 25°9′59″，E 116°9′17″，H 638 m）、伯公坑（N 25°8′40″，E 116°10′21″，H 815 m）、黄陂山（N 25°13′26″，E 116°10′47″，H 578 m）。较常见种。
**药用部位** 根、皮。
**性味功能** 辛，平。生新解毒。根：治骨折、骨结核。树皮：治狂犬咬伤。

### 217. 柞木

**学名** *Xylosma congestum* (Lour.) Merr.
**别名** 凿子树，蒙子树
**形态特征** 常绿大灌木或小乔木。幼时有枝刺，结果株无刺。叶薄革质，雌雄株稍有区别，通常雌株的叶有变化，菱状椭圆形至卵状椭圆形，先端渐尖，基部楔形或圆形，边缘有锯齿。总状花序腋生。浆果黑色，球形。花期春季，果期冬季。
**生境分布** 生长于林缘或疏林中。采集于张畲村（N 25°9′56″，E 116°11′2″，H 480 m）。少见种。
**药用部位** 皮。
**性味功能** 苦，酸，凉。燥湿，除热。治黄疸、瘰疬、疮毒溃烂。
**保护** 国家Ⅱ级保护树种。

## 六十五、堇菜科 Violaceae

### 218. 堇菜

**学名** *Viola arcuata* Blume
**别名** 堇堇菜、葡堇菜
**形态特征** 多年生草本。基生叶，叶片宽心形、卵状心形或肾形，先端圆或微尖，基部宽心形，两侧垂片平展，边缘具向内弯的浅波状圆齿；茎生叶少，疏列，与基生叶相似，但基部的弯缺较深，幼叶的垂片常卷折。花小，白色或淡紫色，生于茎生叶的叶腋，具细弱的花梗；距呈浅囊状。蒴果长圆形或椭圆形。花、果期 5—10 月。
**生境分布** 生长于湿草地、草坡、田野、屋边。采集于谷夫（N 25°12′46″，E 116°10′58″，H 663 m）、老鸦山（N 25°18′42″，E 116°13′12″，H 435 m）、天马寨（N 25°7′33″，E 116°10′42″，H 746 m）、云磜溪（N 25°10′10″，E 116°9′41″，H 765 m）。常见种。
**药用部位** 全草。
**性味功能** 微苦，凉。清热解毒，止咳，止血。

## 219. 七星莲

**学名** *Viola diffusa* Ging

**别名** 蔓茎堇菜、匍匐堇、茶匙黄

**形态特征** 一年生草本。全体被糙毛或白色柔毛。匍匐枝先端具莲座状叶丛，通常生不定根。基生叶多数，丛生呈莲座状，或于匍匐枝上互生；叶片卵形或卵状长圆形，边缘具钝齿及缘毛；托叶基部与叶柄合生，2/3 离生，线状披针形，边缘具稀疏的细齿或疏生流苏状齿。花较小，淡紫色或浅黄色，具长梗，生于基生叶或匍匐枝叶丛的叶腋间。蒴果长圆形，顶端常具宿存的花柱。花期 3—5 月，果期 5—8 月。

**生境分布** 生长于路边草地或阴湿处。采集于云磜村（N 25°9′46″，E 116°8′40″，H 587 m）、天马寨（N 25°7′24″，E 116°10′35″，H 654 m）、黄陂山（N 25°11′27″，E 116°11′2″，H 954 m）、陈禾坑（N 25°5′22″，E 116°9′42″，H 463 m）。常见种。

**药用部位** 全草。

**性味功能** 微苦，凉。清热解毒。治肝炎、胸膜炎、结合膜炎、毒蛇咬伤、疔痈。

## 220. 柔毛堇菜

**学名** *Viola fargesii* H. Boissieu

**别名** 紫叶堇菜

**形态特征** 多年生草本。全株被白色柔毛，匍匐茎长，基部抽出。叶近基生或互生于匍匐枝上，叶卵形、宽卵形或近圆形，先端圆，基部宽心形，有时较狭，边缘密生浅钝齿。花白色；花梗通常高出于叶丛，密被开展的白色柔毛，中部以上有 2 枚对生的线形小苞片；距短而粗，呈囊状。蒴果长圆形。花期 3—6 月，果期 6—9 月。

**生境分布** 生长于林缘、沟边及路旁阴湿处。采集于梁山岬（N 25°11′9″，E 116°8′28″，H 685 m）、中心坑（N 25°16′29″，E 116°15′22″，H 708 m）。常见种。

**药用部位** 全株。

**性味功能** 辛、苦，寒。清热解毒，消疳化积。治乳痈。

## 221. 长萼堇菜

**学名** *Viola inconspicua* Blume.
**别名** 犁头草
**形态特征** 多年生草本。叶基生，呈莲座状，叶片三角形、三角状卵形或戟形，基部宽心形，边缘具圆锯齿，上面密生乳头状小白点。花淡紫色，有暗色条纹，花梗细弱，通常与叶片等长或稍高出于叶；距管状，直。蒴果长圆形。花、果期3—11月。
**生境分布** 生长于林缘、田边、溪边或路旁。采集于马头山（N 25°5′38″，E 116°4′50″，H 305 m）。常见种。
**药用部位** 全草。
**性味功能** 苦、微辛，寒。清热解毒，拔毒消肿。治急性结膜炎、咽喉炎、急性黄疸型肝炎、乳腺炎、痈疖肿毒、化脓性骨髓炎、毒蛇咬伤。

## 222. 萱

**学名** *Viola moupinensis* Franch
**别名** 鸡心七、如意草
**形态特征** 多年生草本。叶基生，叶片心形或肾状心形，花后增大呈肾形，先端急尖或渐尖，基部弯缺狭或宽三角形，两侧耳部花期常向内卷，边缘有具腺体的钝锯齿。花较大，淡紫色或白色，具紫色条纹；距囊状，较粗。蒴果椭圆形。花期4—6月，果期5—7月。
**生境分布** 生长于草丛、林缘、路边阴湿处。采集于马头山（N 25°5′45″，E 116°4′59″，H 302 m）、天马寨（N 25°6′40″，E 116°10′33″，H 951 m）、黄陂山（N 25°12′19″，E 116°11′4″，H 753 m）。常见种。
**药用部位** 全草。
**性味功能** 微甘，凉。清热解毒，温经通络，活血止血，接骨。治跌打损伤、咯血。外用治乳腺炎、刀伤、开发性骨折、疔疮肿毒。

### 223. 紫花地丁

**学名** *Viola philippica* Sasaki
**别名** 辽堇菜、光瓣堇菜
**形态特征** 多年生草本。叶多数，基生，莲座状；叶片下部者通常较小，呈三角状卵形或狭卵形，上部者较长，呈长圆形、狭披针形或卵状披针形，边缘具圆齿，叶柄上部具狭翅。花紫堇色或淡紫色，花梗多数，细弱，与叶片等长或高出于叶片；距细管状，末端圆。蒴果长圆形。花、果期4月中下旬—9月。
**生境分布** 生长于田边、溪边、林缘或路旁。采集于马头山（N 25°5′42″，E 116°4′55″，H 327 m）、云礤村（N 25°9′53″，E 116°8′45″，H 579 m）、老鸦山（N 25°18′38″，E 116°13′8″，H 439 m）。常见种。
**药用部位** 全草。
**性味功能** 苦、辛，寒。清热解毒，凉血消肿。治黄疸、痢疾、乳腺炎、目赤肿痛、咽炎。外敷治跌打损伤、痈肿、毒蛇咬伤。

## 六十六、葫芦科 Cucurbitaceae

### 224. 绞股蓝

**学名** *Gynostemma pentaphyllum* (Thunb.) Makino
**别名** 七叶胆、五叶参
**形态特征** 草质藤本。卷须纤细，二歧。叶膜质或纸质，鸟足状，具3～9片小叶，小叶片卵状长圆形或披针形，中央小叶长，侧生小较小，边缘具波状齿或圆齿状牙齿，两面均疏被短硬毛，侧脉6～8对。花雌雄异株。雄花圆锥花序，花冠淡绿色或白色，5深裂；雌花圆锥花序远较雄花之短小。果实肉质不裂，球形，成熟后黑色。花期3—11月，果期4—12月。
**生境分布** 生长于疏林、灌丛或路旁草丛中。采集于伯公坑（N 25°8′44″，E 116°10′51″，H 684 m）、天马寨（N 25°7′29″，E 116°10′43″，H 771 m）、新兰村（N 25°19′0″，E 116°14′5″，H 414 m）。常见种。
**药用部位** 全草。
**性味功能** 苦、微甘，凉。益气健脾，化痰止咳，清热解毒。治体虚乏力、虚劳失精、白细胞减少症、高脂血症、病毒性肝炎、慢性胃肠炎、慢性气管炎。

## 225. 马㞎儿

**学名** *Melothria indica* (Lour.) Keraudren.
**别名** 老鼠拉冬瓜、马交儿、土花粉、土白蔹
**形态特征** 攀援草本。叶膜质，多型，三角状卵形、卵状心形或戟形，不分裂或3～5分裂。雌雄同株，雄花单生或稀2～3朵生于短的总状花序上，花冠淡黄色；雌花与雄花在同一叶腋内单生或稀双生，花冠阔钟形。果实长圆形或狭卵形，成熟后桔红色或红色。花期4—7月，果期7—10月。
**生境分布** 生长于路旁灌草丛中。采集于天马寨（N 25°7'9″，E 116°10'50″，H 837 m）、谷夫（N 25°12'22.6″，E 116°11'1″，H 744 m）。常见种。
**药用部位** 根或叶。
**性味功能** 甘、苦，凉。清热解毒，消肿散结。治咽喉肿痛、结膜炎。外用治疮疡肿毒、淋巴结结核、睾丸炎、皮肤湿疹。

## 226. 茅瓜

**学名** *Solena amplexicaulis* (Lam.) Gandhi
**别名** 老鼠瓜、老鼠拉冬瓜
**形态特征** 攀援草本。卷须纤细，不分歧。叶片薄纸质，多型，变化大，卵形、长圆形、卵状三角形或戟形等，不分裂、3～5浅裂至深裂，边缘全缘或有疏齿。雌雄异株，雄花10～20朵生于花序梗的顶端，呈伞房状花序，花极小，花冠黄色；雌花单生于叶腋。果实红褐色，长圆状或近球形。花期5—8月，果期8—11月。
**生境分布** 生长于路旁、林下或灌丛中。采集于云礤村（N 25°9'44″，E 116°9'11″，H 602 m）、新化村（N 25°18'2″，E 116°16'41″，H 558 m）。少见种。
**药用部位** 块根。
**性味功能** 甘、苦、微涩，寒；有毒。清热解毒，化瘀散结，化痰利湿。主疮痈肿毒、烫火伤、肺痈咳嗽、咽喉肿痛、水肿腹胀、腹泻、痢疾、酒疸、湿疹、风湿痹痛。

### 227. 栝楼

**学名** *Trichosanthes kirilowii* Maxim
**别名** 瓜蒌、药瓜、栝楼蛋
**形态特征** 攀援藤本。卷须3～7歧，被柔毛。叶片纸质，轮廓近圆形，3～5（7）浅裂至中裂，，边缘常再浅裂，叶基心形，基出掌状脉5条。花雌雄异株。雄总状花序单生，与一单花并生，在枝条上部者单生，总状花序顶端有5～8朵花，花冠白色，裂片两侧具丝状流苏；雌花单生。果实椭圆形或圆形，成熟时黄褐色或橙黄色。花期5—8月，果期8—10月。
**生境分布** 生长于林下或林缘。采集于

中心坑（N 25°16′18″，E 116°15′5″，H 764 m）。少见种。
**药用部位** 根、果、果皮、种子。
**性味功能** 甘、苦，寒。润肺，化痰，散结，滑肠。治痰热咳嗽、胸痹、结胸、肺痿咯血、消渴、黄疸、便秘、痈肿初起。

## 六十七、秋海棠科 Begoniaceae

### 228. 周裂秋海棠

**学名** *Begonia circumlobata* Hance
**别名** 野海棠、猴子酸
**形态特征** 草本。体态变化较大。叶均基生，具长柄；叶片轮廓宽卵形至扁圆形，基部近截形或微心形，5～6深裂，掌状5～6条脉，至分裂处呈羽状脉。花少数，呈二至三回二歧聚伞状；雄花花被片4片，玫瑰色；雌花花被片5片，外面近圆形。蒴果下垂，无毛或疏被毛；轮廓倒卵状长圆形。花期6月开始，果期7月开始。
**生境分布** 生长于密林下或潮湿的岩石上。采集于梁山岽（N 25°11′7″，

E 116°8′25″，H 687 m）、天马寨（N 25°6′54″，E 116°10′41″，H 906 m）、黄陂山（N 25°11′57″，E 116°11′9″，H 817 m）。较常见种。
**药用部位** 根状茎。
**性味功能** 散瘀消肿，消炎止咳。治跌打损伤、骨折、中耳炎、咳嗽。

## 229. 竹节秋海棠

**学名** *Begonia maculata* Raddi
**别名** 红花竹节秋海棠
**形态特征** 直立或披散亚灌木。茎具竹节状的节。叶肉质，稍肥厚，斜长圆形或长圆状卵形，先端尖，基部心形，边缘浅波状，上面深绿色，并有多数圆形的小白点，下部深红色；叶柄圆柱形，紫红色。聚伞花序腋生而悬垂，花淡红色或白色；雄花的花被片4片；雌花的花被片5片。蒴果有翅。花期6—9月，果期夏秋间。
**生境分布** 生长于水沟边灌丛下。采集于云礤溪（N 25°8′46″，E 116°8′32″，H 386 m）。少见种。
**药用部位** 全草。
**性味功能** 苦，平。散瘀，利水，解毒。治跌打损伤、半身不遂、小便不利、水肿、咽喉肿痛、疮疥、毒蛇咬伤。

## 230. 红孩儿

**学名** *Begonia palmata* D. Don var. bowringiana
**别名** 裂叶秋海棠（福建）
**形态特征** 多年生草本。稍肉质。叶薄纸质，阔斜卵形，基部心形，偏斜，边缘有5～7裂，裂片渐尖，边缘有小锯齿和缘毛，掌状脉6～7条。花排成腋生的聚伞花序；花粉红色；雄花的花被片4片；雌花的花被片5片。蒴果下垂，具不等3翅。花期6—9月，果期12月。
**生境分布** 生长于山坡水沟边灌丛下。采集于教文村（N 25°8′51.6″，E 116°11′47″，H 594 m）、大坪坑 N 25°17′1″，E 116°11′9″，H 412 m）、梁山隔（N 25°10′53″，E 116°13′45″，H 538 m）。较常见种。
**药用部位** 全草。
**性味功能** 酸，寒。清热解毒，散瘀消肿。治肺热咳嗽、疔疮痈肿、痛经、闭经、风湿热痹、跌打肿痛、蛇蛟伤。

## 六十八、十字花科 Cruciferae

### 231. 荠

**学名** *Capsella burs.-pastoris* (L.) Medik.
**别名** 荠菜
**形态特征** 一年生或二年生草本。基生叶丛生呈莲座状，大头羽状分裂，顶裂片卵形至长圆形，侧裂片3～8对；茎生叶窄披针形或披针形，基部箭形，抱茎，边缘有缺刻或锯齿。总状花序顶生及腋生，花瓣白色。短角果倒三角形或倒心状三角形，扁平，顶端微凹。花、果期4—6月。
**生境分布** 生长于山坡、路旁、地边或沟边。采集于马头山（N 25°5′50″，E 116°4′54″，H 299 m）。常见种。
**药用部位** 全草。
**性味功能** 甘、淡，微寒。凉血止血，利尿除湿，清肝明目。

### 232. 碎米荠

**学名** *Cardamine hirsuta* L.
**别名** 野荠菜、野菜谱
**形态特征** 一年生小草本。基生叶具叶柄，有小叶2～5对，顶生小叶肾形或肾圆形，边缘有3～5个圆齿，侧生小叶卵形或圆形，较顶生的形小，边缘有2～3圆齿；茎生叶具短柄，有小叶3～6对，侧生小叶长卵形至线形，多数全缘。总状花序生于枝顶，花小，花梗纤细；萼片绿色或淡紫色，长椭圆形；花瓣白色，倒卵形。长角果线形，稍扁。花期2—4月，果期4—6月。
**生境分布** 生长于田边、路旁及湿润草地。采集于马头山（N 25°5′50″，E 116°4′54″，H 299 m）。较常见种。
**药用部位** 全草。
**性味功能** 甘,温。清热利湿，安神，止血。治湿热泻痢、热淋、白带、心悸、失眠、虚火牙痛、小儿疳积、吐血、便血、疔疮。

### 233. 蔊菜

**学名** *Rorippa indica* (L.) Hiern
**别名** 印度蔊菜、塘葛菜、葶苈、野油菜
**形态特征** 一年生或二年生直立草本。茎单一或分枝，表面具纵沟。叶互生，基生叶及茎下部叶具长柄，叶形多变化，大头羽状分裂，顶端裂片大，卵状披针形，边缘具不整齐锯齿，侧裂片 1～5 对；茎上部叶片宽披针形或匙形。总状花序顶生或侧生，花小，多数，具细花梗；花瓣 4 片，黄色，匙形。长角果线状圆柱形，短而粗，成熟时果瓣隆起。花期 4—6 月，果期 6—8 月。
**生境分布** 生长于路旁、田野或荒地阴湿处。采集于天马寨（N 25°6′50″，E 116°10′38″，H 919 m）。常见种。
**药用部位** 全草。
**性味功能** 甘、淡，凉。清热解毒，镇咳，利尿。

## 六十九、杜英科 Elaeocarpaceae

### 234. 杜英

**学名** *Elaeocarpus decipens* Hemsl.
**别名** 青果、野橄榄
**形态特征** 常绿乔木。叶革质，披针形或倒披针形，上面深绿色，下面秃净无毛，先端渐尖，尖头钝，基部楔形，常下延，边缘有小钝齿。总状花序多生于叶腋；花白色，萼片披针形；花瓣倒卵形，与萼片等长，上半部撕裂，裂片 14～16 条，外侧无毛，内侧近基部有毛。核果椭圆形，外果皮无毛，内果皮坚骨质。花期 6—7 月。
**生境分布** 生长于疏林中。采集于谷夫（N 25°13′8″，E 116°10′50″，H 643 m）、天马寨（N 25°6′53″，E 116°10′39″，H 918 m）、新化村（N 25°18′10″，E 116°16′38″，H 590 m）。较常见种。
**药用部位** 根。
**性味功能** 辛，温。散瘀消肿。

## 七十、椴树科 Tiliaceae

### 235. 田麻

**学名** *Corchoropsis crenata* Sieb. et Zucc.
**别名** 黄花喉草、白喉草、野络麻
**形态特征** 一年生草本。分枝有星状短柔毛。叶卵形或狭卵形，边缘有钝牙齿，两面密生星状短柔毛，基出脉3条。花有细柄，单生叶腋；花萼5片，狭窄披针形；花瓣5片，黄色，倒卵形；能育雄蕊15枚，每3个成一束，退化雄蕊5枚，与萼片对生，匙状线形。蒴果角状圆筒形，有星状柔毛。果期秋季。
**生境分布** 生长于山坡或多石处。采集于老好坑（N 25°11′24″，E 116°8′54″，H 623 m）、云磜溪（N 25°9′23″，E 116°8′32″，H 537 m）。少见种。
**药用部位** 全株。
**性味功能** 苦，凉。清热利湿，解毒止血。治痈疖肿毒、咽喉肿痛、疥疮、小儿疳积、白带过多、外伤出血。

### 236. 刺蒴麻

**学名** *Triumfetta rhomboidea* Jack.
**别名** 黄花虱母头
**形态特征** 亚灌木。嫩枝被灰褐色短茸毛。叶纸质，生于茎下部的阔卵圆形；生于上部的长圆形；上面有疏毛，下面有星状柔毛，基出脉3～5条，两侧脉直达裂片尖端，边缘有不规则的粗锯齿。聚伞花序数枝腋生，花序柄及花柄均极短；萼片狭长圆形；花瓣比萼片略短，黄色，边缘有毛。果球形，不开裂，被灰黄色柔毛，具勾针刺。花期夏、秋季。
**生境分布** 生长于路边或灌丛中。采集于云磜村（N 25°9′60″，E 116°9′17″，H 586 m）、谷夫（N 25°12′43″，E 116°10′52″，H 643 m）。常见种。
**药用部位** 全株。
**性味功能** 甘、淡，凉。除痰，利尿，散结，解表清热。

## 七十一、梧桐科 Sterculiaceae

### 237. 山芝麻

**学名** *Helictercs angustifolia* L.
**别名** 山油麻、坡油麻
**形态特征** 小灌木。小枝被灰绿色短柔毛。叶狭矩圆形或条状披针形，顶端钝或急尖，基部圆形，下面被灰白色或淡黄色星状茸毛，间或混生刚毛。聚伞花序有2至数朵花；花瓣5片，不等大，淡红色或紫红色，比萼略长，基部有2个耳状附属体。蒴果卵状矩圆形，顶端急尖，密被星状毛及混生长绒毛。花、果期几乎全年。
**生境分布** 生长于荒坡、路边。采集于马头山（N 25°5′38″，E 116°4′50″，H 326 m）。少见种。
**药用部位** 全株。
**性味功能** 苦、微甘，寒。有小毒。清热解毒，止咳。治感冒高热、扁桃体炎、咽喉炎、腮腺炎、麻疹、咳嗽、疟疾。外用治毒蛇咬伤、外伤出血、痔疮、痈肿疔疮。

## 七十二、锦葵科 Malvaceae

### 238. 黄蜀葵

**学名** *Abelmoschus manihot* (L.) Medicus.
**别名** 秋葵、棉花葵
**形态特征** 一年生或多年生草本，疏被长硬毛。叶掌状5～9深裂，裂片长圆状披针形，边缘具粗钝锯齿，两面疏被长硬毛。花单生于枝顶叶腋；花大，淡黄色，内面基部紫色。蒴果卵状椭圆形。花、果期8—12月。
**生境分布** 生长于林缘、溪边、路旁及田埂。采集于云礤村（N 25°5′42″，E 116°5′0″，H 331 m）、东岗村（N 25°8′20″，E 116°8′14″，H 297 m）、教文村（N 25°8′49″，E 116°11′45″，H 593 m）。少见种。
**药用部位** 根、叶、花。
**性味功能** 甘，寒。清热凉血，消肿解毒。根：治痈疽疔疮、无名肿毒、刀伤出血、急性阑尾炎、肺结核咯血。花：治烫火伤、小儿口疮、泌尿系结石。

## 239. 木芙蓉

**学名** *Hibiscus mutabilis* L.
**别名** 芙蓉花、酒醉芙蓉
**形态特征** 灌木或小乔木。小枝、叶柄、花梗和花萼均密被星状毛与直毛相混的细绵毛。叶宽卵形至圆卵形或心形，裂片三角形，先端渐尖，具钝圆锯齿，上面疏被星状细毛和点，下面密被星状细绒毛。花单生于枝端叶腋间，花初开时白色或淡红色，后变深红。蒴果扁球形，被淡黄色刚毛和绵毛，果爿5个。花期8—10月。
**生境分布** 生长于山坡、路旁或沟边湿润处。采集于老好坑（N 25°11′29″，E 116°8′49″，H 612 m）、教文村（N 25°8′5″，E 116°12′21″，H 591 m）、陈禾坑（N 25°5′20.6″，E 116°9′45″，H 437 m）。常见种。
**药用部位** 花。
**性味功能** 辛，平。润肺止咳，消肿解毒，凉血止血。治肺热咳嗽、咯血。

## 240. 白背黄花稔

**学名** *Sida rhombifolia* L.
**别名** 黄花母雾、菱叶拔毒散麻笔
**形态特征** 直立亚灌木，分枝多，枝被星状绵毛。叶菱形或长圆状披针形，先端浑圆至短尖，基部宽楔形，边缘具锯齿，上面疏被星状柔毛至近无毛，下面被灰白色星状柔毛；托叶钻形。花单生于叶腋，黄色。果半球形，被星状柔毛，顶端具两短芒。花期秋、冬季。
**生境分布** 生长于路旁、溪边及村旁旷地。采集于云磜村（N 25°9′47″，E 116°9′1″，H 600 m）、教文村（N 25°9′1″，E 116°11′37″，H 621 m）、朝岭村（N 25°15′9″，E 116°13′48″，H 579 m）。较常见种。
**药用部位** 全草。
**性味功能** 甘、辛，凉。清热利湿，活血排脓。治时行感冒、乳蛾、痢疾、泄泻、黄疸、痔血、吐血、痈疽疔疮。

## 241. 地桃花

**学名** *Urena lobata* L.
**别名** 野棉花、肖梵天花
**形态特征** 直立亚灌木状草本。小枝被星状绒毛。茎下部的叶近圆形，先端浅 3 裂，基部圆形或近心形，边缘具锯齿；中部的叶卵形；上部的叶长圆形至披针形；叶上面被柔毛，下面被灰白色星状绒毛；叶柄被灰白色星状毛。花腋生，单生或稍丛生，淡红色。果扁球形，分果爿被星状短柔毛和锚状刺。花期 7—10 月。
**生境分布** 生长于山坡、灌丛和路旁。采集于马头山（N 25°5′45″，E 116°4′48″，H 298 m）、新化村（N 25°17′59″，E 116°16′43″，H 556 m）。常见种。
**药用部位** 根、全草。
**性味功能** 微甘、涩，凉。祛风利尿，解毒消肿。治感冒、风湿痹痛、痢疾、泄泻、淋症、带下、月经不调、跌打肿痛、喉痹、乳痈、疮疖、毒蛇咬伤。

## 242. 梵天花

**学名** *Urena procumbens* L.
**别名** 三角枫、虱麻头
**形态特征** 小灌木。小枝被星状绒毛。叶下部生的为掌状 3～5 深裂，裂口深达中部以下，圆形而狭，裂片菱形或倒卵形，呈葫芦状，先端钝，基部圆形至近心形，具锯齿，两面均被星状短硬毛。花单生或近簇生；花冠淡红色。果球形，具刺和长硬毛。花期 6—9 月。
**生境分布** 生长于路边、荒坡或灌丛中。采集于老好坑（N 25°11′34″，E 116°8′41″，H 607 m）、礤文村（N 25°4′56″，E 116°11′28″，H 588 m）、教文村（N 25°8′50″，E 116°11′45″，H 590 m）。常见种。
**药用部位** 根、全草。
**性味功能** 根：甘、温。健脾去湿，化瘀活血。治风湿关节炎、劳伤脚弱、水肿、疟疾、痛经、白带、跌打损伤、痈疽肿毒。叶：甘、苦，凉。祛风解毒。治痢疾、疮疡、风毒流注、毒蛇咬伤。

## 七十三、榆科 Ulmaceae

### 243. 紫弹树

**学名** *Celtis biondii* Pamp.
**别名** 沙楠子树、异叶紫弹
**形态特征** 落叶小乔木或乔木。叶薄革质，宽卵形、卵形至卵状椭圆形，基部钝至近圆形，稍偏斜，先端渐尖至尾状渐尖，在中部以上疏具浅齿，边稍反卷，两面被微糙毛。果序单生叶腋，通常具两果。核果近球形，2个腋生，黄色至橘红色。花期4—5月，果期9—10月。
**生境分布** 生长于林缘、村边、路旁。采集于云礤村（N 25°9′49″，E 116°8′59″，H 594 m）、老好坑（N 25°11′25″，E 116°9′2″，H 626 m）。较常见种。
**药用部位** 茎、叶、根皮。
**性味功能** 甘，寒。清热解毒，祛痰，利小便。治小儿脑积水及小儿头颅软骨、腰骨酸痛、乳腺炎。外用治疮毒、溃烂。

### 244. 朴树

**学名** *Celtis sinensis* Pers.
**别名** 黄果朴、小叶朴
**形态特征** 落叶乔木。树皮灰白色。叶厚纸质至近革质，通常卵形或卵状椭圆形，先端尖至渐尖，边缘变异较大，近全缘至具钝齿。果成熟时黄色至橙黄色，近球形。花期3—4月，果期9—10月。
**生境分布** 生长于林缘、村边、路旁。采集于云礤村（N 25°9′49″，E 116°8′59″，H 594 m）、黄陂山（N 25°12′11″，E 116°11′4″，H 750 m）、新化村（N 25°17′26″，E 116°17′11″，H 417 m）。常见种。
**药用部位** 根、皮、叶。
**性味功能** 微苦，凉。清热凉血。根治月经不调、白带、疝气。叶治漆过敏。

## 245. 山油麻

**学名** *Trema dielsiana* Hand. -Mazz.
**别名** 光叶山黄麻、野山麻
**形态特征** 灌木或小乔木。叶薄纸质，卵形或卵状矩圆形，先端尾状渐尖或渐尖，基部圆或浅心形，边缘具圆齿状锯齿，叶面被糙毛，粗糙，叶背密被柔毛，在脉上有粗毛；基部有明显的三出脉。花单性，雌雄同株；雄聚伞花序长过叶柄。核果近球形或阔卵圆形，微压扁，熟时桔红色。花期3—6月，果期9—10月。
**生境分布** 生长于向阳山坡上、山谷的灌丛或溪谷边。采集于梁山岽（N 25°11′9″，E 116°8′28″，H 685 m）、礤文村（N 25°4′30.5″，E 116°11′12″，H 570 m）、教文村（N 25°9′1.9″，E 116°11′44″，H 625 m）。常见种。
**药用部位** 根、叶。
**性味功能** 苦，凉。清热解毒，止痛，止血。主治疖毒。

## 246. 榔榆

**学名** *Ulmus parvifolia* Jacq.
**别名** 小叶榆、细叶榆、秋榆
**形态特征** 落叶乔木。叶纸质或革质，卵形、倒卵形、椭圆形或卵状披针形，顶端急尖或钝，基部楔形或圆形，稍偏斜，边缘有锯齿。花3～6数在叶脉簇生或排成簇状聚伞花序，花被上部杯状，下部管状，花被片4片。翅果椭圆形或卵状椭圆形。花、果期8—10月。
**生境分布** 生长于山地及疏林中。采集于岩前（N24°52′19″，E 116°13′18″，H 315 m）。少见种。
**药用部位** 茎、叶、皮。
**性味功能** 苦，寒。茎、叶：通络止痛。治腰背酸痛、牙痛。皮：清热利水，解毒消肿，凉血止血。治热淋、小便不利、疮疡肿毒、乳痈、水火烫伤、痢疾、胃肠出血、尿血、痔血、腰背酸痛、外伤出血。

## 七十四、桑科 Moraceae

### 247. 白桂木

**学名** *Artocarpus hypargyreus* Hance ex Benth.

**别名** 将军子树（武平）、胭脂木

**形态特征** 乔木。幼枝被白色紧贴柔毛。叶互生，革质，椭圆形至倒卵形，表面深绿色，背面绿色或绿白色。花序单生于叶腋，雄花序椭圆形至倒卵圆形；雌花序较小。聚花果近球形，浅黄色至橙黄色，表面具乳头状凸起。花期5—8月，果期8—9月。

**生境分布** 生长于路旁、林缘或疏林中。采集于云礤溪（N 25°10′3″，E 116°9′17″，H 559 m）、云礤村（N 25°9′28″，E 116°9′29″，H 630 m）。常见种。

**药用部位** 根、果实。

**性味功能** 根：甘、淡，温。祛风除湿，活血消肿。果实：酸，平。生津止渴，止血，开胃化痰。

### 248. 藤构

**学名** *Broussonetia kaempferi* Siebold var. *australis* T. Suzuki

**别名** 谷皮叶、纸皮、葡蟠、藤葡蟠

**形态特征** 蔓生藤状灌木。叶互生，螺旋状排列，近对称的卵状椭圆形，先端渐尖至尾尖，基部心形或截形，边缘锯齿细，齿尖具腺体，不裂，稀为2～3裂，表面无毛，稍粗糙。花雌雄异株，雄花序短穗状；雌花集生为球形头状花序。聚花果，花柱线形，延长。花期4—6月，果期5—7月。

**生境分布** 生长于灌丛中。采集于云礤村（N 25°9′49″，E 116°9′13″，H 619 m）、张畲村（N 25°5′45″，E 116°11′31″，H 512 m）、黄陂山（N 25°11′45″，E 116°11′6″，H 894 m）、新化村（N 25°17′25″，E 116°17′12″，H 414 m）。常见种。

**药用部位** 全草。

**性味功能** 微辛，凉。清热解毒，止咳，利尿，活血止痛。治砂淋、石淋、肺热咳嗽。

## 249. 楮

**学名** *Broussonetia kazinoki* Sieb. et Zucc.
**别名** 小构树
**形态特征** 灌木。叶卵形至斜卵形，边缘具三角形锯齿，不裂或3裂。花雌雄同株；雄花序球形头状，雄花花被3～4裂，雄蕊3～4枚。聚花果球形；瘦果扁球形，外果皮壳质，表面具瘤体。花期4—5月，果期5—6月。
**生境分布** 生长于山坡、灌丛、路旁。采集于云磜村（N 25°9′49″，E 116°8′59″，H 600 m）、老好坑（N 25°11′34″，E 116°8′41″，H 607 m）、新化村（N 25°17′40″，E 116°16′51″，H 446 m）、教文村（N 25°8′55″，E 116°11′42″，H 602 m）。常见种。
**药用部位** 叶。
**性味功能** 淡，凉。清热解毒，祛风止痒，敛疮止血。治痢疾、神经性皮炎、疥癣、疔肿、刀伤出血。

## 250. 构树

**学名** *Broussonetia papyrifera* (L.) L'Hér. ex Vent.
**别名** 楮实子、楮实、角树子
**形态特征** 乔木。小枝密生柔毛。叶螺旋状排列，广卵形至长椭圆状卵形，先端渐尖，基部心形，边缘具粗锯齿，不分裂或3～5裂，表面粗糙，基生叶脉三出，侧脉6～7对。花雌雄异株；雄花序为柔荑花序，花被4裂，雄蕊4枚，退化雌蕊小；雌花序球形头状。聚花果，成熟时橙红色，肉质，表面有小瘤。花期4—5月，果期6—7月。
**生境分布** 生长于荒地、田园及沟旁。采集于岩前狮岩（N 24°52′19″，E 116°13′17″，H 319 m）。少见种。
**药用部位** 乳液、根皮、树皮、叶、果实及种子。
**性味功能** 种子：甘，寒。补肾，强筋骨，明目，利尿。治腰膝酸软、肾虚目昏、阳痿、水肿。叶：甘，凉。清热，凉血，利湿，杀虫。治鼻衄、肠炎、痢疾。皮：甘，平。利尿消肿，祛风湿。治水肿、筋骨酸痛。外用治神经性皮炎及癣症。乳液：利水、消肿、解毒。治水肿癣疾，蛇、虫、蜂、蝎、狗咬。

## 251. 天仙果

**学名** *Ficus erecta* Thunb. var. *beecheyana* (Hook. et Arn.) King

**别名** 牛奶子树、矮小天仙果

**形态特征** 灌木或小乔木。小枝红棕色。叶厚纸质，倒卵状椭圆形，先端短渐尖，基部圆形至浅心形，全缘或上部偶有疏齿。榕果单生叶腋，具总梗，球形或梨形，成熟时黄红至紫黑色；雄花和瘿花生于同一榕果内壁，雌花生于另一植株的榕果中。花、果期5—6月。

**生境分布** 生长于沟边或林下。采集于云礤村（N 25°9′49″，E 116°8′59″，H 594 m）、谷夫（N 25°12′34″，E 116°10′47″，H 686 m）、东岗村（N 25°8′23″，E 116°8′14″，H 297 m）、老好坑（N 25°11′19″，E 116°9′13″，H 708 m）。常见种。

**药用部位** 根、果实。

**性味功能** 辛、酸、涩，温。润肠通便，解毒消肿，祛风化湿，止痛。

## 252. 粗叶榕

**学名** *Ficus hirta* Vahl

**别名** 山龙爪、毛桃（武平）

**形态特征** 灌木或小乔木。嫩枝中空，小枝、叶和榕果均被金黄色开展的长硬毛。叶纸质，互生，多型，长椭圆状披针形或广卵形，边缘具细锯齿，全缘或3～5深裂，表面疏生贴伏粗硬毛，背面密或疏生开展的白色或黄褐色绵毛和糙毛。榕果成对腋生或生于已落叶枝上，球形或椭圆球形。花、果期3—11月。

**生境分布** 生长于山谷、溪旁阴湿地。采集于新华村（N 25°19′23″，E 116°13′49″，H 360 m）、礤文村（N 25°4′28″，E 116°11′10″，H 559 m）。常见种。

**药用部位** 根。

**性味功能** 甘、微苦，微温。健脾化湿，行气通络，除痰止咳。治肺结核、气管炎、胃痛、水肿、闭经、产后瘀血、白带、乳汁稀少、乳腺炎、睾丸炎、风湿痛、跌打损伤。

### 253. 琴叶榕

**学名** *Ficus pandurata* Hance

**别名** 牛奶仔、水榕

**形态特征** 小灌木。叶纸质，提琴形或倒卵形，先端急尖有短尖，基部圆形至宽楔形，中部缢缩，表面无毛，背面叶脉有疏毛和小瘤点。榕果单生叶腋，椭圆形或球形，成熟时，顶部脐状突起。雄花和虫瘿花生于同一榕果中；雌花生于另一榕果中。花期6—8月。

**生境分布** 生长于溪旁、路边或灌木丛中。采集于马头山（N 25°5′45″，E 116°4′48″，H 300 m）、教文村（N 25°8′55″，E 116°11′44″，H 601 m）、陈禾坑（N 25°5′18″，E 116°9′45″，H 450 m）。常见种。

**药用部位** 根、叶。

**性味功能** 甘、微辛，温。行气活血，舒筋通络。

### 254. 全缘榕

**学名** *Ficus Pandurta* Hance var. *holopjulla* MigO

**别名** 铁牛入石、奶汁草、全缘琴叶榕、全叶榕

**形态特征** 灌木。叶纸质，倒卵形、倒卵状披针形或披针形，先端短尾尖或急尖，叶下面有小腺点，全缘，基生3条脉。榕果单生于叶腋或生于已落叶的枝上，顶部微脐状，基部圆形或收缩成极短的柄。花期6—8月。

**生境分布** 生长于林缘路旁或灌丛中。采集于教文村（N 25°8′49″，E 116°11′45″，H 593 m）。少见种。

**药用部位** 根、叶。

**性味功能** 辛、温。祛风除湿，解毒消肿。治风湿痹痛、风寒感冒、血淋、带下、乳少、乳痈、痈疽溃疡、跌打损伤、毒蛇咬伤。

## 255. 薜荔

**学名** *Ficus pumila* L.
**别名** 牛奶子、凉粉子、木莲、凉粉果
**形态特征** 攀援或匍匐灌木。叶两型，不结果枝节上生不定根，叶卵状心形，薄革质；结果枝上无不定根，革质，卵状椭圆形。榕果单生叶腋，瘿花果梨形，雌花果近球形，顶端平截。瘦果近球形，有粘液。花、果期5—8月。
**生境分布** 攀援于残墙、岩壁和树上。采集于老好坑（N 25°11′24″，E 116°8′57″，H 619 m）、云礤村（N 25°9′52″，E 116°9′2″，H 603 m）、新化村（N 25°17′55″，E 116°16′48″，H 506 m）。常见种。
**药用部位** 果实、根、茎、叶。
**性味功能** 甘，平。清热解毒，补肾固精，利湿消肿，催乳，活血通经。

## 256. 珍珠莲

**学名** *Ficus sarmentosa* Buch. -Ham. ex J. E. Smith var. *henryi* (Kingex Oliv.) Corner
**别名** 珍珠榕、冰粉树
**形态特征** 木质攀援匍匐藤状灌木。叶革质，卵状椭圆形，先端渐尖，基部圆形至楔形，表面无毛，背面密被褐色柔毛或长柔毛。榕果成对腋生，圆锥形，表面密被褐色长柔毛，成长后脱落，顶生苞片直立，基生苞片卵状披针形。榕果无总梗或具短梗。花、果期5—11月。
**生境分布** 生长于疏林、山谷或溪边灌丛中。采集于老鸦山（N 25°18′39″，E 116°13′11″，H 435 m）、天马寨（N 25°6′40″，E 116°10′30″，H 959 m）、黄陂山（N 25°11′43″，E 116°11′5″，H 896 m）。少见种。
**药用部位** 根、藤。
**性味功能** 微辛，平。祛风除湿，消肿止痛，解毒杀虫。治风湿关节痛、脱臼、乳痈、疮疖、癣症。

## 257. 竹叶榕

**学名** *Ficus stenophylla* Hemsl

**别名** 竹叶牛奶树、长叶牛奶子

**形态特征** 小灌木。叶纸质，线状披针形，先端渐尖，基部楔形至近圆形，背面有小瘤体，全缘背卷。榕果椭圆状球形，成熟时深红色，顶端脐状突起。雄花和瘿花同生于雄株榕果中，花红色，瘿花，具柄。花、果期5—7月。

**生境分布** 生长于路边或溪旁潮湿处。采集于教文村（N 25°9′1″，E 116°11′57″，H 620 m）、东岗村（N 25°8′36″，E 116°8′27″，H 358 m）。少见种。

**药用部位** 全株。

**性味功能** 苦，温。祛痰止咳，祛风除湿，活血消肿，安胎，通乳。治咳嗽胸痛、风湿骨痛、胎动不安、肾炎、乳痈、疮疖肿毒、跌打损伤。

## 258. 葎草

**学名** *Humulus scaudens* (Lour) Merr

**别名** 拉拉藤、五爪龙

**形态特征** 缠绕草本。茎、枝、叶柄均具倒钩刺。叶纸质，掌状5～7深裂稀为3裂，基部心脏形，表面粗糙，背面有柔毛和黄色腺体，裂片卵状三角形，边缘具锯齿。雄花小，黄绿色，圆锥花序；雌花序球果状，苞片纸质，三角形，顶端渐尖，具白色绒毛。瘦果成熟时露出苞片外。花期春、夏季，果期秋季。

**生境分布** 生长于沟边、路旁。采集于大坪坑（N 25°16′26.8″，E 116°10′33″，H 463 m）、良种场（N 25°6′47″，E 116°6′6″，H 285 m）。常见种。

**药用部位** 全草。

**性味功能** 甘、苦，寒。清热解毒，利尿消肿。治肺结核潮热、肠胃炎、痢疾、感冒发热、小便不利、肾盂肾炎、急性肾炎、膀胱炎、泌尿系结石。外用治痈疖肿毒、湿疹、毒蛇咬伤。

## 259. 构棘

**学名** *Maclura cochinchinensis* (Lour.) Corner

**别名** 野荔芝、葨芝

**形态特征** 直立或攀援状灌木；枝无毛，具粗壮弯曲无叶的腋生刺。叶革质，椭圆状披针形或长圆形，全缘。花雌雄异株，雌、雄花序均为具苞片的球形头状花序；雄花序花被片4片，不相等。聚花果，肉质，表面微被毛，成熟时橙红色。花期4—5月，果期6—7月。

**生境分布** 生长于山地路旁、灌丛或疏林中。采集于谷夫（N 25°12′46″，E 116°10′58″，H 663 m）、老鸦山（N 25°19′15″，E 116°13′50″，H 369 m）、新化村（N 25°17′40″，E 116°16′51″，H 446 m）。常见种。

**药用部位** 根。

**性味功能** 微苦，平。止咳化痰，祛风利湿，散瘀止痛。

## 260. 柘树

**学名** *Maclura tricuspidata* Carrière

**别名** 柘刺、柘桑、野荔枝

**形态特征** 落叶灌木或小乔木。具棘刺。叶纸质或薄革质，卵形至菱状卵形，偶为3裂。花单性，雌雄异株，雌、雄花序均为球形头状花序。聚花果近球形，肉质，成熟时橘红色。花期5—6月，果期6—7月。

**生境分布** 生长于荒地和路旁。采集于教文村（N 25°9′1.9″，E 116°12′19″，H 652 m）。少见种。

**药用部位** 除去栓皮的树皮或根皮。

**性味功能** 甘、微苦，平。补肾固精，利显解毒，化瘀止血。

### 261. 桑

**学名** *Morus alba* L.
**别名** 桑树、桑叶
**形态特征** 乔木或灌木。叶纸质，卵形或广卵形，先端极尖、渐尖或圆钝，基部圆形或浅心形，边缘锯齿粗钝。花雌雄异株，腋生或生于芽鳞腋内，与叶同时生出。聚花果卵状椭圆形，成熟时红色或暗紫色。花期4—5月，果期5—8月。
**生境分布** 生长于村旁、田间、山坡。采集于云礤村（N 25°9′46″, E 116°9′14″, H 597 m）、新兰村（N 25°19′1″, E 116°14′3″, H 404 m）、教文村（N 25°8′47″, E 116°11′44″, H 586 m）。较常见种。
**药用部位** 叶。
**性味功能** 甘、苦，寒。疏风清热，清肝明目。治风热感冒、头痛、目赤、咽喉肿痛。

## 七十五、荨麻科 Urticaceae

### 262. 大叶苎麻

**学名** *Boehmeria japonica* (L. f.) Miq.
**别名** 长穗苎麻、野线麻
**形态特征** 亚灌木或多年生草本。叶纸质，对生，同一对叶等大或稍不等大，近圆形、圆卵形或卵形，顶端骤尖，有时不明显三骤尖，基部宽楔形或截形，边缘在基部之上有牙齿，上面粗糙，有短糙伏毛，下面沿脉网有短柔毛，侧脉1～2对。穗状花序单生叶腋，雌雄异株，不分枝，有时具少数分枝。瘦果倒卵球形，光滑。花期6—9月。
**生境分布** 生长于林缘、路旁。采集于云礤村（N 25°9′47″, E 116°9′12″, H 605 m）、教文村（N 25°8′52″, E 116°11′47″, H 594 m）、老好坑（N 25°11′27″, E 116°8′48″, H 614 m）。常见种。
**药用部位** 叶。
**性味功能** 甘，寒。清热解毒、消肿。治疮疥。

### 263. 苎麻

**学名** *Boehmeria nivae* (L.) Gaudich.
**别名** 苎叶、苎仔
**形态特征** 亚灌木或灌木。茎上部与叶柄均密被开展的长硬毛和近开展和贴伏的短糙毛。叶互生；叶片草质，圆卵形或宽卵形，边缘在基部之上有锯齿，上面稍粗糙，疏被短伏毛，下面密被雪白色毡毛，侧脉约3对。圆锥花序腋生，或植株上部的为雌性，其下的为雄性，或同一植株的全为雌性。瘦果近球形，光滑，基部突缩成细柄。花期8—10月。
**生境分布** 生长于林缘或路旁。采集于云礤村（N 25°9'47″，E 116°9'12″，H 603 m）、天马寨（N 25°6'41″，E 116°10'34″，H 974 m）、张畲村（N 25°5'45″，E 116°11'31″，H 512 m）、黄陂山（N 25°11'55″，E 116°11'9″，H 816 m）。常见种。
**药用部位** 根、叶。
**性味功能** 根：甘，寒。清热利尿，凉血安胎。叶：甘，凉。止血，解毒。

### 264. 庐山楼梯草

**学名** *Elatostema stewardii* Merr.
**别名** 接骨草、白龙骨
**形态特征** 多年生草本。叶具短柄；叶片草质或薄纸质，斜椭圆状倒卵形、斜椭圆形或斜长圆形，顶端聚尖，基部在狭侧楔形或钝，边缘下部全缘，其上有锯齿。花雌雄异株，单生叶液。瘦果卵球形。花期7—9月。
**生境分布** 生长于林下、灌丛或沟边阴湿处。采集于教文村（N 25°8'5″，E 116°12'22″，H 404 m）、碓公坑（N 25°16'22″，E 116°10'54″，H 439 m）、云礤溪（N 25°9'1″，E 116°8'31″，H 405 m）。较常见种。
**药用部位** 全草。
**性味功能** 淡，温。活血祛瘀，解毒消肿，止咳。

## 265. 糯米团

**学名** *Gonostegia hirta* (Bl.) Miq.
**别名** 猪粥菜、糯米草、小粘药
**形态特征** 多年生草本。茎细长，基部常蔓生。叶对生，叶片草质或纸质，宽披针形至狭披针形，全缘，上面稍粗糙，下面沿脉有疏毛或近无毛，基生脉 3～5 条。团伞花序腋生，通常两性。瘦果卵球形，白色或黑色。花期 5—9 月。
**生境分布** 生长于路旁草丛阴湿处。采集于天马寨（N 25°6′57″，E 116°10′48″，H 881 m）、谷夫（N 25°12′46″，E 116°10′58″，H 563 m）、张畲村（N 25°5′44.8″，E 116°11′31″，H 512 m）、礤文村（N 25°4′28″，E 116°11′10″，H 559 m）。常见种。
**药用部位** 全草。
**性味功能** 淡，平。清热解毒，健脾消食，止血。

## 266. 紫麻

**学名** *Oreocnide frutescens* (Thunb.) Miq. subsp. frutescens
**别名** 小麻叶、紫苎麻
**形态特征** 灌木。叶生于枝上部，草质或纸质，卵状长圆形或卵状披针形，边缘有锯齿或粗牙齿，上面常疏生糙伏毛，基出脉 3 条。花序生于上年生枝和老枝上，几无梗，呈簇生状。瘦果卵球状；宿存花被变深褐色；肉质花托浅盘状，围于果的基部，熟时常增大呈壳斗状，包围着果的大部分。花期 3—5 月，果期 6—10 月。
**生境分布** 生长于林缘半阴湿处或石缝中。采集于老鸦山（N 25°19′3″，E 116°13′37″，H 456 m）、新兰村（N 25°19′1″，E 116°14′3″，H 404 m）、黄陂山（N 25°11′27″，E 116°11′2″，H 954 m）。常见种。
**药用部位** 全草。
**性味功能** 甘，凉。清热解毒，行气活血，透疹。治感冒发热、跌打损伤、牙痛、麻疹不透、肿疡。

## 267. 蔓赤车

**学名** *Pellionia scabra* Benth.
**别名** 毛赤车、入脸麻
**形态特征** 亚灌木。叶草质，斜狭菱状倒披针形或斜狭长圆形，基部斜楔形或斜心形，上面有少数贴伏的短硬毛，沿中脉有短糙毛，下面有密或疏的短糙毛，两面均密生钟乳体。花序通常雌雄异株。雄花为稀疏的聚伞花序；雌花序近无梗或有梗，有多数密集的花。瘦果近椭圆球形，有小瘤状突起。花期春季至夏季。
**生境分布** 生长于沟边或林下。采集于云礤溪（N 25°9′1″，E 116°8′30″，H 425 m）、老鸦山（N 25°18′52″，E 116°13′24″，H 414 m）、黄陂山（N 25°12′9″，E 116°11′4″，H 782 m）、新化村（N 25°18′5″，E 116°16′29″，H 638 m）。常见种。
**药用部位** 全草。
**性味功能** 淡，凉。清热解毒，散瘀消肿，凉血止血。治目赤肿痛、痄腮、蛇缠疮、牙痛、扭挫伤、妇女闭经、疮疖肿痛、烧烫伤、毒蛇咬伤、外伤出血。

## 268. 波缘冷水花

**学名** *Pilea cavaleriei* Lévl. subsp. cavaleriei
**别名** 石油菜、肉质冷水花
**形态特征** 草本。根状茎匍匐，多分枝。叶集生于枝顶部，宽卵形、菱状卵形或近圆形，先端钝、近圆形或锐尖，基部宽楔形，全缘，基出脉3条。雌雄同株；聚伞花序密集成近头状，雄花序梗纤细，雌花序近无梗或具短梗。瘦果卵形，稍扁，光滑。花期5—8月，果期8—10月。
**生境分布** 生长于阔叶林中或溪边阴湿地。采集于梁山峒（N 25°11′6″，E 116°8′25″，H 693 m）、谷夫（N 25°12′19″，E 116°11′4″，H 734 m）、老鸦山（N 25°18′45″，E 116°13′14″，H 430 m）。常见种。
**药用部位** 全草。
**性味功能** 淡，凉。清热解毒，化痰止咳。

## 269. 冷水花

**学名** *Pilea notata* C. H. Wright
**别名** 长柄冷水麻、水麻叶
**形态特征** 多年生草本。茎匍匐，肉质，茎与叶下面密布条形钟乳体。叶纸质，狭卵形、卵状披针形或卵形，先端尾状渐尖或渐尖，基部圆形，边缘有浅锯齿，基出脉3条，侧脉8～13对。花雌雄异株；雄花序聚伞总状，团伞花簇疏生于花枝上；雌聚伞花序较短而密集，花被片绿黄色。瘦果小，圆卵形，熟时绿褐色，有刺状小疣点突起。花期6—9月，果期9—11月。
**生境分布** 生长于林下或沟旁阴湿处。采集于梁山岬（N 25°11′5″，E 116°8′26″，H 688 m）、黄陂山（N 25°12′19″，E 116°11′4″，H 753 m）。常见种。
**药用部位** 全草。
**性味功能** 淡、微苦，凉。清热利湿，退黄，消肿散结，健脾和胃。治湿热黄疸、赤白带下、淋浊、尿血、小儿夏季热、疟母、消化不良、跌打损伤、外伤感染。

## 270. 矮冷水花

**学名** *Pilea peploides* (Gaudich.) Hook. et Arn.
**别名** 齿叶矮冷水花、矮冷水麻
**形态特征** 一年生小草本。茎肉质，带红色，纤细，下部裸露。叶膜质，集生于茎和枝的顶部，菱状圆形，边缘全缘或波状，基出脉3条，二级脉不明显。雌雄同株，雌花序与雄花序常同生于叶腋；聚伞花序密集成头状。瘦果，卵形，顶端稍歪斜，熟时黄褐色。花期4—7月，果期7—8月。
**生境分布** 生长于林下石上潮湿处。采集于云磜溪（N 25°9′23″，E 116°8′32″，H 526 m）、新兰村（N 25°19′22″，E 116°13′51″，H 325 m）。常见种。
**药用部位** 全草。
**性味功能** 淡，凉。清热解毒，祛瘀止痛。治跌打损伤、无名肿毒、毒蛇咬伤、疮疖。

## 271. 厚叶冷水花

**学名** *Pilea sinocrassifolia* C. J. Chen

**别名** 石芫茜

**形态特征** 平卧草本。茎、叶肉质。叶近圆形或扇状圆形，上面有钟乳体，梭形，基出脉3条。雌雄同株；雄聚伞花序由少数几朵花密集成头状，雄花大，淡黄绿色，退化雌蕊短圆柱状。花期11月—次年3月。

**生境分布** 生长于山坡水边阴处石上。采集于岩前狮岩（N24°52′19″，E 116°13′17″，H 319 m）。少见种。

**药用部位** 全草。

**性味功能** 淡，寒。清热解毒。治热毒为患之症。

## 272. 粗齿冷水花

**学名** *Pilea sinofasciata* C. J. Chen

**别名** 紫绿草、扁化冷水花、宫麻

**形态特征** 草本。茎肉质。叶片卵形或椭圆形，先端常长尾状渐尖，基部楔形或钝圆形，边缘在基部以上有粗大的牙齿或牙齿状锯齿；下部的叶常渐变小，倒卵形或扇形，钟乳体蠕虫形，基出脉3条。花雌雄异株或同株；花序聚伞圆锥状。瘦果圆卵形。花期6—7月，果期8—10月。

**生境分布** 生长于常绿阔叶林中或沟边草丛中。采集于谷夫（N 25°11′55″，E 116°11′9″，H 816 m）、新化村（N 25°17′49″，E 116°16′51″，H 464 m）。较常见种。

**药用部位** 全草。

**性味功能** 辛，平。理气止血，清热解毒，祛风止痛。治胃气、鹅口疮、消化不良、风湿骨痛、跌打损伤、痈疮肿毒。

### 273. 雾水葛

**学名** *Pouzolzia zeylanica* (L.) Benn.
**别名** 脓见消、干菜子
**形态特征** 多年生草本。叶对生，叶片草质，卵形或宽卵形，顶端短渐尖或微钝，基部圆形，边缘全缘，两面有疏伏毛，侧脉1对。团伞花序通常两性。瘦果卵球形，淡黄白色。花期秋季。
**生境分布** 生长于旷地、路旁或屋旁。采集于云磜村（N 25°9′52″，E 116°9′2″，H 603 m）、东岗村（N 25°8′34″，E 116°8′21″，H 314 m）、教文村（N 25°8′58″，E 116°11′54″，H 620 m）。较常见种。
**药用部位** 全草。
**性味功能** 甘、淡，寒。解毒消肿，清热排脓。

## 七十六、大戟科 Euphorbiaceae

### 274. 铁苋菜

**学名** *Acalypha australis* L.
**别名** 血见愁、海蚌念珠、叶里藏珠、玉碗捧真珠
**形态特征** 一年生草本。叶膜质，长卵形、近菱状卵形或阔披针形，边缘具圆锯；基出脉3条，侧脉3对。雌雄花同序，花序腋生；雄花生于花序上部，排列呈穗状或头状。蒴果具3个分果爿，果皮具疏生毛和毛基变厚的小瘤体。花、果期4—12月。
**生境分布** 生长于沟边、路旁、草地。采集于云磜村（N 25°9′47″，E 116°9′12″，H 605 m）、教文村（N 25°8′58″，E 116°11′54″，H 620 m）、陈禾坑（N 25°5′22″，E 116°9′50″，H 462 m）。较常见种。
**药用部位** 全草。
**性味功能** 苦、涩，凉。清热解毒，利湿，收敛止血。治肠炎、痢疾、吐血、衄血、便血、尿血、崩漏、痈疖疮疡、皮肤湿疹。

## 275. 飞扬草

**学名** *Euphorbia hirta* L.
**别名** 大飞扬、大乳汁草、节节花
**形态特征** 一年生草本。叶对生，披针状长圆形、长椭圆状卵形或卵状披针形，先端极尖或钝，基部略偏斜；边缘于中部以上有细锯齿，中部以下较少或全缘；叶面绿色，叶背灰绿色，有时具紫色斑。花序多数，于叶腋处密集成头状。蒴果三棱状，被短柔毛，成熟时分裂为3个分果爿。花、果期6—12月。
**生境分布** 生长于路旁、屋旁和灌木丛下。采集于云礤村（N 25°9′56″，E 116°9′0″，H 600 m）、马头山（N 25°5′50″，E 116°4′52″，H 297 m）。常见种。
**药用部位** 全草。
**性味功能** 微辛、酸，寒。清热利湿，祛风止痒，止血。治湿热泻痢、衄血、尿血。外用治皮炎、湿疹、外伤出血。

## 276. 毛果算盘子

**学名** *Glochidion eriocarpum* Champ. ex Benth.
**别名** 漆大姑、毛七哥
**形态特征** 灌木。小枝密被淡黄色、扩展的长柔毛。叶片纸质，卵形、狭卵形或宽卵形，两面均被长柔毛。花单生或2～4朵簇生于叶腋内，雌花生于小枝上部，雄花则生于下部。蒴果扁球状，具4～5条纵沟，密被长柔毛。花、果期几乎全年。
**生境分布** 生长于山谷、灌丛或林缘。采集于东岗村（N 25°8′23″，E 116°8′15″，H 311 m）。较常见种。
**药用部位** 根及叶。
**性味功能** 苦、涩，平。清热解毒，祛湿止痒。治肠炎、痢疾、牙痛、咽喉痛、乳腺炎、皮肤湿疹、烧伤、白带。

## 277. 算盘子

**学名** *Glochidion puberum* (L.) Hutch.
**别名** 算盘珠、野南瓜
**形态特征** 直立灌木。小枝、叶片下面、萼片外面、子房和果实均密被短柔毛。叶片纸质或近革质，长圆形、长卵形或倒卵状长圆形。花小，雌雄同株或异株，2～5朵簇生于叶腋内，雄花束常着生于小枝下部，雌花束则在上部，或有时雌花和雄花同生于一叶腋内。蒴果扁球状，边缘有8～10条纵沟，成熟时带红色。花期4—8月，果期7—11月。
**生境分布** 生长于山坡灌丛。采集于云礤溪（N 25°9′26″，E 116°8′31″，H 563 m）、中心坑（N 25°16′59″，E 116°15′45″，H 641 m）、礤文村（N 25°4′48″，E 116°11′26″，H 514 m）、新化村（N 25°17′40″，E 116°16′51″，H 446 m）。常见种。
**药用部位** 根、茎、叶、果。
**性味功能** 微苦、涩，凉。清热利湿，祛风活络。治感冒发热、咽喉痛、疟疾、急性胃肠炎、消化不良、痢疾、风湿性关节炎、跌打损伤、白带、痛经。

## 278. 白背叶

**学名** *Mallotus apelta* (Lour.) Muell. Arg.
**别名** 白背叶野桐、白背木、酒药子树
**形态特征** 灌木或小乔。小枝、叶柄和花序均被白色或微黄色星状绒毛。叶互生，卵形或阔卵形，边缘具疏齿，下面被灰白色星状绒毛，散生橙黄色颗粒状腺体；基出脉5条，侧脉6～7对；基部近叶柄处有褐色斑状腺体2个。花雌雄异株，雄花序为开展的圆锥花序或穗状花序，雌花序穗状生。蒴果近球形，密生被灰白色星状毛的软刺，软刺线形，黄褐色或浅黄色。花期6—9月，果期8—11月。
**生境分布** 生长于路旁或灌丛中。采集于老好坑（N 25°11′33″0，E 116°8′36″，H 603 m）、云礤村（N 25°9′46″，E 116°9′11″，H 607 m）、礤文村（N 25°4′34″，E 116°11′7″，H 524 m）、陈禾坑（N 25°5′19″，E 116°9′46″，H 445 m）。常见种。
**药用部位** 根、叶。
**性味功能** 微苦、涩，平。根：柔肝活血，健脾化湿，收敛固脱。治慢性肝炎、肝脾肿大、子宫脱垂、脱肛、白带、妊娠水肿。叶：消炎止血。外用治中耳炎、疖肿、跌打损伤、外伤出血。

## 279. 野桐

**学名** *Mallotus nepalensis* Müller Arg
**别名** 野梧桐
**形态特征** 小乔木或灌木。嫩枝具纵棱，枝、叶柄和花序轴均密被褐色星状毛。叶互生，纸质，三角状圆形或宽卵形，基部具2枚腺体，全缘或浅3裂，或有齿，下面仅叶脉稀疏被星状毛或无毛，疏散橙红色腺点。花雌雄异株，花序总状或下部常具3～5个分枝。蒴果近扁球形，钝三棱形，密被有星状毛的软刺和红色腺点。花期4—6月，果期7—8月。
**生境分布** 生长于山坡、路边。采集于梁山坳（N 25°11′9″，E 116°8′28″，H 685 m）、新兰村（N 25°19′5″，E 116°13′55″，H 401 m）、黄陂山（N 25°11′49″，E 116°11′7″，H 876 m）、新化村（N 25°18′6″，E 116°16′40″，H 579 m）。较常见种。
**药用部位** 树皮、根和叶。
**性味功能** 苦、涩，平。清热解毒，收敛止血。治胃溃疡、十二指肠溃疡、肝炎、血尿带下、疮疡、外伤出血。

## 280. 杠香藤

**学名** *Mallotus repandus* (Willd.) Müll. Arg.
**别名** 假新妇木、腺叶石岩枫
**形态特征** 攀援状灌木。嫩枝、叶柄、花序和花梗均密生黄色星状柔毛。叶互生，纸质，卵形、宽卵形或三角状卵形，全缘或具波状齿，掌状脉3条。花单性，雌雄异株；雌雄花序均为顶生。蒴果球形，密生黄褐色绒毛，成熟时开裂为3个分果爿。花期4—6月，果期6—8月。
**生境分布** 生长于路旁或石缝中。采集于东岗村（N 25°8′24″，E 116°8′21″，H 325 m）、新兰村（N 25°19′11″，E 116°13′49″，H 375 m）、礤文村（N 25°4′49″，E 116°11′27″，H 527 m）、教文村（N 25°8′52″，E 116°11′47″，H 594 m）。常见种。
**药用部位** 根、茎、叶。
**性味功能** 苦、辛，温。祛风除湿，活血通络，解毒消肿，驱虫止痒。治风湿痹证、腰腿疼痛、口眼歪斜、跌打损伤、痈肿疮疡、绦虫病、湿疹、顽癣、蛇犬咬伤。

## 281. 青灰叶下珠

**学名** *Phyllanthus glaucus* Wall. ex Muell. Arg.

**形态特征** 灌木。叶片膜质，椭圆形或长圆形，顶端急尖，有小尖头，基部钝至圆，下面稍苍白色。花数朵簇生于叶腋。雄花萼片6片，卵形；通常1朵雌花与数朵雄花同生于叶腋。蒴果浆果状，紫黑色，基部有宿存的萼片。花期4—7月，果期7—10月。

**生境分布** 生长于路旁或林下。采集于新兰村（N 25°19′4″，E 116°13′58″，H 406 m）、新化村（N 25°17′55″，E 116°16′48″，H 506 m）。较常见种。

**药用部位** 根。
**性味功能** 辛、甘，温。祛风除湿，健脾消食。治风湿性关节炎、食积停滞、小儿疳积。

## 282. 叶下珠

**学名** *Phyllanthus urinaria* L.
**别名** 珍珠草、珠仔草

**形态特征** 一年生草本。叶片纸质，因叶柄扭转而呈羽状排列，长圆形或倒卵形，顶端圆、钝或急尖而有小尖头，下面灰绿色。花雌雄同株；雄花2～4朵簇生于叶腋，通常仅上面一朵开花，下面的很小；雌花单生于小枝中下部的叶腋内。蒴果圆球状，红色，表面具小凸刺，有宿存的花柱和萼片。花期4—6月，果期7—11月。

**生境分布** 生长于山坡、路旁。采集于云磜村（N 25°9′59″，E 116°9′16″，H 622 m）、陈禾坑（N 25°5′18″，E 116°9′45″，H 450 m）、老好坑（N 25°11′25″，E 116°8′52″，H 612 m）。常见种。

**药用部位** 全草。
**性味功能** 微苦、甘，凉。消热利尿，明目，消积。治肾炎水肿、泌尿系感染、结石。

## 283. 蓖麻

**学名** *Ricinus communis* L.
**别名** 蓖麻子

**形态特征** 一年生草本或草质灌木。小枝、叶和花序具白粉。叶轮廓近圆形，掌状脉7～11裂，裂缺几达中部，裂片卵状长圆形或披针形，边缘有锯齿；掌状脉7～11条。总状花序或圆锥花序；雄花花萼裂片卵状三角形，雄蕊束众多；雌花萼片卵状披针形。蒴果球形或近球形，果皮具软刺或平滑。花期几乎全年。
**生境分布** 生长于山坡、路旁或荒地（有栽培）。采集于教文村（N 25°8′39″，E 116°11′11″，H 632 m）、马头山（N 25°5′30″，E 116°5′4″，H 294 m）。较常见种。
**药用部位** 种子。
**性味功能** 甘、辛，平；有毒。消肿拔毒，泻下通滞。治痈疽肿毒、瘰疬、喉痹、疥癞癣疮、水肿腹满、大便燥结。

## 284. 山乌桕

**学名** *Sapium discolor* (Champ. ex Benth.) Muell. Arg.
**别名** 红心乌桕、山柳乌桕

**形态特征** 乔木或灌木。叶互生，纸质，叶片椭圆形或长卵形，顶端钝或短渐尖，基部短狭或楔形，背面近缘常有数个圆形的腺体，中脉在两面均凸起。花单性，雌雄同株，顶生总状花序，雌花生于花序轴下部，雄花生于花序轴上部或有时整个花序全为雄花。蒴果黑色，球形。花期4—6月，果期7—11月。
**生境分布** 生长于林缘或沟谷林中。采集于云礤溪（N 25°9′27″，E 116°8′30″，H 572 m）、天马寨（N 25°6′34″，E 116°10′25″，H 996 m）、礤文村（N 25°4′29.5″，E 116°11′11″，H 568 m）。常见种。
**药用部位** 根皮、树皮及叶。
**性味功能** 苦，寒；有小毒。泻下逐水，散瘀消肿。根皮、树皮：治肾炎水肿，肝硬化腹水，大、小便不通。叶：外用治跌打肿痛、毒蛇咬伤、过敏性皮炎、湿疹、带状疱疹。

## 285. 白木乌桕

**学名** *Sapium japonicum* (Sieb. et Zucc.) Pax et Hoffm.
**别名** 白乳木
**形态特征** 灌木或乔木。叶互生，纸质，叶卵形、卵状长方形或椭圆形，全缘，背面中上部常有散生的腺体，基部近中脉两侧具2枚腺体，中脉在背面显著凸起。花单性，雌雄同株常同序，聚集成顶生总状花序，雌花数朵生于花序轴基部，雄花数朵生于花序轴上部，有时整个花序全为雄花。蒴果三棱状球形。花期5—6月。
**生境分布** 生长于林中湿润处或溪涧边。采集于梁山顶（N 25°10′5″，E 116°10′31″，H 1 121 m）。少见种。
**药用部位** 根皮。
**性味功能** 甘，寒。消肿利尿。治尿少浮肿。

## 286. 乌桕

**学名** *Sapium sebiferum* (L.) Roxb
**别名** 腊子树、桕子树
**形态特征** 乔木。具乳状汁液。叶互生，纸质，叶片菱形、菱状卵形或稀有菱状倒卵形，全缘，叶柄顶端具2枚腺体。花单性，雌雄同株，聚集成顶生总状花序，雌花通常生于花序轴最下部，雄花生于花序轴上部。蒴果梨状球形，成熟时黑色。花期4—8月，果期8—11月。
**生境分布** 生长于林中或林缘。采集于谷夫（N 25°13′5″，E 116°10′51″，H 645 m）、东岗村（N 25°8′24″，E 116°8′21″，H 325 m）、教文村（N 25°9′2″，E 116°12′19″，H 652 m）、陈禾坑（N 25°5′22″，E 116°9′42″，H 463 m）。常见种。
**药用部位** 根皮、树皮、叶。
**性味功能** 苦，微温；有小毒。杀虫，解毒，利尿，通便。治血吸虫病，肝硬化腹水，大、小便不利，毒蛇咬伤。外用治疗疮、鸡眼、乳腺炎、跌打损伤、湿疹、皮炎。

### 287. 油桐

**学名** *Vernicia fordii* (Hemsl.) Airy Shaw
**别名** 桐子树、三年桐
**形态特征** 落叶乔木。叶卵圆形，顶端短尖，基部截平至浅心形，全缘，稀1～3浅裂，成长叶上面深绿色，下面灰绿色；掌状脉5（或7）条；叶柄与叶片近等长，顶端有2枚扁平、无柄腺体。花雌雄同株，先叶或与叶同时开放；花瓣白色，有淡红色脉纹，倒卵形，顶端圆形，基部爪状。核果近球状，果皮光滑；种子3～4(8)颗，种皮木质。花期3—4月，果期8—9月。
**生境分布** 生长于向阳谷地、河床两岸。采集于梁山坜（N 25°11′5″，E 116°8′19″，H 683 m）、谷夫（N 25°12′27″，E 116°10′58″，H 683 m）、新化村（N 25°17′25.8″，E 116°17′11″，H 417 m）。常见种。
**药用部位** 根、叶、花。
**性味功能** 甘、微辛，寒；有毒。根：消积驱虫，祛风利湿。治蛔虫病、食积腹胀、风湿筋骨痛、湿气水肿。叶：解毒，杀虫。外用治疮疡、癣疥。花：清热解毒，生肌。外用治烧烫伤。

## 七十七、五月茶科 Stilaginaceae

### 288. 日本五月茶

**学名** *Antidesma japonicum* Sieb. et Zucc.
**别名** 酸味子、禾串果
**形态特征** 乔木或灌木。叶片纸质至近革质，椭圆形、长椭圆形至长圆状披针形，顶端通常尾状渐尖，有小尖头，基部楔形、钝或圆。花单性，雌雄异株，总状花序顶生，不分枝或有少数分枝。核果椭圆形。花期4—6月，果期7—9月。
**生境分布** 生长于山坡、路旁灌丛中。采集于老好坑（N 25°11′33″，E 116°8′36″，H 603 m）、中心坑（N 25°16′1″，E 116°14′56″，H 664 m）。较常见种。
**药用部位** 根、叶。
**性味功能** 酸，温。生津止渴，活血，解毒。

## 七十八、瑞香科 Thymelaeaceae

### 289. 毛瑞香

**学名** *Daphne kiusiana* Miq. var. *atrocaulis* (Rehd.) F. Maekawa

**别名** 紫茎瑞香、野梦花

**形态特征** 常绿灌木。茎二歧状或伞房分枝。叶互生，枝端簇生，革质，椭圆形至倒披针形，全缘，微反卷。花白色，9~12朵簇生于枝顶，呈头状花序。果实红色，广椭圆形或卵状椭圆形。花期11月—次年2月，果期4—5月。

**生境分布** 生长于林下、岩石隙缝中。采集于黄陂山（N 25°11′29″，E 116°11′2″，H 947 m）。少见种。

**药用部位** 根、花。

**性味功能** 辛、甘，温。祛风除湿，活血止痛。治风湿性关节炎、坐骨神经痛、咽炎、牙痛、乳腺癌初起、跌打损伤。

### 290. 了哥王

**学名** *Widstroemia indica* (L.) C. A. Mey

**别名** 南岭荛花、桐皮子

**形态特征** 灌木。叶对生，纸质至近革质，倒卵形、椭圆状长圆形或披针形。花黄绿色，数朵排成顶生的短总状花序。果椭圆形，成熟时红色至暗紫色。花、果期夏秋间。

**生境分布** 生长于村边、路旁、山坡灌丛中。采集于云磜村（N 25°10′6″，E 116°9′21″，H 541 m）、老好坑（N 25°11′24″，E 116°9′3″，H 632 m）。较常见种。

**药用部位** 根、叶。

**性味功能** 苦、辛，寒；有毒。清热解毒，消肿散结，止痛。治瘰疬、痈肿、风湿痛、百日咳、跌打损伤。

## 291. 细轴荛花

**学名** *Wikstroemia nutans* Champ. ex Benth.

**形态特征** 灌木。叶对生，膜质至纸质，卵形、卵状椭圆形至卵状披针形，上面绿色，下面淡绿白色。花黄绿色，4~8朵组成顶生近头状的总状花序，俯垂。果椭圆形，成熟时深红色。花期春季至初夏，果期夏秋间。

**生境分布** 生长于山地疏林、密林或灌木丛中。采集于天马寨（N 25°6′20″，E 116°10′19″，H 1 096 m）、梁山顶（N 25°10′7″，E 116°10′43″，H 1 270 m）。少见种。

**药用部位** 根内皮。

**性味功能** 辛，温。消坚破瘀，止血，镇痛。治瘰疬初起。

## 七十九、猕猴桃科 Actinidiaceae

## 292. 异色猕猴桃

**学名** *Actinidia callosa* Lindl. var. *discolor* C. F. Liang

**别名** 硬齿猕猴桃、台湾猕猴桃

**形态特征** 大型落叶藤本。叶坚纸质，椭圆形、矩状椭圆形至倒卵形，基部阔楔形或钝形，边缘有粗钝的或波状的锯齿，通常上端的锯齿更粗大，两面洁净无毛。花序有花1~3朵，通常一花单生；花白色，花序和萼片两面均无毛；花瓣5片，倒卵形。果墨绿色，近卵珠形或近球形，有显著的灰褐色斑点。花期5—6月，果期7—9月。

**生境分布** 生长于林缘或沟谷中。采集于谷夫（N 25°13′26″，E 116°10′47″，H 578 m）、云磜村（N 25°9′31″，E 116°9′27″，H 634 m）。常见种。

**药用部位** 根。

**性味功能** 辛，温。清热解毒，舒筋活血。民间用于治疗食道癌，有缓解病情的作用。

### 293. 毛花猕猴桃

**学名** *Actinidia eriantha* Benth.
**别名** 毛花杨桃、毛冬瓜

**形态特征** 落叶藤本。小枝、叶柄、花序和萼片密被乳白色或淡污黄色的绵毛状绒毛。叶厚纸质，卵形至阔卵形，边缘具硬尖小齿，上面草绿色，下面粉绿色，密被乳白色或淡污黄色星状绒毛。聚伞花序腋生，1～3 朵花；花橙黄色，中央淡红色。果柱状或卵状圆柱形，密被不脱落的乳白色绒毛。花期 6 月，果期 8—10 月。

**生境分布** 生长于山谷、溪边及林缘灌木丛中。采集于谷夫（N 25°13′26″，E 116°10′48″，H 603 m）、天马寨（N 25°7′31″，E 116°10′44″，H 727 m）、新化村（N 25°18′6″，E 116°16′40″，H 579 m）。常见种。

**药用部位** 根、叶。

**性味功能** 根：淡、微辛，寒。清热利湿，化痰宣肺。治风湿关节痛、肺结核、肺热失音、痢疾、白带。叶：微苦、辛，寒。消肿解毒，止血化瘀。治痈疽、乳痈、跌打损伤、骨伤、刀伤、冻伤溃破。

---

### 294. 阔叶猕猴桃

**学名** *Actinidia laizfolia* (Gardn. et Champ.) Merr.
**别名** 多花猕猴桃

**形态特征** 大型落叶藤本。叶坚纸质，通常为阔卵形，有时近圆形或长卵形，边缘具疏生的突尖状硬头小齿，上面草绿色或榄绿色，无毛，有光泽，下面密被灰色星状短绒毛，或较长绒毛。花序为 3～4 歧多花的大型聚伞花序，雄花花序远较雌性花的为长，从上至下厚薄不均地被黄褐色短茸毛；花有香气；花白色，中央橙黄色。果暗绿色，圆柱形或卵状圆柱形。花期 6—7 月，果期 8—9 月。

**生境分布** 生长于林缘或疏林中。采集于谷夫（N 25°13′26″，E 116°10′47″，H 578 m）。较常见种。

**药用部位** 茎、叶（红蒂蛇）。

**性味功能** 淡、涩，平。清热除湿，消肿解毒。治腰痛、筋骨疼痛、乳痈、疮疥。

## 八十、杜鹃花科 Ericaceae

### 295. 灯笼树

**学名** *Enkianthus chinensis* Franch

**别名** 灯笼花、吊钟花

**形态特征** 落叶灌木或小乔木。叶常聚生枝顶，纸质，长圆形至长圆状椭圆形，边缘具钝锯齿。花多数组成伞形花序或伞形状总状花序，花下垂；花冠阔钟形，肉红色，口部5浅裂。蒴果卵圆形，室背开裂为5果瓣。花期5月，果期6—10月。

**生境分布** 生长于山顶灌丛或林缘。采集于梁山顶（N 25°10′40″，E 116°11′8″，H 1 386 m）。

**药用部位** 块茎、根。

**性味功能** 苦，凉。活血止痛，清热利湿。治跌打损伤、风湿痹痛、胃痛、肝炎、水肿、无名肿毒。

### 296. 小果珍珠花

**学名** *Lyonia ovalifolia* (Wall.) Drude var. *elliptica* (Sieb.et Zucc.) Hand.-Mazz.

**别名** 小果南烛

**形态特征** 常绿或落叶灌木或小乔木。叶纸质，卵形，先端渐尖或急尖，基部钝圆或心形，表面深绿色，无毛，背面淡绿色。总状花序，着生叶腋；花冠圆筒状。蒴果球形。花期5—6月，果期7—9月。

**生境分布** 生长于山坡林下、山间小路旁。采集于教文村（N 25°8′30″，E 116°11′19″，H 604 m）、梁山顶（N 25°10′22″，E 116°10′49″，H 1 434 m）。较常见种。

**药用部位** 根。

**性味功能** 辛、微甘、微酸，平。活血通经。

### 297. 马醉木

**学名** *Pieris japonica* (Thunb.) D. Don ex G. Don

**别名** 浸木、日本马醉木

**形态特征** 灌木或小乔木。叶革质，密集枝顶，椭圆状披针形，先端短渐尖，基部狭楔形，边缘在 2/3 以上具细圆齿，稀近于全缘，无毛，表面深绿色，背面淡绿色。总状花序或圆锥花序顶生或腋生，直立或俯垂，花序轴有柔毛；花冠白色，坛状。蒴果近于扁球形，无毛。花期 4—5 月，果期 7—9 月。

**生境分布** 生长于疏林下、林缘或路旁灌丛中。采集于中心坑（N 25°17′6″，E 116°15′47″，H 634 m）。少见种。

**药用部位** 根、叶。

**性味功能** 苦，凉；有剧毒。清热，止泻，杀虫。

### 298. 云锦杜鹃

**学名** *Rhododendron fortunei* Lindl.

**别名** 天目杜鹃

**形态特征** 常绿灌木或小乔木。叶厚革质，长圆形至长圆状椭圆形，边缘波浪状，上面深绿色，有光泽，下面淡绿色。顶生总状伞形花序疏松，花 6～12 朵，有香味，淡绿色，多少具腺体；花冠漏斗状钟形，粉红色，外面有稀疏腺体。蒴果长圆状卵形至长圆状椭圆形。花期 4—5 月，果期 8—10 月。

**生境分布** 生长于林下或山脊阳处。采集于梁山顶（N 25°10′16″，E 116°11′4″，H 1 317 m）。少见种。

**药用部位** 花。

**性味功能** 苦、涩，寒。清热解毒，生肌敛疮。治痈疽疮疡、关节红肿疼痛、咽喉肿疼、丹毒、水火烫伤创口久不收、溃疡不愈。

## 299. 鹿角杜鹃

**学名** *Rhododendron latoucheae* Franch.
**别名** 岩杜鹃
**形态特征** 常绿灌木或小乔木。叶集生枝顶，近于轮生，革质，卵状椭圆形或长圆状披针形，边缘反卷，上面深绿色，具光泽，下面淡灰白色。花单生枝顶叶腋，枝端具花1～4朵；花冠白色或带粉红色，雄蕊与花冠等长。蒴果圆柱形，具6条棱，花柱宿存。花期3—4月，果期7—10月。
**生境分布** 生长于疏林或林缘。采集于云礤村（N 25°9′46″，E 116°8′40″，H 587 m）、天马寨（N 25°7′9″，E 116°10′50″，H 846 m）、黄陂山（N 25°11′29″，E 116°11′2″，H 947 m）。常见种。
**药用部位** 根、叶、花
**性味功能** 甘、酸，温。疏风行气，止咳祛痰，活血化瘀。

## 300. 满山红

**学名** *Rhododendron mariesii* Hemsl.et Wils.
**别名** 山石榴、守城满山红
**形态特征** 落叶灌木。叶薄革质或近革质，常3片呈假轮生状聚生于枝端，卵形，边近全缘或有细微密圆齿。花通常2朵顶生，先花后叶，出自于同一顶生花芽；花冠漏斗形，浅玫瑰紫红色或紫红色，裂片5，深裂，上方裂片有紫红色斑点。蒴果椭圆状卵球形，密被亮棕褐色长柔毛。花期4—5月，果期6—11月。
**生境分布** 生长于林缘或路旁灌丛中。采集于天马寨（N 25°6′24″，E 116°10′21″，H 1 117 m）、梁山顶（N 25°10′5″，E 116°10′31″，H 1 121 m）。常见种。
**药用部位** 叶。
**性味功能** 辛、苦，温。止咳祛痰。治咳嗽、气喘、痰多。

### 301. 杜鹃

**学名** *Rhododendron simsii* Planch.
**别名** 杜鹃花、红杜鹃、映山红
**形态特征** 落叶灌木。多分枝；嫩枝、小枝、叶柄、花梗、花萼、子房及蒴均密被平贴、红褐色或灰褐色绢质糙伏毛。叶革质，常集生枝端，卵形、椭圆状卵形或倒卵形或倒卵形至倒披针形，边缘微反卷，具细齿，上面深绿色，疏被糙伏毛，下面淡白色，密被褐色糙伏毛。花2～3(6)朵簇生枝顶；花冠阔漏斗形，玫瑰色、鲜红色或暗红色，上部裂片具深红色斑点。蒴果卵球形；花萼宿存。花期4—5月，果期6—8月。
**生境分布** 生长于林缘、疏林下或灌丛中。采集于天马寨（N 25°6′24″，E 116°10′21″，H 1 117 m）、东岗村（N 25°8′26″，E 116°8′21″，H 331 m）、梁山顶（N 25°10′9″，E 116°10′29″，H 1 098 m）。常见种。
**药用部位** 根、叶、花。
**性味功能** 根：酸、涩，温；有毒。祛风湿，活血去瘀，止血。治风湿性关节炎、跌打损伤、闭经。外用治外伤出血。叶、花：甘、酸，平。清热解毒，化痰止咳，止痒。治支气管炎、荨麻疹。外用治痈肿。

## 八十一、越橘科 Vacciniaceae

### 302. 南烛

**学名** *Vaccinium bracteatum* Thunb
**别名** 乌饭树、米饭花、零丁子
**形态特征** 常绿灌木或小乔木。叶片薄革质，椭圆形、菱状椭圆形、披针状椭圆形至披针形，边缘有细锯齿，表面平坦有光泽，两面无毛。总状花序顶生和腋生，有多数花；花冠白色，筒状，有时略呈坛状。浆果，熟时紫黑色，外面通常被短柔毛。花期6—7月，果期8—10月。
**生境分布** 生长于山坡、路旁或灌木丛中。采集于天马寨（N 25°6′23″，E 116°10′25″，H 1 067 m）、云磜村（N 25°9′34″，E 116°9′24″，H 625 m）、新化村（N 25°17′17″，E 116°17′26″，H 410 m）。常见种。
**药用部位** 果、枝叶、根。
**性味功能** 果：酸、甘，平。强筋，益气，固精。枝叶：苦，平。治血虚风痹（贫血衰弱、神经痛）、腰脚无力。根：散瘀，消肿，止痛。治跌打损伤肿痛、牙痛。

## 303. 江南越桔

**学名** *Vaccinium mandarinorum* Diels

**别名** 乌饭、米饭花

**形态特征** 常绿灌木或小乔木。叶片厚革质，卵形或长圆状披针形，顶端渐尖，基部楔形至钝圆，边缘有细锯齿。总状花序腋生和生枝顶叶腋，有多数花，序轴无毛或被短柔毛；花冠白色，有时带淡红色，微香，筒状或筒状坛形，口部稍缢缩或开放。浆果，熟时紫黑色。花期4—6月，果期6—10月。

**生境分布** 生长于林中、林缘或路旁。采集于天马寨（N 25°6′23.7″，E 116°10′24″，H 1 067 m）、谷夫（N 25°12′15″，E 116°11′6″，H 777 m）。较常见种。

**药用部位** 果

**性味功能** 甘，平；有毒。消肿。治全身浮肿。

## 八十二、安息香科 Styracaceae

## 304. 赤杨叶

**学名** *Alniphyllum fortunei* (Hemsl.) Makino

**别名** 拟赤杨、福氏赤杨叶

**形态特征** 落叶乔木。叶纸质，椭圆形至倒卵状椭圆形，边缘具细齿，幼叶两面疏被星状毛，老叶仅叶下面疏生星状毛或无毛。总状花序或圆锥花序，顶生或腋生，有花10～20朵；花序梗和花梗均密被褐色或灰色星状短柔毛；花白色或粉红色；花冠裂片长椭圆形，两面均密被灰黄色星状细绒毛。蒴果长椭圆形，成熟时5瓣开裂。花期4月，果期9月。

**生境分布** 生长于疏林或林缘。采集于梁山岬（N 25°11′6″，E 116°8′20″，H 683 m）、天马寨（N 25°6′41″，E 116°10′34″，H 951 m）、礤文村（N 25°4′26″，E 116°11′10″，H 558 m）。常见种。

**药用部位** 根。

**性味功能** 辛，微温。祛风除湿。治风湿痹痛。

## 305. 白花龙

**学名** *Styrax faberi* Perk.
**别名** 赛山梅、响铃子、梦童子
**形态特征** 灌木。嫩枝密被星状长柔毛。叶互生，纸质，有时侧枝最下两叶近对生而较大，椭圆形、倒卵形或长圆状披针形，边缘具细锯齿。总状花序顶生，有花3～5朵，下部常单花腋生，花白色，花梗常向下弯，同花序轴密被灰黄色星状短柔毛。果实倒卵形或近球形，外面密被灰色星状短柔毛。花期4—6月，果期8—10月。
**生境分布** 生长于阔叶林或灌丛中。采集于黄陂山（N 25°12′8″，E 116°11′6″，H 760 m）、天马寨（N 25°7′37″，E 116°10′38″，H 736 m）、云磜村（N 25°8′29″，E 116°8′26″，H 548 m）。较常见种。
**药用部位** 根、叶。
**性味功能** 辛、苦，平。活血，止痛。根：治胃脘痛。叶：止血，生肌，消肿。

## 306. 野茉莉

**学名** *Styrax japonicus* Sieb. et Zucc.
**别名** 黑茶花、茉莉苞、野白果树
**形态特征** 灌木或小乔木。叶互生，纸质或近革质，椭圆形或长圆状椭圆形至卵状椭圆形，顶端急尖或钝渐尖，基部楔形或宽楔形，近全缘或中部以上具疏离锯齿。总状花序顶生，有花5～8朵；有时下部的花生于叶腋；花白色，开花时下垂。果实卵形，外面密被灰色星状绒毛。花期4—7月，果期9—11月。
**生境分布** 生长于低山常绿阔叶林中。采集于新兰村（N 25°18′57″，E 116°14′3″，H 413 m）、云磜村（N 25°9′23″，E 116°8′26″，H 548 m）、磜文村（N 25°4′55″，E 116°11′27″，H 567 m）。较常见种。
**药用部位** 花、果、叶、虫瘿内白粉。
**性味功能** 辛，温。花：清火。治喉痛、牙痛。果、虫瘿内白粉、叶外用，祛风除湿。

### 307. 栓叶安息香

**学名** *Styrax suberifolius* Hook. et Arn.

**别名** 红皮树、红皮

**形态特征** 乔木。树皮红褐色或灰褐色。叶互生，革质，椭圆形、长椭圆形或椭圆状披针形，全缘，下面密被黄褐色至灰褐色星状绒毛。总状花序或圆锥花序，顶生或腋生；花白色，连同花序轴被褐色星状短柔毛。果卵状球形，密被灰色至褐色星状绒毛。花期3—5月，果期9—11月。

**生境分布** 生长于林缘或疏林中。采集于新华村（N 25°19′27″，E 116°13′52″，H 346 m）、东岗村（N 25°8′22″，E 116°8′15″，H 304 m）。较常见种。

**药用部位** 叶、根。

**性味功能** 辛，微温。祛风除湿，理气止痛。治胃气痛。外用治风湿关节痛。

## 八十三、山矾科 Symplocaceae

### 308. 南岭山矾

**学名** *Symplocos pendula* Wight var. *hirtistylis* (C. B. Clarke) Noot

**形态特征** 常绿小乔木。芽、花序、苞片及萼均被灰色或灰黄色柔毛。叶近革质，椭圆形、倒卵状椭圆形或卵形，全缘或具疏圆齿，中脉在叶面凹下。总状花序，花冠白色，雄蕊40～50枚。核果卵形，顶端圆。花期6—8月，果期9—11月。

**生境分布** 生长于林缘、林下。采集于中心坑（N 25°16′53″，E 116°15′39″，H 656 m）。少见种。

**药用部位** 叶。

**性味功能** 辛、苦，平。清热利湿，理气化痰。

## 309. 密花山矾

**学名** *Symplocos congesta* Benth.
**形态特征** 常绿乔木或灌木。幼枝、芽、均被褐色皱曲的柔毛。叶片纸质，椭圆形或倒卵形，全缘，中脉和侧脉在叶面均凹下，侧脉每边 5～10 条。团伞花序腋生于近枝端的叶腋，花冠白色，雄蕊约 50 枚，花丝基部稍联合。核果熟时紫蓝色，多汁，圆柱形。花期 8—11 月，果期翌年 1—2 月。
**生境分布** 生长于林缘、林下。采集于梁山顶（N 25°10′17″，E 116°10′22″，H 988 m）。较常见种。
**药用部位** 根。
**性味功能** 消肿止痛。治跌打损伤。

## 310. 白檀

**学名** *Symplocos paniculata* (Thunb.) Miq.
**别名** 华山矾、碎米子树、乌子树
**形态特征** 落叶灌木或小乔木。叶膜质或薄纸质，阔倒卵形、椭圆状倒卵形或卵形，边缘有细尖锯齿，叶面无毛或有柔毛，叶背通常有柔毛或仅脉上有柔毛。圆锥花序，通常有柔毛；花冠白色；雄蕊 40～60 枚。核果熟时蓝色，卵状球形，稍偏斜，顶端宿萼裂片直立。花期 5—6 月，果期 8—10 月。
**生境分布** 生长于路旁或灌丛中。采集于教文村（N 25°8′52″，E 116°11′47″，H 594 m）、黄陂山（N 25°12′19″，E 116°11′3″，H 733 m）、天马寨（N 25°7′24″，E 116°10′34″，H 743 m）。常见种。
**药用部位** 根、叶。
**性味功能** 根：甘、微苦，凉。解表退热，解毒除烦。治感冒发热、心烦口渴、疟疾、腰腿痛、狂犬咬伤、毒蛇咬伤。叶：外用治外伤出血。

### 311. 老鼠矢

**学 名** *Symplocos stettaris* Brand
**别 名** 佳崩
**形态特征** 常绿乔木。叶厚革质，叶背粉褐色，披针状椭圆形或狭长圆状椭圆形，通常全缘。团伞花序着生于二年生枝的叶痕之上，花冠白色，5深裂几达基部，雄蕊18～25枚，花丝基部连成5束。核果狭卵状圆柱形，宿存萼裂片直立。花期4—5月，果期6—9月。
**生境分布** 生长于缘、路旁、疏林中。采集于黄陂山（N 25°12′17″，E 116°11′6″，H 754 m）、天马寨（N 25°7′14″，E 116°10′44″，H 808 m）。较常见种。
**药用部位** 叶、根。
**性味功能** 辛，温。活血，止血。治跌打损伤、内出血。

### 312. 山矾

**学 名** *Symplocos sumuntia* Buch. -Ham. ex D. Don
**别 名** 尾叶山矾
**形态特征** 乔木。叶薄革质，卵形、狭倒卵形、倒披针状椭圆形，先端常呈尾状渐尖，基部楔形或圆形，边缘具浅锯齿或波状齿；中脉在叶脉凹下，侧脉和网脉在两面均凸起。总状花序，花冠白色，5深裂几达基部，雄蕊25～35枚。核果卵状坛形。花期2—3月，果期6—7月。
**生境分布** 生长于疏林中、林缘或路旁灌丛中。采集于石圆地（N 25°17′38″，E 116°16′40″，H 523 m）、陈禾坑（N 25°5′19″，E 116°9′46″，H 445 m）、碓公坑（N 25°16′21″，E 116°10′56″，H 460 m）。常见种。
**药用部位** 根、花、叶。
**性味功能** 辛、苦，平。清热利湿，理气化痰。治黄疸、咳嗽、关节炎。外用治急性扁桃体炎、鹅口疮。

## 八十四、柿树科 Ebenaceae

### 313. 柿

**学名** *Diospyros kaki* Thunb.
**别名** 柿树
**形态特征** 落叶大乔木。叶纸质，卵状椭圆形至倒卵形或近圆形，先端渐尖或钝，基部楔形，中脉在上面凹下，有微柔毛，在下面凸起，侧脉每边5～7条。花雌雄异株，聚伞花序腋生。果球形、扁球形、卵形，橙黄色。花期5—6月，果期9—10月。
**生境分布** 生长于林中或林缘。采集于老鸦山（N 25°18′38″，E 116°13′8″，H 439 m）、陈禾坑（N 25°5′20.6″，E 116°9′45″，H 437 m）。少见种。
**药用部位** 根、皮、叶、花、果、柿蒂、柿饼、柿霜。
**性味功能** 根：涩，平。凉血止血。治血崩、血痢、下血。皮：治下血、汤火烫伤。叶：苦，寒。降压，止血。治高血压症、咳喘、肺气肿、各种内出血。花：外治痘疮破烂。果：甘、涩，寒。清热，润肺，止渴。治热渴、咳嗽、吐血、口疮。柿蒂：苦、涩，平。降逆下气。治呃逆。外果皮：外治疔疮、无名肿毒。柿饼：甘、涩，寒。润肺，涩肠，止血。治吐血、血淋、肠风、痔漏、痢疾。柿漆：涩、苦，凉。治高血压症。柿霜：甘，凉。清热，润燥，化痰，消渴。治肺热燥咳、咽干喉痛、口舌生疮、吐血。

### 314. 野柿

**学名** *Diospyros kaki* Thunb. var. *silvestris* Makino
**别名** 山柿子
**形态特征** 落叶大乔木。叶纸质，卵状椭圆形至倒卵形或近圆形，先端渐尖或钝，基部楔形，下面密被短柔毛，中脉在上面凹下，有微柔毛，在下面凸起，侧脉每边5～7条。花雌雄异株，聚伞花序腋生。果卵球形或扁球形，橙黄色。花期5—6月，果期9—10月。
**生境分布** 生长于次生林或灌丛中。采集于谷夫（N 25°13′52″，E 116°10′56″，H 660 m）、中心坑（N 25°16′31″，E 116°15′24″，H 704 m）、新化村（N 25°17′52″，E 116°16′51″，H 487 m）、礤文村（N 25°4′29″，E 116°11′8″，H 545 m）。常见种。
**药用部位** 果、叶、茎皮。
**性味功能** 苦、涩，微寒。解毒消炎，收敛。

## 315. 罗浮柿

**学名** *Diospyros morrisiana* Hance
**别名** 山柿、山红柿
**形态特征** 乔木或小乔木。叶薄革质，长椭圆形或下部的为卵形，先端短渐尖或钝，基部楔形，叶缘微背卷。雄花序短小，腋生，下弯，聚伞花序式，有锈色绒毛；雄花带白色，花萼钟状。雌花腋生，单生；花萼浅杯状。果球形，黄色，有光泽。花期5—6月，果期11月。
**生境分布** 生长于疏林下或灌丛中。采集于伯公坑（N 25°8′42″，E 116°10′25″，H 803 m）、天马寨（N 25°6′33″，E 116°10′26″，H 992 m）。常见种。
**药用部位** 茎皮、叶和果实
**性味功能** 苦、涩，凉。解毒消炎，收敛止泻药。治食物中毒、腹泻、痢疾、水火烫伤。

## 八十五、紫金牛科 Myrsinaceae

## 316. 少年红

**学名** *Ardisia alyxiaefolia* Tsiang ex C. Chen
**别名** 念珠藤叶紫金牛
**形态特征** 小灌木。具匍匐茎；茎纤细。叶片厚坚纸质至革质，卵形、披针形至长圆状披针形，顶端渐尖，基部钝至圆形，边缘具浅圆齿，齿间具边缘腺点。花排成侧生（稀腋生）近伞形花序或伞房花序，稀复伞形花序，花瓣白色，稀粉红色。果球形，红色，略肉质，具腺点。花期6—7月，果期10—12月或延至翌年4—5月。
**生境分布** 生长于林下阴湿处。采集于天马寨（N 25°6′31″，E 116°10′30″，H 975 m）、中心坑（N 25°16′58″，E 116°15′44″，H 641 m）。少见种。
**药用部位** 全株。
**性味功能** 辛、苦，平。止咳平喘，化瘀消肿。治喘咳、气逆、痰证、跌打损伤、瘀血肿痛。

### 317. 九管血

**学名** *Ardisia brevicaulis* Diels
**别名** 矮茎朱砂根、血党
**形态特征** 矮小灌木。具匍匐生根的根茎。叶坚纸质，狭卵形或卵状披针形，或椭圆形至近长圆形，近全缘，具不明显的边缘腺点。伞形花序，着生于侧生花枝顶端；花瓣粉红色，具腺点。果球形，鲜红色，具腺点，宿存萼片与果梗为紫红色。花期6—7月，果期10—12月。
**生境分布** 生长于林下林缘或路旁阴湿处。采集于天马寨（N 25°7′24″, E 116°10′41″, H 776 m）、黄陂山（N 25°11′43″, E 116°11′5″, H 896 m）、梁山顶（N 25°10′8″, E 116°10′3″, H 890 m）。较常见种。
**药用部位** 全株。
**性味功能** 苦、辛，寒。清热解毒，祛风止痛，活血消肿。治咽喉肿痛、风火牙痛、风湿痹痛、跌打损伤、无名肿毒、毒蛇咬伤。

### 318. 硃砂根

**学名** *Ardisia crenata* Sims
**别名** 大罗伞、平地木、石青子、朱砂根、百两金
**形态特征** 灌木。叶片革质或坚纸质，椭圆形、椭圆状披针形至倒披针形，边缘具皱波状或波状齿，具明显的边缘腺点。伞形花序或聚伞花序，着生于侧生特殊花枝顶端；花枝近顶端常具2～3片叶或更多，或无叶；花瓣白色，稀略带粉红色，盛开时反卷，卵形，顶端急尖，具腺点。果球形，鲜红色，具腺点。花期5—6月，果期10—12月，有时2—4月。
**生境分布** 生长于林下阴湿处。采集于天马寨（N 25°6′34″, E 116°10′25″, H 1 000 m）、云礤溪（N 25°13′26″, E 116°10′45″, H 605 m）、新化村（N 25°18′1″, E 116°16′42″, H 561 m）。常见种。
**药用部位** 根。
**性味功能** 苦、辛，平。行血祛风，解毒消肿。治上呼吸道感染、咽喉肿痛、扁桃体炎、白喉、支气管炎、风湿性关节炎、腰腿痛、跌打损伤、丹毒、淋巴结炎。外用治外伤肿痛、骨折、毒蛇咬伤。

## 319. 红凉伞

**学名** *Ardisia crenata* Sims var. *bicolor* (E.Walker) C. Y. Wu et C. Chen

**别名** 铁伞，叶下红，绿天红地

**形态特征** 灌木。叶片革质或坚纸质，椭圆形、椭圆状披针形至倒披针形，边缘具皱波状或波状齿，具明显的边缘腺点，叶背或两面均为紫红色。伞形花序或聚伞花序，着生于侧生特殊花枝顶端；花枝近顶端常具2～3片叶或更多，或无叶；花瓣紫红色，盛开时反卷，卵形，顶端急尖，具腺点。果球形，鲜红色，具腺点。花期5—6月，果期10—12月，有时2—4月。

**生境分布** 生长于林下沟边或路旁。采集于中心坑（N 25°16′0″，E 116°14′56″，H 648 m）。少见种。

**药用部位** 根。

**性味功能** 辛、微苦，平。祛风除湿，散瘀止痛，通筋活洛，消炎。

## 320. 百两金

**学名** *Ardisia crispa* (Thunb.) A. DC.

**别名** 八爪龙、八爪根、山豆根、地杨梅

**形态特征** 灌木。叶片膜质或近坚纸质，椭圆状披针形或狭长圆状披针形，全缘或略波状，具明显的边缘腺点。花排成近伞形花序，着生于侧生花枝顶端；花白色或粉红色，卵形，具腺点。果球形，鲜红色，具腺点。花期5—6月，果期10—12月。

**生境分布** 生长于林下阴湿外。采集于老鸦山（N 25°18′39″，E 116°13′11″，H 437 m）、教文村（N 25°9′1″，E 116°11′57″，H 619 m）。较常见种。

**药用部位** 根、根茎。

**性味功能** 苦、辛，凉。清热利咽，祛痰利湿，活血解毒。治咽喉肿痛、咳嗽咯痰不畅、湿热黄疸、小便淋痛、风湿痹痛、跌打损伤、疔疮、无名肿毒、蛇咬伤。

## 321. 紫金牛

**学名** *Ardisia japonica* (Thunb) Blume
**别名** 矮茶、不出林、矮脚樟茶
**形态特征** 小灌木或亚灌木。具匍匐根茎。叶对生或近轮生，叶片坚纸质或近革质，椭圆形至椭圆状倒卵形，边缘具细锯齿，多少具腺点。花3～5朵腋生排成亚伞形花序，花瓣粉红色或白色，具密腺点。果球形，鲜红色转黑色。花期5—6月，果期11—12月。
**生境分布** 生长于林下或竹林下。采集于云磉溪（N 25°9′17″，E 116°8′31″，H 451 m）。少见种
**药用部位** 全株。
**性味功能** 辛、微苦，平。化痰止咳，利湿，活血。治新久咳嗽、痰中带血、黄疸、水肿、淋症、白带、闭经、痛经、风湿痹痛、跌打损伤、睾丸肿痛。

## 322. 山血丹

**学名** *Ardisia punctata* Lindl.
**别名** 小罗伞、沿海紫金牛
**形态特征** 灌木。叶片革质或近坚纸质，长圆形至椭圆状披针形，近全缘或具微波状齿，齿尖具边缘腺点，边缘反卷。花排成伞形花序，着生于侧生花枝顶端，顶端下弯，花瓣白色，具明显的腺点。果球形，深红色，微肉质，具疏腺点。花期5—8月，果期10—12月。
**生境分布** 生长于林下、林缘阴湿处。采集于中心坑（N 25°16′2″，E 116°14′58″，H 627 m）、陈禾坑（N 25°5′18″，E 116°9′45″，H 450 m）、老好坑（N 25°11′24″，E 116°9′5″，H 650 m）。较常见种。
**药用部位** 全株。
**性味功能** 苦、甘、辛，温。活血调经，祛风除湿。治闭经、痛经、风湿痹痛、跌打损伤。

## 323. 虎舌红

**学名** *Ardisia mamillata* Hance
**别名** 红毛毡
**形态特征** 矮小灌木。具匍匐的木质根茎。叶互生或簇生于茎顶端，叶片坚纸质，倒卵形至长圆状倒披针形，边缘具不明显的疏圆齿，两面绿色或暗紫红色，被锈色或有时为紫红色糙伏毛。伞形花序，单生于花枝顶端；花粉红色，稀近白色，具腺点。果球形，鲜红色。花期6—7月，果期11月—翌年1月。
**生境分布** 生长于林下阴湿处。采集于中和村（观光木林下）（N 25°0′42″，E 116°9′27″，H 352 m）。少见种。
**药用部位** 全株。
**性味功能** 苦、微辛，凉。清热利湿，活血止血，去腐生肌。治风湿跌打、外伤出血、小儿疳积、产后虚弱、月经不调，肺结核咯血、肝炎、胆囊炎等症。叶外敷可拔刺拔针、去疮毒。

## 324. 莲座紫金牛

**学名** *Ardisia primulaefolia* Gardn. et Champ
**别名** 老虎毛虫药、落地紫金牛
**形态特征** 矮小灌木或近草本。茎短被锈色长柔毛。叶互生或呈莲座状，叶片坚纸质或几膜质，椭圆形或长圆状倒卵形，两面有时紫红色，被卷曲的锈色长柔毛，边缘具长缘毛。花排成聚伞花序或近伞形花序，从莲座叶腋中抽出1～2个，花瓣粉红色。果球形，稍肉质，鲜红色。花期6—7月，果期11—12月，有时延至翌年4—5月。
**生境分布** 生长于密林下、阴湿处。采集于谷夫（N 25°12′48″，E 116°10′57″，H 660 m）。少见种。
**药用部位** 全草。
**性味功能** 苦、辛，寒。润肺止咳，凉血止血，活血调经，祛风止痛。治痨伤咳嗽、风湿、跌打、疮疥。

## 325. 九节龙

**学名** *Ardisia pusilla* A. DC.

**别名** 毛茎紫金牛、五托莲、轮叶紫金牛

**形态特征** 亚灌木。蔓生，具匍匐根茎，逐节生根。叶坚纸质，对生或轮生，椭圆形或倒卵形，边缘具锯齿和细齿，背面被柔毛及长柔毛。伞形花序，单1，侧生；花瓣白色或带微红色，具腺点。果球形，红色，具腺点。花期5—7月，果期11—12月。

**生境分布** 生长于疏林下或林下阴湿处。采集于老鸦山（N 25°19′11″，E 116°13′41″，H 365 m）、新化村（N 25°18′5″，E 116°16′30″，H 605 m）。常见种。

**药用部位** 全株。

**性味功能** 酸、辛，温。祛风除湿，通经活络，活血止痛。治风湿疼痛、跌打肿痛、咳嗽吐血、寒气腹痛。

## 326. 长叶酸藤子

**学名** *Embelia longifolia* (Benth.) Hemsl.

**别名** 没归息、吊罗果

**形态特征** 攀援灌木或藤本。叶坚纸质，倒披针形或狭倒卵形，全缘，侧脉常连成边缘脉。总状花序，腋生或侧生于次年生无叶小枝上，花瓣浅绿色或粉红色至红色，具明显的腺点，里面和边缘密被乳头状突起。果球形或扁球形，红色，有纵肋及多少具腺点。花期6—8月，果期11月—翌年1月。

**生境分布** 生长于林下、林缘或路旁灌丛中。采集于老鸦山（N 25°18′58″，E 116°13′32″，H 441 m）、东岗村（N 25°8′40″，E 116°8′17″，H 406 m）。较常见种。

**药用部位** 全株。

**性味功能** 甘、酸，平。利水渗湿，化瘀止痛。治产后腹痛。

## 327. 网脉叶酸藤子

**学名** *Embelia rudis* Hand. -Mazz.
**别名** 白木浆果
**形态特征** 多枝攀援灌木。叶坚纸质，长圆状卵形或卵形，稀宽披针形，边缘具细或粗锯齿，侧脉多数，直达齿尖。总状花序腋生，花瓣淡绿白色或白色。果球形，蓝黑色或带红色，具腺点。花期10—12月，果期翌年4—7月。
**生境分布** 生长于林下、林缘或灌木丛中。采集于云礤村（N 25°9′52″，E 116°8′58″，H 595 m）、新化村（N 25°18′2″，E 116°16′41″，H 558 m）、教文村（N 25°8′60″，E 116°11′56″，H 621 m）。常见种。
**药用部位** 根、茎。
**性味功能** 甘、酸，平。清凉解毒，滋阴补肾。治月经不调、闭经、风湿。

## 328. 杜茎山

**学名** *Maesa japonica* (Thunb) Moritzi. ex Zoll.
**别名** 金砂根、山桂花
**形态特征** 灌木。直立，有时外倾或攀援。叶革质或稍薄，椭圆形至披针状椭圆形，几全缘或中部以上有疏钝齿。花排成腋生总状或圆锥花序，花冠白色，长钟形，具明显脉状腺条纹，雄蕊内藏，柱头分叉。果球形，肉质，黄白色，具条纹，顶端被宿萼所包，花柱宿存。花期1—3月，果期10月或5月。
**生境分布** 生长于灌丛或疏林下。采集于梁山坜（N 25°11′7″，E 116°8′25″，H 693 m）、天马寨（N 25°6′24″，E 116°10′26″，H 1 028 m）、云礤村（N 25°9′16″，E 116°9′27″，H 665 m）、新化村（N 25°18′8″，E 116°16′39″，H 583 m）。常见种。
**药用部位** 根、叶。
**性味功能** 苦，寒。祛风，利尿，止血，消肿。根：治头痛、腰痛、水肿、腹水。叶：外用治创伤出血。

### 329. 密花树

**学名** *Rapanea neriifolia* (Sieb. et Zucc.) Mez.
**别名** 狗骨头、大明橘、大明立花
**形态特征** 大灌木或小乔木。叶革质，长圆状倒披针形至倒披针形，全缘，侧脉很多，不明显。花3～10朵排成伞形花序；花冠白色或淡绿色，有时为紫红色，具腺点。果球形或近卵形，灰淡绿色或紫黑色。花期4—5月，果期10—12月。
**生境分布** 生长于林缘、路旁等的灌木丛中。采集于云礤溪（N 25°10′5″，E 116°9′26″，H 495 m）、中心坑（N 25°16′15″，E 116°14′59″，H 755 m）。常见种。
**药用部位** 根。
**性味功能** 甘、淡，平。利尿排石。治热淋、石淋、砂淋、膀胱结石。

## 八十六、报春花科 Primulaceae

### 330. 广西过路黄

**学名** *Lysimachia alfredii* Hance
**别名** 斗笠花、笠麻花
**形态特征** 多年生草本。茎直立，具棕褐色腺状柔毛。叶对生，纸质，茎下部的较小，上部茎叶较大，顶部常密集成轮生状，卵形、宽卵形至卵状披针形，全缘，两面均被柔毛及密布透明腺条与腺点。总状花序顶生，缩短成近头状；苞片阔椭圆形或阔倒卵形，密被糙伏毛；花冠黄色，裂片披针形，先端钝或锐尖，密布黑色腺条。蒴果近球形，褐色。花期4—5月，果期6—8月。
**生境分布** 生长于溪边、沟旁湿地、林下和灌丛中。采集于天马寨（N 25°7′1″，E 116°10′48″，H 882 m）、东岗村（N 25°8′22″，E 116°8′17″，H 326 m）、新化村（N 25°17′52″，E 116°16′50″，H 502 m）。常见种。
**药用部位** 全草。
**性味功能** 苦，辛，凉。祛风燥湿，活血止血。治痢疾、黄疸、血崩、白带、痔疮出血。

## 331. 泽珍珠菜

**学名** *Lysimachia candida* Lindl.
**别名** 白水花
**形态特征** 一年生或二年生草本。基生叶匙形或倒披针形，开花时存在或早凋；茎叶互生，很少对生，叶片倒卵形、倒披针形或线形，基部渐狭，下延，边缘全缘或微皱呈波状，两面均有黑色或带红色的小腺点。总状花序顶生，初时因花密集而呈阔圆锥形，其后渐伸长，花冠白色。蒴果球形，棕褐色。花期3—6月，果期4—7月。
**生境分布** 生长于田埂、路旁潮湿处。采集于教文村（N 25°9′0″，E 116°12′11″，H 637 m）、坑头（N 25°11′3″，E 116°12′10″，H 742 m）。少见种。
**药用部位** 全草。
**性味功能** 苦，凉；有毒。清热解毒，消肿散结。外用治无名肿毒、痈疮疔肿、稻田皮炎、跌打骨折。

## 332. 过路黄

**学名** *Lysimachia christinae* Hance
**别名** 金钱草、铺地莲
**形态特征** 多年生草本。茎柔弱。叶对生，卵圆形、近圆形以至肾圆形。花单生叶腋；毛被如茎，多少具褐色无柄腺体；花冠黄色，具黑色长腺条。蒴果球形，有稀疏黑色腺条。花期5—7月，果期7—10月。
**生境分布** 生长于林缘或草地湿润处。采集于教文村（N 25°8′52″，E 116°11′47″，H 594 m）、坑头（N 25°10′56″，E 116°12′12″，H 754 m）、碓公坑（N 25°16′23″，E 116°10′57″，H 450 m）。较常见种。
**药用部位** 全草。
**性味功能** 甘、微苦，凉。利水通淋，清热解毒，散瘀消肿。

## 333. 临时救

**学名** *Lysimachia congestiflora* Hemsl.
**别名** 聚花过路黄、黄花草、九莲灯
**形态特征** 多年生草本。茎下部匍匐，节上生根，密被多细胞卷曲柔毛。叶对生，叶片卵形阔卵形至近圆形。花2～4朵集生茎端和枝端成近头状的总状花序，花冠黄色。蒴果球形。花期5—6月，果期7—10月。
**生境分布** 多生长在水沟边、林缘或草地湿润处。采集于东岗村（N 25°8′35″, E 116°8′28″, H 356 m）、中心坑（N 25°16′27″, E 116°15′20″, H 716 m）。常见种。
**药用部位** 全草。
**性味功能** 苦，凉。消积，散瘀。治疳积、闭经、跌打损伤、痛疽、疔疮。

## 334. 红根草

**学名** *Lysimachia fortunei* Maxim.
**别名** 星宿菜、散血草
**形态特征** 多年生草本。茎直立，圆柱形，基部紫红色，通常不分枝。叶互生，叶片长圆状披针形至狭椭圆形，叶背灰绿色，两面均有黑色腺点，全缘，叶柄短。总状花序顶生，细瘦；花白色。蒴果近球形。花期6—8月，果期8—11月。
**生境分布** 生长于田埂、山坡等湿地。采集于六甲村（N 25°7′4″, E 116°12′44″, H 466 m）、中心坑（N 25°16′29″, E 116°15′22″, H 709 m）、新华村（N 25°19′10″, E 116°13′47″, H 352 m）、新化村（N 25°18′9″, E 116°16′39″, H 578 m）。常见种。
**药用部位** 全草。
**性味功能** 微苦，凉。清热止痛，活血调经。治感冒、痢疾、血淋、急性肾炎、风湿关节痛、百日咳、痛经、闭经、乳腺炎、甲状腺肿瘤、丝病淋巴管炎、颈淋巴结核、毒蛇及蜈蚣咬伤、跌打损伤、结合膜炎。

# 八十七、景天科 Crassulaceae

## 335. 珠芽景天

**学名** *Sedum bulbiferum* Makino
**别名** 零余子景天、珠芽佛甲草
**形态特征** 多年生草本。茎下部常横卧。叶腋常有圆球形、肉质、小形珠芽着生。基部叶常对生，上部的互生，下部叶卵状匙形，上部叶匙状倒披针形，先端钝，基部渐狭。花序聚伞状，分枝3个，常再二歧分枝；萼片5个，披针形至倒披针形；花瓣5片，黄色，披针形。花期4—5月。
**生境分布** 生长于山坡沟边阴湿处。采集于云礤溪（N 25°8′54.7″，E 116°8′29″，H 398 m）、新化村（N 25°18′10″，E 116°16′35″，H 560 m）、谷夫（N 25°12′27″，E 116°10′52″，H 705 m）。常见种。
**药用部位** 全草。
**性味功能** 微酸，凉。消炎解毒，散寒理气。治疟疾、食积、腹痛。

## 336. 凹叶景天

**学名** *Sedum emarginatum* Migo
**别名** 石板菜、九月寒、马牙半支莲
**形态特征** 多年生草本。叶对生，匙状倒卵形至宽卵形，先端圆，有微缺，基部渐狭，有短距。花序聚伞状，顶生，有多花，常有3个分枝；花无梗；萼片5片，披针形至狭长圆形；花瓣5片，黄色，线状披针形至披针形。蓇葖略叉开，腹面有浅囊状隆起；种子细小，褐色。花期5—6月，果期6月。
**生境分布** 生长于田边、沟边阴湿处。采集于教文村（N 25°8′52″，E 116°11′47″，H 594 m）、梁山隔（N 25°11′29″，E 116°13′43″，H 450 m）。较常见种。
**药用部位** 全草。
**性味功能** 淡，凉。清热，解毒，利尿，平肝。治痢疾、疮毒、跌打损伤。

### 337. 垂盆草

**学名** *Sedum sarmentosum* Bunge
**别名** 狗牙半支、石指甲、佛甲草
**形态特征** 多年生草本。不育枝及花茎细，匍匐而节上生根，直到花序之下。三叶轮生，叶倒披针形至长圆形，先端近急尖，基部急狭，有距。聚伞花序，有3～5个分枝，花少；花无梗；萼片5片，披针形至长圆形；花瓣5片，黄色，披针形至长圆形。种子卵形。花期5—7月，果期8月。
**生境分布** 生长于山坡沟边阴湿处。采集于袁上村（N 25°8′52″，E 116°11′47″，H 594 m）、教文村（N 25°9′2″，E 116°12′4″，H 625 m）。少见种。
**药用部位** 全草。
**性味功能** 甘、淡，凉。清利湿热，解毒。治湿热黄疸，小便不利，痈肿疮疡，急、慢性肝炎。

## 八十八、虎耳草科 Saxifragaceae

### 338. 虎耳草

**学名** *Saxifraga stolonifera* Curt.
**别名** 石荷叶、天荷叶、丝棉吊梅
**形态特征** 多年生草本。基生叶具长柄，叶片近心形、肾形至扁圆形，先端钝或急尖，基部近截形、圆形至心形，（5）7～11浅裂，裂片边缘具不规则齿牙和腺睫毛，腹面绿色，被腺毛，背面通常红紫色，被腺毛，有斑点，具掌状达缘脉序。聚伞花序圆锥状；花序分枝长，被腺毛，具2～5朵花。花、果期4—11月。
**生境分布** 生长于林下、灌丛、阴湿岩石旁。采集于教文村（N 25°9′6″，E 116°11′39″，H 637 m）。少见种。
**药用部位** 全草。
**性味功能** 苦、辛，寒；有小毒。祛风，清热，凉血解毒。治风疹、湿疹、中耳炎、丹毒、咳嗽吐血、肺痈、崩漏、痔疾。

## 八十九、鼠刺科 Iteaceae

### 339. 鼠刺

**学名** *Itea chinensis* Hook. et Arn.
**别名** 老鼠刺、中国拟铁
**形态特征** 灌木或小乔木。叶薄革质，倒卵形或卵状椭圆形，先端锐尖，基部楔形，边缘上部具不明显圆齿状小锯齿，呈波状或近全缘，上面深绿色，下面淡绿色。腋生总状花序，通常短于叶，单生或稀2～3束生，直立；花序轴及花梗被短柔毛；花多数，2～3朵簇生，稀单生；花瓣白色，披针形。蒴果长圆状披针形，具纵条纹。花期3—5月，果期5—12月。
**生境分布** 生长于林下或林缘灌丛中。采集于马头山（N 25°5′43″，E 116°4′57″，H 337 m）、天马寨（N 25°6′58″，E 116°10′48″，H 871 m）、老鸦山（N 25°19′8″，E 116°13′40″，H 362 m）。常见种。
**药用部位** 根、花。
**性味功能** 甘，温。滋补强壮，止咳，解毒，消肿，接骨。

## 九十、蔷薇科 Rosaceae

### 340. 龙芽草

**学名** *Agrimonia pilosa* Ldb.
**别名** 仙鹤草
**形态特征** 多年生草本。叶为间断奇数羽状复叶，通常小叶3～4对，倒卵形，倒卵椭圆形或倒卵披针形，边缘有急尖到圆钝锯齿，上面被疏柔毛，下面脉上生柔毛。花序穗状总状顶生，分枝或不分枝，花序轴被柔毛；萼片5片，三角卵形；花瓣黄色，长圆形。果实倒卵圆锥形，被疏柔毛，顶端有数层钩刺。花、果期5—12月。
**生境分布** 生长于山野、草坡、路旁。采集于云磜村（N 25°9′52″，E 116°9′2″，H 603 m）、谷夫（N 25°12′37″，E 116°10′49″，H 682 m）、磜文村（N 25°4′26″，E 116°11′10″，H 558 m）、新化村（N 25°17′49″，E 116°16′51″，H 464 m）。常见种。
**药用部位** 全草。
**性味功能** 苦、涩，平。收敛止血，止痢，截疟杀虫，解毒益气。治呕血、咯血、衄血。

## 341. 梅

**学名** *Armeniaca mume* Sieb.
**别名** 酸梅
**形态特征** 乔木，稀灌木。叶片卵形或椭圆形，叶边常具小锐锯齿，灰绿色；叶柄常有腺体。花单生或有时两朵同生于一芽内，香味浓，先于叶开放；花瓣倒卵形，白色至粉红色。果实近球形，一侧有浅槽，被柔毛，味酸。花期冬、春季，果期5—6月。
**生境分布** 生长于林缘、路旁。采集于伯公坑（N 25°8′38″，E 116°10′19″，H 835 m）、新兰村（N 25°19′17″，E 116°13′49″，H 364 m）、老鸦山（N 25°18′38″，E 116°13′8″，H 439 m）、陈禾坑（N 25°5′22″，E 116°9′52″，H 457 m）。较常见种。
**药用部位** 果实。
**性味功能** 酸、涩，平。敛肺，涩肠，生津，安蛔。

## 342. 郁李

**学名** *Cerasus japonica* (Thunb.) Lois.
**别名** 爵梅、秧李
**形态特征** 落叶灌木。叶片卵形或卵状披针形，先端渐尖，基部圆形，边有缺刻状尖锐重锯齿，侧脉5～8对；托叶线形，边有腺齿。花1～3朵，簇生，花、叶同开或先叶开放；花瓣白色或粉红色。核果近球形，深红色。花期5月，果期7—8月。
**生境分布** 生长于林下、灌丛中或栽培。采集于云磜村（N 25°9′43″，E 116°9′9″，H 619 m）。少见种。
**药用部位** 果核（郁李仁）。
**性味功能** 辛、苦、甘，平。润燥滑肠，下气，利水。治津枯肠燥、食积气滞、腹胀便秘、水肿、脚气、小便不利。

### 343. 椤木石楠

**学名** *Photinia davidsoniae* Rehd. et Wils.
**别名** 凿树
**形态特征** 常绿乔木。有时具刺。叶片革质，长圆形、倒披针形，或稀为椭圆形，先端急尖或渐尖，基部楔形，边缘稍反卷，有具腺的细锯齿，侧脉10～12对。花多数，密集成顶生复伞房花序，花瓣圆形。果球形或卵形，黄红色。花期5月，果期9—10月。
**生境分布** 生长于疏林中。采集于云礤村（N 25°9′58″，E 116°9′12″，H 622 m）、新化村（N 25°18′10″，E 116°16′36″，H 590 m）、教文村（N 25°9′5″，E 116°11′42″，H 632 m）。常见种。
**药用部位** 根、叶。
**性味功能** 清热解毒。治痈肿疮疖。

### 344. 小叶石楠

**学名** *Photinia parvifolia* (Pritz.) Schneid.
**别名** 牛筋木、牛李子、山红子
**形态特征** 落叶灌木。枝纤细，有黄色散生皮孔。叶片草质，椭圆形、椭圆卵形或菱状卵形，先端渐尖或尾尖，基部宽楔形或近圆形，边缘有具腺尖锐锯齿，侧脉4～6对。花2～9朵，成伞形花序，花瓣白色，圆形。果实椭圆形或卵形，橘红色或紫色。花期4—5月，果期7—8月。
**生境分布** 生长于灌丛中。采集于中心坑（N 25°16′32″，E 116°15′25″，H 705 m）、梁山顶（N 25°10′31″，E 116°11′11″，H 1 328 m）、牛麻窝（N 25°12′7″，E 116°9′13″，H 586 m）。常见种。
**药用部位** 根。
**性味功能** 苦、涩，微寒，无毒。清热解毒，活血止痛。治牙痛、黄疸、乳痈。

### 345. 石楠

**学名** *Photinia serratifolia* (Desf.) Kalkman

**别名** 石纲、凿木

**形态特征** 常绿灌木或小乔木。叶片革质,长椭圆形、长倒卵形或倒卵状椭圆形,边缘有疏生具腺细锯齿,近基部全缘,上面光亮,侧脉25～30对。复伞房花序顶生;花瓣白色,近圆形。果实球形,红色,后成褐紫色。花期4—5月,果期10月。

**生境分布** 生长于疏林或林缘。采集于伯公坑（N 25°8′42″, E 116°10′23″, H 815 m）、 天 马 寨（N 25°6′18″, E 116°10′21″, H 1 092 m）。常见种。

**药用部位** 带叶嫩枝。

**性味功能** 辛、苦,平;有小毒。祛风,通络,益肾。

### 346. 毛叶石楠

**学名** *Photinia villosa* (Thunb.) DC.

**别名** 细毛扇骨木

**形态特征** 落叶灌木或小乔木。叶片草质,倒卵形或长圆状倒卵形,边缘上半部密生锐锯齿,两面初有白色长柔毛,以后上面逐渐脱落几无毛,侧脉5～7对。花10～20朵,成顶生伞房花序,萼筒杯状,花瓣白色。果实椭圆形或卵形,红色或黄红色,顶端有直立宿存萼片。花期4月,果期8—9月。

**生境分布** 生长于灌丛中。采集于云礤村（N 25°9′58″, E 116°9′12″, H 622 m）、 新 化 村（N 25°18′2″, E 116°16′41″, H 558 m）。常见种。

**药用部位** 根、果。

**性味功能** 苦,平。除湿热,止吐泻。治上吐下泻、赤白痢疾,消除疲劳。

### 347. 蛇含委陵菜

**学名** *potentilla kleiniana* Wight et Arn.
**别名** 蛇含、五爪龙、五皮风
**形态特征** 一年生、二年生草本。茎匍匐，有时节上生根，被疏长柔毛。掌状复叶；基生叶及茎下部叶有小叶5片，上部茎生叶有小叶3～5片；小叶倒卵形至倒卵状长圆形，边缘有粗锯齿；基生叶托叶膜质，茎生叶托叶叶状。聚伞花序顶生；花瓣黄色，倒卵形，顶端微凹，长于萼片。瘦果卵形。花期4—5月，果期6—7月。
**生境分布** 生长于荒地、田边或路旁。采集于云磜村（N 25°9′45″, E 116°9′11″, H 600 m）、天马寨（N 25°6′20″, E 116°10′20″, H 1 102 m）、谷夫（N 25°12′27″, E 116°10′52″, H 705 m）、新化村（N 25°18′8″, E 116°16′33″, H 603 m）。常见种。
**药用部位** 全草。
**性味功能** 苦、辛，凉。清热，解毒。治惊痫高热、疟疾、咳嗽、喉痛、湿痹、痈疽癣疮、丹毒、痒疹、蛇虫咬伤。

### 348. 豆梨

**学名** *Pyrus calleryana* Decne.
**别名** 鹿梨、棠梨、野梨
**形态特征** 乔木。叶片宽卵形至卵形，稀长椭卵形，先端渐尖，基部圆形至宽楔形，边缘有钝锯齿，两面无毛；托叶叶质，线状披针形，无毛。伞形总状花序，具花6～12朵，总花梗和花梗均无毛；萼筒无毛；花瓣卵形基部具短爪，白色。梨果球形，黑褐色，有斑点，萼片脱落。花期4月，果期8—9月。
**生境分布** 生长于疏林中。采集于谷夫（N 25°12′6″, E 116°11′6″, H 766 m）、教文村（N 25°9′2″, E 116°12′19″, H 652 m）。常见种。
**药用部位** 根、叶、果。
**性味功能** 根、叶：微甘、涩，凉。润肺止咳，清热解毒。治肺燥咳嗽、急性眼结膜炎。果实：酸、甘、涩，寒。健胃，止痢。

## 349. 石斑木

**学名** *Rhaphiolepis indica* (L.) Lindl. ex Ker
**别名** 白杏花、春花、车轮梅
**形态特征** 常绿灌木。叶片集生于枝顶，卵形、长圆形，稀倒卵形或长圆披针形，基部渐狭连于叶柄，边缘具细钝锯齿；托叶钻形，脱落。顶生圆锥花序或总状花序，总花梗和花梗被锈色绒毛；萼片5片，三角披针形至线形；花瓣5片，白色或淡红色，倒卵形或披针形。果实球形，紫黑色。花期4月，果期7—8月。
**生境分布** 生长于灌丛中或路边。采集于黄陂山（N 25°12′17″，E 116°11′6″，H 754 m）、中心坑（N 25°16′16″，E 116°14′58″，H 751 m）、云磜村（N 25°9′34″，E 116°9′23″，H 624 m）、新化村（N 25°17′32″，E 116°17′3″，H 437 m）。常见种。
**药用部位** 叶、根。
**性味功能** 苦、涩，寒。消肿止痛，消炎，祛腐生新。治溃疡、红肿、刀伤。

## 350. 小果蔷薇

**学名** *Rosa cymosa* Tratt.
**别名** 山金樱、山木香
**形态特征** 攀援灌木。小枝圆柱形，有钩状皮刺。小叶3～5片，稀7片；小叶片卵状披针形或椭圆形，稀长圆披针形，边缘有紧贴或尖锐细锯齿；托叶膜质，离生，线形，早落。花多朵成复伞房花序；花瓣白色，倒卵形，先端凹，基部楔形。果球形，红色至黑褐色，萼片脱落。花期5—6月，果期7—11月。
**生境分布** 生长于路旁灌丛中。采集于云磜村（N 25°9′46″，E 116°8′40″，H 587 m）、新化村（N 25°18′8″，E 116°16′39″，H 583 m）。常见种。
**药用部位** 根、叶。
**性味功能** 根：苦、涩，平。祛风除湿，收敛固脱。叶：苦，平。解毒消肿。

## 351. 金樱子

**学名** *Rosa laevigata* Michx.
**别名** 糖罐子、钓子簕
**形态特征** 常绿攀援灌木。小枝粗壮，散生扁弯皮刺。羽状复叶有小叶3～5片，纸质；椭圆状卵形至卵状披针形，边缘有细锯齿；托叶线形。花单生于叶腋，花白色。果梨形、倒卵形，稀近球形，外面密被毛状刺，熟时橙黄色，萼片宿存。花期4—6月，果期7—11月。
**生境分布** 生长于路旁、田边、灌木丛中。采集于谷夫（N 25°12′19″，E 116°11′5″，H 736 m）、云礤村（N 25°8′16″，E 116°8′8″，H 323 m）、中心坑（N 25°15′55″，E 116°15′0″，H 612 m）、教文村（N 25°9′1″，E 116°12′14″，H 633 m）。常见种。
**药用部位** 果实。
**性味功能** 酸、涩，平。固精缩尿，涩肠止泻。

## 352. 寒莓

**学名** *Rubus buergeri* Miq.
**别名** 地莓、大叶寒莓
**形态特征** 直立或匍匐小灌木。茎常伏地生根，出长新株；匍匐枝与花枝均密被绒毛状长柔毛，无刺或具稀疏小皮刺。单叶，卵形至近圆形，边缘5～7浅裂，裂片圆钝，有不整齐锐锯齿，基部具掌状5条脉，侧脉2～3对；托叶羽状细条裂达基部。总状花序顶生或腋生，或花数朵簇生于叶腋；花瓣倒卵形，白色，几与萼片等长；雄蕊多数。果实近球形，紫黑色。花期7—8月，果期9—10月。
**生境分布** 生长于林下。采集于梁山坳（N 25°11′7″，E 116°8′25″，H 690 m）、谷夫（N 25°12′46″，E 116°10′58″，H 563 m）、老鸦山（N 25°18′52″，E 116°13′23″，H 414 m）、黄陂山（N 25°11′55″，E 116°11′9″，H 816 m）。常见种。
**药用部位** 根、叶。
**性味功能** 苦、酸，寒。清热解毒，活血止痛。治湿热黄疸、产后发热、小儿高热、月经不调、白带过多、胃痛吐酸、痔疮肿痛、肛门漏管。

## 353. 山莓

**学名** *Rubus corchorifolius* L. f.
**别名** 三月泡、箣泡（武平）
**形态特征** 直立灌木。枝具皮刺，幼时被柔毛。单叶，卵形至卵状披针形，边缘不分裂或3裂，通常不育枝上的叶3裂，有不规则锐锯齿或重锯齿，基部具3条脉；托叶线状披针形，具柔毛。花单生或少数生于短枝上；萼片卵形或三角状卵形；花瓣白色，顶端圆钝，长于萼片。聚合果近球形或卵球形，红色，密被细柔毛。花期2—3月，果期4—6月。
**生境分布** 生长于林缘、山谷中。

采集于马头山（N 25°5′51″，E 116°4′53″，H 300 m）、张畲村（N 25°4′51″，E 116°11′41″，H 519 m）、天马寨（N 25°7′23″，E 116°10′40″，H 778 m）。常见种。
**药用部位** 根、叶。
**性味功能** 根：微苦、辛，平。祛风除湿，活血化肿，解毒敛疮。叶：微苦，平。清热利咽，解毒，消肿，敛疮。

## 354. 蓬蘽

**学名** *Rubus hirsutus* Thunb
**别名** 蔷薇莓、三月泡
**形态特征** 灌木。枝红褐色或褐色，被柔毛和腺毛，疏生皮刺。羽状复叶有小叶3～5枚；小叶椭圆形至卵形，边缘具不整齐尖锐重锯齿；托叶线状披针形。花常单生于侧枝顶端；花大；花萼外密被柔毛和腺毛；萼片三角披针形，顶端长尾尖，外面边缘被灰白色绒毛，花后反折；花瓣白色，基部具爪。果实近球形。花期4月，果期5—6月。
**生境分布** 生长于路边或灌丛中。采集

于磜文村（N 25°4′30″，E 116°11′11″，H 568 m）、教文村（N 25°9′1″，E 116°12′14″，H 633 m）、碓公坑（N 25°16′23″，E 116°10′39″，H 477 m）。常见种。
**药用部位** 根。
**性味功能** 甘、微苦，平。祛风活络，清热镇惊。

### 355. 高粱泡

**学名** *Rubus lambertianus* Ser.
**别名** 红娘藤、刺五泡藤、十月莓
**形态特征** 半落叶藤状灌木。叶卵形至椭圆状卵形，上面疏生柔毛或沿叶脉有柔毛，下面被疏柔毛，中脉上常疏生小皮刺，边缘明显3~5裂或呈波状，有细锯齿；托叶离生，线状深裂，常脱落。圆锥花序顶生或生于茎顶叶腋；花瓣倒卵形，白色，稍短于萼片。聚合果近球形，熟时红色。花期7—8月，果期9—11月。
**生境分布** 生长于山沟、路旁、岩石间。采集于云礤村（N 25°9′52″，E 116°9′2″，H 603 m）、黄陂山（N 25°12′8″，E 116°11′6″，H 760 m）、老鸦山（N 25°18′45″，E 116°13′14″，H 425 m）、礤文村（N 25°4′31″，E 116°11′8″，H 537 m）。常见种。
**药用部位** 根、叶。
**性味功能** 甘、苦，平。活血调经，消肿解毒。治产后腹痛、血崩、产褥热、痛经、坐骨神经痛、风湿关节痛、偏瘫。叶外用治创伤出血。

### 356. 白花悬钩子

**学名** *Rubus leucanthus* Hance
**别名** 南蛇藤
**形态特征** 攀援灌木。枝疏生钩状皮刺。小叶3枚，生于枝上部或花序基部的有时单叶，革质，卵形或椭圆形，顶生小叶比侧生者稍长大或几相等；边缘有粗单锯齿；托叶钻形，无毛。花3~8朵形成伞房状花序，生于侧枝顶端，稀单花腋生，花瓣长卵形或近圆形，白色。果实近球形，红色。花期4—5月，果期6—7月。
**生境分布** 生长于山坡疏林中。采集于礤文村（N 25°4′29″，E 116°11′11″，H 568 m）。常见种。
**药用部位** 根。
**性味功能** 苦，平。治腹泻、赤痢。

## 357. 茅莓

**学名** *Rubus parviflolius* L.
**别名** 红梅消、蛇泡簕
**形态特征** 灌木。枝呈弓形弯曲，被柔毛和稀疏钩状皮刺。羽状复叶有小叶 3～5 片，小叶卵状菱形至宽卵形，顶端圆钝或急尖，基部圆形或宽楔形，上面伏生疏柔毛，下面密被灰白色绒毛，边缘有不整齐粗锯齿或缺刻状粗重锯齿，常具浅裂片；托叶线形，具柔毛。伞房花序顶生或腋生，花瓣粉红至紫红色，基部具爪。果实卵球形，红色。花期 5—6 月，果期 7—8 月。
**生境分布** 生长于路旁或灌丛中。采集于东岗村（N 25°8′26″, E 116°8′21″, H 331 m）、磜文村（N 25°4′55″, E 116°11′27″, H 567 m）。常见种。
**药用部位** 根、茎、叶。
**性味功能** 苦、涩，凉。清热凉血，散结，止痛，利尿消肿。治感冒发热、咽喉肿痛、咯血、吐血、痢疾、肠炎、肝炎、肝脾肿大、肾炎水肿、泌尿系感染、结石、月经不调、白带、风湿骨痛、跌打肿痛。外用治湿疹、皮炎。

## 358. 锈毛莓

**学名** *Rubus reflexus* Ker.
**别名** 蛇包勒、大叶蛇勒
**形态特征** 攀援灌木。枝被锈色绒毛状毛，有稀疏小皮刺。单叶，心状长卵形，边缘 3～5 裂，有不整齐的粗锯齿或重锯齿，基部心形，顶生裂片大；托叶卵圆形，边缘有细条裂齿，着生于叶柄基部两侧的枝条上。花数朵团集生于叶腋或顶生短总状花序，花瓣白色。聚合果近球形，深红色。花期 6—7 月，果期 8—9 月。
**生境分布** 生长于山谷灌丛或疏林中。采集于磜文村（N 25°4′29″, E 116°11′11″, H 568 m）、黄陂山（N 25°11′49″, E 116°11′7″, H 876 m）、新化村（N 25°17′34″, E 116°17′0″, H 442 m）。常见种。
**药用部位** 根、叶。
**性味功能** 苦、涩、酸，平。根：祛风湿，强筋骨。叶：止血，消炎。

### 359. 空心泡

**学名** *Rubus rosaefolius* Smith
**别名** 蔷薇莓、七叶饭消扭
**形态特征** 直立或攀援灌木。小枝圆柱形，疏生较直立皮刺。小叶 5～7 枚，卵状披针形或披针形，顶端渐尖，基部圆形，下面沿中脉有稀疏小皮刺，边缘有尖锐缺刻状重锯齿；托叶卵状披针形或披针形，具柔毛。花常 1～2 朵，顶生或腋生；花瓣长圆形、长倒卵形或近圆形，白色，基部具爪，长于萼片。果实卵球形或长圆状卵圆形，红色。花期 3—5 月，果期 6—7 月。
**生境分布** 生长于山谷灌丛或疏林中。采集于张畲村（N 25°4′51″，E 116°11′41″，H 519 m）、天马寨（N 25°7′12″，E 116°10′45″，H 811 m）、教文村（N 25°8′55″，E 116°11′42″，H 602 m）。常见种。
**药用部位** 根、嫩枝及叶。
**性味功能** 苦、甘、涩、凉。清热、止咳，止血，祛风湿。治肺热咳嗽、百日咳咯血、盗汗、牙痛、筋骨痹痛、跌打损伤。外用治烧烫伤。

## 九十一、山龙眼科 Proteaceae

### 360. 小果山龙眼

**学名** *Helicia cochinchinensis* Lour.
**别名** 越南山龙眼、红叶树
**形态特征** 乔木或灌木。叶薄革质或纸质，长圆形、倒卵状椭圆形、长椭圆形或披针形，顶端短渐尖、尖头或钝，基部楔形，稍下延，全缘或上半部叶缘具疏生浅锯齿。总状花序腋生，花梗常双生，花被管白色或淡黄色。果椭圆形，果皮干后薄革质，成熟后蓝黑色或黑色。花期 6—10 月，果期 11 月—翌年 3 月。
**生境分布** 生长于林中或林缘。采集于伯公坑（N 25°8′44″，E 116°10′51″，H 722 m）、天马寨（N 25°7′15″，E 116°10′43″，H 822 m）、老鸦山（N 25°18′39″，E 116°13′11″，H 437 m）、新化村（N 25°17′33″E 116°17′3″，H 437 m）。常见种。
**药用部位** 根、叶。
**性味功能** 辛、苦、凉。祛风止痛，活血消肿，收敛止血。治风湿骨痛、跌打瘀肿、外伤出血。

## 九十二、胡颓子科 Elaeagnaceae

### 361. 蔓胡颓子

**学名** *Elaeagnus glabra* Thunb.
**别名** 耳环果、抱君子、藤胡颓子
**形态特征** 常绿蔓生或攀援灌木。幼枝密被锈色鳞片。叶革质或薄革质，卵形或卵状椭圆形，稀长椭圆形，下面灰绿色或铜绿色，被褐色鳞片。花淡白色，下垂，密被银白色和散生少数褐色鳞片，常3～7朵花密生于叶腋短小枝上成伞形总状花序；花梗锈色。果矩圆形，被锈色鳞片，成熟时红色。花期9—11月，果期次年4—5月。
**生境分布** 生长于林中、林缘灌丛中。采集于云礤溪（N 25°8′57″，E 116°8′28″，H 358 m）、新化村（N 25°17′52″，E 116°16′50″，H 502 m）、教文村（N 25°9′0″，E 116°12′12″，H 628 m）。较常见种。
**药用部位** 根、叶、果。
**性味功能** 根：酸，平。利水通淋，散瘀消肿。治跌打肿痛、吐血、砂石淋。叶：酸、平。止咳平喘。治咳嗽痰喘、鱼骨鲠喉。果实：酸，平。利水通淋。治泄泻。

## 九十三、桃金娘科 Myrtaceae

### 362. 岗松

**学名** *Baeckea frutescens* L.
**别名** 扫卡木、扫帚子
**形态特征** 灌木，有时为小乔木。嫩枝纤细，多分枝。叶小，无柄，或有短柄，叶片狭线形或线形，先端尖，上面有沟，下面突起，有透明油腺点，干后褐色，中脉1条，无侧脉。花小，白色，单生于叶腋内。蒴果小；种子扁平，有角。花期夏、秋季。
**生境分布** 生长于低丘、荒山草坡和灌丛中。采集于马头山（N 25°5′41″，E 116°4′41″，H 351 m）。常见种。
**药用部位** 全株。
**性味功能** 苦、辛，凉。化瘀止痛，清热解毒，利尿通淋，杀虫止痒。治跌打损伤、肝硬化、热泻、热淋、小便不利、阴痒、脚气、湿疹、皮肤瘙痒、疥癣、水火烫伤、虫蛇咬伤。

## 363. 轮叶蒲桃

**学名** *Syzygium grijsii* (Hance) Merr. et Perry

**别名** 小叶赤楠、轮叶赤楠

**形态特征** 灌木。嫩枝纤细，有4条棱。叶片革质，细小，常三叶轮生，狭窄长圆形或狭披针形，先端钝或略尖，基部楔形，上面干后暗褐色，无光泽，下面稍浅色，多腺点。聚伞花序顶生，花白色，花瓣4片。果实球形。花期5—6月。

**生境分布** 生长于疏林和灌丛中。采集于云礤村（N 25°9′53″，E 116°9′18″，H 673 m）、教文村（N 25°9′3″，E 116°12′27″，H 650 m）。常见种。

**药用部位** 根、叶。

**性味功能** 辛，微温。祛风散寒，活血破瘀。治跌打损伤、风寒感冒、风湿头痛。

## 364. 赤楠

**学名** *Syzygium buxifolium* Hook. et Arn.

**别名** 赤楠蒲桃、鱼鳞木、牛金子

**形态特征** 灌木或小乔木。嫩枝有棱，干后黑褐色。叶片革质，阔椭圆形至椭圆形，有时阔倒卵形，先端圆或钝，基部阔楔形或钝，上面干后暗褐色，无光泽，下面稍浅色，有腺点。聚伞花序顶生，有花数朵。果实球形。花期6—8月。

**生境分布** 生长于疏林和灌丛中。采集于谷夫（N 25°12′16″，E 116°11′6″，H 766 m）、石园地（N 25°17′40″，E 116°16′50″，H 475 m）、天马寨（N 25°6′31″，E 116°10′30″，H 972 m）。常见种。

**药用部位** 根或根皮。

**性味功能** 平，甘。健脾利湿，平喘，散瘀。治浮肿、小儿盐哮、跌打损伤、烫伤。

### 365. 桃金娘

**学名** *Rhodomyrtus tomentosa* (Ait.) Hassk.

**别名** 岗稔、稔子树

**形态特征** 灌木。嫩枝有灰白色柔毛。叶对生，革质，叶片椭圆形或倒卵形，先端圆或钝，基部阔楔形，上面初时有毛，以后变无毛，发亮，下面有灰色茸毛，离基三出脉，直达先端且相结合。花有长梗，常单生，紫红色。浆果卵状壶形，熟时紫黑色。花期4—5月。

**生境分布** 生长于疏林和灌丛中。采集于东岗村（N 25°8′36″，E 116°8′26″，H 352 m）、马头山（N 25°5′41″，E 116°4′41″，H 351 m）。常见种。

**药用部位** 根、叶和果。

**性味功能** 甘、涩，平。根：祛风活络，收敛止泻。治急、慢性肠胃炎，胃痛，消化不良，肝炎，痢疾，风湿性关节炎，腰肌劳损，功能性子宫出血，脱肛。外用治烧烫伤。叶：收敛止泻，止血。治急性胃肠炎、消化不良、痢疾。外用治外伤出血。果：补血，滋养，安胎。治贫血、病后体虚、神经衰弱、耳鸣、遗精。

## 九十四、柳叶菜科 Onagraceae

### 366. 南方露珠草

**学名** *Circaea mollis* Sieb et Zucc

**别名** 细毛谷蓼、野牛夕、红节草

**形态特征** 多年生草本，植株被镰状弯曲毛。叶为单叶，对生，狭披针形至卵状披针形，边缘有疏锯齿，被柔毛。花排成顶生或腋生的总状花序；花瓣白色，阔倒卵形。果为坚果状，倒卵状球形，外被钩状毛。花期7—9月，果期8—10月。

**生境分布** 生长于林下阴湿处。采集于老好坑（N 25°11′30″，E 116°8′44″，H 608 m）、坑头（N 25°10′56″，E 116°12′12″，H 755 m）、碓公坑（N 25°16′23″，E 116°10′39″，H 477 m）。较常见种。

**药用部位** 全草。

**性味功能** 辛、微苦，平。祛风除湿，解毒。治风湿痹痛、无名肿毒。

## 367. 水龙

**学名** *Ludwigia adscendens* (L.) Hara
**别名** 过塘蛇、过江龙
**形态特征** 多年生浮水或上升草本。浮水茎节上常簇生圆柱状或纺锤状白色海绵状贮气的根状浮器,具多数须状根;生于旱生环境的枝上则常被柔毛但很少开花。叶倒卵形、椭圆形或倒卵状披针形,先端常钝圆,有时近锐尖,基部狭楔形。花单生于上部叶腋;花瓣乳白色,基部淡黄色,倒卵形。蒴果淡褐色,圆柱状,具10条纵棱,果皮薄,不规则开裂。花期5—8月,果期8—11月。
**生境分布** 生长于溪流、浅水池塘及稻田。采集于马头山(N 25°5′39.6″,E 116°4′51″,H 307 m)。常见种。
**药用部位** 全草。
**性味功能** 淡,凉。清热利湿,解毒消肿。治感冒发烧、麻疹不透、肠炎、痢疾、小便不利。外用治疖疮脓肿、腮腺炎、带状疱疹、黄水疮、湿疹、皮炎、狗咬伤。

## 368. 丁香蓼

**学名** *Ludwigia epilobiloides* Maxim.
**别名** 水丁香、小石榴树
**形态特征** 一年生草本。下部圆柱状,上部四棱形,常淡红色。叶狭椭圆形,先端锐尖或稍钝,基部狭楔形,在下部骤变窄,侧脉每侧5~11条。花两性,单生于叶腋,花瓣黄色。蒴果四棱形,淡褐色。花期6—7月,果期8—9月。
**生境分布** 生长于田间水旁。采集于云礤村(N 25°9′47″,E 116°9′12″,H 605 m)、教文村(N 25°8′53″,E 116°11′46″,H 593 m)、陈禾坑(N 25°5′21″,E 116°9′46″,H 437 m)、坑头(N 25°11′6″,E 116°12′8″,H 739 m)。常见种。
**药用部位** 全草。
**性味功能** 苦,凉。清热解毒,利湿消肿。治肠炎、痢疾、传染性肝炎、肾炎水肿、膀胱炎、白带、痔疮。外用治痈疖疔疮、蛇虫咬伤。

### 369. 毛草龙

**学名** *Ludwigia octovalvis* (Jacq.) Raven
**别名** 水仙桃、草龙
**形态特征** 多年生粗壮直立草本。叶披针形至线状披针形，先端渐尖或长渐尖，基部渐狭，两面被黄褐色粗毛，边缘具毛。花单生叶腋，萼片4片，卵形，两面被粗毛；花瓣黄色。蒴果圆柱状，具8条棱，绿色至紫红色。花期6—8月，果期8—11月。
**生境分布** 生长于田边、塘边、沟谷湿润处。采集于云礤村（N 25°9′47″，E 116°9′12″，H 605 m）、东岗村（N 25°8′39″，E 116°8′32″，H 383 m）。少见种。
**药用部位** 全草。
**性味功能** 苦、微辛，寒。清热利湿；解毒消肿。治感冒发热、小儿疳热、咽喉肿痛、口舌生疮、高血压、水肿、湿热泻痢、淋痛、白浊、带下、乳痈、疔疮肿毒、痔疮、烫火伤、毒蛇咬伤。

## 九十五、千屈菜科 Lythraceae

### 370. 紫薇

**学名** *Lagerstroemia indica* L.
**别名** 百日红、痒痒树
**形态特征** 落叶灌木或小乔木。叶互生或有时对生，纸质，椭圆形、阔矩圆形或倒卵形。花淡红色或紫色、白色，常组成顶生圆锥花序；花瓣6片，皱缩，具长爪。蒴果椭圆状球形或阔椭圆形，成熟时或干燥时呈紫黑色，室背开裂。花期6—9月，果期9—12月。
**生境分布** 生长于山野、路旁。采集于黄陂山（N 25°11′46″，E 116°11′5.7″，H 886 m）、朝岭村（N 25°15′2.7″，E 116°13′35″，H 584 m）、梁山顶（N 25°10′11″，E 116°11′32″，H 1 279 m）。少见种。
**药用部位** 根、树皮。
**性味功能** 微苦、涩，平。活血，止血，解毒，消肿。治各种出血、骨折、乳腺炎、湿疹、肝炎、肝硬化、腹水。

### 371. 圆叶节节菜

**学名** *Rotalaro tundifolia* (Buch.-Ham.ex Roxb.) Koehne

**别名** 过塘蛇、水红莲草

**形态特征** 一年生草本，各部无毛。叶对生，无柄或具短柄，近圆形、阔倒卵形或阔椭圆形。花单生于苞片内，组成顶生稠密的穗状花序；花极小；花瓣4片，倒卵形，淡紫红色。蒴果椭圆形。花、果期12月—次年6月。

**生境分布** 生长于水田或水边潮湿地。采集于教文村（N 25°8′32″, E 116°11′19″, H 591 m）、礤文村（N 25°4′48″, E 116°11′23″, H 483 m）。常见种。

**药用部位** 全草。

**性味功能** 甘、淡，凉。散瘀止血，除湿解毒。治跌打损伤、内外伤出血、骨折、风湿痹痛、蛇咬伤、痈疮肿毒、疥癣、痢疾、淋病、水臌、急性肝炎、痈肿疮毒、牙龈肿痛、痔肿、乳痈、急性脑膜炎、急性咽喉炎、月经不调、痛经、烧烫伤。

## 九十六、使君子科 Combretaceae

### 372. 风车子

**学名** *Combretum alfredii* Hance

**别名** 华风车子、使君子藤

**形态特征** 多枝直立或攀援状灌木。叶对生或近对生，叶片长椭圆形至阔披针形，先端渐尖，基部楔尖，全缘，两面无毛而稍粗糙。穗状花序腋生和顶生或组成圆锥花序，总轴被棕黄色的绒毛和金黄色与橙色的鳞片，花黄白色。果椭圆形，有4翅，成熟时红色或紫红色。花期5—8月，果期9月开始。

**生境分布** 生长于疏林下或路旁。采集于岩前狮岩（N 24°52′19″, E 116°13′16″, H 319 m）。少见种。

**药用部位** 藤茎。

**性味功能** 甘、淡、微苦，平。健胃，驱虫，消炎。治蛔虫病、鞭虫病、小儿消化不良、烧烫伤。

## 九十七、野牡丹科 Melastomataceae

### 373. 柏拉木

**学名** *Blastus cochinchinensis* Lour.
**别名** 山甜娘、黄金梢
**形态特征** 灌木。叶片纸质或近坚纸质，披针形、狭椭圆形至椭圆状披针形，顶端渐尖，基部楔形，全缘或具极不明显的小浅波状齿，3（或5）条基出脉，基出脉、侧脉明显。伞状聚伞花序，腋生，花萼钟状漏斗形，花瓣4（或5）片，白色至粉红色。蒴果椭圆形，4裂。花期6—8月，果期10—12月。
**生境分布** 生长于阔叶林下。采集于马头山（N 25°5′46″，E 116°4′57″，H 351 m）、云磜溪（N 25°8′36″，E 116°8′27″，H 336 m）。较常见种。
**药用部位** 根。
**性味功能** 涩、微酸，平。收敛，止血，消肿解毒。治产后流血不止、月经过多、泄泻、跌打损伤、外伤出血、疮疡溃烂。

### 374. 叶底红

**学名** *Bredia fordii* (Hance) Diels
**别名** 野海棠、叶下红
**形态特征** 小灌木、半灌木或近草本。叶片坚纸质，心形、椭圆状心形至卵状心形，顶端短渐尖或钝急尖，基部圆形至心形，边缘具细重齿牙及缘毛和短柔毛，基出脉7～9条，两面被疏长柔毛及柔毛。伞形花序或聚伞花序，或由聚伞花序组成的圆锥花序，顶生；花瓣紫色或紫红色，卵形至广卵形，顶端渐尖。蒴果杯形，为宿存萼所包；宿存萼顶端平截，冠以宿存萼片，被刺毛。花期6—8月，果期8—10月。
**生境分布** 生长于荒地、田埂、路旁阴湿处。采集于谷夫（N 25°12′19″，E 116°11′3″，H 733 m）、中心坑（N 25°16′11″，E 116°14′52″，H 706 m）、老鸦山（N 25°19′9″，E 116°13′40″，H 362 m）、新化村（N 25°18′10″，E 116°16′35″，H 560 m）。少见种。
**药用部位** 全株。
**性味功能** 苦、涩，凉。通经活血，清热燥湿、化积消食。治月经不调、痛经、跌打损伤、水火烫伤、疮疥、小儿疳积、食积不化。

## 375. 肥肉草

**学名** *Fordiophyton forfii* (Oliv) Krass.
**别名** 酸酒子、酸杆
**形态特征** 草本。茎四棱形，常具槽，棱上常具狭翅。叶片对生，膜质，阔披针形、卵形或卵状长椭圆形，边缘具细锯齿，基出脉5（～7）条，背面无毛，密布白色小腺点。由聚伞花序组成圆锥花序，顶生；花瓣白色带红、淡红色、红色或紫红色，倒卵状长圆形，顶端圆形。蒴果倒圆锥形，具4条棱，顶孔4裂。花期6—9月，果期8—11月。
**生境分布** 生长于林下阴湿处或灌草丛中。采集于中心坑（N 25°16′25″，E 116°15′10″，H 741 m）、新兰村（N 25°18′21″，E 116°14′7″，H 443 m）、新化村（N 25°18′3″，E 116°16′40″，H 562 m）。少见种。
**药用部位** 全草。
**性味功能** 甘、苦，凉。清热利湿，凉血消肿。治痢疾、腹泻、吐血、痔血。

## 376. 野牡丹

**学名** *Melastoma candidum* D. Don.
**别名** 豹牙兰、山石榴
**形态特征** 灌木。茎钝四棱形或近圆柱形，密被紧贴的鳞片状糙伏毛。叶片坚纸质，卵形或广卵形，顶端急尖，基部浅心形或近圆形，全缘，7条基出脉，两面被糙伏毛及短柔毛。伞房花序生于分枝顶端，近头状，有花3～5朵，花瓣玫瑰红色或粉红色。蒴果坛状球形，与宿存萼贴生，密被鳞片糙伏毛。花期5—7月，果期10—12月。
**生境分布** 生长于林下或灌丛中。采集于谷夫（N 25°12′46″，E 116°10′58″，H 563 m）。常见种。
**药用部位** 全草。
**性味功能** 酸、涩，凉。消积利湿，活血止血，清热解毒。治食积、泄痢、肝炎、跌打肿痛、外伤出血、衄血、咯血、吐血、便血、月经过多、崩漏、产后腹痛、白带、乳汁环下、血检性脉管炎、肠痈、疮肿、毒蛇咬伤。

## 377. 地菍

**学名** *Melastoma dodecandrum* Lour.
**别名** 地石榴、铺地锦、山地菍
**形态特征** 小灌木。茎匍匐上升，逐节生根，分枝多，披散，幼时被糙伏毛，以后无毛。叶片坚纸质，卵形或椭圆形，顶端急尖，基部广楔形，全缘或具密浅细锯齿，3～5条基出脉。聚伞花序，顶生，有花（1～）3朵，基部有叶状总苞2个，通常较叶小；花瓣淡紫红色至紫红色，菱状倒卵形。果坛状球状，平截，近顶端略缢缩，肉质，不开裂。花期5—7月，果期7—9月。
**生境分布** 生长于林缘、草丛及灌丛中。采集于谷夫（N 25°12′32″, E 116°10′46″, H 693 m）、云磜村（N 25°9′28″, E 116°9′28″, H 630 m）、新兰村（N 25°18′48″, E 116°14′5″, H 431 m）、教文村（N 25°8′52″, E 116°11′47″, H 598 m）。常见种。
**药用部位** 全草。
**性味功能** 甘、涩，平。清热解毒，祛风利湿，补血止血。预防流行性脑脊髓膜炎、肠炎、痢疾、肺脓疡、盆腔炎、子宫出血、贫血、白带、腰腿痛、风湿骨痛、外伤出血、蛇咬伤。

## 378. 金锦香

**学名** *Osbeckia chinensis* L.
**别名** 杯子草、细包花
**形态特征** 直立草本或亚灌木。茎四棱形，具紧贴的糙伏毛。叶片坚纸质，线形或线状披针形，极稀卵状披针形，顶端急尖，基部钝或几圆形，全缘，两面被糙伏毛，3～5条基出脉。头状花序，顶生，有花2～8（10）朵，基部具叶状总苞2～6枚，苞片卵形；花瓣4片，淡紫红色或粉红色，倒卵形，具缘毛。蒴果紫红色，卵状球形，4纵裂，宿存萼坛状。花期7—9月，果期9—11月。
**生境分布** 生长于路旁、田地边或疏林下。采集于谷夫（N 25°13′26″, E 116°10′48″, H 565 m）、老好坑（N 25°11′23″, E 116°9′15″, H 687 m）。少见种。
**药用部位** 全草。
**性味功能** 甘、涩，平。清热利湿，消肿解毒，止咳化痰。治急性细菌性痢疾、阿米巴痢疾、阿米巴肝脓疡、肠炎、感冒咳嗽、咽喉肿痛、小儿支气管哮喘、肺结核咯血、阑尾炎、毒蛇咬伤、疔疮疖肿。

## 379. 朝天罐

**学名** *Osbeckia opipara* C. Y. Wu et C. Chen
**别名** 高脚红缸、罐子草、阔叶金锦香
**形态特征** 灌木。茎四棱形或稀六棱形，被平贴的糙伏毛或上升的糙伏毛。叶对生或有时3枚轮生，叶片坚纸质，卵形至卵状披针形，顶端渐尖，基部钝或圆形，全缘，具缘毛，两面除被糙伏毛外，尚密被微柔毛及透明腺点，5条基出脉。稀疏的聚伞花序组成圆锥花序，顶生；花瓣深红色至紫色。蒴果长卵形，为宿存萼所包，宿存萼长坛状，被刺毛状有柄星状毛。花、果期7—9月。
**生境分布** 生长于水边、路旁、疏林中或灌木丛中。采集于谷夫（N 25°12′46″，E 116°10′58″，H 563 m）、梁山隔（N 25°10′40″，E 116°13′45″，H 554 m）、朝岭村（N 25°15′4″，E 116°13′40″，H 560 m）。常见种。
**药用部位** 根、叶、果实。
**性味功能** 酸、涩，微寒。补虚益肾，收敛止血。治痨伤、咳嗽、吐血、痢疾、下肢酸软、筋骨拘挛、小便失禁、白浊白带。

## 380. 锦香草

**学名** *Phyllagathis caualeriei* (Levl. et van.) Guillaum.
**别名** 白毛虎舌毡、老虎耳、猫耳朵草、熊巴掌、
**形态特征** 草本。茎直立或匍匐，逐节生根，近肉质。叶片纸质或近膜质，广卵形、广椭圆形或圆形，边缘具不明显的细浅波齿及缘毛，7～9条基出脉，两面绿色或有时背面紫红色，叶面具疏糙伏毛状长粗毛。伞形花序，顶生；花瓣粉红色至紫色，广倒卵形，上部略偏斜。蒴果杯形，顶端冠4裂；宿存萼具8条纵肋。花期6—8月，果期7—9月。
**生境分布** 生长于林下阴湿处。采集于梁山垇（N 25°11′8″，E 116°8′32″，H 675 m）、老好坑（N 25°11′19″，E 116°9′13″，H 708 m）。较常见种。
**药用部位** 全草。
**性味功能** 苦、辛，寒。清热凉血，利湿。治热毒血痢、湿热带下、月经不调、血热崩漏、肠热痔血、小儿阴囊肿大。

## 九十八、省沽油科 Staphyleaceae

### 381. 野鸦椿

**学名** *Euscaphis japonica* (Thunb.) Dippel
**别名** 鸡肾果、鸡眼睛
**形态特征** 落叶小乔木或灌木。小枝及芽棕红色，枝叶揉碎后发恶臭气味。叶对生，奇数羽状复叶，小叶5～9片，厚纸质，长卵形至椭圆形，边缘具疏短锯齿，齿间有腺体。圆锥花序顶生；花多，较密集，黄白色。蓇葖果，果皮软革质，紫红色，种子近圆形，假种皮肉质，黑色。花期5—6月，果期9—10月。
**生境分布** 生长于林缘或灌丛中。采集于教文村（N 25°8′35″，E 116°11′11″，H 619 m）、中心坑（N 25°16′3″，E 116°14′55″，H 680 m）、老鸦山（N 25°18′38″，E 116°13′8″，H 439 m）。常见种。
**药用部位** 果。
**性味功能** 辛，温。祛风散寒，行气止痛。治月经不调、疝痛、胃痛。

### 382. 锐尖山香圆

**学名** *Turpiniaarguta* (Lindl.) Seem.
**别名** 锐齿山香圆
**形态特征** 落叶灌木。老枝灰褐色，幼枝具灰褐色斑点。单叶，对生，厚纸质，椭圆形或长椭圆形，边缘具疏锯齿，齿尖具硬腺体。顶生圆锥花序，花白色。果近球形，幼时绿色，转红色。花期春、夏季，果期夏、秋季。
**药用部位** 根、叶。
**生境分布** 生长于林下或林缘。采集于天马寨（N 25°7′31″，E 116°10′44″，H 727 m）、云磜溪（N 25°8′13″，E 116°8′32″，H 496 m）、新兰村（N 25°19′21″，E 116°13′49″，H 325 m）、黄陂山（N 25°11′52″，E 116°11′8″，H 835 m）。较常见种。
**药用部位** 根、叶。
**性味功能** 苦，寒。活血止痛，解毒消肿。治跌打损伤、脾脏肿大、乳蛾、疮疖肿毒。

## 九十九、无患子科 Sapindaceae

### 383. 无患子

**学名** *Sapindus saponaria* L.
**别名** 木患子、肥皂树、洗手果
**形态特征** 落叶大乔木。羽状复叶，小叶 5～8 对，通常近对生，叶片薄纸质，长椭圆状披针形或稍呈镰形，顶端短尖或短渐尖，基部楔形。圆锥花序顶生；花淡黄绿色；花瓣 5 片，边缘睫毛状。果为肉质核果，圆球形，成熟时黄色至橙黄色。花期春季，果期夏、秋季。
**生境分布** 生长于路边或疏林下。采集于新兰村（N 25°18′54″，E 116°14′1″，H 416 m）、大坪坑（N 25°17′3″，E 116°11′17″，H 480 m）。少见种。
**药用部位** 根、果实。
**性味功能** 苦，甘；有小毒。清热解毒，化痰止咳。

## 一〇〇、槭树科 Aceraceae

### 384. 青榨槭

**学名** *Acer davidii* Franch
**别名** 青虾蟆、大卫槭
**形态特征** 落叶乔木。树皮黑褐色或灰褐色，纵裂成蛇皮状。叶纸质，卵形或长卵形，边缘具不整齐的钝圆齿，上面深绿色，无毛，下面淡绿色，嫩时沿叶脉被紫褐色的短柔毛，渐老成无毛状。花黄绿色，杂性，雄花和两性花同株，成下垂的总状花序，顶生。翅果嫩时淡绿色，成熟后黄褐色。花期 4 月，果期 9 月。
**生境分布** 生长于疏林中、林缘或沟谷。采集于黄陂山（N 25°12′15″，E 116°11′4″，H 784 m）、中心坑（N 25°16′2″，E 116°14′44″，H 673 m）、天马寨（N 25°6′59″，E 116°10′48″，H 871 m）。常见种。
**药用部位** 根、树皮。
**性味功能** 甘，苦，平。祛风除湿，散瘀止痛，消食健脾。治风湿痹痛、肢体麻木、关节不利、跌打瘀痛、泄泻、痢疾、小儿消化不良。

## 一〇一、钟萼木科 Bretschneideraceae

### 385. 伯乐树

**学名** *Bretschneidara sinensis* Hemsl.
**别名** 钟萼木、山桃树
**形态特征** 乔木。羽状复叶，小叶 7～15 片，薄革质，长圆形、狭卵形或狭倒卵形，多少偏斜，全缘，叶面绿色，叶背粉绿色或灰白色。总花梗、花梗、花萼外面有棕色短绒毛；花淡红色。果椭圆球形、近球形或阔卵形，被极短的棕褐色毛和白色小柔毛。花期 3—9 月，果期 5 月—翌年 4 月。
**生境分布** 生长于林中或林缘。采集于牛麻窝（N 25°12′3″, E 116°9′21″, H 628 m）、黄陂山（N 25°12′8″, E 116°11′2″, H 785 m）。稀有种。
**药用部位** 树皮。
**性味功能** 甘、辛、平。治筋骨痛。
**保护** 国家 I 级保护树种。

## 一〇二、漆树科 Anacardiaceae

### 386. 南酸枣

**学名** *Choerospondias axillaris* (Roxb.) Burtt et Hill
**别名** 酸枣树、山枣子
**形态特征** 落叶乔木。奇数羽状复叶，有小叶 3～6 对；小叶膜质至纸质，卵形或卵状披针形或卵状长圆形，全缘或幼株叶边缘具粗锯齿，两面无毛或稀叶背脉腋被毛。雄花序被微柔毛或近无毛；雌花单生于上部叶腋，较大。核果椭圆形或倒卵状椭圆形，成熟时黄色，果核顶端具 5 个小孔。花期 5—6 月，果期 8—9 月。
**生境分布** 生长于山谷中或村旁。采集于黄陂山（N 25°12′10″, E 116°11′5″, H 797 m）、石园地（N 25°17′33″, E 116°17′1″, H 466 m）、磜文村（N 25°4′34″, E 116°11′7″, H 524 m）。常见种。
**药用部位** 树皮、果核。
**性味功能** 甘、酸、平。行气活血，养心，安神，抗心肌缺血，保护心功能。治气滞血瘀、胸痹作痛、心悸气短、心神不安。

### 387. 黄连木

**学名** *Pistacia chinesis* Bunge
**别名** 黄连树、黄连茶
**形态特征** 落叶乔木。奇数羽状复叶互生，小叶5～6对，对生或近对生，纸质，披针形、卵状披针形，先端渐尖，基部歪斜，全缘。花单性异株，先花后叶，圆锥花序腋生，雄花序排列紧密，雌花序排列疏松。核果倒卵状球形，略压扁，成熟时紫红色。花期2—3月，果期6—7月。
**生境分布** 生长于肥沃、湿润的石灰岩山地。采集于岩前狮岩（N24°25′17″, E116°11′32″, H307 m）。少见种。
**药用部位** 叶芽、树皮、叶。
**性味功能** 微苦。清热解毒，去暑止渴。主治痢疾、暑热口渴、舌烂口糜、咽喉肿痛、湿疮、漆疮。

### 388. 盐肤木

**学名** *Rhus chinensis* Mill.
**别名** 五倍子树、五倍柴、五倍子
**形态特征** 落叶小乔木或灌木。奇数羽状复叶有小叶（2）3～6对，叶轴具宽的叶状翅，小叶自下而上逐渐增大，叶轴和叶柄密被锈色柔毛；小叶多形，卵形或椭圆状卵形或长圆形，顶生小叶基部楔形，边缘具粗锯齿或圆齿，叶面暗绿色，叶背粉绿色，被白粉。圆锥花序宽大，多分枝，雄花序长，雌花序较短，密被锈色柔毛。核果球形，略压扁，成熟时红色。花期8—9月，果期10月。

**生境分布** 生长于疏林或灌丛中。采集于云礤村（N25°9′49″, E116°9′13″, H619 m）、谷夫（N25°13′8″, E116°10′50″, H643 m）、东岗村（N25°8′23, E116°8′18″, H315 m）。常见种。
**药用部位** 根、五倍子。
**性味功能** 根：酸、咸，微寒。清热解毒，散瘀止血。治感冒发热、支气管炎、咳嗽咯血、肠炎、痢疾、痔疮出血。五倍子：平，酸。收敛止血，敛肺降火，敛汗涩肠。治肺虚咳嗽、多汗、水肿、泻痢、下血、脱肛、痔疾。外用于烫伤及局部出血。

### 389. 野漆

**学名** *Toxicodendron succedaneum* (L.) O. Kuntze

**别名** 野漆树

**形态特征** 落叶乔木或小乔木。奇数羽状复叶互生，常集生小枝顶端，小叶4～7对，对生或近对生，坚纸质至薄革质，长圆状椭圆形、阔披针形或卵状披针形，叶背常具白粉。圆锥花序，花黄绿色。核果大，偏斜，外果皮薄，淡黄色。花期4—5月，果期7—10月。

**生境分布** 生长于林中、林缘。采集于谷夫（N 25°12′27″，E 116°10′44″，

H 693 m）、东岗村（N 25°8′22″，E 116°8′17，H 326 m）、礤文村（N 25°4′27″，E 116°11′10″，H 554 m）、黄陂山（N 25°12′8″，E 116°11′6″，H 777 m）、新化村（N 25°17′52″，E 116°16′50″，H 502 m）。常见种。

**药用部位** 根、叶、果。

**性味功能** 苦、涩，平。清热解毒，散瘀生肌，止血，杀虫。治跌打骨折、湿疹疮毒、毒蛇咬伤。

### 390. 木蜡树

**学名** *Toxicodenddron sylvestre* (Siebold et Zucc.) O. Kuntze

**别名** 山漆树、野毛漆、漆柴

**形态特征** 落叶乔木或小乔木。奇数羽状复叶互生，有小叶3～6对，叶轴和叶柄圆柱形，密被黄褐色绒毛；小叶对生，纸质，卵形或卵状椭圆形或长圆形，全缘，叶面中脉密被卷曲微柔毛，其余被平伏微柔毛，叶背密被柔毛或仅脉上较密。圆锥花序，密被锈色绒毛；花黄色。核果极偏斜，压扁。花期5—6月，果期9—10月。

**生境分布** 生长于林中、林缘、路边灌丛中。采集于黄陂山（N 25°12′15″，E 116°11′16″，H 772 m）、坑头（N 25°11′0″，E 116°12′9″，H 749 m）、大坪坑（N 25°17′1″，E 116°11′3″，H 403 m）。少见种。

**药用部位** 叶。

**性味功能** 苦、涩，平；有小毒。活血止痛，祛瘀。

## 一〇三、泡花树科 Meliosmaceae

### 391. 笔罗子

**学名** *Meliosma rigida* Sieb. et Zucc.
**别名** 野枇杷、花木香、山枇杷
**形态特征** 乔木。芽、幼枝、叶背中脉、花序均被绣色绒毛，二或三年生枝仍残留有毛。单叶，革质，倒披针形，或狭倒卵形，先端渐尖或尾状渐尖，1/3 或 1/2 以下渐狭楔形，全缘或中部以上有数个尖锯齿，叶背被锈色柔毛。圆锥花序顶生，密被锈色短绒毛；花密生于第三次分枝上；外面 3 片花瓣白色，近圆形，内面 2 片花瓣长约为花丝之半。核果球形。花期夏季，果期 9—10 月。
**生境分布** 生长于林中、林缘或灌丛中。采集于老鸦山（N 25°19′11″，E 116°13′44″，H 353 m）、新兰村（N 25°19′4″，E 116°13′58″，H 406 m）、教文村（N 25°8′58″，E 116°11′54″，H 620 m）、陈禾坑（N 25°5′19″，E 116°9′46″，H 445 m）。常见种。
**药用部位** 果实。
**性味功能** 苦，平。宣降肺气，止咳平喘。治咳嗽、气喘。

## 一〇四、清风藤科 Sabiaceae

### 392. 清风藤

**学名** *Sabin japonica* Maxim
**别名** 寻风藤
**形态特征** 落叶攀援木质藤本。叶近纸质，卵状椭圆形、卵形或阔卵形，叶面深绿色，中脉有稀疏毛，叶背带白色，脉上被稀疏柔毛。花先叶开放，单生于叶腋，花淡黄绿色。核果单一或成双生状，扁倒阔卵形或近扁球形，成熟时碧蓝色。花期 2—3 月，果期 4—7 月。
**生境分布** 生长于林下、林缘或路旁灌丛中。采集于坑头（N 25°10′58.9″，E 116°12′10″，H 750 m）、梁山隔（N 25°11′20″，E 116°13′44″，H 435 m）、东岗村（N 25°8′43″，E 116°8′33″，H 363 m）。常见种。
**药用部位** 根、茎。
**性味功能** 苦、辛，平。祛风湿，通经络，利小便。治风湿痹痛、关节肿胀、麻痹瘙痒。

# 一○五、苏木科 Caesalpinaceae

## 393. 龙须藤

**学名** *Bauhinia championi* (Benth.) Benth.
**别名** 羊蹄藤、乌郎藤
**形态特征** 藤本。有卷须。叶纸质，卵形或心形，先端锐尖、圆钝、微凹或2裂，裂片长度不一；基出脉5～7条。总状花序狭长，腋生，有时与叶对生或数个聚生于枝顶而成复总状花序；花瓣白色，具瓣柄，瓣片匙形。荚果倒卵状长圆形或带状，扁平。花期6—10月，果期7—12月。
**生境分布** 生长于路边灌丛中或林缘。采集于云磜溪（N 25°9′3″，E 116°8′34″，H 452 m）、大坪坑（N 25°17′1″，E 116°11′3″，H 403 m）。较常见种。
**药用部位** 藤。
**性味功能** 苦、涩，平。祛风除湿，活血止痛，健脾理气。治风湿性关节炎、腰腿疼、跌打损伤、胃痛、小儿疳积。

## 394. 粉叶羊蹄甲

**学名** *Bauhinia glauca* (Wall. ex Benth.) Benth.
**别名** 湖北羊蹄甲、双肾藤
**形态特征** 木质藤本。卷须略扁，旋卷。叶纸质，近圆形，2裂达中部或更深裂，顶端圆钝，基部阔心形至截平。伞房花序式的总状花序顶生或与叶对生，具密集的花，花瓣白色。荚果带状，扁平。花期4—6月，果期7—9月。
**生境分布** 生长于林下、灌丛中或山坡石缝中。采集于老好坑（N 25°11′33″，E 116°8′40″，H 624 m）、云磜村（N 25°9′30″，E 116°9′27″，H 628 m）、老鸦山（N 25°19′6″，E 116°13′41″，H 400 m）。较常见种。
**药用部位** 根。
**性味功能** 苦，平。清热利湿，消肿止痛。防治痢疾、睾丸肿痛、阴囊湿疹。

## 395. 云实

**学名** *Caesalpinia decapetala* (Roth) Alston

**别名** 马豆、药王子

**形态特征** 藤本。枝、叶轴和花序均被柔毛的钩刺。二回羽状复叶，羽片3～10对，对生，具柄，基部有刺1对；小叶8～12对，膜质，长圆形。总状花序顶生，直立，具多花；花瓣黄色。荚果长圆状舌形，脆革质，栗褐色，沿腹缝线膨胀成狭翅。花、果期4—10月。

**生境分布** 生长于岩石旁及灌木丛中。采集于东岗村（N 25°8′16″，E 116°8′8″，H 323 m）、碓公坑（N 25°16′22″，E 116°10′54″，H 439 m）。少见种。

**药用部位** 种子。

**性味功能** 辛，凉；有小毒。止痢，驱虫，镇咳，祛痰。治咳嗽痰喘、风热头痛、黄水疮。

## 396. 含羞草决明

**学名** *Chamaecrista mimosoides* (L.) Greene

**别名** 山扁豆、决明子、望江南

**形态特征** 一年生或多年生亚灌木状草本。多分枝，枝条纤细，被微柔毛。在叶柄的上端、最下一对小叶的下方有圆盘状腺体1枚；小叶20～50对，线状镰形，顶端短急尖，两侧不对称；托叶线状锥形。花序腋生，一或数朵聚生，花瓣黄色，不等大。荚果镰形，扁平。花、果期8—10月。

**生境分布** 生长于坡地灌木丛或草丛中。采集于云礤村（N 25°9′52″，E 116°9′2″，H 603 m）。常见种。

**药用部位** 全草。

**性味功能** 甘、微苦。清热解毒，利尿，通便。治肾炎水肿、口渴、咳嗽痰多、习惯性便秘、毒蛇咬伤。

## 397. 老虎刺

**学名** *Pterolobium punctatum* Hemsl.
**别名** 倒爪刺、石龙花
**形态特征** 木质藤本或攀援性灌木。叶柄有成对黑色托叶刺；羽片9～14对，狭长；羽轴上面具槽，小叶片19～30对，对生，狭长圆形，顶端圆钝具凸尖或微凹，基部微偏斜，两面被黄色毛，下面毛更密。总状花序被短柔毛，腋上生或于枝顶排列成圆锥状。荚果发育部分菱形，翅一边直，另一边弯曲，颈部具宿存的花柱；种子单一，椭圆形。花期6—8月，果期9月—次年1月。
**生境分布** 生长于林中或路旁。采集于大坪坑（N 25°17′7″，E 116°11′37″，H 540 m）。少见种。
**药用部位** 根。
**性味功能** 苦、辛，温。消炎，解热，止痛。治黄疸型肝炎、胃痛、风湿关节炎、疮、疖、淋巴腺炎、急性结膜炎、牙周炎、咽喉炎。

## 398. 决明

**学名** *Senna tora* (L.) Roxb.
**别名** 决明子、草决明
**形态特征** 一年生半灌木状草本。偶数羽状复叶，小叶3对，膜质，倒卵形或倒卵状长椭圆形，顶端钝而有小尖头，基部渐狭；叶轴上每对小叶间有棒状的腺体1枚；托叶线形，被柔毛，早落。花腋生，2朵聚生，花瓣黄色。荚果近线形，近四棱形。花期7—9月，果期10月。
**生境分布** 生长于村边、路旁和旷野。采集于马头山（N 25°5′31″，E 116°5′26.5″，H 276 m）。常见种。
**药用部位** 种子。
**性味功能** 苦，微寒。清热明目，润肠通便。治目赤涩痛、头痛眩晕、大便秘结。

## 一〇六、含羞草科 Mimosaceae

### 399. 亮叶猴耳环

**学名** *Abarema lucida* (Benth.) Kosterm.
**别名** 尿桶弓、亮叶围涎树
**形态特征** 乔木。羽片1~2对；总叶柄近基部、每对羽片下和小叶片下的叶轴上均有圆形而凹陷的腺体，下部羽片通常具2~3对小叶，上部羽片具4~5对小叶；小叶斜卵形或长圆形，顶生的一对最大，对生，余互生且较小。头状花序球形，有花10~20朵，排成腋生或顶生的圆锥花序；花瓣白色，中部以下合生。荚果旋卷成环状，边缘在种子间缢缩。花期4—6月，果期7—12月。
**生境分布** 生长于林下或疏林中。采集于东岗村（N 25°8′40″，E 116°8′31″，H 359 m）、马头山（N 25°5′36″，E 116°4′46″，H 307 m）。较常见种。
**药用部位** 枝、叶。
**性味功能** 寒，凉。凉血、消上、生肌。治风湿痛、跌打损伤、溃疡。

### 400. 合欢

**学名** *Albizzia julibrissin* Durazz.
**别名** 马缨花、夜合树
**形态特征** 落叶乔木。二回羽状复叶，总叶柄近基部及最顶一对羽片着生处各有1枚腺体；羽片4~12对，小叶10~30对，线形至长圆形。头状花序于枝顶排成圆锥花序，花粉红色，花萼管状。荚果带状。花期6—7月，果期8—10月。
**生境分布** 生长于路旁、林边。采集于大坪坑（N 25°17′3″，E 116°10′57″，H 391 m）。少见种。
**药用部位** 枝、皮。
**性味功能** 甘，平。解郁安神，理气开胃，活络止痛。治肺痈、跌打损伤、小儿撮口风、中风挛缩。

## 401. 山槐

**学名** *Albizia kalkora* (Roxb.) Prain
**别名** 黑心树、山合欢
**形态特征** 落叶小乔木或灌木。二回羽状复叶，羽片2～4对；小叶5～14对，长圆形或长圆状卵形，顶端圆形而有细尖头，基部不等侧，中脉显著偏向叶片的上侧，两面密生短柔毛。头状花序2～7枚生于叶腋，或于枝顶排成圆锥花序；花初白色，后变黄。荚果带状，深棕色。花期5—6月，果期8—10月。
**生境分布** 生长于溪沟边、路旁和山坡上。采集于坑头（N 25°11′6″，E 116°12′7.7″，H 739 m）、云礤村（N 25°10′3″，E 116°9′18″，H 661 m）。较常见种。
**药用部位** 花或花蕾。
**性味功能** 甘，平。安神疏郁，理气活络。用于郁结胸闷、失眠健忘、风火眼疾、视物不清、咽喉肿痛、痈肿、跌打损伤。

## 402. 羽叶金合欢

**学名** *Acacia pennata* (L.) Willd.
**别名** 蛇藤
**形态特征** 攀援、多刺藤本。二回羽状复叶，总叶柄基部及叶轴上部羽片着生处稍下均有凸起的腺体1枚；羽片8～22对，小叶30～54对，线形，彼此紧靠，先端稍钝，基部截平，具缘毛，中脉靠近上边缘。头状花序圆球形，排成腋生或顶生的圆锥花序，被暗褐色柔毛。果带状，边缘稍隆起，呈浅波状。花期3—10月，果期7月—翌年4月。
**生境分布** 攀附于灌木或小乔木上。采集于教文村（N 25°8′53″，E 116°11′47″，H 593 m）、云礤溪（N 25°8′54″，E 116°8′24″，H 390 m）。较常见种。
**药用部位** 根、茎。
**性味功能** 苦、辛、微甘，温。祛风湿，强筋骨，活血止痛。用于风湿痹痛、劳伤、跌打损伤。

# 一〇七、蝶形花科 Papilionaceae

## 403. 异果崖豆藤

**学名** *Callerya dielsiana* Harms var. *herterocarpa* (Chun ex T. C. Chen) X. Y. Zhu

**别名** 香花崖豆藤、山鸡血藤

**形态特征** 木质藤本。羽状复叶；小叶5片，卵形至宽披针形，上面无毛，下面疏被短柔毛或无毛，网脉突起。圆锥花序顶生，密被黄褐色茸毛；花冠紫红带白色，旗瓣外面密被锈色茸毛。荚果条形。花、果期6—9月。

**生境分布** 生长于灌丛中或疏林下。采集于云礤村（N 25°9′52″，E 116°9′2″，H 603 m）、天马寨（N 25°6′42″，E 116°10′36″，H 949 m）、新化村（N 25°17′4″，E 116°17′42″，H 410 m）、教文村（N 25°8′54″，E 116°11′45″，H 593 m）。常见种。

**药用部位** 根。

**性味功能** 辛，温。补血行血。治月经不调、月经量少、点滴即净、色淡无块、头晕眼花、心悸怔忡、面色萎黄、小腹空坠。

## 404. 亮叶崖豆藤

**学名** *Callerya nitida* (Benth.) R. Geesink

**别名** 亮叶鸡血藤

**形态特征** 攀援灌木。羽状复叶；小叶5片，硬纸质，长圆形或卵状披针形，上面光亮无毛，有时中脉有毛，下面无毛或被稀疏柔毛。圆锥花序顶生，粗壮，密被锈褐色绒毛；花单生，花冠青紫色。荚果线状长圆形，密被黄褐色绒毛。花期5—9月，果期7—11月。

**生境分布** 生长于疏林下或路旁灌丛中。采集于马头山（N 25°5′50″，E 116°4′52″，H 297 m）、云礤村（N 25°9′54″，E 116°8′44″，H 588 m）、老鸦山（N 25°18′39″，E 116°13′11″，H 437 m）、教文村（N 25°8′54″，E 116°11′48″，H 600 m）。常见种。

**药用部位** 藤茎。

**性味功能** 苦，温。活血，舒筋。治气血两亏、肺虚劳热、阳痿遗精、白浊带腥、月经不调、疮疡肿毒。

## 405. 猪屎豆

**学名** *Crotalaria pallida* Ait.
**别名** 白猪屎豆、猪屎青
**形态特征** 直立亚灌木。茎具槽纹，微被短伏毛。小叶3片，质薄，顶生小叶倒卵形或倒卵状长圆形，下面疏被伏柔毛；侧生小叶较小。总状花序顶生和腋生，密被白色短柔毛；花冠黄色。荚果近圆柱形，嫩时被毛，成熟时淡褐色，下垂。花、果期1—11月。
**生境分布** 生长于路旁或林缘。采集于云礤村（N 25°9′26″，E 116°8′31″，H 563 m）、梁山隔（N 25°10′29″，E 116°13′47″，H 572 m）。常见种。
**药用部位** 根、茎、叶、种子。
**性味功能** 根：微苦、辛，平。解毒散结，消积。茎、叶：苦、辛，平。清热祛湿。种子：甘、涩，凉。补肝肾，明目，固精。

## 406. 野百合

**学名** *Crotalaria sessiliflora* L.
**别名** 农吉利
**形态特征** 一年生直立草本。茎密被淡褐色伏柔毛。单叶，线形或披针形，两端狭尖，下面被黄褐色蛛丝状伏毛；托叶线形。总状花序顶生或腋生，排列紧密；苞片、小苞片及花萼均被黄褐色长硬毛；花冠紫色或淡蓝色。荚果短圆柱形。花、果期7—10月。
**生境分布** 生长于荒地、路旁或草地上。采集于老好坑（N 25°11′34″，E 116°8′36″，H 591 m）、谷夫（N 25°13′8″，E 116°10′50″，H 643 m）。常见种。
**药用部位** 全草。
**性味功能** 淡，平。滋阴益肾，抗癌。治皮肤癌、耳鸣、耳聋、头目眩晕。

### 407. 藤黄檀

**学名** *Dalbergia hancei* Benth.
**别名** 藤檀、梣果藤、檀树
**形态特征** 木质藤本。叶为奇数羽状复叶，小叶7～11片，椭圆形或倒卵状长椭圆形。总状花序腋生，花序轴和花梗密被锈色短柔毛；花冠绿白色。荚果舌状，扁平。花、果期3—7月。
**生境分布** 生长于山坡灌丛中或山谷溪旁。采集于云礤村（N 25°9′49″，E 116°8′59″，H 594 m）、老好坑（N 25°11′34″，E 116°8′41″，H 607 m）、新化村（N 25°17′35″，E 116°17′0″，H 442 m）、教文村（N 25°8′52″，E 116°11′47″，H 585 m）。常见种。
**药用部位** 根、茎。
**性味功能** 辛，温。舒筋活络，理气止痛、破积。治风湿痛。

### 408. 黄檀

**学名** *Dalbergia hupeana* Hance
**别名** 檀树、望水檀
**形态特征** 乔木。羽状复叶，小叶3～5对，近革质，长圆形或宽椭圆形，顶端钝，微缺，基部圆形，叶轴与小叶柄有白色疏柔毛。圆锥花序顶生或生于最上部叶腋间，花冠淡紫色或白色。荚果长圆形或阔舌形，扁平。花期5—7月。
**生境分布** 生长于在山林、灌木丛中或溪旁。采集于梁山圳（N 25°11′5″，E 116°8′19″，H 702 m）、谷夫（N 25°12′27″，E 116°10′44″，H 693 m）、新兰村（N 25°18′48″，E 116°14′8″，H 431 m）。常见种。
**药用部位** 根、茎。
**性味功能** 辛，平；有小毒。清热解毒，止血消肿。治疥疮，杀虫。

## 409. 中南鱼藤

**学名** *Derris fordii* Oliv.
**别名** 霍氏鱼藤
**形态特征** 攀援状灌木。羽状复叶，小叶2～3对，厚纸质或薄革质，卵状椭圆形、卵状长椭圆形或椭圆形，侧脉6～7对，纤细两面均隆起。圆锥花序腋生；花萼钟状，花冠白色。荚果薄革质，长椭圆形至舌状长椭圆形，扁平。花期4—5月，果期10—11月。
**生境分布** 生长于路旁或灌木林中。采集于岩前狮岩（N 24°52′19″，E 116°13′17″，H 329 m）。少见种。
**药用部位** 茎。
**性味功能** 苦，寒。清热解毒。治痈疽疮疡、疥疮、疥癣、丹毒、无名肿毒、虫蛇咬伤、皮肤红肿热痛。

## 410. 小槐花

**学名** *Ohwia caudata* (Thunb.) Ohashi
**别名** 山扁豆、粘人麻
**形态特征** 直立灌木或亚灌木。羽状三出复叶，小叶3片；托叶披针形；小叶近革质或纸质，顶生小叶披针形或长圆形，侧生小叶较小，全缘。总状花序顶生或腋生，花序轴密被柔毛并混生小钩状毛，每节生2朵花；花冠绿白或黄白色。荚果线形，扁平，稍弯曲，被钩状毛。花期7—9月，果期9—11月。
**生境分布** 生长于山坡草地或林缘。采集于老好坑（N 25°11′34″，E 116°8′41″，H 607 m）、新化村（N 25°17′40″，E 116°16′51″，H 446 m）、教文村（N 25°8′49″，E 116°11′45″，H 576 m）。常见种。
**药用部位** 根及全草。
**性味功能** 微苦、辛，平。清热解毒，祛风利湿。治感冒发热、肠胃炎、痢疾、小儿疳积、风湿关节痛。外用治毒蛇咬伤、痈疖疔疮、乳腺炎。

## 411. 假地豆

**学名** *Desmodium heterocarpon* (L.) DC.
**别名** 异叶山蚂蟥
**形态特征** 小灌木或亚灌木。叶为羽状三出复叶，小叶3片；托叶宿存，狭三角形；小叶纸质，顶生小叶椭圆形、长椭圆形或宽倒卵形，侧生小叶通常较小，全缘，侧脉5～10条，不达叶缘。总状花序顶生或腋生，总花梗密被淡黄色钩状毛，花极密；花冠紫红色。荚果密集，狭长圆形。花期7—10月，果期10—11月。
**生境分布** 生长于路旁或灌草丛中。采集于钩坑村（N 25°18′48″，E 116°6′34″，H 482 m）、云磜村（N 25°9′50″，E 116°8′55″，H 589 m）。常见种。

**药用部位** 全草。
**性味功能** 淡，凉。利水通淋，散瘀消肿。治泌尿系结石、跌打瘀肿、外伤出血。

## 412. 大叶千斤拔

**学名** *Flemingia macrophylla* (Willd.) Prain
**别名** 假乌豆草、千筋拔
**形态特征** 直立灌木。幼枝具纵棱，密被丝质柔毛。叶具指状3片小叶；托叶大，披针形，先端长尖，被短柔毛，具腺纹；小叶纸质或薄革质，顶生小叶宽披针形至椭圆形，先端渐尖，基部楔形，基出脉3条；侧生小叶稍小，偏斜，基出脉2～3条；叶柄具狭翅。总状花序常数个聚生于叶腋，花多而密集，花萼钟状，花冠紫红色。荚果椭圆形，褐色。花期6—9月，果期10—12月。
**生境分布** 生长于路旁或灌丛中。采集于袁上村（N 25°8′58″，E 116°13′29″，H 685 m）、梁山隔（N 25°10′29″，E 116°13′47″，H 572 m）。少见种。

**药用部位** 根。
**性味功能** 甘，温。祛风活血，强腰壮骨。治风湿骨痛、肾虚阳痿、腰肌劳损。

## 413. 千斤拔

**学名** *Flemingia prostrata* Roxb. f. ex Roxb.
**别名** 蔓性千斤拔、一条根
**形态特征** 直立或披散亚灌木。幼枝三棱柱状，密被灰褐色短柔毛。叶具指状3片小叶；小叶厚纸质，长椭圆形或卵状披针形，上面被疏短柔毛，背面密被灰褐色柔毛；基出脉3条，侧生小叶略小。总状花序腋生，各部密被灰褐色至灰白色柔毛；花密生，具短梗；萼裂片披针形，被灰白色长伏毛；花冠紫红色，约与花萼等长。荚果椭圆状，被短柔毛。花、果期夏、秋季。
**生境分布** 生长于路旁或灌木林中。采集于新化村（N 25°17′54″，E 116°16′49″，H 500 m）。少见种。
**药用部位** 根。
**性味功能** 甘、涩，平。祛风利湿，强筋壮骨，活血解毒。治风湿痹痛、腰肌劳损、四肢痿软、跌打损伤、咽喉肿痛。

## 414. 球穗千斤拔

**学名** *Flemingia strobilifera* (L.) Ait.
**别名** 咳嗽草、百咳草、球穗花千斤拔、大苞千斤拔
**形态特征** 直立或近蔓延状灌木。小枝具棱，密被灰色至灰褐色柔毛。单叶互生，近革质，卵形、卵状椭圆形、宽椭圆状卵形或长圆形，先端渐尖、钝或急尖，基部圆形或微心形。小聚伞花序包藏于贝状苞片内，复再排成总状或复总状花序，花冠伸出萼外。荚果椭圆形，膨胀。花期春、夏季，果期秋、冬季。
**生境分布** 生长于草丛或灌丛中。采集于袁上村（N 25°9′3″，E 116°12′23″，H 663 m）。少见种。
**药用部位** 根、全草。
**性味功能** 苦、甘，凉。止咳祛痰，清热除湿，补虚劳，壮筋骨。治咳嗽、哮喘、黄疸、风湿痹痛、疳积、百日咳、肺炎等。

### 415. 野大豆

**学名** *Glycine soja* Sieb. et Zucc.
**别名** 乌豆、山黄豆
**形态特征** 一年生缠绕草本。茎细弱，被黄色长硬毛。小叶 3 片，顶生小叶卵状披针形，两面被黄色柔毛，侧生小叶斜卵状披针形。总状花序腋生；花小；花冠红紫色。荚果近长圆形，密被黄色长硬毛。花、果期 6—10 月。
**生境分布** 生长于河岸、湖边、湿草地或灌丛中，采集于谷夫（N 25°12′27″，E 116°10′58″，H 686 m）、教文村（N 25°8′52″，E 116°11′47″，H 594 m）。少见种。
**药用部位** 茎、叶及根。
**性味功能** 淡，平。健脾，解毒透疹，养肝理脾。治盗汗、伤筋、麻疹、肝血不足。

### 416. 鸡眼草

**学名** *Kummerowia striata* (Thunb.) Schindl.
**别名** 掐不齐、人字草
**形态特征** 一年生草本。多分枝。叶为三出羽状复叶；托叶大，膜质，卵状长圆形；小叶纸质，倒卵形、长倒卵形或长圆形，全缘；侧脉多而密。花小，单生或 2～3 朵簇生于叶腋；花冠粉红色或紫色。荚果卵圆形，被小柔毛。花期 7—9 月，果期 9—10 月。
**生境分布** 生长于路旁、田中、林中及水边。采集于云礤村（N 25°9′47″，E 116°9′12″，H 602 m）、新化村（N 25°17′24″，E 116°17′14″，H 411 m）、新湖村（N 25°14′55″，E 116°15′29″，H 730 m）。常见种。
**药用部位** 全草。
**性味功能** 甘、辛，平。清热解毒，健脾利湿。治感冒发热、暑湿吐泻、疟疾、痢疾、传染性肝炎、热淋、白浊。

## 417. 扁豆

**学名** *Lablab purpureus* (L.) Sweet
**别名** 藤豆、白扁豆
**形态特征** 多年生缠绕草本。羽状复叶具3片小叶；托叶基生，披针形；小叶宽三角状卵形，侧生小叶两边不等大，偏斜。总状花序直立；花冠白色或紫红色。荚果长圆状镰形，扁平。花、果期4—12月。
**生境分布** 生长于田边、路旁或栽培。采集于马头山（N 25°5′39″，E 116°4′49″，H 309 m）、云磜村（N 25°9′48″，E 116°9′6″，H 588 m）。常见种。
**药用部位** 全草。
**性味功能** 根茎：微苦，平。祛风利湿。治风湿关节痛。叶：淡，平。清热利湿。治疖肿。花、种子：甘，微温。清暑解毒，健脾化湿。治淋浊、腹泻、慢性肾炎、贫血、糖尿病。扁豆衣：治暑泻。

## 418. 胡枝子

**学名** *Lespedeza bicolor* Turcz
**别名** 随军茶、二色胡枝子
**形态特征** 直立灌木。枝具条棱。羽状复叶具3片小叶；小叶质薄，卵形、倒卵形或卵状长圆形，全缘；托叶2枚，线状披针形。总状花序腋生，花冠红紫色。荚果斜倒卵形。花期7—9月，果期9—10月。
**生境分布** 生长于灌丛中、路旁。采集于云磜村（N 25°9′49″，E 116°8′59″，H 594 m）、谷夫（N 25°12′17″，E 116°11′25″，H 664 m）。常见种。
**药用部位** 根或根皮。
**性味功能** 甘，平；无毒。润肺解热，利水通淋。治风湿痹痛、跌打损伤、赤白带下、流注肿毒、肺热咳嗽、百日咳、鼻衄、淋病。

## 419. 截叶铁扫帚

**学名** *Lespedeza cuneata* G. Don
**别名** 夜关门、半天雷、绢毛胡枝子
**形态特征** 直立小灌木。小叶3片，在枝上密生，顶生小叶长圆形或楔状长圆形，侧生小叶较小；托叶钻状，宿存。总状花序腋生，具2～4朵花，花冠白色至淡红色。荚果斜卵形，被白色伏毛。花、果期6—12月。
**生境分布** 生长于山坡、荒地或路边。采集于云磜村（N 25°9′10″，E 116°8′19″，H 533 m）、磜文村（N 25°4′48″，E 116°11′25.5″，H 513 m）、新湖村（N 25°14′55″，E 116°15′29″，H 730 m）。常见种。
**药用部位** 根、全草。
**性味功能** 微苦，平。平肝明目，祛风利湿，散瘀消肿。治病毒性肝炎、痢疾、慢性支气管炎、小儿疳积、风湿关节、夜盲、角膜溃疡、乳腺炎。

## 420. 美丽胡枝子

**学名** *Lespedeza formosa* (Vog.) Koehne
**别名** 红布纱、马须草、马乌柴、羊古草
**形态特征** 直立灌木。小叶3片，顶生小叶卵形、卵状椭圆形或长椭圆形；托叶披针形，宿存。总状花序较叶长，腋生，或在枝端形成圆锥状；花冠紫色。荚果斜卵形或长圆形。花、果期6—11月。
**生境分布** 生长于林缘或路边灌丛中。采集于谷夫（N 25°12′17″，E 116°11′25″，H 664 m）、新化村（N 25°18′3″，E 116°16′40″，H 562 m）、教文村（N 25°9′11″，E 116°12′14″，H 648 m）。常见种。
**药用部位** 根、茎叶、花。
**性味功能** 苦，平。根：清肺热，祛风湿，散瘀血。茎、叶：清热凉血。治小便不利。花：清热凉血。治肺热咯血、便血。

### 421. 厚果崖豆藤

**学名** *Millettia pachycarpa* Benth.
**别名** 苦檀子、冲天子
**形态特征** 巨大藤本。幼年时直立如小乔木状。羽状复叶；托叶阔卵形，黑褐色；小叶6～8对，草质，长圆状椭圆形至长圆状披针形，先端锐尖，基部楔形或圆钝，上面平坦，下面被平伏绢毛。总状圆锥花序，2～6枝生于新枝下部，花冠淡紫，雄蕊单体。荚果深褐黄色，果瓣木质，甚厚。花期4—6月，果期6—11月。

**生境分布** 生长于疏林或林缘。采集于张畲村（N 25°5′45″，E 116°11′31″，H 512 m）、老鸦山（N 25°18′55″，E 116°13′29″，H 415 m）、梁山隔（N 25°11′15″，E 116°13′45″，H 430 m）、大坪坑（N 25°17′4″，E 116°11′38″，H 526 m）。常见种。
**药用部位** 根皮。
**性味功能** 苦、辛，热；有毒。杀虫，攻毒，止痛。治疥疮、癣、癞、痧气腹痛、小儿疳积。

---

### 422. 白花油麻藤

**学名** *Mucuna birdwoodiana* Tutch
**别名** 白花黎豆、禾雀花
**形态特征** 常绿大型木质藤本。羽状复叶具3片小叶，小叶近革质，顶生小叶椭圆形、卵形或略呈倒卵形，侧生小叶偏斜，侧脉3～5对，中脉、侧脉、网脉在两面凸起。总状花序生于老枝上或生于叶腋，花冠白色或带绿白色。果木质，带形，近念珠状。花期4—6月，果期6—11月。

**生境分布** 生长于山间林下。采集于云磜溪（N 25°9′7″，E 116°8′32″，H 458 m）、天马寨（N 25°6′48″，E 116°10′36″，H 926 m）。常见种。
**药用部位** 藤茎。
**性味功能** 微苦、涩，平。补血，通经络，强筋骨。用于贫血、白细胞减少症、月经不调、腰腿痛。

## 423. 花榈木

**学名** *Ormosia henryi* Prain
**别名** 花梨木、红豆树
**形态特征** 常绿乔木。小枝、叶轴、花序密被茸毛。奇数羽状复叶，革质，椭圆形或长圆状椭圆形，叶缘微反卷，上面深绿色，光滑无毛，下面及叶柄均密被黄褐色绒毛。圆锥花序顶生，或总状花序腋生，密被淡褐色茸毛；花冠中央淡绿色，边缘绿色微带淡紫。荚果扁平，长椭圆形，顶端有喙，果瓣革质；种子椭圆形或卵形，种皮鲜红色，有光泽。花期7—8月，果期10—11月。
**生境分布** 采集于东岗村（N 25°8′29″，E 116°8′35″，H 364 m）、中心坑（N 25°17′12″，E 116°15′55″，H 627 m）、黄陂山（N 25°11′27″，E 116°11′2″，H 954 m）。常见种。
**药用部位** 根、根皮、叶。
**性味功能** 辛，温；有毒。活血化瘀，祛风消肿。治跌打损伤、腰肌劳损、风湿关节痛、产后血瘀疼痛、白带、流行性腮腺炎、丝虫病。根皮：外用治骨折。叶：外用治烧烫伤。
**保护** 国家Ⅱ级保护植物。

## 424. 毛排钱树

**学名** *Phyllodium elegans* (Lour.) Desv.
**别名** 鳞狸鳞、连里尾树、毛排钱草
**形态特征** 灌木。茎、枝和叶柄均密被黄色绒毛。小叶革质，顶生小叶卵形、椭圆形至倒卵形，侧生小叶斜卵形，两端钝，两面均密被绒毛，下面尤密，边缘呈浅波状。花通常4～9朵组成伞形花序生于叶状苞片内，叶状苞片排列成总状圆锥花序状，顶生或侧生，苞片与总轴均密被黄色绒毛；花冠白色或淡绿色。荚果密被银灰色绒毛，通常有荚节3～4节。花期7—8月，果期10—11月。
**生境分布** 生长于林缘或灌木丛中。采集于美和村（N 25°6′59″，E 116°11′49″，H 550 m）。少见种。
**药用部位** 地上部分。
**性味功能** 苦、涩，平。散瘀消积，止血，清热下痢。治跌打瘀肿、衄血、咯血、血淋、风湿痹痛、慢性肝炎、湿热下痢、小儿疳积、乳痈、瘰疬。

## 425. 尖叶长柄山蚂蝗

**学名** *Hylodesmum podocarpum* (DC.) H. Ohashi et R. R. Mill subsp. *oxyphyllum* (DC.) H. Ohashi et R. R. Mill

**别名** 蚂蟥豆、逢人打

**形态特征** 直立草本。叶为羽状三出复叶，小叶3片；托叶钻形；小叶纸质，顶生小叶菱形，全缘，侧生小叶斜卵形，较小，偏斜，小托叶丝状。总状花序或圆锥花序，顶生或顶生和腋生；通常每节生2花；花冠紫红色。荚果，通常有荚节2节；荚节略呈宽半倒卵形，被钩状毛和小直毛。花、果期8—9月。

**生境分布** 生长于沟边、林中或林缘。采集于黄陂山（N 25°12′19″，E 116°11′5″，H 736 m）、新化村（N 25°18′10″，E 116°16′38″，H 590 m）、教文村（N 25°8′50″，E 116°11′46″，H 591 m）。较常见种。

**药用部位** 全草。

**性味功能** 微苦，平。祛风活络，解毒消肿。治肝炎、风湿关节痛、咽喉炎、跌打损伤、结合膜炎、毒蛇咬伤。

## 426. 葛

**学名** *Pueraria montana* (Lour.) Merr. var. *lobata* (Willd.) Maesen et S. M. Almeida ex Sanjappa et Predeep

**别名** 野葛、葛粉

**形态特征** 多年生草质藤本。茎基部木质，植株被黄色长硬毛。羽状复叶，小叶3片，顶生小叶菱状宽卵形，先端渐尖，基部圆形，全缘或微波状，有时浅裂，侧生小叶偏斜；托叶盾形，小托叶线状披针形。总状花序腋生，花密集，常2～3朵聚生于花序轴的节上，花冠紫色。荚果条形，扁平，被黄褐色长硬毛。花、果期9—12月。

**生境分布** 生长于丘陵地区的坡地上或疏林中。采集于云礤村（N 25°9′46″，E 116°9′11″，H 607 m）、黄陂山（N 25°12′11″，E 116°11′4″，H 750 m）、老鸦山（N 25°18′51″，E 116°13′19″，H 419 m）、新化村（N 25°18′6″，E 116°16′31″，H 623 m）。常见种。

**药用部位** 葛花、葛根粉。

**性味功能** 甘、辛，平。葛花：清凉解毒，消炎去肿。葛根粉：生津止渴，清热除燥，解酒醒酒。治脾胃虚弱。

### 427. 鹿藿

**学名** *Rhynchosia volubilis* Lour.
**别名** 老鼠眼、痰切豆
**形态特征** 缠绕草质藤本。全株各部多少被灰色至淡黄色柔毛；茎略具棱。叶为羽状或有时近指状3片小叶；小叶纸质，顶生小叶菱形或倒卵状菱形，两面均被灰色或淡黄色柔毛，下面尤密，并被黄褐色腺点，基出脉3条；侧生小叶较小，常偏斜。总状花序，排列密集；花冠黄色。荚果长圆形，红紫色。花期5—8月，果期9—12月。
**生境分布** 生长于灌草丛中或附攀于树上。采集于教文村（N 25°8′52″，E 116°11′47″，H 594 m）。较常见种。
**药用部位** 全草。
**性味功能** 苦，平。凉血，解毒。治头痛、腰疼腹痛、产褥热、瘰疬、痈肿、流注。

### 428. 葫芦茶

**学名** *Tadehagi triquetrum* (L.) Ohashi
**别名** 百劳舌、牛虫草
**形态特征** 灌木或亚灌木。幼枝三棱形。叶仅具单小叶；托叶披针形，有条纹；叶柄两侧有宽翅，与叶同质；小叶纸质，狭披针形至卵状披针形，先端急尖，基部浅心形或圆形。总状花序顶生或腋生，花冠淡紫色或蓝紫色。荚果带形，密被短伏毛。花、果期8—12月。
**生境分布** 生长于路旁或灌草丛中。采集于梁山隔（N 25°11′23″，E 116°13′45″，H 435 m）、袁上村（N 25°9′11″，E 116°13′5″，H 610 m）。少见种。
**药用部位** 全草。
**性味功能** 微苦、涩，凉。清热解毒，消积利湿，杀虫防腐。治预防中暑、感冒发热、咽喉肿痛、肾炎、黄疸型肝炎、肠炎、细菌性痢疾、小儿疳积、妊娠呕吐、菠萝中毒、小儿硬皮病。

# 一〇八、芸香科 Rutaceae

## 429. 香橼

**学名** *Citrus medica* L.
**别名** 拘橼、枸橼子
**形态特征** 不规则分枝的灌木或小乔木。单叶，稀兼有单身复叶；叶柄短，叶片椭圆形或卵状椭圆形，叶缘有浅钝裂齿。总状花序有花达12朵，有时兼有腋生单花；花两性，有单性花趋向，则雌蕊退化。果椭圆形、近圆形或两端狭的纺锤形，果皮淡黄色。花期4—5月，果期10—11月。
**生境分布** 生长于路旁或疏林下。采集于老鸦山（N 25°18′38″，E 116°13′8″，H 439 m）。少见种。
**药用部位** 成熟果实。
**性味功能** 苦、酸，温。疏肝理气，宽胸化痰，除湿和中。治胸胁胀痛、咳嗽痰多、脘腹痞痛、食滞呕逆、水肿脚气。

## 430. 山橘

**学名** *Fortunella hindsii* (champ.ex Benth) Swingle.
**别名** 山金豆、山金橘
**形态特征** 有刺灌木。单身复叶，稀杂有几片单叶，叶片椭圆形，全缘或稀具不明显细钝齿。花单朵腋生或2～3朵簇生，5基数，白色。果卵圆形，橙黄色且稍带朱红色，平滑。花期4—5月，果期10—12月。
**生境分布** 生长于林下。采集于云礤村（N 25°9′38″，E 116°9′17″，H 615 m）、老鸦山（N 25°18′39″，E 116°13′11″，H 437 m）。少见种。
**药用部位** 根、果实。
**性味功能** 根：辛、苦，温。醒脾行气。果：辛、酸、甘，温。宽中化痰，下气。治风寒咳嗽、胃气痛、食积胀满、疝气。

## 431. 枳

**学名**　*Poncirus trifoliata* (L.) Raf.
**别名**　枸橘、枳壳、臭橘
**形态特征**　小乔木。嫩枝扁，有纵棱，刺长达 4 cm。叶柄有狭长的翼叶，通常指状 3 出叶，小叶等长或中间的一片较大，对称，叶缘有细钝裂齿或全缘。花单朵或成对腋生，先叶开放，也有先叶后花的，有完全花及不完全花，后者雄蕊发育，雌蕊萎缩，花有大、小两型，花瓣白色，匙形。果近圆球形或梨形，果顶微凹，有环圈，果皮暗黄色，粗糙。花期 5—6 月，果期 10—11 月。
**生境分布**　生长于旷野或路旁。采集于谷夫（N 25°12′36″，E 116°10′54″，H 686 m）。少见种。
**药用部位**　果。
**性味功能**　苦、酸，微寒。治胸膈痞满、胁肋胀痛、食积不化、脘腹胀满、下痢后重、脱肛、子宫脱垂。

## 432. 吴茱萸

**学名**　*Tetradium ruticarpum* (A. Juss.) Hartley
**别名**　吴萸、茶辣
**形态特征**　小乔木或灌木。叶有小叶 5～11 片，小叶薄至厚纸质，卵形、椭圆形或披针形，小叶两面及叶轴被长柔毛，毛密如毡状，或仅中脉两侧被短毛，油点大且多。花序顶生；雄花序的花彼此疏离，雌花序的花密集或疏离。果序宽，果密集或疏离，暗紫红色，有大油点，每分果瓣有 1 粒种子。花期 4—6 月，果期 8—11 月。
**生境分布**　生长于路旁或疏林下。礤文村（N 25°4′49″，E 116°11′24″，H 521 m）、新化村（N 25°18′10″，E 116°16′35″，H 560 m）。少见种。
**药用部位**　成熟果实。
**性味功能**　辛、苦，热；有小毒。散寒止痛，降逆止呕，助阳止泻。治厥阴头痛、寒疝腹痛、寒湿脚气、痛经、经行腹痛、脘腹胀痛、呕吐吞酸、五更泄泻、外治口疮、高血压。

### 433. 飞龙掌血

**学　名**　*Toddalia asiatica* (L.) Lam.
**别　名**　黄肉树、见血飞
**形态特征**　木质藤本。茎枝皮刺倒生。3出复叶，小叶片椭圆形至倒卵形，先端急尖或微尖，基部楔形，边缘具细锯齿。花淡黄色，雄花序为伞房状圆锥花序，雌花序呈聚伞圆锥花序。果橙黄色或至朱红色。花、果期全年可见。
**生境分布**　生长于疏林、路旁或灌丛中。采集于老鸦山（N 25°19′3″，E 116°13′39″，H 430 m）、碓公坑（N 25°16′23″，E 116°10′49″，H 428 m）。较常见种。
**药用部位**　根或叶。
**性味功能**　辛、微苦，温。散瘀止血，祛风除湿，消肿解毒。根皮：治跌打损伤、风湿性关节炎、肋间神经痛、胃痛、月经不调、痛经、闭经。外用治骨折、外伤出血。叶：外用治痈疖肿毒、毒蛇咬伤。

### 434. 椿叶花椒

**学　名**　*Zanthoxylum ailanthoides* Sieb. et Zucc.
**别　名**　食茱萸、樗叶花椒
**形态特征**　落叶乔木。茎有鼓钉状锐刺。叶有小叶 11～27 片；小叶对生，狭长披针形或位于叶轴基部的近卵形，叶缘有明显裂齿，油点多，肉眼可见，叶背灰绿色或有灰白色粉霜。伞房状圆锥花序顶生，多花，花瓣淡黄白色。花期 8—9 月，果期 10—12 月。
**生境分布**　生长于林缘。采集于梁山㘭（N 25°11′9″，E 116°8′28″，H 685 m）、教文村（N 25°8′55″，E 116°11′40″，H 612 m）。常见种。
**药用部位**　根、树皮、果实和叶。
**性味功能**　根：苦，平；有小毒。祛风通络，活血散瘀，解蛇毒。外用治跌打肿痛、风湿关节痛。树皮：苦，平。祛风湿，通经络。治腰膝疼痛、顽痹、疥癣等症。果实：辛，温；有小毒。温中，除湿，止痛，杀虫。

### 435. 竹叶花椒

**学名** *Zanthoxylum armatum* DC.
**别名** 竹叶椒、山花椒、野花椒
**形态特征** 落叶小乔木。茎枝多锐刺，小枝上的刺劲直，叶背中脉上有小刺，中脉两侧、嫩枝梢及花序轴均被柔毛。小叶3～9枚，翼叶明显；小叶对生，通常披针形，两端尖，有时基部宽楔形。花序近腋生或生于侧枝之顶，花约30朵。果紫红色，有微凸起少数油点。花期4—5月，果期8—10月。
**生境分布** 生长于林缘或灌丛中。采集于云礤村（N 25°9′52″，E 116°8′58″，H 586 m）、老鸦山（N 25°18′58″，E 116°13′32″，H 439 m）、新化村（N 25°18′10″，E 116°16′35″，H 560 m）、教文村（N 25°8′52″，E 116°11′47″，H 594 m）。较常见种。
**药用部位** 根、果实。
**性味功能** 辛，温。温中止痛，杀虫止痒。

### 436. 花椒簕

**学名** *Zanthoxylum scandens* Bl.
**别名** 藤花椒、山花椒
**形态特征** 木质藤本。茎枝上皮刺成水平方向略向下弯曲。羽状复叶有小叶5～25片；小叶互生或不整齐对生，卵形至卵状长圆形。圆锥花序，腋生；萼片及花瓣均4片，花瓣淡绿色。蓇葖果1～4个，红褐色，表面微皱，有粗大腺点。花期3—5月，果期7—8月。
**生境分布** 生长于山坡灌木丛中或村边路旁。采集于黄陂山（N 25°11′48″，E 116°11′9″，H 826 m）、中心坑（N 25°15′54″，E 116°15′0″，H 613 m）、天马寨（N 25°7′26″，E 116°10′42″，H 770 m）。较常见种。
**药用部位** 茎叶或根。
**性味功能** 辛，温。活血，散瘀，止痛。治脘腹瘀滞疼痛、跌打损伤。

# 一〇九、楝科 Meliaceae

## 437. 楝

**学名** *Melia azedarach* L.
**别名** 苦楝、楝树
**形态特征** 落叶乔木。叶为二至三回奇数羽状复叶；小叶对生，卵形、椭圆形至披针形，顶生一片通常略大，先端短渐尖，基部楔形或宽楔形，偏斜，边缘有钝锯齿，幼时被星状毛。圆锥花序约与叶等长，花芳香，花瓣淡紫色，雄蕊管紫色。核果球形至椭圆形，内果皮木质。花期4—5月，果期10—12月。
**生境分布** 生长于旷野、路旁或疏林中。采集于老鸦山（N 25°18′54″，E 116°13′29″，H 415 m）、礤文村（N 25°4′49″，E 116°11′23″，H 521 m）、大坪坑（N 25°17′5″，E 116°11′38″，H 526 m）。较常见种。
**药用部位** 皮、叶、子、花。
**性味功能** 皮：苦，寒；有毒。杀虫，疗癣。叶：苦，寒；有毒。清热燥湿，杀虫止痒，行气止痛。子：苦，寒；有小毒。行气止痛，杀虫。花：苦，寒。清热祛湿，杀虫，止痒。

## 438. 红椿

**学名** *Toona ciliata* Roem.
**别名** 红楝子
**形态特征** 大乔木。叶为偶数或奇数羽状复叶，通常有小叶7～8对；小叶对生或近对生，纸质，长圆状卵形或披针形，先端尾状渐尖，基部一侧圆形，另一侧楔形，不等边，边全缘。圆锥花序顶生；花萼短，5裂；花瓣5片，白色。蒴果长椭圆形，木质，有苍白色皮孔；种子两端具翅，翅扁平，膜质。花期4—6月，果期10—12月。
**生境分布** 生长于林中或路旁。采集于云礤村（N 25°10′1″，E 116°9′18″，H 620 m）。少见种。
**药用部位** 根皮。
**性味功能** 清热燥湿，收涩，杀虫。治久泻、久痢、肠风便血、崩漏、带下、遗精、白浊、疳积、蛔虫病、疮癣。
**保护** 国家Ⅱ级保护植物。

## 439. 香椿

**学名** *Toona sinensis* (A.Juss.) Roem.
**别名** 香椿芽、香椿头
**形态特征** 乔木。叶具长柄，偶数羽状复叶；小叶16～20对，对生或互生，纸质，卵状披针形或卵状长椭圆形，边全缘或有疏离的小锯齿。圆锥花序与叶等长或更长，小聚伞花序生于短的小枝上，多花；花萼5齿裂或浅波状；花瓣5片，白色，长圆形；雄蕊10枚，其中5枚能育，5枚退化。蒴果狭椭圆形，深褐色，有小而苍白色的皮孔，果瓣薄；种子基部通常钝，上端有膜质的长翅，下端无翅。花期6—8月，果期10—12月。

**生境分布** 生长于路边或疏林下。采集于袁上村（N 25°9′13″，E 116°13′12″，H 693 m）、武东所（N 25°12′1″，E 116°16′33″，H 354 m）。少见种。
**药用部位** 果实。
**性味功能** 辛、苦，温。祛风，散寒，止痛。治外感风寒、风湿痹痛、胃痛、疝气痛、痢疾。

## 一一〇、古柯科 Erythroxylaceae

## 440. 东方古柯

**学名** *Erythroxylum sinensis* C. Y. Wu
**别名** 猫脚木、木豇豆
**形态特征** 灌木或小乔木。叶纸质，长椭圆形、倒披针形或倒卵形，顶部尾状尖、短渐尖，基部狭楔形；幼叶带红色。花腋生，2～7朵花簇生于极短的总花梗上，或单花腋生。核果长圆形，有3条纵棱，稍弯。花期4—5月，果期5—10月。

**生境分布** 生长于山地、路旁或阔叶林中。采集于梁山顶（N 25°10′15″，E 116°10′17″，H 967 m）、天马寨（N 25°6′21″，E 116°10′22″，H 1 067 m）。少见种。
**药用部位** 叶。
**性味功能** 涩、微苦，温。可做兴奋剂和强壮剂。

# 一一一、酢浆草科 Oxalidaceae

## 441. 酢浆草

**学名** *Oxalis corniculata* L.
**别名** 酸浆草、酸酸草
**形态特征** 草本。全株被柔毛。叶基生或茎上互生，小叶 3 片，无柄，倒心形，先端凹入，基部宽楔形，两面被柔毛或表面无毛，沿脉密被毛，边缘具伏缘毛。花单生或数朵集为伞形花序状，腋生，总花梗淡红色，与叶近等长；花瓣 5 片，黄色，长圆状倒卵形。蒴果长圆柱形，5 条棱。花、果期 2—9 月。
**生境分布** 生长于路边、田边、荒地上。采集于新化村（N 25°17′20″，E 116°17′20″，H 418 m）、谷夫（N 25°12′37″，E 116°10′50″，H 676 m）、教文村（N 25°8′49″，E 116°11′45″，H 576 m）。常见种。
**药用部位** 全草。
**性味功能** 酸，寒。清热利湿，凉血散瘀，消肿解毒。治泄泻、痢疾、黄疸、淋病、赤白带下、麻疹、吐血、衄血、咽喉肿痛、疔疮、痈肿、疥癣、痔疾、脱肛、跌打损伤、烫火伤。

## 442. 红花酢浆草

**学名** *Oxalis corymbosa* DC.
**别名** 三叶草、大叶酢浆草
**形态特征** 多年生草本植物。叶基生，小叶 3 枚，扁圆状倒心形，顶端凹入，两侧角圆形，基部宽楔形。总花梗基生，二歧聚伞花序，通常排列成伞形花序式，花瓣 5 片，淡紫色至紫红色，萼片 5 片，雄蕊 10 枚。花、果期 3—12 月。
**生境分布** 生长于山地、田野、庭院和路边。采集于东岗村（N 25°8′15″，E 116°8′10.8″，H 313 m）、磜文村（N 25°4′56″，E 116°11′28″，H 588 m）、谷夫（N 25°12′37″，E 116°10′50″，H 676 m）、新化村（N 25°17′31″，E 116°17′6″，H 430 m）。常见种。
**药用部位** 全草。
**性味功能** 酸，寒。清热解毒，散瘀消肿，调经。治肾盂肾炎、痢疾、水泻、咽炎、牙痛、淋浊、月经不调、白带。外用治毒蛇咬伤、跌打损伤、痈疮、烧烫伤。

## 一一二、凤仙花科 Balsaminaceae

### 443. 凤仙花

**学名** *Impatiens balsamina* L.
**别名** 急性子、指甲花、小桃红
**形态特征** 一年生草本。茎粗壮，肉质，直立，不分枝或有分枝，下部节常膨大。叶互生，最下部叶有时对生；叶片披针形、狭椭圆形或倒披针形，边缘有锐锯齿，向基部常有数对无柄的黑色腺体。花单生或2～3朵簇生于叶腋，白色、粉红色或紫色，单瓣或重瓣；唇瓣深舟状；旗瓣圆形，兜状，先端微凹，背面中肋具狭龙骨状突起，顶端具小尖，翼瓣具短柄。蒴果宽纺锤形。种子多数，圆球形，黑褐色。花期7—10月。
**生境分布** 生长于田边、溪边湿地。采集于云礤村（N 25°9′46″，E 116°9′11″，H 607 m）、东岗村（N 25°8′23″，E 116°8′19″，H 320 m）。常见种。
**药用部位** 全草、种子（急性子）。
**性味功能** 根：苦、辛，平。活血止痛，利湿消肿。茎：苦、辛，温；小毒。祛风湿，活血止痛。花：甘、苦，微温。祛风除湿，活血止痛，解毒杀虫。种子：辛、苦，温；小毒。行瘀降气，软坚散结。

### 444. 华凤仙

**学名** *Impatiens chinensis* L.
**别名** 水边指甲花、象鼻花
**形态特征** 一年生草本。叶对生，无柄或几无柄；叶片硬纸质，线形或线状披针形，稀倒卵形，先端尖或稍钝，基部近心形或截形，有托叶状的腺体，边缘疏生刺状锯齿。花较大，单生或2～3朵簇生于叶腋，无总花梗，紫红色或白色；唇瓣漏斗状，旗瓣圆形，翼瓣无柄。蒴果椭圆形，中部膨大，顶端喙尖。种子数粒，圆球形，黑色，有光泽。花期7—10月，果期10—11月。
**生境分布** 生长于潮湿地或水边、田边。采集于谷夫（N 25°12′46″，E 116°10′58″，H 563 m）。常见种。
**药用部位** 茎、叶。
**性味功能** 微苦、辛，平。清热解毒，活血散瘀，消肿拔脓。

### 445. 管茎凤仙花

**学名** *Impatiens tubulosa* Hemsl.
**别名** 急性子
**形态特征** 一年生草本。茎较粗壮，肉质，直立，不分枝，无毛，下部节膨大。叶互生，下部叶在花期凋落，上部叶常密集；叶片披针形或长圆状披针形，先端渐尖或长渐尖，基部狭楔形下延，边缘具圆齿状齿。总花梗和花序轴粗壮，排列成总状花序；花黄色，唇瓣囊状，旗瓣倒卵状椭圆形，翼瓣具短柄。蒴果棒状，上部膨大，具喙尖。花期8—12月。
**生境分布** 生长于林中、溪边。采集于谷夫（N 25°12′46″，E 116°10′58″，H 563 m）。常见种。
**药用部位** 全草。
**性味功能** 微苦、辛，温；有小毒。抗真菌，止血。

## 一一三、远志科 Polygalaceae

### 446. 黄花倒水莲

**学名** *Polygala fallax* Hemsl
**别名** 黄花远志、假黄花远志、倒吊王
**形态特征** 灌木或小乔木。单叶互生，叶片膜质，披针形至椭圆状披针形，先端渐尖，基部楔形至钝圆，全缘，两面均被短柔毛。总状花序顶生或腋生，下垂，被短柔毛；花瓣正黄色，3枚，侧生花瓣长圆形，龙骨瓣盔状，鸡冠状附属物具柄，流苏状。蒴果阔倒心形至圆形，绿黄色，具半同心圆状凸起的棱，顶端具喙状短尖头。花期5—8月，果期8—10月。
**生境分布** 生长于沟边、阔叶林中。采集于黄陂山（N 25°12′6″，E 116°11′7″，H 782 m）、中心坑（N 25°16′11″，E 116°14′52″，H 705 m）。常见种。
**药用部位** 根。
**性味功能** 甘，微温。祛风除湿，补虚消肿，调经活血。治感冒、风湿疼痛、肺痨、水肿、产后虚弱、月经不调、跌打损伤。

### 447. 狭叶香港远志

**学名** *Polygala hongkongensis* Hemsl. var. *stenophylla* (Hay.) Migo

**别名** 金锁匙、瓜子草

**形态特征** 多年生草本至亚灌木。茎枝细，被卷曲短柔毛。单叶互生，叶片纸质或膜质，茎下部叶小，卵形，先端具短尖头，上部叶披针形。总状花序顶生，花序轴及花梗被短柔毛，具7～18朵花，花瓣3片，白色或紫色，侧瓣深波状，龙骨瓣盔状，顶端具广泛流苏状鸡冠状附属物。蒴果近圆形，具阔翅，先端具缺刻。花期5—6月，果期6—7月。

**生境分布** 生长于林下、林缘或山坡草地。采集于教文村（N 25°9′0.7″, E 116°11′57″, H 620 m）、老好坑（N 25°11′24″, E 116°9′3″, H 632 m）。较常见种。

**药用部位** 全草。

**性味功能** 苦、辛，温。益智安神，散瘀，化痰，退肿。治失眠、跌打损伤、咳喘、附骨疽、痈肿、毒蛇咬伤。

### 448. 瓜子金

**学名** *Polygala japonica* Houtt.

**别名** 金锁匙、瓜子草

**形态特征** 多年生草本。单叶互生，叶片厚纸质或薄革质，卵形或卵状披针形，全缘，叶面绿色，背面淡绿色，两面无毛或被短柔毛。总状花序与叶对生，或腋外生。萼片5片，宿存，外面3枚披针形，里面2枚花瓣状，卵形至长圆形；花瓣3片，白色至紫色，基部合生，龙骨瓣舟状，具流苏状鸡冠状附属物。蒴果圆形，边缘具有横脉的阔翅。花期4—5月，果期5—8月。

**生境分布** 生长于草地、路边或田埂上。采集于马头山（N 25°5′51″, E 116°4′53″, H 292 m）。少见种。

**药用部位** 全草。

**性味功能** 微辛，微温。活血散瘀，祛痰镇咳，解毒止痛。

## 449. 小花远志

**学名** *Polygala polifolia* Presl
**别名** 金牛草、细叶金不换
**形态特征** 一年生草本。茎多分枝,铺散,密被卷曲短柔毛。叶互生,叶片厚纸质,倒卵形、长圆形或椭圆状长圆形,先端钝,具刺毛状锐尖头,基部阔楔形至钝,全缘。总状花序腋生或腋外生,疏被柔毛,花少,密集;花瓣3片,白色或紫色,侧瓣三角状菱形,龙骨瓣顶端背部具2束多分枝的鸡冠状附属物。蒴果近圆形。花、果期7—10月。
**生境分布** 生长于水旁瘠土、山坡草地上。采集于马头山(N 25°5′41″,E 116°4′41″,H 351 m)。少见种。
**药用部位** 全草。
**性味功能** 甘、苦,平。散瘀止血、化痰止咳、解毒消肿。治伤症咳嗽、五劳七伤、跌打痛症、蛇咬伤。

## 一一四、卫矛科 Celastraceae

### 450. 过山枫

**学名** *Celastrus aculeatus* Merr.
**别名** 穿山龙
**形态特征** 小枝幼时被棕褐色短毛。冬芽圆锥状,基部芽鳞宿存,坚硬成刺状。叶椭圆形或长方形,先端渐尖或窄急尖,基部阔楔稀近圆形,边缘上部具疏浅细锯齿,下部全缘,侧脉5对。聚伞花序短,腋生或侧生,通常3朵花。蒴果近球状,宿萼明显增大。花期3—4月,果期9—10月。
**生境分布** 生长于山坡灌丛中。采集于新化村(N 25°18′7″,E 116°16′31″,H 612 m)、梁山顶(N 25°10′5″,E 116°10′31″,H 1 121 m)。少见种。
**药用部位** 根。
**性味功能** 苦、辛,凉。清热解毒,祛风除湿。治风湿痹痛、痛风、肾炎、胆囊炎、白血病。

## 451. 大芽南蛇藤

**学名** *Celastrus gemmatus* Loes
**别名** 哥兰叶、米汤叶
**形态特征** 落叶藤状灌木。小枝具多数皮孔，皮孔阔椭圆形到近圆形，棕灰白色，突起，冬芽大。叶长方形、卵状椭圆形或椭圆形，边缘具浅锯齿，网脉两面均突起，下面中脉具棕色短柔毛。聚伞花序顶生及腋生，顶生花序长，侧生花序短而少花。蒴果球形。花期4—9月，果期8—10月。
**生境分布** 生长于路旁、溪边灌丛中。采集于东岗村（N 25°8′20″，E 116°8′14″，H 297 m）、黄陂山（N 25°11′43″，E 116°11′5″，H 896 m）、新化村（N 25°17′52″，E 116°16′50″，H 502 m）。常见种。
**药用部位** 根。
**性味功能** 苦、辛，平。舒筋活血，散瘀。

## 452. 卫矛

**学名** *Euonymus alatus* (Thunb.) Sieb.
**别名** 鬼箭羽、四棱树
**形态特征** 灌木。小枝常具2～4列宽阔木栓翅。叶卵状椭圆形、窄长椭圆形，偶为倒卵形，边缘具细锯齿，两面光滑无毛。聚伞花序1～3朵花，花白绿色，花瓣近圆形，雄蕊着生花盘边缘处，花丝极短。蒴果1～4深裂，裂瓣椭圆状；种子椭圆形或阔椭圆状，种皮褐色或浅棕色，假种皮橙红色，全包种子。花期5—6月，果期7—10月。
**生境分布** 生长于山坡、溪流边。采集于云礤溪（N 25°8′20″，E 116°8′14″，H 297 m）。少见种。
**药用部位** 全株。
**性味功能** 苦，寒。行血通经，散瘀止痛。治月经不调、产后淤血腹痛、跌打损伤肿痛。

## 453. 疏花卫矛

**学名** *Euonymus laxiflorus* Champ. ex Benth.
**别名** 土杜仲
**形态特征** 灌木。叶纸质或近革质，卵状椭圆形、长方椭圆形或窄椭圆形，先端钝渐尖，基部阔楔形或稍圆，全缘或具不明显的锯齿，侧脉多不明显。聚伞花序分枝疏松，5～9朵花，花紫色，5基数。蒴果紫红色，倒圆锥状；种子长圆状，种皮枣红色，假种皮橙红色，成浅杯状包围种子基部。花期3—6月，果期7—11月。
**生境分布** 生长于路旁或林中。采集于新兰村（N 25°19′4″，E 116°13′49″，H 386 m）。少见种。

**药用部位** 根、茎皮、叶。
**性味功能** 甘、辛，微温。益肾气，健腰膝。根、茎皮：治水肿、腰膝酸痛、跌打损伤、骨折。叶：治骨折、跌打损伤。

## 454. 大果卫矛

**学名** *Euonymus myrianthus* Hemsl.
**别名** 黄褚、梅风
**形态特征** 常绿灌木。叶革质，倒卵形、窄倒卵形或窄椭圆形，有时窄至阔披针形，先端渐尖，基部楔形，边缘常呈波状或具明显钝锯齿。聚伞花序多聚生小枝上部，2～4次分枝；花黄色。蒴果黄色，多呈倒卵状；种子卵圆形，假种皮橘黄色。花期4月，果期10月。
**生境分布** 生长于溪边沟谷较湿润处。采集于黄陂山（N 25°11′27″，E 116°11′2″，H 954 m）。少见种。

**药用部位** 根、茎。
**性味功能** 甘、微苦，平。益肾壮腰，化瘀利湿。治肾虚腰痛、胎动不安、慢性肾炎、产后恶露不尽、跌打骨折、风湿痹痛、带下。

## 一一五、冬青科 Aquifoliaceae

### 455. 秤星树

**学名** *Ilex asprella* (Hook. et Arn.) Champ. ex Benth.
**别名** 梅叶冬青
**形态特征** 落叶灌木。叶膜质，在长枝上互生，在缩短枝上，1～4枚簇生枝顶，卵形或卵状椭圆形，边缘具锯齿，叶面绿色，被微柔毛，背面淡绿色。雄花序2或3朵花呈束状或单生于叶腋或鳞片腋内，位于腋芽与叶柄之间；雌花序单生于叶腋或鳞片腋内。果球形，熟时变黑色。花期3月，果期4—10月。
**生境分布** 生长于疏林下或灌木丛中。采集于马头山（N 25°5′42″，E 116°4′49″，H 304 m）、天马寨（N 25°6′31″，E 116°10′30″，H 979 m）、东岗村（N 25°8′24″，E 116°8′21″，H 325 m）、黄陂山（N 25°11′52″，E 116°11′8″，H 835 m）。常见种。
**药用部位** 根。
**性味功能** 苦、甘，凉。清热解毒，生津止渴。治感冒、高热烦渴、扁桃体炎、咽喉炎、气管炎、百日咳、肠炎、痢疾、传染性肝炎、野蕈、砒霜中毒。

### 456. 刺叶冬青

**学名** *Ilex bioritsensis* Hayata
**别名** 双子冬青、壮刺冬青
**形态特征** 常绿灌木或小乔木。叶片革质，卵形至菱形，先端渐尖，且具一长3 mm的刺，基部圆形或截形，边缘波状，具3或4对硬刺齿，侧脉4～6对，上面明显凹入。花簇生于二年生枝的叶腋内，花2～4基数，淡黄绿色。果椭圆形，成熟时红色。花期4—5月，果期8—10月。
**生境分布** 生长于疏林或林缘。采集于袁上村（N 25°9′29″，E 116°13′5″，H 743 m）、中心坑（N 25°17′33″，E 116°16′30″，H 612 m）。少见种。
**药用部位** 根。
**性味功能** 甘，平。祛风除湿，消肿止痛。治风湿痹痛、跌打损伤。

### 457. 冬青

**学名** *Ilex chinensis* Sims
**别名** 冻青
**形态特征** 常绿乔木。叶片薄革质至革质，椭圆形或披针形，稀卵形，边缘具圆齿，叶面绿色，背面淡绿色。雄花花序具三至四回分枝，花淡紫色或紫红色；雌花花序一至二回分枝。果长球形，成熟时红色。花期4—6月，果期7—12月。
**生境分布** 生长于疏林或灌丛中。采集于石园地（N 25°17′38″, E 116°16′39″, H 523 m）、新兰村（N 25°18′21″, E 116°14′7″, H 443 m）。少见种。
**药用部位** 果、叶。
**性味功能** 苦、涩，寒。补肝强筋，补肾健骨。

### 458. 枸骨

**学名** *Ilex cornuta* Lindl. et Paxt.
**别名** 鸟不宿、猫儿刺
**形态特征** 常绿小乔木或灌木。叶片厚革质，两型，四方状长圆形或卵形，先端具3枚尖硬刺齿，两侧各具1～2枚刺齿。花序簇生于二年生枝的叶腋内，花淡黄色。果球形，成熟时鲜红色。花期4—5月，果期10—12月。
**生境分布** 生长于溪涧、路旁或灌丛中。采集于中心坑（N 25°16′25″, E 116°15′16″, H 732 m）、高坊（N 25°11′56″, E 116°14′25″, H 396 m）。少见种。
**药用部位** 根、叶、果实。
**性味功能** 叶：微苦，凉。养阴清热，补益肝肾。子：苦、涩，微温，补肝肾，止泻。根：苦，凉。祛风，止痛，解毒。

## 459. 榕叶冬青

**学名** *Ilex ficoidea* Hemsl.
**别名** 仿蜡树、野香雪
**形态特征** 常绿乔木。叶片革质，长圆状椭圆形、卵状或稀倒卵状椭圆形，先端骤然尾状渐尖，基部钝楔形或近圆形，边缘具不规则的细圆齿状锯齿，网脉不明显。聚伞花序或单花簇生于当年生枝的叶腋内，花4基数，白色或淡黄绿色，芳香；雄花花序的聚伞花序具1～3朵花；雌花单花簇生于当年生枝的叶腋内。果球形或近球形，成熟后红色。花期3—4月，果期8—11月。
**生境分布** 生长于疏林或林缘。采集于梁山岬（N 25°11′5″，E 116°8′24″，H 694 m）。少见种。
**药用部位** 根。
**性味功能** 苦、甘，凉。解毒，消肿止痛。治肝炎、跌打损伤。

## 460. 大叶冬青

**学名** *Ilex latifolia* Thunb
**别名** 苦丁
**形态特征** 常绿大乔木。叶片厚革质，长圆形或卵状长圆形，先端钝或短渐尖，基部圆形或阔楔形，边缘具疏锯齿，齿尖黑色，叶面深绿色，背面淡绿色。由聚伞花序组成的假圆锥花序生于叶腋内。花淡黄绿色，4基数。雄花假圆锥花序的每个分枝具3～9朵花，呈聚伞花序状；雌花花序的每个分枝具1～3朵花。果球形，成熟时红色。花期4月，果期9—10月。
**生境分布** 生长于林缘或灌丛中。采集于黄陂山（N 25°11′27″，E 116°11′2″，H 954 m）。较常见种。
**药用部位** 嫩叶。
**性味功能** 甘、苦，寒。疏风清热，明目生津。治感冒发热、扁桃体炎、咽喉肿痛、急慢性肝炎、急性肠胃炎、胃及十二指肠溃疡、风湿关节痛、跌打损伤、烫火伤。

## 461. 毛冬青

**学名** *Ilex pubescens* Hook. et Arn
**别名** 茶叶冬青、密花冬青
**形态特征** 常绿灌木。小枝纤细，近四棱形。叶纸质，椭圆形或长卵形，边缘具疏而尖的细锯齿或近全缘，叶面绿色，背面淡绿色，两面被长硬毛。花序簇生于叶腋，密被长硬毛。雄花簇每枝为具1～3朵花的聚伞花序，雌花簇每枝为单生花。果卵圆形，成熟后红色。花期5月，果期8—10月。
**生境分布** 生长于林下或灌丛中。采集于谷夫（N 25°12′27″，E 116°10′44″，H 693 m）、中心坑（N 25°16′15″，E 116°15′0″，H 754 m）、新兰村（N 25°19′1″，E 116°14′3″，H 404 m）。常见种。
**药用部位** 根、叶。
**性味功能** 苦，平，寒。清热解毒，消肿止痛，活血通脉。

## 462. 铁冬青

**学名** *Ilex rotunda* Thunb.
**别名** 救必应、熊胆木
**形态特征** 常绿灌木或乔木。叶仅见于当年生枝上，叶片薄革质或纸质，卵形、倒卵形或椭圆形，先端短渐尖，基部楔形或钝，全缘，稍反卷，叶面绿色，背面淡绿色，两面无毛。聚伞花序或伞形状花序单生于当年生枝的叶腋内。雄花序花白色，花萼盘状；雌花序具3～7朵花，花白色，花萼浅杯状。果近球形，成熟时红色，宿存花萼平展。花期4月，果期8—12月。
**生境分布** 生长于疏林下沟、溪边。采集于东岗村（N 25°8′16″，E 116°8′11″，H 313 m）、云礤村（N 25°9′46″，E 116°9′16″，H 606 m）、坑头（N 25°11′6″，E 116°12′8″，H 739 m）。常见种。
**药用部位** 树皮或根皮。
**性味功能** 苦，寒。清热解毒，利湿，止痛。治感冒发热、扁桃体炎、咽喉肿痛、急慢性肝炎、急性肠胃炎、胃及十二指肠溃疡、暑湿泄泻、黄疸、痢疾、跌打损伤、风湿痹痛、湿疹、疮疖。

### 463. 三花冬青

**学名** *Ilex triflora* Bl.
**别名** 小冬青
**形态特征** 常绿灌木或乔木。幼枝近四棱形，具纵棱及沟。叶片近革质，椭圆形，长圆形或卵状椭圆形，边缘具近波状线齿，上面深绿色，背面具腺点，疏被短柔毛。雄花1~3朵排成聚伞花序，雌花1~5朵簇生于当年生或二年生枝的叶腋内，花白色或淡红色。果球形，分核4个，卵状椭圆形。花期5—7月，果期8—11月。
**生境分布** 生长于阔叶林或灌木丛中。采集于谷夫（N 25°12′27″，E 116°10′44″，H 693 m）、中心坑（N 25°17′7″，E 116°15′49″，H 627 m）。常见种。
**药用部位** 根。
**性味功能** 苦，寒。清热解毒，活血止痛。治疮疡肿毒。

## 一一六、鼠李科 Rhamnaceae

### 464. 多花勾儿茶

**学名** *Berchemia floribunda* (Wall.) Brongn.
**别名** 勾儿茶、金刚藤
**形态特征** 蔓性灌木。幼枝黄绿色，光滑无毛。叶纸质，上部叶较小，卵形或卵状椭圆形至卵状披针形，顶端锐尖，下部叶较大，椭圆形至矩圆形。花多数，通常数个簇生排成顶生宽聚伞圆锥花序，或下部兼腋生聚伞总状花序。核果圆柱状椭圆形。花期7—10月，果期次年4—7月。
**生境分布** 生长于山坡路旁及灌丛中。采集于云礤村（N 25°9′52″，E 116°9′2″，H 603 m）、教文村（N 25°8′47″，E 116°11′44″，H 586 m）、谷夫（N 25°12′21″，E 116°10′58″，H 715 m）。常见种。
**药用部位** 根及老茎。
**性味功能** 甘，微温。补脾益气，活络舒筋，排脓生肌。治骨结核、慢性骨髓炎、劳倦乏力、风湿关节痛、肝硬化、血小板减少症、胃痛。

## 465. 枳椇

**学名** *Hovenia acerba* Lindl.
**别名** 拐枣、鸡爪梨
**形态特征** 高大乔木。叶互生，厚纸质至纸质，宽卵形、椭圆状卵形或心形，边缘常具整齐浅而钝的细锯齿，上部或近顶端的叶有不明显的齿。二歧式聚伞圆锥花序，顶生和腋生，被棕色短柔毛；花两性；花瓣椭圆状匙形，具短爪。浆果状核果近球形，成熟时黄褐色或棕褐色；果序轴明显膨大；种子暗褐色或黑紫色。花期5—7月，果期8—10月。
**生境分布** 生长于疏林中或林缘。采集于云礤村（N 25°9'57″，E 116°8'38″，H 623 m）、新兰村（N 25°19'4″，E 116°13'50″，H 381 m）、礤文村（N 25°4'27″，E 116°11'11″，H 554 m）、新化村（N 25°17'43″，E 116°16'50″，H 451 m）。常见种。
**药用部位** 种子。
**性味功能** 甘，平。解酒毒，止渴除烦，止呕，通利两便。

## 466. 马甲子

**学名** *Paliurus ramosissimus* (Lour.) Poir.
**别名** 白棘、马甲刺、铁篱笆
**形态特征** 灌木。叶互生，纸质，宽卵形、卵状椭圆形或圆形，顶端钝或圆形，基部宽楔形或近圆形，稍偏斜，边缘具细锯齿，基生三出脉。腋生聚伞花序，被黄色绒毛。核果杯状，被黄褐色或棕褐色绒毛，周围具木栓质3浅裂的窄翅。花期5—8月，果期9—10月。
**生境分布** 生长于村边，路边。采集于高坊（N 25°11'56″，E 116°14'25″，H 396 m）。少见种。
**药用部位** 根、叶。
**性味功能** 辛、苦，微寒。祛风止痛，清热解毒。根：治关节痛、牙痛、咽喉痛、痈疽。叶：治无名肿毒。

## 467. 尼泊尔鼠李

**学名** *Rhamnus napalensis* (Wall.) Laws.
**别名** 纤序鼠李、皂布叶、染布叶
**形态特征** 直立或藤状灌木。叶厚纸质或近革质，大小异形，交替互生，小叶近圆形或卵圆形；大叶宽椭圆形或椭圆状矩圆形，顶端圆形，短渐尖或渐尖，基部圆形，边缘具圆齿或钝锯齿。腋生聚伞总状花序或下部有短分枝的聚伞圆锥花序；花单性，雌雄异株，5基数。核果倒卵状球形，基部有宿存的萼筒，具3个分核。花期5—9月，果期8—11月。
**生境分布** 生长于疏、密林或灌丛中。采集于梁山隔（N 25°11′5″，E 116°13′50″，H 544 m）。常见种。
**药用部位** 根、茎。
**性味功能** 涩、微甘，平。祛风除湿，利水消胀。治风湿关节痛、慢性肝炎、肝硬化腹水。

## 468. 冻绿

**学名** *Rhamnus utilis* Decne.
**别名** 红冻、油葫芦子
**形态特征** 灌木或小乔木。叶纸质，对生或近对生，或在短枝上簇生，椭圆形、矩圆形或倒卵状椭圆形，顶端突尖或锐尖，基部楔形或稀圆形，边缘具细锯齿或圆齿状锯齿。花单性，雌雄异株；雄花数朵簇生于叶腋，或10～30余朵聚生于小枝下部；雌花2～6朵簇生于叶腋或小枝下部。核果圆球形或近球形，成熟时黑色。花期4—6月，果期5—8月。
**生境分布** 生长于疏林或灌丛中。采集于马头山（N 25°5′37″，E 116°4′53″，H 330 m）。较常见种。
**药用部位** 果肉。
**性味功能** 辛、温。解热。治泻及瘰沥。

## 469. 钩刺雀梅藤

**学名** *Sageretia hamosa* (Wall.) Brongn.
**别名** 钩雀梅藤
**形态特征** 常绿藤状灌木。小枝具钩状下弯的粗刺。叶革质，互生或近对生，矩圆形或长椭圆形，边缘具细锯齿，上面有光泽。花无梗，通常2～3朵簇生疏散排列成顶生或腋生穗状或穗状圆锥花序，被棕色或灰白色绒毛或密短柔毛。核果近球形，成熟时深红色或紫黑色，有2个分核，被白粉。花期7—8月，果期8—10月。
**生境分布** 生长于灌丛或疏林下。采集于云磜村（N 25°9′35″，E 116°9′22″，H 621 m）、天马寨（N 25°7′31″，E 116°10′44″，H 727 m）、新化村（N 25°18′11″，E 116°16′34″，H 595 m）。常见种。
**药用部位** 根。
**性味功能** 甘、淡，平。祛风利湿。

## 470. 翼核果

**学名** *Ventilago leiocarpa* Benth.
**别名** 血风根、青筋藤、光果翼核果
**形态特征** 藤状灌木。叶薄革质，卵状矩圆形或卵状椭圆形，顶端渐尖或短渐尖，稀锐尖，基部圆形或近圆形，近全缘。花4～8朵簇生于叶腋或排成顶生聚伞总状或圆锥花序；花小，两性，淡绿色。核果，顶端钝圆，有小尖头，具1粒种子。花期3—5月，果期4—7月。
**生境分布** 生长于疏林或灌丛中。采集于云磜溪（N 25°8′16″，E 116°8′8″，H 323 m）。较常见种。
**药用部位** 根。
**性味功能** 苦，温。养血祛风，舒筋活络。治风湿筋骨痛、跌打损伤、腰肌劳损、贫血头晕、四肢麻木、月经不调。

# 一一七、葡萄科 Vitaceae

## 471. 广东蛇葡萄

**学名** *Ampelopsis cantoniensis* (Hook. et Arn.) Planch.
**别名** 粤蛇葡萄
**形态特征** 木质藤本。卷须2叉分枝，相隔两节间断与叶对生。叶为一回羽状复叶，小叶3～7片，或为二回羽状复叶，小叶9～13片；小叶近革质，椭圆形、宽椭圆形或卵形，大小不一，边缘有不明显的钝齿。花序为伞房状多歧聚伞花序，顶生或与叶对生；花小，淡绿色。果近球形。花期4—7月，果期8—11月。
**生境分布** 生长于灌丛或疏林中。采集

于谷夫（N 25°13′31″，E 116°10′42″，H 623 m）、黄陂山（N 25°11′43″，E 116°11′5″，H 896 m）、老好坑（N 25°11′24″，E 116°9′7″，H 655 m）。常见种。
**药用部位** 根、全株。
**性味功能** 辛、苦，凉。祛风化痰，清热解毒。

## 472. 三裂蛇葡萄

**学名** *Ampelopsis delavayana* Planch.
**别名** 德氏蛇葡萄、三裂叶蛇葡萄
**形态特征** 木质藤本。卷须2～3叉分枝，相隔两节间断与叶对生。叶为3片小叶，中央小叶披针形或椭圆披针形，顶端渐尖，基部近圆形，侧生小叶卵椭圆形或卵披针形，基部不对称，近截形，边缘有粗锯齿，齿端通常尖细，中央小叶有柄或无柄，侧生小叶无柄。多歧聚伞花序与叶对生。果实近球形。花期6—8月，果期9—11月。
**生境分布** 生长于林中或沟边灌丛

中。采集于岩前（N24°52′19″，E 116°13′17″，H 329 m）、教文村（N 25°8′50″，E 116°11′46″，H 591 m）、老好坑（N 25°11′24″，E 116°9′7″，H 655 m）。少见种。
**药用部位** 根皮（金刚散）。
**性味功能** 辛，平。消肿止痛，舒筋活血，止血。治外伤出血、骨折、跌打损伤、风湿关节痛。

### 473. 光叶蛇葡萄

**学名** *Ampelopsis glandulosa* (Wall.) Momiy. var. *hancei* (Planch.) Momiy
**别名** 山葡萄
**形态特征** 木质藤本。卷须2～3叉分枝，相隔两节间断与叶对生。叶为单叶，心形或卵形，3～5中裂，常混生有不分裂者，顶端急尖，基部心形，边缘有急尖锯齿，上面绿色，无毛，下面浅绿色，基出脉5条，中央脉有侧脉4～5对。聚伞花序与叶对生，密被锈色短柔毛。果实近球形。花期4—6月，果期8—10月。
**生境分布** 生长于林下或沟边灌丛中。采集于老好坑（N 25°11'19″，E 116°9'13″，H 708 m）、坑头（N 25°10'56″，E 116°12'12″，H 755 m）。少见种。
**药用部位** 根、茎、叶。
**性味功能** 辛、苦，凉。清热利湿，解毒消肿。治湿热黄疸、肠炎、痢疾、无名肿毒、跌打损伤。

### 474. 显齿蛇葡萄

**学名** *Ampelopsis grossedentata* (Han.-Mazz) W.T.wang
**别名** 藤茶
**形态特征** 木质藤本。卷须2叉分枝，相隔两节间断与叶对生。叶为一至二回羽状复叶，二回羽状复叶者基部一对为3片小叶，小叶卵圆形，卵椭圆形或长椭圆形，顶端急尖或渐尖，基部阔楔形或近圆形，边缘每侧有2～5个锯齿，上面绿色，下面浅绿色。花序为伞房状多歧聚伞花序，与叶对生。果近球形。花期5—8月，果期8—12月。
**生境分布** 生长于灌丛、林缘或沟谷溪边。采集于老好坑（N 25°11'33″，E 116°8'36″，H 603 m）、磜文村（N 25°4'55″，E 116°11'27″，H 567 m）、新化村（N 25°18'1″，E 116°16'42″，H 561 m）。常见种。
**药用部位** 嫩茎、叶。
**性味功能** 甘、淡，凉。清热解毒，祛风除湿，强筋壮骨，消炎镇痛，清咽利喉。

### 475. 葎叶蛇葡萄

**学名** *Ampelopsis humulifolia* Bge.
**别名** 葎叶白蔹
**形态特征** 木质藤本。卷须2叉分枝，相隔两节间断与叶对生。叶为单叶，3～5浅裂或中裂，心状五角形或肾状五角形，顶端渐尖，基部心形，基缺顶端凹成圆形，边缘有粗锯齿。多歧聚伞花序与叶对生。果实近球形。花期5—7月，果期5—9月。
**生境分布** 生长于山坡、沟边灌丛中。采集于老好坑（N 25°11′33″，E 116°8′36″，H 603 m）、大坪坑（N 25°17′7″，E 116°11′37″，H 540 m）。少见种。
**药用部位** 根皮。
**性味功能** 辛，热。活血散瘀，消炎解毒，生肌长骨，祛风除湿。

### 476. 角花乌蔹莓

**学名** *Cayratia corniculata* (Benth.) Gagnep.
**别名** 野葡萄、钻地羊
**形态特征** 草质藤本。卷须2叉分枝，相隔两节间断与叶对生。叶为鸟足状5片小叶，中央小叶长椭圆披针形，边缘每侧有5～7个锯齿或细齿，侧生小叶卵状椭圆形，边缘外侧有5～6个锯齿或细齿。花序为复二歧聚伞花序，腋生；花瓣4片，三角状卵圆形，顶端有小角。果实近球形。花期4—5月，果期7—9月。
**生境分布** 生长于林下或灌丛中。采集于梁山圳（N 25°11′7″，E 116°8′25″，H 685 m）、新兰村（N 25°18′50″，E 116°14′2″，H 426 m）、黄陂山（N 25°12′7″，E 116°11′7″，H 775 m）、新化村（N 25°18′3″，E 116°16′40″，H 562 m）。常见种。
**药用部位** 块根、全株。
**性味功能** 酸、苦，寒。解毒消肿，活血散瘀，润肺止咳，化痰，止渴，止血，利尿。

### 477. 乌蔹莓

**学名** *Cayratia japonica* (Thunb.) Gagnep.
**别名** 五叶莓、乌蔹草、五叶藤
**形态特征** 草质藤本。卷须2～3叉分枝，相隔两节间断与叶对生。叶为鸟足状5片小叶，中央小叶长椭圆形或椭圆披针形，侧生小叶椭圆形或长椭圆形，边缘有疏锯齿。聚伞花序腋生或假腋生；花小，黄绿色；花瓣4片，三角状卵圆形。果实近球形。花期3～8月，果期8—11月。
**生境分布** 生长于路旁灌丛中。采集于云磜溪（N 25°8′57″，E 116°8′28″，H 358 m）。常见种。
**药用部位** 全草。
**性味功能** 苦、酸，寒。清热解毒，活血散瘀，利尿。治咽喉肿痛、疖肿、痈疽、疔疮、痢疾、尿血、白浊、跌打损伤、毒蛇咬伤。

### 478. 异叶地锦

**学名** *Parthenocissus dalzielii* Gagnep.
**别名** 异叶爬山虎、草上藤
**形态特征** 木质藤本。卷须总状5～8叉分枝，相隔两节间断与叶对生，卷须顶端嫩时膨大呈圆珠形，后遇附着物扩大呈吸盘状。两型叶，着生在短枝上常为3片小叶，较小的单叶常着生在长枝上，边缘有细齿；单叶有基出脉3～5条。花序假顶生于短枝顶端，基部有分枝，主轴不明显，形成多歧聚伞花序。果实近球形，成熟时紫黑色。花期5—7月，果期7—11月。
**生境分布** 攀援于岩石或树干上。采集于大坪坑（N 25°17′4″，E 116°10′51″，H 383 m）、老好坑（N 25°11′34″，E 116°8′41″，H 607 m）、新化村（N 25°18′6″，E 116°16′30″，H 591 m）。常见种。
**药用部位** 根、茎、叶。
**性味功能** 微辛、涩，温。祛风除湿，散瘀止痛，解毒消肿。

### 479. 闽赣葡萄

**学名** *Vitis chungii* Metcalf
**别名** 红扁藤、钟氏葡萄
**形态特征** 木质藤本。卷须2叉分枝，每隔两节间断与叶对生。长椭圆卵形或卵状披针形，顶端渐尖或尾尖，基部截形、圆形或近圆形，每侧边缘有7～9个锯齿，疏离，齿尖锐，上面绿色，无毛，下面常被白色粉霜；基生脉3出，中脉有侧脉4～5对，网脉两面突出。花杂性异株；圆锥花序基部分枝不发达，圆柱形，与叶对生。果实球形，成熟时紫红色。花期4—6月，果期6—8月。
**生境分布** 生长于山坡、沟谷林中或灌丛中。采集于黄陂山（N 25°11′52″，E 116°11′8″，H 835 m）、梁山隔（N 25°11′13″，E 116°13′46″，H 466 m）。较常见种。
**药用部位** 根
**性味功能** 甘、涩，平。消肿拔毒。治疮痈疖肿。

### 480. 毛葡萄

**学名** *Vitis heyneana* Roem.et Schult
**别名** 五角叶葡萄、绒毛葡萄
**形态特征** 木质藤本。幼枝、叶柄和花序轴密被灰白色或豆沙色蛛丝状柔毛；卷须分叉。叶互，纸质，卵形或五角状卵形，不裂或不明显3浅裂，顶端短尖，基部心形或微心形，边缘有波状小牙齿，下面密被灰白色或豆沙色毡毛。圆锥花序；花小，黄绿色。浆果球形，成熟时紫黑色。花期4—6月，果期6—10月。
**生境分布** 生长于林中或沟边灌丛中。采集于老好坑（N 25°11′19″，E 116°9′13″，H 708 m）、大坪坑（N 25°17′7″，E 116°11′37″，H 540 m）。少见种。
**药用部位** 根皮、叶。
**性味功能** 微苦、酸，平。调经活血，舒筋活络。治月经不调、白带。外用治跌打损伤、筋骨疼痛。叶：止血。

## 481. 三叶崖爬藤

**学名** *Tetrastigma hemsleyanum* Diels et Gilg

**别名** 三叶青、蛇附子、石猴子

**形态特征** 草质藤本。卷须不分枝，相隔两节间断与叶对生。掌状复叶，有小叶3片，纸质，狭卵形或披针形，边缘疏生小齿，上面深绿色，下面绿色。聚伞花序腋生，由数个至多个小伞形花序组成；花小，黄绿色。浆果球形，成熟时黑色。花期4—5月，果期8—9月。

**生境分布** 生长于灌丛、溪边或岩石缝中。采集于谷夫（N 25°12′46″, E 116°10′58″, H 663 m）、新兰村（N 25°19′17″, E 116°13′50″, H 328 m）、教文村（N 25°8′50″, E 116°11′45″, H 590 m）。常见种。

**药用部位** 根。

**性味功能** 微苦、辛，凉。清热解毒，活血止痛，祛风化痰。

## 一一八、铁青树科 Olacaceae

## 482. 青皮木

**学名** *Schoepfia chihehsis* Sieb. et Zucc.

**别名** 幌幌木、素馨地锦树

**形态特征** 落叶小乔木或灌木。叶纸质，卵形或长卵形，顶端近尾状或长尖，基部圆形，侧脉每边4～5条，略呈红色；叶柄红色。花无梗，（2）3～9朵排成穗状花序状的螺旋状聚伞花序，花冠钟形或宽钟形，白色或浅黄色。果椭圆状或长圆形。花叶同放。花期3—5月，果期4—6月。

**生境分布** 生长于疏林或灌丛中。采集于云礤村（N 25°10′6″, E 116°9′27″, H 715 m）。少见种。

**药用部位** 根。

**性味功能** 甘、淡，凉。清热利湿，消肿止痛。治肝胆湿热所致黄疸、风湿痹痛偏热者、跌打损伤、瘀血肿痛、外伤疼痛、闪挫扭伤。

## 一一九、桑寄生科 Loranthaceae

### 483. 红花寄生

**学名** *Scurrula parasitica* L.
**别名** 红花寄、柏寄生、桃树寄生、红花桑寄生
**形态特征** 灌木。嫩枝、叶密被锈色星状毛，后渐无毛，具皮孔。叶对生或近对生，厚纸质，卵形至长卵形。总状花序，1~3个腋生或生于小枝已落叶腋部，花红色，密集；花冠花蕾时管状。果梨形，下半部聚狭成长柄状，红黄色。花果期10月—翌年1月。
**生境分布** 寄生于朴树、枫香等树上。采集于谷夫（N 25°12′46″，E 116°10′56″，H 638 m）、岩前（N24°52′19″，E 116°13′17″，H 289 m）。常见种。
**药用部位** 带叶茎枝。
**性味功能** 辛、苦，平。祛风湿，强筋骨，活血解毒。治风湿痹痛、腰膝酸痛、胃痛、乳少、跌打损伤、疮疡肿毒。

### 484. 锈毛钝果寄生

**学名** *Taxillus levinei* (Merr.) H.S.Kiu
**别名** 锈毛桑寄生
**形态特征** 灌木。嫩枝、叶、花序和花均密被锈色。叶互生或近对生，革质，卵形，稀椭圆形或长圆形。伞形花序，1~2个腋生或生于小枝已落叶腋部，具花1~3朵；花红色，花冠花蕾时管状，稍弯，冠管膨胀，裂片4枚，匙形。果卵球形，黄色。花期9—12月，果期翌年4—5月。
**生境分布** 寄生于油茶、樟树或壳斗科植物上。采集于谷夫（N 25°12′46″，E 116°10′56″，H 638 m）、岩前（N24°52′19″，E 116°13′17″，H 289 m）。常见种。
**药用部位** 全株。
**性味功能** 苦，凉。清肺止咳，祛风湿。治肺热咳嗽、风湿腰腿痛、皮肤疮疖。
**附注** 毛叶桑寄生、桑寄生与红花桑寄生相似，民间常混用。

## 一二〇、蛇菰科 Balanophoraceae

### 485. 杯茎蛇菰

**学名** *Balanophora subcupularis* P. C. Tam.
**别名** 一支笔
**形态特征** 草本。根茎淡黄褐色，通常呈杯状，密被颗粒状小疣瘤和明显淡黄色、星芒状小皮孔，顶端的裂鞘5裂，裂片近圆形或三角形，边缘啮蚀状；花茎常被鳞苞片遮盖；鳞苞片3～8枚，互生，稍肉质，阔卵形或卵圆形。花雌雄同株（序），花序卵形或卵圆形；雄花着生于花序基部，雌花子房卵圆形或近圆形。花期9—11月。
**生境分布** 寄生于植物。采集于黄陂山（N 25°11′40″, E 116°11′6″, H 877 m）。少见种。
**药用部位** 全草。
**性味功能** 清热解毒，凉血止血。治咳嗽吐血、血崩、痔疮肿痛。

## 一二一、绣球花科 Hydrangeaceae

### 486. 常山

**学名** *Dichroa febrifuga* Lour.
**别名** 鸡骨常山、黄常山
**形态特征** 灌木。叶形状大小变异大，常椭圆形、倒卵形、椭圆状长圆形或披针形，先端渐尖，基部楔形，边缘具锯齿或粗齿，两面绿色或一至两面紫色，侧脉每边8～10条。伞房状圆锥花序顶生，有时叶腋有侧生花序，花蓝色或白色。浆果，蓝色。花期2—4月，果期5—8月。
**生境分布** 生长于林下、路旁和溪沟边。采集于新华村（N 25°19′24″, E 116°13′50″, H 356 m）、黄陂山（N 25°11′58″, E 116°11′9″, H 826 m）、新化村（N 25°18′6″, E 116°16′31″, H 591 m）、老好坑（N 25°11′19″, E 116°9′13″, H 708 m）。常见种。
**药用部位** 根、叶。
**性味功能** 苦，寒；有毒。止痰，截疟。

## 487. 中国绣球

**学名** *Hydrangea chinensis* Maxim.
**别名** 土常山、伞形绣球
**形态特征** 灌木。叶薄纸质至纸质，长圆形或狭椭圆形，边缘近中部以上具疏钝齿或小齿，两面被疏短柔毛或仅脉上被毛。伞形状或伞房状聚伞花序顶生；分枝5或3个；花瓣黄色，椭圆形或倒披针形。蒴果卵球形；种子淡褐色，椭圆形、卵形或近圆形，略扁，无翅，具网状脉纹。花期5—6月，果期9—10月。
**生境分布** 生长于山坡灌丛中、沟旁。采集于石园地（N 25°17′38″，E 116°16′40″，H 519 m）、新化村（N 25°17′49″，E 116°16′51″，H 464 m）。较常见种。
**药用部位** 根。
**性味功能** 辛，凉；有小毒。截疟，消食。治疟疾、腹胀。

## 488. 圆锥绣球

**学名** *Hydrangea paniculata* Sieb.
**别名** 水亚木、轮叶绣球
**形态特征** 灌木或小乔木。叶纸质，2~3片对生或轮生，卵形或椭圆形，先端渐尖或急尖，基部圆形或阔楔形，边缘有密集稍内弯的小锯齿。圆锥状聚伞花序塔形；不育花较多，白色；孕性花萼筒陀螺状。蒴果椭圆形。花期7—8月，果期10—11月。
**生境分布** 生长于路旁或灌丛中。采集于谷夫（N 25°12′05″，E 116°11′8″，H 811 m）、教文村（N 25°8′30″，E 116°11′20″，H 591 m）、新化村（N 25°17′43″，E 116°16′50″，H 451 m）、云礤村（N 25°9′56″，E 116°9′9″，H 612 m）。常见种。
**药用部位** 根。
**性味功能** 辛、酸，凉。清热抗疟。

## 一二二、山茱萸科 Cornaceae

### 489. 尖叶四照花

**学名** *Dendrobenthamia anguwtata* (Chun) Fang
**别名** 狭叶四照花
**形态特征** 常绿乔木或灌木。叶对生，薄革质，椭圆形至倒卵状椭圆形，全缘。头状花序球形；总苞片椭圆形至卵圆形，乳白色；花瓣线形，黄色。果序圆球形，紫红色，肉质。花期6—7月，果期10—11月。
**生境分布** 生长于疏林或林缘。采集于云磜村（N 25°9′48″，E 116°8′57″，H 583 m）、黄陂山（N 25°12′8″，E 116°11′6″，H 753 m）、老好坑（N 25°11′19″，E 116°9′13″，H 708 m）。常见种。
**药用部位** 果。
**性味功能** 涩、苦，平。清热解毒，收敛止血。

## 一二三、蓝果树科 Nyssaceae

### 490. 喜树

**学名** *Camptotheca acuminate* Decne
**别名** 旱莲木
**形态特征** 落叶乔木。叶互生，纸质，卵形至椭圆形，顶端短锐尖，基部近圆形或阔楔形，全缘。花单性，同株；头状花序近球形，常由2～9个头状花序组成圆锥花序，顶生或腋生，通常上部为雌花序，下部为雄花序。瘦果窄长圆形，有窄翅，着生成近球形的头状果序。花期5—7月，果期9月。
**生境分布** 生长于林边和溪边潮湿处。采集于碓公坑（N 25°16′26″，E 116°10′37″，H 483 m）、朝岭村（N 25°15′9″，E 116°13′50″，H 586 m）。少见种。
**药用部位** 果实。
**性味功能** 苦、涩，寒；有毒。抗癌，散结，破血化瘀。治多种肿瘤，如胃癌、肠癌、绒毛膜上皮癌、淋巴肉瘤。
**保护** 国家Ⅱ级保护植物。

## 一二四、八角枫科 Alangiaceae

### 491. 八角枫

**学名** *Alangium chinense* (Lour.) Harms
**别名** 八角王、八角梧桐、华瓜木
**形态特征** 落叶乔木或灌木。小枝略呈"之"字形。叶纸质，近圆形或椭圆形、卵形，顶端短锐尖或钝尖，基部两侧常不对称，一侧下垂，另一侧向上倾斜，不分裂或有不规则掌状裂；基出脉3～5条。聚伞花序腋生，花初为白色，后变黄色。核果卵圆形，成熟后黑色，顶端有宿存的萼齿和花盘。花期5—7月和9—10月，果期7—11月。
**生境分布** 生长于山野路旁、灌丛中。采集于梁山隔（N 25°10′28″，E 116°13′46″，H 560 m）、牛麻窝（N 25°12′3″，E 116°9′21″，H 628 m）。常见种。
**药用部位** 根。
**性味功能** 辛，微温；有毒。祛风除湿，舒筋活络，散淤止痛。治风湿关节通、跌打损伤、精神分裂症。

## 一二五、五加科 Araliaceae

### 492. 楤木

**学名** *Aralia chinensis* L.
**别名** 仙人杖、鹊不踏、鸟不宿
**形态特征** 灌木或乔木。树皮灰色，疏生粗壮直刺；小枝通常淡灰棕色，有黄棕色绒毛，疏生细刺。叶为二至三回羽状复叶；羽片有小叶5～11片，稀13片，基部有小叶1对；小叶片纸质至薄革质，卵形、阔卵形或长卵形，边缘有锯齿。伞形花序组成大圆锥花序，密生淡黄棕色或灰色短柔毛；伞形花序有花多数，密生短柔毛。果实球形，黑色，有5条棱。花期7—9月，果期9—12月。
**生境分布** 生长于林内、林缘或灌丛中。采集于老好坑（N 25°11′34″，E 116°8′41″，H 607 m）、中心坑（N 25°16′11″，E 116°14′52″，H 709 m）、教文村（N 25°8′55″，E 116°11′42″，H 602 m）。常见种。
**药用部位** 根皮和茎皮。
**性味功能** 甘、微苦，平。祛风除湿，利尿消肿，活血止痛。治肝炎、淋巴结肿大、肾炎水肿、糖尿病、白带、胃痛、风湿关节痛、腰腿痛、跌打损伤。

## 493. 长刺楤木

**学名** *Aralia spinifolia* Merr.
**别名** 刺叶楤木
**形态特征** 灌木。小枝疏生或长或短的刺，并密生刺毛。叶大，二回羽状复叶，叶柄、叶轴和羽片轴密生或疏生刺和刺毛；小叶片薄纸质或近膜质，长圆状卵形或卵状椭圆形，边缘有锯齿。伞形花序组成大圆锥花序；伞房花序，花多数，花瓣5片，淡绿白色。果实卵球形，黑褐色，有5条棱。花期8—10月，果期10—12月。
**生境分布** 生长于山坡和林缘。采集于张畲村（N 25°4′51″，E 116°11′41″，H 519 m）、礤文村（N 25°4′26″，E 116°11′10″，H 558 m）、教文村（N 25°9′2″，E 116°12′19″，H 652 m）、老好坑（N 25°11′25″，E 116°9′2″，H 626 m）。常见种。
**药用部位** 根。
**性味功能** 辛、苦，温。祛风散寒，补中益气，活血止血，续筋接骨，消炎解毒。治风寒头痛、风湿痹痛、头晕、吐血、血崩、跌打损伤、骨折、淋巴腺炎、疖痛骨髓炎。

## 494. 树参

**学名** *Dendropanax dentiger* (Harms) Merr.
**别名** 十八变、五加木
**形态特征** 乔木或灌木。叶革质或厚纸质，叶形变化大，不分裂叶通常椭圆形，分裂叶为倒三角形，2～3深裂或浅裂，三出脉，全缘。伞形花序顶生，单生或2～5枚聚生成复伞形花序，有花20朵以上。果长圆形或近球形，具5条棱，每棱各有纵脊3条，宿存花柱。花期8—10月，果期10—12月。
**生境分布** 生长于林中或灌丛中。采集于梁山坳（N 25°11′5″，E 116°8′19″，H 683 m）、中心坑（N 25°16′1″，E 116°14′56″，H 657 m）、云礤村（N 25°9′43″，E 116°9′17″，H 614 m）、黄陂山（N 25°12′15″，E 116°11′16″，H 772 m）。常见种。
**药用部位** 根、叶。
**性味功能** 甘、微辛，温。祛风除湿，舒筋活络，壮筋骨，活血。治瘫痪、偏头痛、臂丛神经炎、风湿性及类风湿性关节炎、扭伤、痈疖、小儿麻痹后遗症、月经不调。

### 495. 五加

**学名** *Eleutherococcus nodiflorus* (Dunn) S. Y. Hu

**别名** 五加皮、刺五加

**形态特征** 灌木。掌状复叶在长枝上互生，在短枝上簇生，小叶 5 片；膜质至纸质，倒卵形至倒卵状披针形，叶缘有细锯齿，侧脉 4～5 对。伞形花序 1～2 个腋生，或顶生在短枝，花黄绿色。果扁球形，黑色。花期 4—8 月，果期 6—10 月。

**生境分布** 生长于林缘、沟谷、路旁。采集于新化村（N 25°17′17″，E 116°17′25″，H 410 m）。常见种。

**药用部位** 根、茎皮。

**性味功能** 辛、苦，温。祛风除湿，强壮筋骨。治风湿关节痛、半身不遂、脚气、劳伤乏力、胃溃疡、腹痛、疝气、水肿、闭经、跌打损伤、骨折。

### 496. 白簕

**学名** *Eleutherococcus trifoliatus* (Linnaeus) S. Y. Hu

**别名** 鹅掌簕、三加

**形态特征** 灌木。枝疏生扁刺。掌状复叶，小叶 3 片，纸质，椭圆状卵形至椭圆状长圆形，边缘有细锯齿或钝齿，侧脉 5～6 对。伞形花序组成顶生复伞形花序或圆锥花序，花瓣 5 片，黄绿色。果实扁球形，黑色。花期 8—11 月，果期 9—12 月。

**生境分布** 生长于林缘或灌丛中。采集于老好坑（N 25°11′28″，E 116°8′51″，H 617 m）、谷夫（N 25°12′46″，E 116°10′58″，H 563 m）、新化村（N 25°18′11″，E 116°16′34″，H 595 m）。常见种。

**药用部位** 根、叶。

**性味功能** 根：微辛、苦，寒。祛风除湿，清热解毒。叶：苦，寒。消肿解毒。治风湿关节痛、湿疹、肠炎、胃痛、胆囊炎、胆结石、白带、乳腺炎、腰痛、痈疽肿毒、疔疮、毒蛇咬伤、跌打损伤。

## 497. 吴茱萸五加

**学名** *Acanthopanax evodiaefolius* Franch

**别名** 萸叶五加、吴茱叶五加
**形态特征** 灌木或乔木。掌状复叶在长枝上互生，在短枝上簇生，小叶3片，纸质至革质，中央小叶片椭圆形至长圆状倒披针形，或卵形，两侧小叶片基部歪斜，较小。伞形花序有多数或少数花，通常几个组成顶生复伞形花序，花瓣5片，雄蕊5枚。果实球形或略长，黑色，有2～4条浅棱。花期5—7月，果期8—10月。
**生境分布** 生长于森林中。采集于梁山顶西侧（N 25°10′1″，E 116°10′40″，H 1 200 m）。少见种。
**药用部位** 根皮。
**性味功能** 辛，温。祛风除湿，理气化痰。治风湿痹痛、心气痛、痨咳、吐血、哮喘。

## 498. 常春藤

**学名** *Hedera nepalensis* K. Koch var *sinensis* (Tobl.) Rehd.
**别名** 中华常春藤、钻天风、爬树藤
**形态特征** 常绿攀援灌木。有气生根。叶片革质，在不育枝上通常为三角状卵形或三角状长圆形，稀三角形或箭形，边缘全缘或3裂；花枝上的叶片通常为椭圆状卵形至椭圆状披针形，略歪斜而带菱形，全缘或有1～3浅裂。伞形花序单个顶生，或2～7个总状排列或伞房状排列成圆锥花序；花淡黄白色或淡绿白色，芳香。果实球形，红色或黄色。花期9—11月，果期次年3—5月。
**生境分布** 生长于林缘树上或林下路旁岩石上。采集于黄陂山（N 25°12′11″，E 116°11′4″，H 750 m）、老鸦山（N 25°19′1″，E 116°13′36″，H 464 m）、新化村（N 25°18′10″，E 116°16′35″，H 560 m）。常见种。
**药用部位** 全草。
**性味功能** 苦、辛，温。祛风利湿，活血消肿。治风湿关节痛、腰痛、跌打损伤、急性结膜炎、肾炎水肿、闭经。外用治痈疖肿毒、荨麻疹、湿疹。

## 499. 短梗幌伞枫

**学名** *Heteropanax brevipedicellatus* Li
**别名** 短梗罗汉伞
**形态特征** 常绿灌木或小乔木。树皮有纵裂纹，新枝密生暗锈色绒毛。叶大，四至五回羽状复叶，小叶片纸质，椭圆形至狭椭圆形，边缘稍反卷，全缘，侧脉5～6对。圆锥花序顶生，主轴和分枝密生暗锈色星状厚绒毛，伞形花序头状，花淡黄白色。果实扁球形，黑色。花期11—12月，果期次年1—2月。
**生境分布** 生长于林缘或疏林中。采集于中和村（N 25°0′42″，E 116°9′27″，H 352 m）、六甲村（N 25°12′48″，E 116°6′47″，H 352 m）。常见种。
**药用部位** 根和树皮。
**性味功能** 苦，平。舒筋活络，生肌敛创。治跌打损伤、烫火伤及疮毒。

## 500. 穗序鹅掌柴

**学名** *Schefflera delavayi* (Franch.) Harms ex Diels
**别名** 德式鸭脚木、绒毛鸭脚木
**形态特征** 乔木或灌木。掌状复叶，小叶4～7片，纸质至薄革质，形状变化很大，椭圆状长圆形、卵状长圆形、卵状披针形或长圆状披针形，下面密生灰白色或黄棕色星状绒毛，边缘全缘或疏生不规则的锯齿。花无梗，密集成穗状花序，再组成大圆锥花序，花白色。果实球形，紫黑色。花期10—11月，果期次年1月。
**生境分布** 生长于山谷溪边林中或阴湿处。采集于黄陂山（N 25°12′05″，E 116°11′08″，H 811 m）、天马寨（N 25°6′59″，E 116°10′47″，H 871 m）。常见种。
**药用部位** 根皮。
**性味功能** 苦，涩，平。祛风活络，补肝肾，强筋骨。治骨折、扭挫伤、腰肌劳损、风湿关节痛、肾虚腰痛、跌打损伤。

# 一二六、天胡荽科 Hydrocotylaceae

## 501. 积雪草

**学名** *Centella asiatatica* (L.) Urban.
**别名** 金钱草、铜钱草、马蹄草
**形态特征** 多年生草本。茎匍匐，细长，节上生根。叶片膜质至草质，圆形、肾形或马蹄形，边缘有钝锯齿，基部阔心形；掌状脉5～7条，两面隆起。伞形花序梗2～4个，聚生于叶腋；每一伞形花序有花3～4朵，聚集呈头状。果实两侧压扁，圆球形。花、果期4—10月。
**生境分布** 生长于林缘、疏林下、草地上或溪边等阴湿处。采集于云礤村（N 25°9′52″，E 116°9′2″，H 603 m）、黄陂山（N 25°12′19″，E 116°11′3″，H 733 m）、教文村（N 25°8′50″，E 116°11′46″，H 590 m）。常见种。
**药用部位** 全草。
**性味功能** 苦、辛，寒。清热解毒，利湿消肿。治湿热黄疸、中暑腹泻、砂淋、血淋、痈肿疮毒、跌打损伤。

## 502. 红马蹄草

**学名** *Hydrocotyle nepalensis* Hook.
**别名** 铜钱草、一串钱、大科驳骨草
**形态特征** 多年生草本。茎匍匐，节上生根。叶片膜质至硬膜质，圆形或肾形，边缘通常5～7浅裂，裂片有钝锯齿，基部心形，掌状脉7～9条。伞形花序数个簇生于茎端叶腋，小伞形花序有花20～60朵，常密集成球形的头状花序；花瓣卵形，白色或乳白色。果近圆形，两侧压扁，成熟后常呈黄褐色或紫黑色。花、果期5—11月。
**生境分布** 生长于沟边、路边、林旁的阴湿矮草丛中。采集于梁山圳（N 25°11′7″，E 116°8′25″，H 690 m）、黄陂山（N 25°11′13″，E 116°11′3″，H 754 m）、天马寨（N 25°6′51″，E 116°10′38″，H 911 m）。较常见种。
**药用部位** 全草。
**性味功能** 辛、微苦，凉。清肺止咳，活血止血。治感冒、咳嗽、吐血、跌打损伤。外用治外伤出血、痔疮。

### 503. 天胡荽

**学名** *Hydrocotyle sibthorpioides* Lam.
**别名** 满天星、破铜钱、落得打
**形态特征** 多年生草本。有气味。茎细长而匍匐，节上生根。叶膜质至草质，圆形或肾圆形，基部心形，不分裂或5～7裂，边缘有钝齿。伞形花序与叶对生，生于节上，小伞形花序有花5～18朵。双悬果略呈心形，两侧扁平，成熟时有紫色斑点。花果期4—9月。
**生境分布** 生长于潮湿的路旁、草地、墙脚、溪边。采集于云礤村（N 25°9′52″，E 116°9′2″，H 603 m）、陈禾坑（N 25°5′21″，E 116°9′47″，H 449 m）。常见种。
**药用部位** 全草。
**性味功能** 甘、淡、微辛，凉。清热利尿，化痰止咳。治急性黄疸型肝炎、急性肾炎、脚癣、带状疱疹、结膜炎、丹毒。

## 一二七、伞形科 Umbelliferae

### 504. 紫花前胡

**学名** *Angelica decursiva* (Miq.) Franch. et Sav.
**别名** 土当归、野当归
**形态特征** 多年生草本。茎直立，紫色，有纵沟纹。叶柄基部膨大成圆形的紫色叶鞘，抱茎。叶片三角形至卵圆形，坚纸质，一回3全裂或一至二回羽状分裂。复伞形花序顶生和侧生，花深紫色。果实长圆形至卵状圆形，背棱线形隆起，侧棱有较厚的狭翅。花期8—9月，果期9—11月。
**生境分布** 生长于林缘、沟边或路旁灌草丛中。采集于谷夫（N 25°12′19″，E 116°11′3″，H 733 m）、天马寨（N 25°6′22″，E 116°10′19″，H 1 104 m）、新兰村（N 25°19′4″，E 116°13′49″，H 386 m）。常见种。
**药用部位** 根。
**性味功能** 辛，微寒。疏风清热，下气消痰。治痰稠咳喘、风热郁肺、咳痰不爽等。

## 505. 鸭儿芹

**学名** *Cryptotaenia japonica* Hassk.
**别名** 三叶芹、鸭脚板草
**形态特征** 多年生草本。基生叶或上部叶有柄，叶鞘边缘膜质；叶片轮廓三角形至广卵形，小叶3片；中间小叶片呈菱状倒卵形或心形，两侧小叶片斜倒卵形至长卵形，边缘有不规则的重锯齿，最上部的茎生叶近无柄，小叶片呈卵状披针形至窄披针形，边缘有锯齿。复伞形花序呈圆锥状，小伞形花序有花2～4朵，花瓣白色。果条状长圆形，顶端狭细。花期4—5月，果期6—10月。
**生境分布** 生长于山沟及林下阴湿地。采集于谷夫（N 25°12′19″, E 116°11′3″, H 733 m）、教文村（N 25°8′52″, E 116°11′47″, H 594 m）、坑头（N 25°10′56″, E 116°12′12″, H 755 m）。常见种。
**药用部位** 全草。
**性味功能** 辛、苦，平。祛风止咳，利湿解毒，化瘀止痛。治感冒咳嗽、肺痈、淋痛、疝气、月经不调、风火牙痛、目赤翳障、痈疽疮肿、皮肤瘙痒、跌打肿痛、蛇虫咬伤。

## 506. 西南水芹

**学名** *Oenanthe dielsii de* Boiss.
**别名** 线叶水芹、细叶水芹、野芹菜（武平）
**形态特征** 多年生草本。叶有柄，基部有较短叶鞘；叶片轮廓三角形，二至四回羽状分裂，末回裂片裂成短钝的线形小裂片。复伞形花序顶生或侧生，小伞形花序有花13～30朵，花瓣白色。果长圆形，背棱和中棱明显，侧棱较膨大。花期6—8月，果期8—10月。
**生境分布** 生长于林下、溪旁阴湿地。采集于谷夫（N 25°12′8″, E 116°11′2″, H 785 m）、新化村（N 25°18′3″, E 116°16′29″, H 614 m）、新兰村（N 25°18′53″, E 116°14′3″, H 418 m）。常见种。
**药用部位** 全草。
**性味功能** 辛、微苦，微寒。疏风清热，止痛，降压。治风热感冒、咳嗽、麻疹、胃痛、高血压。

### 507. 水芹

**学名** *Oenanthe Ljavanica* (Bl.) DC.
**别名** 野芹菜、水芹菜
**形态特征** 多年生草本。茎直立基部匍匐。基生叶有柄，基部有叶鞘；叶片轮廓三角形，一至二回羽状分裂，末回裂片卵形至菱状披针形，边缘有锯齿或圆齿状锯齿；茎上部叶无柄。复伞形花序顶生，小伞形花序有花20余朵，花瓣白色。果实近于四角状椭圆形或筒状长圆形。花期6—7月，果期8—9月。
**生境分布** 生长于低湿洼地或水沟中。采集于谷夫（N 25°12′46″，

E 116°10′58″，H 563 m）、老鸦山（N 25°19′11″，E 116°13′41″，H 366 m）、天马寨（N 25°7′27″，E 116°10′43″，H 763 m）、新化村（N 25°17′57″，E 116°16′45″，H 528 m）。常见种。
**药用部位** 全草。
**性味功能** 甘，平。清热利湿，止血，降血压。治感冒发热、呕吐腹泻、尿路感染、崩漏、白带、高血压。

### 508. 隔山香

**学名** *Angelica citriodora* (Hance) Yuan et Shan
**别名** 前胡、野茴香、枸橼当归
**形态特征** 多年生草本。茎单生，圆柱形上部分枝。基生叶及茎生叶均为二至三回羽状分裂，叶柄基部略膨大成短三角形的鞘，稍抱茎；叶片长圆状卵形至阔三角形，末回裂片长圆披针形至长披针形。复伞形花序；伞辐5～12；小伞花序有花10余朵；花白色。果实椭圆形至广卵圆形，金黄色；背棱有狭翅，侧棱有宽翅，宽于果体。花期6—8月，果期8—10月。
**生境分布** 生长于山坡、路旁杂草丛中。采集于梁山顶（N 25°10′21″，E 116°10′48″，H 1 415 m）。少见种。
**药用部位** 根。
**性味功能** 辛、苦，微温。行气止痛，活血散瘀，利湿解毒。治胃痛、腹痛、心绞痛、头痛、风湿骨痛、跌打损伤、疝痛、支气管炎、肝硬化腹水、闭经、阿米巴痢疾、腮腺炎、毒蛇咬伤。

## 509. 直刺变豆菜

**学名** *Sanicula orthacantha* S. Moore
**别名** 小紫花菜、黑鹅脚板
**形态特征** 多年生草本。基生叶圆心形或心状五角形，掌状3全裂，中间裂片倒卵形或菱状楔形，侧面裂片斜楔状倒卵形；叶柄基部有阔的膜质鞘；茎生叶略小于基生叶，掌状3全裂，有柄。花序通常2～3个分枝；小伞形花序3～8个；花瓣白色、淡蓝色或紫红色。果实卵形，外面有直而短的皮刺，皮刺不呈钩状。花、果期4—9月。
**生境分布** 生长于林下、路旁、沟谷和溪边。采集于梁山圳（N 25°11′9″，E 116°8′32″，H 683 m）、天马寨（N 25°6′41″，E 116°10′34″，H 950 m）、老鸦山（N 25°19′11″，E 116°13′41″，H 366 m）、黄陂山（N 25°11′27″，E 116°11′2″，H 954 m）。常见种。
**药用部位** 全草。
**性味功能** 苦，温。清热解毒，益肺止咳，祛风除湿，活血通络。治麻疹后热毒未尽、肺热咳喘、顿咳、劳嗽、耳热瘙痒、头痛、疮肿、风湿关节痛、跌打损伤。

## 一二八、海桐花科 Pittosporaceae

## 510. 少花海桐

**学名** *Pittosporum pauciflorum* Hook. et Arn.
**别名** 少果海桐
**形态特征** 常绿灌木。叶散布于嫩枝上，有时呈假轮生状，革质，狭窄矩圆形，或狭窄倒披针形，先端急锐尖，基部楔形，侧脉6～8对，与网脉在上面稍下陷，在下面突起，边缘干后稍反卷。花3～5朵生于枝顶叶腋内，呈假伞形状。蒴果椭圆形或卵形，果片阔椭圆形，木质；种子红色，稍压扁。花期3—5月，果期9—10月。
**生境分布** 生长于林缘、路边、灌丛中。采集于云磜溪（N 25°10′6″，E 116°9′27″，H 629 m）、云磜竹子壁（N 25°9′24″，E 116°9′28″，H 649 m）。常见种。
**药用部位** 根、果。
**性味功能** 祛风活络，散寒止痛，镇静。治风湿性神经痛、坐骨神经痛、牙痛、胃痛、神经衰弱、遗精早泄、毒蛇咬伤。

# 一二九、荚蒾科 Viburnaceae

## 511. 南方荚蒾

**学名** *Viburnum fordiae* Hance.
**别名** 东南荚蒾、猫屎树、苦茶子（武平）
**形态特征** 灌木或小乔木。幼枝、芽、叶柄、花序、花萼和花冠外面均被暗黄色或黄褐色星状绒毛。叶纸质至厚纸质，宽卵形或菱状卵形，边缘基部除外常有小尖齿；壮枝上的叶带革质，常较大，下面被绒毛。复伞形式聚伞花序顶生或生于具1对叶的侧生小枝之顶；花冠白色，辐状。果实红色，卵圆形。花期4—5月，果期10—11月。
**生境分布** 生长于疏林、林缘灌丛中。采集于谷夫（N 25°12′19″，E 116°11′5″，H 736 m）、中心坑（N 25°15′53″，E 116°15′0″，H 610 m）、天马寨（N 25°7′39″，E 116°10′38″，H 738 m）。常见种。
**药用部位** 根、茎、叶。
**性味功能** 苦，凉。清热解表，消肿止痛。治感冒、月经不调、跌扑闪挫、血瘀作痛、风湿骨痛。

## 512. 常绿荚蒾

**学名** *Viburnum sempervrens* K. Koch
**别名** 坚荚树
**形态特征** 常绿灌木。叶革质，椭圆形至椭圆状卵形，全缘或上部至近顶部具少数浅齿，上面有光泽，下面全面有微细褐色腺点。复伞形式聚伞花序顶生，有红褐色腺点；花冠白色，辐状。果实红色，卵圆形；核扁圆形。花期5月，果期10—12月。
**生境分布** 生长于林缘或灌丛中。采集于新华村（N 25°19′20″，E 116°13′49″，H 368 m）、天马寨（N 25°7′8″，E 116°10′50″，H 849 m）、碓公坑（N 25°16′20″，E 116°10′54″，H 462 m）。常见种。
**药用部位** 叶。
**性味功能** 苦，寒。续伤止痛。治跌打损伤、瘀血肿痛、挫伤、扭伤、金伤等症。

### 513. 茶荚蒾

**学名** *Viburnum setigerum* Hance
**别名** 汤饭子、公鸡柴、垂果荚蒾
**形态特征** 落叶灌木。叶纸质，卵状矩圆形至卵状披针形，边缘除基部外其余部分有尖锯齿。复伞形式聚伞花序，花冠白色。果序弯垂，果实红色，卵圆形；核甚扁，卵圆形。花期4—5月，果期9—10月。
**生境分布** 生长于林缘、路旁或林下灌丛中。采集于新化村（N 25°17′50″，E 116°16′50″，H 457 m）、老好坑（N 25°11′22″，E 116°9′11″，H 676 m）、梁山顶（N 25°10′27″，E 116°11′16″，H 1 314 m）。较常见种。
**药用部位** 根。
**性味功能** 微苦，平。破血通经，止血。

## 一三〇、接骨木科 Sambucaceae

### 514. 接骨草

**学名** *Sambucus chinensis* Lindl.
**别名** 蒴藋、陆英、大臭草
**形态特征** 高大草本或半灌木。羽状复叶的托叶叶状有时退化成蓝色的腺体，小叶2～3对，互生或对生，狭卵形，边缘具细锯齿，近基部或中部以下常有一或数枚腺齿；顶生小叶卵形或倒卵形。复伞形花序顶生，不孕性花不脱落成杯形，可孕性花小，花冠白色，基部联合。果实红色，近圆形。花期4—5月，果期8—9月。
**生境分布** 生长于林下、沟边或草丛中。采集于大坑尾（N 25°7′52″，E 116°12′23″，H 433 m）、陈禾坑（N 25°5′22″，E 116°9′50″，H 462 m）、谷夫（N 25°12′37″，E 116°10′49″，H 683 m）。常见种。
**药用部位** 根、茎叶、果实。
**性味功能** 根：甘，平。祛风，利湿，活血，散瘀，止血。治风湿疼痛、头风、腰腿痛、水肿、跌打损伤、骨折、症积、咯血、吐血、风疹瘙痒、疮肿。茎叶：甘、微苦，平。祛风，利湿，舒筋，活血。治风温痹痛、腰腿痛、水肿、黄疸、风疹瘙痒、丹毒、疮肿。果实：蚀疣。

# 一三一、忍冬科 Caprifoliaceae

### 515. 锈毛忍冬

**学名** *Lonicera ferruginea* Rehd.
**别名** 老虎合藤
**形态特征** 藤本。幼枝、叶柄、叶两面、叶缘、花序梗、总花梗、苞片、小苞片和花冠外面都密生黄褐色糙毛。叶厚纸质，矩圆状卵形或卵状长圆形。双花1～3对组成小总状花序，腋生于小枝上方，并由4～5个小花序在小枝顶组成小圆锥花序，花冠初时白色后转黄色。果实黑色，卵圆形。花期5—6月，果期8—9月。
**生境分布** 生长于林中、林缘灌丛中。

采集于袁上村（N 25°9′24″，E 116°13′7″，H 727 m）。少见种。
**药用部位** 花、花茎。
**性味功能** 甘，寒。祛风除湿，利尿通淋。治风湿热痹、小便不利。

### 516. 忍冬

**学名** *Lonicera japonica* Thunb.
**别名** 金银花、老翁须
**形态特征** 半常绿藤本。幼枝暗红褐色，密被黄褐色、开展的硬直糙毛、腺毛和短柔毛，下部常无毛。叶纸质，卵形、长圆状卵形或卵状披针形，全缘，通常两面均被短糙毛。总花梗通常单生于小枝上部叶腋，密被短柔后，并夹杂腺毛；花冠白色，有时基部向阳面呈微红，后变黄色，唇形，筒稍长于唇瓣。果实圆形，熟时蓝黑色。花期4—6月（秋季亦常开花），果期10—11月。

**生境分布** 生长于溪边、路旁疏林下或灌木丛中。采集于谷夫（N 25°12′19″，E 116°11′3″，H 733 m）、石园地（N 25°17′35″，E 116°16′55″，H 464 m）、天马寨（N 25°7′23″，E 116°10′39″，H 798 m）。常见种。
**药用部位** 花蕾、初开的花。
**性味功能** 甘，寒。清热解毒，凉散风热。治痈肿疔疮、喉痹、丹毒、毒血痢、风热感冒、温病发热。

### 517. 皱叶忍冬

**学　名**　*Lonicera rhytidophylla* Hand.-Mazz
**别　名**　显脉忍冬
**形态特征**　常绿藤本。幼枝、叶背、叶柄和花序均被短糙毛组成的黄褐色毡毛。叶革质，宽椭圆形、椭圆形至卵状长圆形，边缘反卷，上面叶脉显著凹陷而呈皱纹状，除中脉外几无毛，下面有由短柔毛组成的白色毡毛。双花成腋生小伞房花序，或在枝端组成圆锥状花序，花冠白色，后变黄色。果实蓝黑色，椭圆形。花期6—7月，果期10—11月。
**生境分布**　生长于林中、林缘灌丛中。采集于老好坑（N 25°11′34″，E 116°8′41″，H 607 m）、牛麻窝（N 25°12′15″，E 116°9′5″，H 572 m）。少见种。
**药用部位**　花蕾或初开的花。
**性味功能**　甘，寒。清热，解毒。

## 一三二、缬草科 Valerianaceae

### 518. 攀倒甑

**学　名**　*Patrinia villosa* (Thunb.) Juss.
**别　名**　白花败酱、毛败酱、苦斋（武平）
**形态特征**　多年生草本。基生叶丛生，叶片卵形、宽卵形或卵状披针形至长圆状披针形，不分裂或大头羽状深裂，常有1～2(3～4)对生裂片；茎生叶对生，与基生叶同形，或菱状卵形，边缘具粗齿，上部叶较窄小，常不分裂。由聚伞花序组成顶生圆锥花序或伞房花序，分枝达5～6级；花冠钟形，白色。瘦果倒卵形，与宿存增大苞片贴生。花期8—10月，果期9—11月。
**生境分布**　生长于疏林下、林缘、路旁、灌草丛。采集于谷夫（N 25°12′24″，E 116°10′59″，H 695 m）、云磜村（N 25°9′59″，E 116°9′17″，H 595 m）、老鸦山（N 25°18′39″，E 116°13′11″，H 437 m）。常见种。
**药用部位**　全草。
**性味功能**　苦，寒；无毒。散瘀消肿，活血排脓。治肠痈有脓、血气心腹痛、目赤障膜弩肉及疮疖疥癣。

# 一三三、桔梗科 Campanulaceae

## 519. 金钱豹

**学名** *Campanumoea javanica* Bl.
**别名** 土党参、野党参（武平）
**形态特征** 草质缠绕藤本。具乳汁。叶对生，极少互生，具长柄，叶片心形或心状卵形，边缘有浅锯齿。花单朵生叶腋，各部无毛；花冠上位，白色或黄绿色，内面紫色，钟状，裂至中部。浆果黑紫色、紫红色，球状。花期8—9月，果期9—10月。
**生境分布** 生长于林下或路旁灌丛阴湿处。采集于谷夫（N 25°12′46″，E 116°10′58″，H 563 m）、天马寨（N 25°7′2″，E 116°10′49″，H 867 m）、云礤村（N 25°9′56″，E 116°8′41″，H 607 m）、新化村（N 25°17′50″，E 116°16′52″，H 477 m）。较常见种。
**药用部位** 根。
**性味功能** 甘、微苦，温；无毒。健脾益气，补肺止咳，下乳。治虚劳内伤、气虚乏力、心悸、多汗、脾虚泄泻、白带、乳稀少、小儿疳积、遗尿、肺虚咳嗽。

## 520. 羊乳

**学名** *Codonopsis lanceolata* (Sieb. et Zucc.) Trautv.
**别名** 轮叶党参、羊奶参、四叶参
**形态特征** 多年生草质藤本。叶在茎上的互生，细小，2～4片对生或近于轮生状，叶片菱状卵形、狭卵形或椭圆形。花单生或成对生于枝顶，花冠阔钟形，外面黄绿色，内面暗紫色，浅5裂，先端反卷，有网状脉纹。蒴果下部半球状，上部有喙。花、果期8—10月。
**生境分布** 生长于灌木林下阴湿处。采集于谷夫（N 25°12′6″，E 116°11′7″，H 782 m）、东岗村（N 25°8′16″，E 116°8′8″，H 323 m）、新化村（N 25°17′46″，E 116°16′50″，H 457 m）。较常见种。
**药用部位** 根。
**性味功能** 甘、辛，平。败毒抗癌，补气养血，消肿排脓。治肺痈、乳痈、肠痈、肿毒、瘰疬、喉蛾、乳少、白带。

### 521. 蓝花参

**学名** *Wahlenbergia maginata* (Thunb.) A. DC.
**别名** 牛奶草、娃儿菜、拐棒参
**形态特征** 多年生草本。有白色乳汁。叶互生，常在茎下部密集，下部的匙形、倒披针形或椭圆形，上部的条状披针形或椭圆形。花梗极长，细而伸直，花冠钟状，蓝色，分裂达 2/3。蒴果倒圆锥状或倒卵状圆锥形，有 10 条不明显的肋。花、果期 2—5 月。
**生境分布** 生长于田边、路边或沟边。采集于陈禾坑（N 25°5′22″，E 116°9′52″，H 457 m）。少见种。
**药用部位** 全草。
**性味功能** 甘、苦，平。益气健脾，止咳祛痰，止血。治虚损劳伤、自汗、盗汗、小儿疳积、白带、感冒、咳嗽、衄血、疟疾、瘰疬。

## 一三四、半边莲科 Lobeliaceae

### 522. 半边莲

**学名** *Lobelia chinensis* Lour.
**别名** 急解索、细米草、蛇舌草、半边花
**形态特征** 多年生草本。茎细弱，匍匐。叶互生，椭圆状披针形至条形。花单生于叶腋，花冠粉红色或白色，背面裂至基部，喉部以下生白色柔毛，裂片全部平展于下方，呈一平面，花丝中部以上连合。蒴果倒锥状。花、果期 5—10 月。
**生境分布** 生长于水田边、沟旁、路边潮湿处。采集于云磜村（N 25°9′55″，E 116°8′43″，H 602 m）、教文村（N 25°8′53″，E 116°11′46″，H 593 m）、老好坑（N 25°11′24″，E 116°8′57″，H 619 m）。常见种。
**药用部位** 全草。
**性味功能** 甘，平。清热解毒，利水消肿。治毒蛇咬伤、痈肿疔疮、扁桃体炎、湿疹、足癣、跌打损伤、湿热黄疸、阑尾炎、肠炎、肾炎、肝硬化腹水及多种癌症。

### 523. 线萼山梗菜

**学名** *Lobelia melliana* E. Wimm.
**别名** 山梗菜、东南山梗菜
**形态特征** 多年生草本。叶螺旋状排列，镰状卵形至镰状披针形，薄纸质，边缘具睫毛状小齿。总状花序生主茎和分枝顶端，花稀疏，下部花的苞片与叶同形，花冠淡红色，檐部近二唇形。蒴果近球形。花、果期8—10月。
**生境分布** 生长于路旁、沟边或林中潮湿地。采集于中心坑（N 25°16′16″，E 116°14′52″，H 741 m）、天马寨（N 25°6′55″，E 116°10′43″，

H 892 m）、云礤村（N 25°9′33″，E 116°9′17″，H 668 m）。较常见种。
**药用部位** 全草。
**性味功能** 辛、微甘，温。祛痰止咳，利尿消肿，清热解毒。治感冒发热、咳嗽痰喘、肝硬腹水、痈疽疔毒、蛇犬咬伤、蜂蜇。

### 524. 铜锤玉带草

**学名** *Lobelia angulata* Forst.
**别名** 地茄子草、地浮萍、铜锤草
**形态特征** 多年生草本。有白色乳汁。茎平卧，节上生根。叶互生，叶片圆卵形、心形或卵形，边缘有锯齿，叶脉掌状至掌状羽脉。花单生叶腋，花冠紫红色、淡紫色、绿色或黄白色。浆果紫红色，椭圆状球形。花、果期5—9月。
**生境分布** 生长于疏林下、田边、路旁潮湿地。采集于云礤溪（N 25°8′57″，E 116°8′28″，H 361 m）、天马寨（N 25°6′45″，E 116°10′34″，

H 943 m）、老鸦山（N 25°19′8″，E 116°13′41″，H 380 m）、新化村（N 25°18′6″，E 116°16′40″，H 579 m）。较常见种。
**药用部位** 全草。
**性味功能** 辛、苦，平。祛风除湿，活血，解毒。治风湿疼痛、跌打损伤、月经不调、目赤肿痛、乳痈、无名肿毒。

## 一三五、菊科 Compositae

### 525. 下田菊

**学名** *Adenostemma lavenia* (L.) Kuntze
**别名** 白龙须
**形态特征** 一年生草本。茎直立，单生，通常自上部叉状分枝。基部的叶花期生存或凋萎；中部的茎叶较大，长椭圆状披针形。头状花序小，少数稀多数，在假轴分枝顶端排列成松散伞房状或伞房圆锥花序。瘦果倒披针形，顶端钝，基部收窄，被腺点，熟时黑褐色。花、果期8—10月。
**生境分布** 生长于林下、林缘、河边阴湿地。采集于云磜溪（N 25°8′57″, E 116°8′28″, H 358 m）。较常见种。
**药用部位** 全草。
**性味功能** 苦，寒。清热利湿，解毒消肿。治感冒高热、支气管炎、咽喉炎、扁桃体炎、黄疸型肝炎。外用治痈疖疮疡、蛇咬伤。

### 526. 藿香蓟

**学名** *Ageratum conyzoides* L.
**别名** 胜红蓟、白花臭草
**形态特征** 一年生草本。叶对生，有时上部互生，卵圆形或卵状三角形，边缘具圆锯齿。头状花序小，在茎顶排成紧密的伞房花序；花冠蓝色或白色，檐部5裂。瘦果黑褐色，冠毛膜片状，5枚，边缘具细齿。花、果期7—8月。
**生境分布** 生长于山坡林下或林缘。采集于马头山（N 25°5′48.6″, E 116°4′48″, H 301 m）、 教文村（N 25°8′54″, E 116°11′45″, H 593 m）、陈禾坑（N 25°5′22″, E 116°9′52″, H 457 m）。常见种。
**药用部位** 全草。
**性味功能** 辛、微苦，凉。祛风清热，止痛，止血，排石。治上呼吸道感染、扁桃体炎、咽喉炎、急性胃肠炎、胃痛、腹痛、崩漏、肾结石、膀胱结石。外用治湿疹、鹅口疮、痈疮肿毒、蜂窝织炎、下肢溃疡、中耳炎、外伤出血炎、外伤出血。

## 527. 杏香兔儿风

**学名** *Ainstiaea fragrans* Champ.
**别名** 兔耳一支箭、金边兔耳
**形态特征** 多年生草本。叶聚生于茎基部，莲座状或呈假轮生，叶片厚纸质，卵形、狭卵形或卵状长圆形，全缘，下面有时带紫红色，被较密的长柔毛。头状花序通常有小花3朵；总苞圆筒形，总苞片约5层。花全部两性，白色，花冠管纤细。瘦果棒状圆柱形或近纺锤形，栗褐色，冠毛羽毛状。花、果期11—12月。
**生境分布** 生长于田边、路旁或阴湿处。采集于老好坑（N 25°11′30″, E 116°8′44″, H 608 m）、天马寨（N 25°6′46″, E 116°10′34″, H 936 m）、新化村（N 25°18′3″, E 116°16′29″, H 614 m）。少见种。
**药用部位** 全草。
**性味功能** 苦、辛，平。清热解毒，消积散结，止咳，止血。治上呼吸道感染、肺脓疡、肺结核咯血、黄疸、小儿疳积、消化不良、乳腺炎。外用治中耳炎、毒蛇咬伤。

## 528. 灯台兔儿风

**学名** *Ainsliaea macroclinidioides* Hayata
**别名** 铁灯兔儿风
**形态特征** 多年生草本。叶聚生于茎上部呈莲座状，或在叶丛下面有数片散生，叶片宽卵形至卵状披针形，基部通常浅心形而凹缺中央略下延，上面无毛或幼时被疏毛，下面被疏长毛。头状花序有3朵小花，无梗或有短梗，单生或2～5枝聚生。瘦果近圆柱形，有纵棱；冠毛1层，污白色，羽毛状。花、果期8—11月。
**生境分布** 生长于林下或路边。采集于梁山顶（N 25°10′17″, E 116°10′22″, H 988 m）。常见种。
**药用部位** 全草。
**性味功能** 甘，平。清热解毒。

## 529. 奇蒿

**学名** *Arienisia anomala* S. Moore
**别名** 刘寄奴、苦婆菜、六月霜
**形态特征** 多年生直立草本。下部叶卵形或长卵形，不分裂或先端有数枚浅裂齿；中部叶2卵形、长卵形或卵状披针形；上部叶与苞片叶小，无柄。头状花序长圆形或卵形，无梗或近无梗，在分枝上端或分枝的小枝上排成密穗花序，并在茎上端组成狭窄或稍开展的圆锥花序。瘦果倒卵形或长圆状倒卵形。花、果期6—11月。
**生境分布** 生长于林缘、路旁、旷野草丛中。采集于新化村（N 25°17′43″，E 116°16′50″，H 451 m）、教文村（N 25°8′52″，E 116°11′47″，H 613 m）、陈禾坑（N 25°5′21″，E 116°9′44″，H 463 m）、老好坑（N 25°11′22″，E 116°9′11″，H 676 m）。常见种。
**药用部位** 全草。
**性味功能** 辛、苦，平。清暑利湿，活血行瘀，通经止痛。治中暑、头痛、肠炎、痢疾、经闭腹痛、风湿疼痛、跌打损伤。外用治创伤出血、乳腺炎。

## 530. 茵陈蒿

**学名** *Artemisia capillaries* Thunb.
**别名** 茵陈、白茵陈
**形态特征** 半灌木状草本，植株有浓烈的香气。营养枝端有密集叶丛，基生叶密集着生，常成莲座状，花期萎谢；中部叶宽卵形、近圆形或卵圆形，二回羽状全裂，小裂片狭线形或丝线形；上部叶和苞片叶羽状5全裂或3全裂。头状花序排列成复总状花序；雌花6～10朵，花冠狭管状；两性花3～7朵，不育，花冠管状。瘦果长圆形或长卵形。花、果期7—10月。
**生境分布** 生长于路旁或空旷地。采集于新湖（N 25°14′55″，E 116°15′29″，H 730 m）、云礤村（N 25°9′54″，E 116°9′6″，H 607 m）、陈禾坑（N 25°11′24″，E 116°8′58″，H 621 m）。较常见种。
**药用部位** 全草。
**性味功能** 苦、辛，凉。清热利湿。治湿热黄疸、小便不利、风痒疮疥。

## 531. 野艾蒿

**学名** *Artemisia lavandulifolia* DC.
**别名** 荫地蒿、野艾
**形态特征** 多年生草本。植株有香气。叶纸质，基生叶与茎下部叶宽卵形，二回羽状全裂，中部叶卵形。头状花序椭圆形，在分枝的上半部排成密穗状花序；总苞片背面密被灰白色或灰黄色蛛丝状柔毛；雌花4～9朵，花冠狭管状，檐部紫红色，两性花10～20朵，花冠管状。瘦果长卵形。花、果期8—10月。
**生境分布** 生长于路旁、林缘。采集于老好坑（N 25°11′34″，E 116°8′41″，H 607 m）、谷夫（N 25°13′8″，E 116°10′50″，H 643 m）、新兰村（N 25°18′21″，E 116°14′7″，H 443 m）。常见种。
**药用部位** 全草。
**性味功能** 苦、辛，温。散寒除湿，温经止血，安胎。治崩漏、先兆流产、痛经、月经不调、湿疹、皮肤瘙痒。

## 532. 三脉紫菀

**学名** *Aster ageratoides* Turcz.
**别名** 红管药、野白菊花、三脉叶马兰
**形态特征** 多年生草本。下部叶在花期枯落，叶片宽卵圆形，急狭成长柄；中部叶椭圆形或长圆状披针形；上部叶渐小。头状花序排列成伞房或圆锥伞房状。舌状花10余个，紫色、浅红色或白色，管状花黄色。瘦果倒卵状长圆形，灰褐色。花、果期5—12月。
**生境分布** 生长于山坡、路旁、河边及沟边。采集于伯公坑（N 25°8′42″，E 116°10′24″，H 805 m）、中心坑（N 25°16′11″，E 116°14′51″，H 712 m）、天马寨（N 25°6′37″，E 116°10′31″，H 989 m）。常见种。
**药用部位** 带根全草。
**性味功能** 苦、辛，凉。清热解毒，利尿止血。治咽喉肿痛、咳嗽痰喘、乳蛾、痄腮、乳痈、小便淋痛、痈疖肿毒、外伤出血。

## 533. 鬼针草

**学名** *Bidens pilosa* L.
**别名** 三叶鬼针草、鬼钗草、粘人草
**形态特征** 一年生草本。茎下部叶较小，3裂或不分裂，通常在开花前枯萎，中部叶三出，小叶3枚，两侧小叶椭圆形或卵状椭圆形，顶生小叶较大，长椭圆形或卵状长圆形，上部叶小，3裂或不分裂，条状披针形。头状花序，无舌状花，盘花筒状，冠檐5齿裂。瘦果黑色，条形，略扁，具棱，顶端芒刺3～4枚，具倒刺。花期6—11月，果期7—12月。
**生境分布** 生长于村旁、路边或荒地上。采集于云礤村（N 25°9′46″，E 116°8′40″，H 587 m）、谷夫（N 25°13′8″，E 116°10′50″，H 643 m）、老鸦山（N 25°18′45″，E 116°13′14″，H 425 m）。常见种。
**药用部位** 全草。
**性味功能** 苦，微寒。清热解毒，止血止泻，散瘀消肿。治阑尾炎、肾炎、胆囊炎、肠炎、细菌性痢疾、肝炎、腹膜炎、上呼吸道感染、扁桃体炎、喉炎、闭经、烫伤、毒蛇咬伤、跌打损伤、皮肤感染、小儿惊风、疳积等症。

## 534. 毛毡草

**学名** *Blumea hieracifolia* (D. Don) DC.
**别名** 臭草、鹅掌风、走马风
**形态特征** 草本。茎、叶密被绢毛状长柔毛。叶主要茎生，下部和中部椭圆形或长椭圆形；上部叶较小。头状花序2～7个簇生，排列成穗状圆锥花序。花黄色，雌花多数，两性花较少。瘦果圆柱形，具10条棱，冠毛白色。花期12月—翌年4月。
**生境分布** 生长于田边、路旁草丛中。采集于马头山（N 25°5′40″，E 116°4′51″，H 334 m）、中心坑（N 25°16′24″，E 116°15′13″，H 736 m）、天马寨（N 25°6′53″，E 116°10′39″，H 907 m）、老好坑（N 25°11′22″，E 116°9′11″，H 676 m）。常见种。
**药用部位** 全草。
**性味功能** 微辛，凉。清热解毒。治泄泻、毒虫螫伤。

## 535. 柔毛艾纳香

**学名** *Blumea mollis* (D. Don) Merr.
**别名** 红头小仙、紫背倒提壶
**形态特征** 草本。下部叶倒卵形，边缘有不规则细齿，两面被绢状长柔毛；中部叶倒卵形或倒卵状长圆形；上部叶渐小。头状花序多数，3～5个簇生，密集成聚伞状花序，再排成大圆锥花序。花紫红色或花冠下半部淡白色；雌花多数，花冠细管状；两性花约10朵。瘦果圆柱形，冠毛白色。花期几乎全年。
**生境分布** 生长于田边、路旁草丛中。采集于谷夫（N 25°12′48″, E 116°10′57″, H 665 m）、马头山（N 25°5′43″, E 116°4′52″, H 330 m）。常见种。
**药用部位** 全草。
**性味功能** 微苦，平。消炎，解热。治肺炎、咳喘、胸膜炎、乳腺炎、春温风热。外用治口腔炎。

## 536. 天名精

**学名** *Capesium abrotanoides* L.
**别名** 野烟兜、杜牛夕、鹤虱、天蔓青、地菘
**形态特征** 多年生草本。基叶于开花前凋萎；茎下部叶广椭圆形或长椭圆形，上面深绿色，被短柔毛，老时脱落，下面淡绿色，密被短柔毛，有细小腺点；茎上部叶长椭圆形。头状花序多数，顶生或腋生，成穗状花序式排列；雌花狭筒形，两性花筒状。
**生境分布** 生长于疏林边、灌丛中或路边草丛中。采集于谷夫（N 25°12′46″, E 116°10′58″, H 663 m）、坑头（N 25°11′6″, E 116°12′8″, H 739 m）。较常见种。
**药用部位** 全草。
**性味功能** 微苦、甘，寒；有小毒。泻热利湿，破瘀止血，杀虫解毒。全草治中暑、胃溃疡。根治胃出血。果治蛔虫病、蛲虫病、湿疹。叶治委中毒、疔、蛇伤、虫蜇伤。

## 537. 石胡荽

**学名** *Ceatipeda minima* (L.) A. Br. et Aschers

**别名** 天胡荽、鹅不食草、鸡肠草、猪屎草（武平）

**形态特征** 一年生小草本。茎多分枝，匍匐状。叶互生，楔状倒披针形，边缘有少数锯齿。头状花序小，扁球形，单生于叶腋。瘦果椭圆形。花、果期6—10月。

**生境分布** 生长于田野、路旁、园边草地上。采集于张畲村（N 25°5′45″，E 116°11′31″，H 512 m）、新化村（N 25°17′28″，E 116°17′11″，H 419 m）、云礤村（N 25°9′54″，E 116°9′6″，H 607 m）、陈禾坑（N 25°5′22″，E 116°9′48″，H 454 m）。常见种。

**药用部位** 全草。

**性味功能** 辛，温；无毒。通窍散寒，祛风利湿，散瘀消肿。治伤风感冒，急、慢性鼻炎，慢性支气管炎，疟疾，跌打损伤，风湿痹痛，蛔虫性肠梗阻，毒蛇咬伤。

## 538. 野菊

**学名** *Chrysanthemumindicum* L.

**别名** 山菊花

**形态特征** 多年生草本。基生叶和下部叶花期脱落；中部茎叶卵形、长卵形或椭圆状卵形，羽状半裂、浅裂或分裂不明显而边缘有浅锯齿，上面疏被柔毛及腺体，下面与上面同色或淡绿色，被柔毛。头状花序多数在茎枝顶排成疏松的伞房圆锥花序或少数在茎顶排成伞房花序；外围舌状花1层，舌片黄色；中央两性花多数，黄色。瘦果圆柱形，具5条纵棱。花期7—12月。

**生境分布** 生长于路边、丘陵、荒地及林缘。采集于云礤村（N 25°9′52″，E 116°9′3″，H 600 m）、谷夫（N 25°12′32″，E 116°10′46″，H 693 m）。常见种。

**药用部位** 嫩茎叶。

**性味功能** 苦、辛，寒。清热解毒。治痈肿、疔疮、目赤、瘰疬、天疱疮、湿疹。

## 539. 蓟

**学　名**　*Cirsium japonicum* Fisch. ex DC.
**别　名**　大刺儿菜、大刺盖、大蓟
**形态特征**　多年生草本。基生叶较大，长倒披针形或倒卵状披针形，羽状深裂或几全裂，基部渐狭成短或长翼柄，柄翼边缘有针刺及刺齿。自基部向上的叶渐小，与基生叶同形并等样分裂，但无柄，基部扩大半抱茎。头状花序少数生茎端而花序极短。小花红色或紫色，檐部不等5浅裂。瘦果压扁，偏斜楔状倒披针形，冠毛浅褐色，多层，冠毛刚毛长羽毛状。花、果期4—11月。
**生境分布**　生长于山野、路旁、荒地。采集于牛麻窝（N 25°12′00″，E 116°9′26″，H 631 m）、中心坑（N 25°17′12″，E 116°15′55″，H 627 m）、谷夫（N 25°12′23″，E 116°10′59″，H 723 m）。较常见种。
**药用部位**　地上部分或根。
**性味功能**　甘、苦，凉。凉血止血，祛瘀消肿。治吐血、衄血、尿血、血淋、血崩、带下、肠风、肠痈、痈疡肿毒、疔疮。

## 540. 小蓬草

**学　名**　*Conyza Canadensis* (L.) Cronq.
**别　名**　小飞蓬、小白酒、加拿大蓬
**形态特征**　一年生草本。茎上部多分枝。叶密集，基生叶花期常枯萎，下部叶倒披针形，中部和上部叶较小，线形或线状披针形。头状花序多数，排列成顶生多分枝的大圆锥花序。雌花多数，舌状，白色；两性花淡黄色，花冠管状，上端具4或5齿裂。瘦果线状披针形，稍扁平；冠毛污白色，1层，糙毛状。花期5—9月，果期9—10月。
**生境分布**　生长于荒地、田边、沟边和路旁。采集于谷夫（N 25°12′37″，E 116°10′51″，H 693 m）、张畲村（N 25°5′44.8″，E 116°11′31″，H 512 m）、东岗村（N 25°8′33″，E 116°8′21″，H 314 m）、教文村（N 25°9′1″，E 116°12′14″，H 633 m）。常见种。
**药用部位**　全草、鲜叶。
**性味功能**　微苦、辛，凉。清热利湿，散瘀消肿。治痢疾、肠炎、肝炎、胆囊炎、跌打损伤、风湿骨痛、疮疖肿痛、外伤出血、牛皮癣。

### 541. 野茼蒿

**学名** *Crassocephalum crepidioides* (Benth.) S. Moore
**别名** 革命菜
**形态特征** 直立草本。叶互生，卵形或长圆状椭圆形，边缘有重锯齿或基部羽状分裂。头状花序数个在茎端排成伞房状，总苞钟状，总苞片1层，小花管状，两性，花冠红褐色或橙红色，花柱基部呈小球形。瘦果圆柱形，赤红色；冠毛极多数，白色，绢毛状。花期7—12月。
**生境分布** 生长于荒地、路旁、林下和水沟边。采集于云磜村（N 25°9′46″，E 116°8′40″，H 587 m）、谷夫（N 25°12′52″，E 116°10′56″，H 660 m）、新化村（N 25°17′22″，E 116°17′18″，H 418 m）。常见种。
**药用部位** 全草。
**性味功能** 辛，平。健脾消肿，清热解毒。治感冒发热、痢疾、肠炎、尿路感染、营养不良性水肿、乳腺炎。

### 542. 鱼眼草

**学名** *Dichrocephala auriculata* (Thunb.) Druce
**别名** 星萝草、星宿草
**形态特征** 一年生草本。叶卵形，椭圆形或披针形；中部叶大头羽裂，顶裂片宽大，侧裂片1～2对。自中部向上或向下的叶渐小同形；基部叶通常不裂，常卵形。头状花序小，球形，多数头状花序在枝端或茎顶排列成伞房状花序或伞房状圆锥花序。总苞片1～2层，膜质。外围雌花多层，紫色，花冠极细；中央两性花黄绿色。瘦果压扁，倒披针形。花、果期全年。
**生境分布** 生长于田边湿地。采集于六甲村（N 25°7′4″，E 116°12′44″，H 466 m）、新兰村（N 25°19′4″，E 116°13′58″，H 406 m）。少见种。
**药用部位** 全草。
**性味功能** 苦，寒。清热解毒，利湿，祛翳。治疟疾、痢疾、腹泻、肝炎、白带、目翳、口疮、疮疡。

## 543. 鳢肠

**学名** *Eclipta prostrata* (L.) L.
**别名** 莲子草、旱莲草、墨汁草
**形态特征** 一年生草本。叶长圆状披针形或披针形。头状花序1~3个，总苞球状钟形，总苞片2层；外围的雌花2层，舌状，中央花两性，花冠管状，白色。雌花的瘦果三棱形，两性花的瘦果扁四棱形。花期6—9月，果期9—11月。
**生境分布** 生长于路边、田边或溪沟边。采集于云礤村（N 25°8′56″，E 116°8′16″，H 508 m）、马头山（N 25°5′44″，E 116°4′52″，H 303 m）。常见种。
**药用部位** 全草。
**性味功能** 甘、酸，平。凉血止血，滋补肝肾，清热解毒。

## 544. 地胆草

**学名** *Elepanoptons scaer* L.
**别名** 草鞋根、草鞋底、苦地胆、地胆头、磨地胆
**形态特征** 直立草本。基生叶花期生存，莲座状，匙形或倒披针状匙形；茎生叶少数而小。头状花序成束，生于枝顶；花4朵，淡紫色或粉红色。瘦果有棱；冠毛污白色，具5条硬刚毛。花期7—11月。
**生境分布** 生长于村边、路旁、荒地上。采集于马头山（N 25°5′37″，E 116°4′41″，H 347 m）、天马寨（N 25°7′11″，E 116°10′49″，H 823 m）、新化村（N 25°17′33″，E 116°17′3″，H 437 m）。常见种。
**药用部位** 全草。
**性味功能** 苦、辛，寒。清热解毒，利尿消肿。治感冒、急性扁桃体炎、咽喉炎、眼结膜炎、流行性乙型脑炎、百日咳、急性黄疸型肝炎、肝硬化腹水、急性肾炎、慢性肾炎、疖肿、湿疹。

## 545. 白花地胆草

**学名** *Elephantopus tomentosus* L.
**别名** 苦地胆
**形态特征** 直立草本。叶散生于茎上，基部叶在花期常凋萎，下部叶长圆状倒卵形，基部渐狭成具翅的柄，稍抱茎，上部叶椭圆形或长圆状椭圆形。头状花序12～20个在茎枝顶端密集成团球状复头状花序；花4朵，花冠白色。瘦果长圆状线形，基部急宽成三角形。花期8月—翌年5月。
**生境分布** 生长于路边或灌丛中。采集于梁山隔（N 25°11′25″，E 116°13′45″，H 441 m）。少见种。
**药用部位** 全草。
**性味功能** 苦、辛，凉。清热解毒，凉血利水。治鼻衄、黄疸、淋证、脚气、水肿、痈肿、疔疮、蛇虫咬伤。

## 546. 一点红

**学名** *Emilla sonchifolia* (L.) DC.
**别名** 叶下红、红背叶、羊蹄草
**形态特征** 一年生草本。叶质较厚，下部叶密集，大头羽状分裂，上面深绿色，下面常变紫色，两面被短卷毛；中部茎叶疏生，较小，卵状披针形或长圆状披针形，无柄，基部箭状抱茎，顶端急尖，全缘或有不规则细齿；上部叶少数，线形。头状花序在开花前下垂，花后直立，通常2～5个，在枝端排列成疏伞房状。小花粉红色或紫色，管部细长，檐部渐扩大，具5深裂。瘦果圆柱形；冠毛丰富，白色，细软。花、果期7—10月。
**生境分布** 生长于路旁、荒地、田边。采集于云磜村（25°8′44″，E 116°8′12″，H 476 m）、谷夫（N 25°12′21″，E 116°11′，H 751 m）、梁山隔（N 25°12′23″，E 116°13′45″，H 435 m）。常见种。
**药用部位** 全草。
**性味功能** 微苦，凉。清热解毒，利水，凉血。治痢疾、腹泻、便血、水肿、肠痈、聘耳、目亦、喉蛾、疔疮、肿毒。

### 547. 林泽兰

**学名** *Eupatorium lindleyanum* DC.
**别名** 大泽兰、多须公
**形态特征** 多年生草本。叶对生，或上部有时互生，叶片长椭圆状披针形或线状披针形，边缘具疏锯齿，两面粗糙，被白色粗毛及腺点，叶脉基出3条脉。头状花序多数在茎顶或枝端排成紧密的伞房花序；总苞钟状，含5朵小花；花白色、粉红色或淡紫红色，外面散生黄色腺点。瘦果椭圆形，黑褐色，有腺点；冠毛白色，与花冠等长或稍长。花、果期5—12月。
**生境分布** 生长于林缘、路旁或田边。采集于云磜村（N 25°9′46″，E 116°9′40″，H 587 m）、磜文村（N 25°4′28″，E 116°11′8″，H 547 m）、大坪坑（N 25°17′4″，E 116°11′13″，H 524 m）。常见种。
**药用部位** 根。
**性味功能** 微苦，凉。清热解毒，利咽化痰。治白喉、扁桃体炎、咽喉炎、感冒发热、麻疹、肺炎、支气管炎、风湿性关节炎、痈疖肿毒、毒蛇咬伤。

### 548. 宽叶鼠麹草

**学名** *Gnaphalium adnatum* (Wall. ex DC.) Kitam.
**别名** 老鸦绵、地膏药
**形态特征** 粗壮草本。茎直立，密被紧贴的白色棉毛。基生叶花期凋落；中部及下部叶倒披针状长圆形或倒卵状长圆形，基部下延抱茎，两面密被白色棉毛，侧脉1对。头状花序在枝端密集成球状，并在茎上部排成大的伞房花序；总苞近球形；总苞片淡黄色或黄白色。雌花多数，花冠丝状；两性花较少。瘦果圆柱形，冠毛白色。花期8—10月，果期9—11月。
**生境分布** 生长于路旁、山坡和灌丛中。采集于天马寨（N 25°6′21″，E 116°10′19″，H 1 103 m）。常见种。
**药用部位** 叶。
**性味功能** 苦，凉。消肿，止血。治痈疮肿毒、刀伤出血。

### 549. 鼠麴草

**学名** *Gnaphalium affine* D. Don
**别名** 佛耳草、清明菜、鼠曲草
**形态特征** 一年生草本。茎直立或基部发出的枝下部斜升，被白色厚绵毛。叶无柄，匙状倒披针形或倒卵状匙形，基部渐狭下延，两面被白色棉毛。头状花序多数，在枝顶密集成伞房花序；总苞钟形；总苞片2～3层，金黄色或柠檬黄色。瘦果倒卵形或倒卵状圆柱形，冠毛污白色。花、果期几乎全年。
**生境分布** 生长于山坡草地、路旁、田埂上。采集于马头山（N 25°5′37″, E 116°4′41″, H 347 m）、天马寨（N 25°7′24″, E 116°10′34″, H 703 m）。常见种。
**药用部位** 全草。
**性味功能** 甘，平。化痰，止咳，祛风。治咳嗽、痰多、气喘、感冒风寒、腹泻症。

### 550. 细叶鼠麴草

**学名** *Gnaphalium japonicum* Thunb
**别名** 天青地白草、磨地莲、小火草
**形态特征** 一年生细弱草本。基生叶花期宿存，呈莲座状，线状剑形或线状倒披针形，边缘多少反卷，上面绿色，疏被棉毛，下面白色，厚被白色棉毛，叶脉1条，茎生叶少数，线状剑形或线状长圆形。头状花序密集成球形，再排成复头状花序，花黄色。雌花多数，花冠丝状；两性花少，花冠管状。瘦果纺锤状圆柱形。花期1—5月。
**生境分布** 生长于田边、沟边、路旁或空旷地。采集于天马寨（N 25°6′18″, E 116°10′21″, H 1 092 m）。较常见种。
**药用部位** 全草。
**性味功能** 甘，平。清热利湿，解毒消肿。治结膜炎、角膜白斑、感冒、咳嗽、咽喉肿痛、尿道炎。外用治乳腺炎、痈疖肿毒、毒蛇咬伤。

## 551. 多茎鼠麴草

**学名** *Gnaphlium polycaulon* Pers.
**别名** 田艾、老鼠艾
**形态特征** 一年生草本。茎多分枝，下部匍匐或斜升。下部叶倒披针形，两面被白色绵毛；中部和上部的叶较小，倒卵状长圆形或匙状长圆形。头状花序多数，在茎枝顶端密集成穗状花序；总苞卵形，麦秆黄色或污黄色。雌花极多数，花冠丝状；两性花少数，花冠管状。瘦果圆柱形，具乳头状突起，冠毛绢毛状。花、果期1—4月。
**生境分布** 生长于路边、田边或空旷草地。采集于云礤钟屋坑（N 25°9′52″，E 116°8′45″，H 569 m）、老鸦山（N 25°18′39″，E 116°13′11″，H 437 m）、东岗村（N 25°8′19″，E 116°8′13″，H 296 m）。常见种。
**药用部位** 全草。
**性味功能** 微苦、辛，凉。祛风，止咳，平喘，祛风湿。

## 552. 红凤菜

**学名** *Gynura bicolor* (Roxb. ex Willd.) DC.
**别名** 紫背菜、红菜、两色三七草
**形态特征** 多年生草本。叶互生，倒披针形至卵形，边缘有不规则粗锯齿或近琴状分裂，叶背常带紫红色；上部叶有明显的叶耳。头状花序在茎端或叶腋排成伞房花序式；总苞钟形；花冠黄色或橙红色。瘦果圆柱形。花、果期1—4月。
**生境分布** 生长于旷野湿地。采集于云礤村（N 25°12′37″，E 116°10′51″，H 693 m）。少见种。
**药用部位** 全草。
**性味功能** 甘、辛，凉。接骨续骨，消肿散瘀。治骨折、跌打损伤、风湿性关节炎。

### 553. 泥胡菜

**学名** *Hemistepta lyrata* (Bunge) Bunge
**别名** 石灰菜、花苦荬菜
**形态特征** 一年生草本。基生叶长椭圆形或倒披针形，花期通常枯萎；中下部茎叶与基生叶同形，全部叶大头羽状深裂或几全裂，顶裂片大，三角形。头状花序在茎枝顶端排成疏松伞房花序。总苞宽钟形或半球形。小花紫色或红色，檐部深5裂，花冠裂片线形。瘦果小，深褐色，压扁。花、果期3—8月。
**生境分布** 生长于路旁荒地或水塘边。采集于黄门岭（N 25°6′35″，E 116°6′40″，H 275 m）。较常见种。
**药用部位** 全草。
**性味功能** 辛、苦，寒。清热解毒，散结消肿。治痔漏、痈肿疔疮、乳痈、淋巴结炎、风疹瘙痒、外伤出血、骨折。

### 554. 羊耳菊

**学名** *Inula cappa* (Buch. -Ham.) DC.
**别名** 白牛胆、羊儿风、大白头公（武平）
**形态特征** 亚灌木。茎直立，粗壮，全部被污白色或浅褐色绢状或棉状密茸毛。叶长圆形或长圆状披针形，边缘有细锯齿或浅齿，上面密被糙毛，下面密被白色或污白色绢状厚茸毛。头状花序多数，密集成伞状圆锥花序，密被绢状密茸毛；边缘的小花舌片短小；中央的小花管状。瘦果长圆柱形，被白色长绢毛；冠毛污。花期6—10月，果期8—12月。
**生境分布** 生长于荒山、林缘或路旁灌草丛中。采集于云礤村（N 25°9′51″，E 116°8′57″，H 587 m）、中心坑（N 25°15′58″，E 116°15′0″，H 613 m）、梁山隔（N 25°11′0″，E 116°13′51″，H 562 m）。常见种。
**药用部位** 全草。
**性味功能** 辛、微苦，温。散寒解表，祛风消肿，行气止痛。治风寒感冒、咳嗽、神经性头痛、胃痛、风湿腰腿痛、跌打肿痛、月经不调、白带、血吸虫病。

## 555. 马兰

**学名** *Kalimeris indica* (L.) Sch.-Bip.
**别名** 马兰头、田边菊、鱼鳅串、泥鳅串
**形态特征** 多年生草本。茎生叶倒披针形或倒卵状矩圆形，边缘中部以上具有小尖头的钝或尖齿或有羽状裂片，上部叶小，全缘。头状花序单生于枝端并排列成疏伞房状。总苞半球形，总苞片2～3层。舌状花1层，舌片浅紫色；管状花被短密毛。瘦果倒卵状矩圆形，极扁。花期5—9月，果期8—10月。
**生境分布** 生长于林缘、草丛或路旁。采集于云礤村（N 25°9′52″，E 116°9′3″，H 600 m）、教文村（N 25°8′47″，E 116°11′44″，H 586 m）、大坪坑（N 25°17′5″，E 116°11′14″，H 501 m）。常见种。
**药用部位** 全草。
**性味功能** 辛、苦，寒。清热解毒，散瘀止血，利湿，消食，消积。

## 556. 大头橐吾

**学名** *Ligularia japonica* (Thunb.) Less.
**别名** 猴巴掌、老鸦甲
**形态特征** 多年生草本。丛生叶与茎下部叶具柄，基部鞘状抱茎，叶片轮廓肾形，掌状3～5全裂，再作掌状浅裂，小裂片羽状或具齿。头状花序辐射状，2～8个，排列成伞房状花序；总苞半球形，总苞片2层。舌状花黄色，管状花多数，冠毛红褐色。瘦果细圆柱形，具纵肋。花、果期4—9月。
**生境分布** 生长于水边、草地及林下。采集于梁山顶（N 25°12′19″，E 116°11′4″，H 742 m）。少见种。
**药用部位** 根或全草。
**性味功能** 辛，微温。舒筋活血，解毒消肿。治跌打损伤、腰腿疼痛、痈肿初起。

## 557. 三角叶风毛菊

**学名** *Saussurea deltoidea* (DC.) Sch. -Bip.
**别名** 白牛蒡根、海肥干
**形态特征** 二年生草本。茎被蛛丝状毛,有棱。中下部茎叶有叶柄,叶片大头羽状全裂,顶裂片大,三角形或三角状戟形,边缘有锯齿;上部茎叶小,不分裂,有短柄,齿顶有小尖头,最上部茎叶更小。头状花序大;小花淡紫红色或白色。瘦果倒圆锥状,黑色。花、果期5—11月。
**生境分布** 生长于林缘、山坡上。采集于谷夫(N 25°12′19″,E 116°11′4″,H 742 m)、袁上村(N 25°9′22″,E 116°13′7″,H 721 m)。较常见种。
**药用部位** 根。
**性味功能** 淡,微温。有香气。健脾消疳,催乳,祛风湿,通经络。治产后乳少、白带过多、消化不良、腹胀、小儿疳积、骨折、病后体虚、胃寒痛、风湿骨痛。

## 558. 千里光

**学名** *Senecio scandens* Buch. -Ham. ex D. Don
**别名** 九里明、九里光、黄蔓菀
**形态特征** 多年生攀援草本。叶具柄,叶片卵状披针形至长三角形,基部楔形至截形。头状花序在茎枝端排成顶生复聚伞圆锥花序。总苞圆柱状钟形,总苞片12～13层,线状披针形。舌状花8～10朵,舌片黄色;管状花多数,花冠黄色。瘦果圆柱形。花、果期8月—次年4月。
**生境分布** 生长于林边、路旁、沟边草丛中。采集于老好坑(N 25°11′33″,E 116°8′41″,H 607 m)、伯公坑(N 25°8′40″,E 116°10′21″,H 821 m)。常见种。
**药用部位** 地上部分。
**性味功能** 苦,寒。清热解毒,明目,止痒。治风热感冒、目赤肿痛、泄泻痢疾、皮肤湿疹、疮疖。

### 559. 毛梗豨莶

**学名** *Siegesbeckia glabrescens* Makino
**别名** 少毛豨莶、光豨莶
**形态特征** 一年生草本。基部叶花期枯萎；中部叶三角状卵圆形或卵状披针形；上部叶渐小，卵状长圆形，边缘浅波状或全缘；全部叶两面被柔毛，基出3条脉。多数头状花序在枝端排列成疏散的圆锥花序。总苞钟状，苞片2层，背面密披紫褐色头状有柄的腺毛。雌花花冠舌状，两性管状花上部钟状。瘦果倒卵圆形，4条棱。花期4—9月，果期6—11月。
**生境分布** 生长于山坡、路边杂草

中。采集于谷夫（N 25°13′30″，E 116°10′43″，H 560 m）、坑头（N 25°10′50″，E 116°12′7″，H 780 m）。常见种。
**药用部位** 全草。
**性味功能** 苦，寒；有小毒。祛风湿，利筋骨，降血压。治四肢麻痹、筋骨疼痛、腰膝无力、疟疾、急性肝炎、高血压、疔疮肿毒、外伤出血。

### 560. 豨莶

**学名** *Siegesbeckia orientalis* L.
**别名** 黄花草、猪母菜、土伏虱、金耳钩、虾柑草、黏糊菜
**形态特征** 一年生草本。基部叶花期枯萎；中部叶三角状卵圆形或卵状披针形，纸质；上部叶渐小，卵状长圆形。头状花序聚生于枝端，排列成具叶的圆锥花序；总苞阔钟状，总苞片2层。花黄色，两性管状花上部钟状。瘦果倒卵圆形，有4条棱。花期4—9月，果期6—11月。
**生境分布** 生长于山坡、林缘及路旁。采集于黄门岭（N 25°6′35″，E 116°6′40″，H 275 m）、云礤村

（N 25°8′44″，E 116°8′12″，H 476 m）、新化村（N 25°18′11″，E 116°16′34″，H 595 m）。常见种。
**药用部位** 全草。
**性味功能** 苦，寒；有小毒。祛风湿，利筋骨，降血压。治四肢麻痹、筋骨疼痛、腰膝无力、疟疾、急性肝炎、高血压、疔疮肿毒、外伤出血。

## 561. 一枝黄花

**学名** *Solidago decurrens* Lour.
**别名** 黄花草、蛇头王、满山草
**形态特征** 多年生草本。中部茎叶椭圆形，长椭圆形、卵形或宽披针形；向上叶渐小；下部叶与中部茎叶同形。全部叶质地较厚，叶两面、沿脉及叶缘有短柔毛或下面无毛。头状花序较小，多数在茎上部排列成紧密或疏松的总状花序或伞房圆锥花序。总苞片4～6层，披针形或披狭针形。舌状花舌片椭圆形。瘦果无毛。花、果期4—11月。
**生境分布** 生长于林缘、路边灌丛中。采集于谷夫（N 25°12′27″，E 116°10′40″，H 693 m）。少见种。
**药用部位** 全草。
**性味功能** 辛、苦，平。疏风清热，抗菌消炎。治风热感冒、头痛、咽喉肿痛、肺热咳嗽、黄疸、泄泻、热淋、痈肿疮疖、毒蛇咬伤。

## 562. 裸柱菊

**学名** *Soliva anthemifolia* (Juss.) R. Br.
**别名** 裸柱草
**形态特征** 一年生矮小草本。茎极短，平卧。叶互生，二至三回羽状分裂，裂片线形。头状花近球形，无梗，生于茎基部；总苞片2层，矩圆形或披针形；边缘的雌花多数，无花冠；中央的两性花少数，花冠管状，黄色。瘦果倒披针形，扁平，有厚翅，花柱宿存。花、果期全年。
**生境分布** 生长于庭园、路旁、荒地。采集于谷夫（N 25°12′48″，E 116°10′57″，H 633 m）、黄门岭（N 25°6′35″，E 116°6′40″，H 275 m）、云礤村（N 25°8′41″，E 116°8′11″，H 465 m）。常见种。
**药用部位** 全草。
**性味功能** 辛，温；有小毒。化气散结，消肿解毒，解热。治头痛、痢疾、水肿、痈疮、瘰疬、风毒流柱、痔疮发炎。

## 563. 金钮扣

**学名** *Spilanthes paniculata* Wall. ex DC.
**别名** 天文草、散血草
**形态特征** 一年生草本。叶卵形，宽卵圆形或椭圆形，全缘，波状或具波状钝锯齿，侧脉细，2～3对。头状花序单生，或圆锥状排列，卵圆形；花黄色，雌花舌状；两性花花冠管状。瘦果长圆形，稍压扁。花、果期4—11月。
**生境分布** 生长于田边、沟边、溪旁潮湿地。采集于教文村（N 25°8′57″，E 116°11′34″，H 628 m）、梁山隔（N 25°10′33″，E 116°13′48″，H 563 m）。常见种。

**药用部位** 全草。
**性味功能** 辛，温。解毒利湿，止咳定喘，消肿止痛。治疟疾、牙痛、肠炎、痢疾、咳嗽、哮喘、百日咳、肺结核。外用治毒蛇咬伤、狗咬伤、痈疖肿毒。

## 564. 夜香牛

**学名** *Vernonia cinerea* (L.) Less.
**别名** 消山虎、伤寒草、白花天红（武平）
**形态特征** 一年生或多年生草本。枝被灰色短柔毛。下部和中部叶具柄，菱状卵形、菱状长圆形或卵形，边缘具有小尖的疏锯齿，或波状；上部叶渐尖，狭长圆状披针形或线形。头状花序多数，在茎枝端排列成伞房状圆锥花序。花淡红紫色，花冠管状。瘦果圆柱形，冠毛白色。花、果期全年。
**生境分布** 生长于荒地、田边、路旁。采集于东岗村（N 25°8′40″，E 116°8′31″，H 359 m）、新化村（N 25°17′4″，E 116°17′42″，H 410 m）、牛麻窝（N 25°12′16″，E 116°9′1″，H 549 m）。常见种。

**药用部位** 全草。
**性味功能** 苦、微甘，凉。疏风散热，凉血解毒，安神。治感冒发热、咳嗽、痢疾、黄疸型肝炎、神经衰弱。外用治痈疖肿、毒蛇咬伤。

## 565. 苍耳

**学名** *Xanthium sibiricum* Patrin ex Widder.
**别名** 牛虱子、胡寝子
**形态特征** 一年生草本。叶三角状卵形或心形，有3条基出脉，上面绿色，下面苍白色，被糙伏毛。雄性的头状花序球形，总苞片长圆状披针形；雌性的头状花序椭圆形，外层总苞片小，披针形，内层总苞片结合成囊状，宽卵形或椭圆形，在瘦果成熟时变坚硬，外面有疏生的具钩状的刺，刺极细而直。瘦果2枚，倒卵形。花期7—8月，果期9—10月。
**生境分布** 生长于路边、沟旁、田边、村旁。采集于云磜村（N 25°9′46″，E 116°8′40″，H 587 m）、新化村（N 25°17′24″，E 116°17′17″，H 409 m）、陈禾坑（N 25°5′21″，E 116°9′45″，H 437 m）。常见种。
**药用部位** 果实。
**性味功能** 苦、甘、辛，温；小毒。散风寒，通鼻窍，祛风湿，止痒。治鼻渊、风寒头痛、风湿痹痛、风疹、湿疹、疥癣。

## 566. 黄鹌菜

**学名** *Youngia japonica* (L.) DC.
**别名** 毛连连、野芥菜（福建）
**形态特征** 一年生草本。基生叶倒披针形，椭圆形、长椭圆形或宽线形，大头羽状深裂或全裂，顶裂片较侧裂片稍大，侧裂片向下渐小；无茎叶或极少有1~2片。头状花序含10~20枚舌状小花，少数或多数在茎枝顶端排成伞房花序。舌状小花黄色。瘦果压扁，褐色或红褐色，有11~13条粗细不等的纵肋。花、果期4—11月。
**生境分布** 生长于路边、林缘草地。采集于马头山（N 25°5′33″，E 116°5′27″，H 274 m）。较常见种。
**药用部位** 全草。
**性味功能** 甘、微苦，凉。清热解毒，利尿消肿，止痛。治感冒、咽痛、眼结膜炎、乳痈、牙痛、疮疖肿毒、毒蛇咬伤、痢疾、肝硬化腹水、急性肾炎、淋浊、血尿、白带、风湿关节炎、跌打损伤。外用治疮疖肿毒。

# 一三六、木犀科 Oleaceae

### 567. 白蜡树

**学名** *Fraxinus chinensis* Roxb.
**别名** 青榔木、白荆树
**形态特征** 落叶乔木。羽状复叶；小叶5～7枚，硬纸质，卵形、倒卵状长圆形至披针形，顶生小叶与侧生小叶近等大或稍大，叶缘具整齐锯齿。圆锥花序顶生或腋生枝梢，花雌雄异株，雄花密集，雌花疏离。翅果匙形。花期4—5月，果期7—9月。
**生境分布** 生长于山溪流旁。采集于云礤村（N 25°10′6″，E 116°9′26″，H 589 m）。少见种。
**药用部位** 树皮（秦皮）、叶（白蜡树叶）、花（白蜡花）。
**性味功能** 树皮：苦、涩，寒。清热燥湿，收敛，明目。治热痢、泄泻、带下、目赤肿痛、目生翳膜。叶：辛，温。调经，止血，生肌。花：止咳，定喘。治咳嗽、哮喘。

### 568. 苦枥木

**学名** *Fraxinus insularis* Hemsl.
**别名** 秦皮、梣皮
**形态特征** 乔木。羽状复叶，小叶3～7枚，嫩时纸质，后期变硬纸质或革质，长圆形或椭圆状披针形，叶缘具浅锯齿，或中部以下近全缘。圆锥花序生于当年生枝端，顶生及侧生叶腋，花芳香，花萼钟状，齿截平，花冠白色。翅果长匙形，红色或褐色，坚果近扁平，花萼宿存。花期4—5月，果期7—9月。
**生境分布** 生长于山地、河谷。采集于云礤溪（N 25°8′58″，E 116°8′29″，H 401 m）、新化村（N 25°18′2″，E 116°16′41″，H 558 m）、大坪坑（N 25°17′1″，E 116°11′3″，H 403 m）。少见种。
**药用部位** 树皮。
**性味功能** 苦、涩，寒。清热燥湿，平喘止咳，明目。治细菌性痢疾、肠炎、白带、慢性气管炎、目赤肿痛、迎风流泪、牛皮癣。

### 569. 清香藤

**学名** *Jasminum lanceolarium* Roxb.
**别名** 川清茉莉、北清香藤、光清香藤
**形态特征** 大型攀援灌木。叶对生或近对生,三出复叶,有时花序基部侧生小叶退化成线状而成单叶,小叶片椭圆形、卵形或披针形。复聚伞花序常排列呈圆锥状,顶生或腋生,有时多朵;花冠白色,高脚碟状,花冠管纤细。果球形或椭圆形,黑色。花期4—10月,果期6月—翌年3月。
**生境分布** 生长于林缘或灌丛中。采集于中心坑(N 25°16′15″, E 116°14′51″, H 723 m)、老鸦山(N 25°19′6″, E 116°13′41″, H 391 m)、云礤溪(N 25°8′51″, E 116°8′29″, H 400 m)。较常见。
**药用部位** 茎。
**性味功能** 苦,温。祛风除湿,活血止痛。治跌打损伤、风湿筋骨痛、腰痛、散骨破后的积血、头风。

### 570. 华素馨

**学名** *Jasminum sinense* Hemsl.
**别名** 华清素馨、九龙藤、吊三角
**形态特征** 缠绕藤本。小枝圆柱形,密被锈色长柔毛。叶对生,三出复叶;小叶片纸质,卵形、宽卵形或卵状披针形,顶生小叶片较大。聚伞花序常呈圆锥状排列,顶生或腋生,花多数;花冠白色或淡黄色,高脚碟状,花冠管细长,长圆形或披针形。果长圆形或近球形,黑色。花期6—10月,果期9月—翌年5月。
**生境分布** 生长于沟边疏林下或灌丛中。采集于谷夫(N 25°12′27″, E 116°10′57″, H 689 m)。少见种。
**药用部位** 花。
**性味功能** 淡,凉。清热解毒。治疮疡肿毒、金属及竹木刺伤。

## 571. 女贞

**学名** *Ligusurum lucidum* Ait.
**别名** 白蜡树、蜡树
**形态特征** 灌木或乔木。叶革质,卵形、长卵形或椭圆形至宽椭圆形,叶缘平坦,上面光亮,侧脉4～9对。圆锥花序顶生,花冠钟状。果肾形或近肾形,深蓝黑色,成熟时呈红黑色,被白粉。花期5—7月,果期7月—翌年5月。
**生境分布** 生长于林缘。采集于云礤溪(N 25°9′49″,E 116°9′13″,H 619 m)、云礤钟屋坑(N 25°9′33″,E 116°9′18″,H 655 m)、碓公坑(N 25°16′24″,E 116°10′44″,H 431 m)。常见种。

**药用部位** 茎皮、叶、果实(女贞子)。
**性味功能** 茎皮、叶:微苦,凉。清热解毒。茎皮:治咳嗽、烫火伤。叶:治中腔炎、风火赤眼。女贞子:甘、苦,平。养阴滋肾。治虚热、头晕目眩、耳鸣、腰膝酸楚无力。

## 572. 小蜡

**学名** *Ligustrum sinense* Lour.
**别名** 山指甲、水黄杨、小叶女贞
**形态特征** 落叶灌木或小乔木。小枝圆柱形,幼时密被黄色短柔毛。叶片纸质或薄革质,卵形、椭圆状卵形、长圆形、长圆状椭圆形至披针形,上面深绿色,下面淡绿色。圆锥花序顶生或腋生,花白色。果近球形,黑色。花期3—6月,果期9—12月。
**生境分布** 生长于路旁山坡或灌丛中。采集于云礤村(N 25°9′49″,E 116°9′13″,H 619 m)、谷夫(N 25°12′23″,E 116°11′1″,H 746 m)、中心坑(N 25°15′53″,E 116°15′1″,H 609 m)、新化村(N 25°18′1″,E 116°16′42″,H 561 m)。常见种。

**药用部位** 叶。
**性味功能** 辛,热;有小毒。治甲沟炎、白癜风。

### 573. 木犀

**学名** *Osmanthus fragrans* (Thunb.) Lour
**别名** 桂花
**形态特征** 常绿乔木或灌木。叶片革质，椭圆形、长椭圆形或椭圆状披针形，全缘或通常上半部具细锯齿，两面无毛。聚伞花序簇生于叶腋，或近于簇状，每腋内有花多朵；花冠黄白色、淡黄色、黄色或橘红色。果歪斜，椭圆形，呈紫黑色。花期9—10月上旬，果期翌年3月。
**生境分布** 生长于疏林或林缘。采集于老鸦山（N 25°18′38″，E 116°13′8″，H 439 m）、教文村（N 25°9′1.9″，E 116°11′58″，H 619 m）、袁上村（N 25°8′57″，E 116°12′45″，H 600 m）。常见种。
**药用部位** 花、果实及根。
**性味功能** 花：辛，温。散寒破结，化痰止咳。治牙痛、咳喘痰多、经闭腹痛。果：辛、甘，温。暖胃，平肝，散寒。治虚寒胃痛。根：甘、微涩，平。祛风湿，散寒。治风湿筋骨疼痛、腰痛、肾虚牙痛。

## 一三七、钩吻科 Gelsemiaceae

### 574. 钩吻

**学名** *Gelsemium elegans* (Gardn. et Champ.) Benth.
**别名** 断肠草、胡蔓藤、大茶藤
**形态特征** 常绿木质藤本。叶片膜质，卵形、卵状长圆形或卵状披针形。花密集，组成顶生和腋生的三歧聚伞花序；花冠黄色，漏斗状。蒴果卵形或椭圆形，成熟时通常黑色。花期5—11月，果期7月—翌年3月。
**生境分布** 生长于疏林下或路旁灌丛中。采集于马头山（N 25°5′41″，E 116°4′42″，H 351 m）。少见种。
**药用部位** 根、茎、叶。
**性味功能** 辛，苦，温；有毒。破积拔毒，祛瘀止痛，杀虫止痒，镇痛，镇静，抗炎，散瞳，抗肿瘤。治疔癞、湿疹、瘰疬、痈肿、疔疮、跌打损伤、风湿痹痛、神经痛。

## 一三八、龙胆科 Gentianaceae

### 575. 五岭龙胆

**学名** *Gentiana davidii* Franch.
**别名** 落地荷花、歇地龙胆、鲤鱼胆
**形态特征** 多年生草本。花枝多数，丛生，斜升，紫色或黄绿色。叶线状披针形或椭圆状披针形，莲座丛叶，茎生叶多对，愈向茎上部叶愈大，柄愈短。花多数，簇生枝端呈头状，被包围于最上部的苞叶状的叶丛中，花冠蓝色。蒴果狭椭圆形或卵状椭圆形。花、果期（6）8—11月。
**生境分布** 生长于山坡草丛、路旁。采集于中心坑（N 25°17′18″，E 116°16′7″，H 639 m）、天马寨（N 25°6′32″，E 116°10′31″，H 993 m）、梁山顶（N 25°10′5″，E 116°10′43″，H 1 260 m）。常见种。
**药用部位** 全草。
**性味功能** 苦、辛，寒。清热解毒，利尿，明目。治化脓性骨髓炎、尿路感染、结膜炎。外用治疔痈。

### 576. 双蝴蝶

**学名** *Tripterospermum chinense* (Migo) H. Smith
**别名** 肺形草、黄金线、胡地莲
**形态特征** 多年生缠绕草本。基生叶通常2对，着生于茎基部，紧贴地面，密集呈双蝴蝶状，卵形、倒卵形或椭圆形；茎生叶通常卵状披针形，少为卵形，向上部变小呈披针形。具多花，2～4朵呈聚伞花序，少单花、腋生，花萼钟形，花冠蓝紫色或淡紫色。蒴果内藏或先端外露，淡褐色，椭圆形。花、果期10—12月。
**生境分布** 生长于山坡草丛中、路旁或林下。采集于天马寨（N 25°7′8″，E 116°10′50″，H 844 m）、黄陂山（N 25°11′52″，E 116°11′8″，H 835 m）、老好坑（N 25°11′20″，E 116°9′12″，H 696 m）。常见种。
**药用部位** 全草。
**性味功能** 甘、辛，凉。清热解毒，止咳止血。治支气管炎、肺结核咯血、肺炎、肺脓疡、肾炎、泌尿系感染。外用治疗疮疖肿、乳腺炎、外伤出血。

## 一三九、水团花科 Naucleaceae

### 577. 水团花

**学名** *Adina pilulifera* (Lam.) Franch et Drake

**别名** 水杨梅

**形态特征** 常绿灌木至小乔木。叶对生，厚纸质，椭圆形至椭圆状披针形，或有时倒卵状长圆形至倒卵状披针形。头状花序明显腋生，极稀顶生，花序轴单生，不分枝；花冠白色，窄漏斗状，花冠管被微柔毛，花冠裂片卵状长圆形。小蒴果楔形。花期6—7月，果期9—10月。

**生境分布** 生长于河边、溪边和密林下。采集于马头山（N 25°5′39″，E 116°4′49″，H 309 m）、云礤溪（N 25°9′4″，E 116°8′31″，H 394 m）、新化村（N 25°17′52″，E 116°16′50″，H 502 m）。常见种。

**药用部位** 枝叶、花果。

**性味功能** 苦，平。清热利湿，消瘀定痛，止血生肌。治痢疾、肠炎、湿热浮肿、痈肿疮毒、湿疹、烂脚、溃疡不敛、创伤出血。

### 578. 风箱树

**学名** *Cephalanthus tetrandrus* (Roxb.) Ridsd. et Bakh. f.

**别名** 假杨梅、水杨梅

**形态特征** 落叶灌木或小乔木。叶对生或轮生，近革质，卵形至卵状披针形，顶端短尖，基部圆形至近心形，上面无毛至疏被短柔毛，下面无毛或密被柔。头状花序顶生或腋生；花冠白色，花冠裂片长圆形，裂口处通常有1枚黑色腺体。坚果顶部有宿存萼檐；种子褐色，具翅状苍白色假种皮。花期春末夏初。

**生境分布** 生长于沟边、田埂边或潮湿地。采集于教文村（N 25°8′30.7″，E 116°11′21″，H 591 m）、朝岭村（N 25°15′4″，E 116°13′34″，H 584 m）。常见种。

**药用部位** 根、花、叶。

**性味功能** 苦，凉。根：清热解毒，散瘀止痛，止血生肌，祛痰止咳。治流行性感冒、上呼吸道感染、咽喉肿痛、肺炎、咳嗽、睾丸炎、腮腺炎、乳腺炎。外用治跌打损伤、疖肿、骨折。花序：清热利湿。治肠炎、细菌性痢疾。叶：清热解毒。外用治跌打损伤、骨折。

## 一四〇、茜草科 Rubiaceae

### 579. 流苏子

**学名** *Coptosapelta diffusa* (Champ. ex Benth) Van Steenis
**别名** 牛老药藤、棉丝藤（武平）
**形态特征** 藤本或攀援灌木。幼嫩时密被黄褐色倒伏的硬毛。叶坚纸质至革质，卵形、卵状长圆形至披针形。花单生于叶腋，对生，花冠白色或黄色，高脚碟状。蒴果扁球形，淡黄色，果皮硬，木质。花期 5—7 月，果期 5—12 月。
**生境分布** 生长于林缘、路边或溪边灌丛中。采集于马头山（N 25°5′38″，E 116°4′51″，H 333 m）、新华村（N 25°19′24″，E 116°13′50″，H 359 m）、新化村（N 25°17′59″，E 116°16′43″，H 556 m）。常见种。
**药用部位** 根。
**性味功能** 辛、苦，凉。祛风除湿，止痒。治皮炎、湿疹瘙痒、荨麻疹、风湿痹痛、疮疥。

### 580. 虎刺

**学名** *Damnacanthus indicus* Gaertn.
**别名** 两面针、绣花针
**形态特征** 具刺灌木。叶常大小叶对相间，卵形、心形或圆形，边全缘；托叶生叶柄间。花两性，1～2 朵生于叶腋，2 朵者花柄基部常合生，有时在顶部叶腋可 6 朵排成具短总梗的聚伞花序；花冠白色，管状漏斗形。核果红色，近球形。花期 3—5 月，果期冬季—次年春季。
**生境分布** 生长于林下和溪谷灌丛中。采集于教文村（N 25°9′1″，E 116°11′57″，H 620 m）、陈禾坑（N 25°5′17″，E 116°9′44″，H 441 m）。少见种。
**药用部位** 全草及根。
**性味功能** 苦、甘，平。祛风利湿，活血消肿。治痛风、风湿痹痛、痰饮咳嗽、肺痈、水肿、痞块、黄疸、闭经、小儿疳积、荨麻疹、跌打损伤。

## 581. 狗骨柴

**学名** *Diplospora dubia* (Lindl.) Masam.
**别名** 白鸡金、白秋铜盘、狗骨仔
**形态特征** 灌木或乔木。叶革质，少为厚纸质，卵状长圆形、长圆形、椭圆形或披针形。花腋生密集成束或组成具总花梗、稠密的聚伞花序；花冠白色或黄色。浆果近球形，成熟时红色，顶部有萼檐残迹。花期4—8月，果期5月—翌年2月。
**生境分布** 生长于山坡、沟边、阔叶林下。采集于天马寨（N 25°6′57″，E 116°10′46″，H 894 m）、云礤村（N 25°9′4″，E 116°8′31″，H 394 m）、新化村（N 25°17′17″，E 116°17′26″，H 410 m）。较常见种。
**药用部位** 根。
**性味功能** 苦、辛，寒。清热解毒，消肿散结。治瘰疬、背痈、头疖、跌打肿痛。

## 582. 香果树

**学名** *Emmenopterys henryi* Oliv.
**别名** 大猫舌、大叶水桐子
**形态特征** 落叶大乔木。叶纸质或革质，阔椭圆形或卵状椭圆形，全缘，上面无毛，下面较苍白；托叶大，三角状卵形，早落。圆锥状聚伞花序顶生；花芳香。变态的叶状萼裂片白色、淡红色或淡黄色，纸质或革质，匙状卵形或广椭圆形，有纵平行脉数条，有柄；花冠漏斗形，白色或黄色，被黄白色绒毛，裂片近圆形。蒴果长圆状卵形或近纺锤形。花期6—8月，果期8—11月。
**生境分布** 生长于山坡或山谷林中。采集于黄陂山（N 25°11′58″，E 116°11′9″，H 826 m）。少见种。
**药用部位** 根、树皮。
**性味功能** 辛、甘，微温。和胃止呕。治反胃呕吐。
**保护** 国家Ⅱ级保护植物。

## 583. 猪殃殃

**学名** *Galium aparine* L. var. *tenerum* (Gren. et Godr.) Rchb.
**别名** 拉拉藤

**形态特征** 多枝、蔓生或攀援状草本。茎有4个棱角；棱上、叶缘、叶脉上均有倒生的小刺毛。叶纸质或近膜质，6～8片轮生，稀为4～5片，带状倒披针形或长圆状倒披针形。聚伞花序腋生或顶生，常花序单花，花小，4基数。果干燥，有1或2个近球状的分果爿。花期3—7月，果期4—9月。
**生境分布** 生长于荒地、菜园、路旁、田边肥沃处。采集于新兰村（N 25°18′32″，E 116°14′5″，H 437 m）、尧禄村（N 25°6′56″，E 116°9′47″，H 525 m）。常见种。
**药用部位** 全草。
**性味功能** 辛、苦，凉，微寒。清热解毒，利尿消肿。治感冒，牙龈出血，急、慢性阑尾炎，泌尿系感染，水肿，痛经，崩漏，白带，癌症，白血病。外用治乳腺炎初起、痈疖肿毒、跌打损伤。

## 584. 栀子

**学名** *Gardenia jasminoides* Ellis
**别名** 黄栀子

**形态特征** 灌木。叶对生，革质，稀为纸质，少为3枚轮生，叶形多样，通常为长圆状披针形、倒卵状长圆形、倒卵形或椭圆形。花芳香，通常单朵生于枝顶；花冠白色或乳黄色，高脚碟状，喉部有疏柔毛，冠管狭圆筒形。果卵形、近球形、椭圆形或长圆形，黄色或橙红色，有翅状纵棱5～9条。花期3—7月，果期5月—翌年2月。
**生境分布** 生长于山坡、疏林或林缘。采集于中心坑（N 25°16′15″，E 116°15′0″，H 753 m）、天马寨（N 25°7′23″，E 116°10′40″，H 778 m）、云礤村（N 25°8′34″，E 116°8′23″，H 319 m）。常见种。
**药用部位** 果实。
**性味功能** 苦，寒。泻火除烦，清热利湿，凉血解毒。焦栀子：凉血止血。治热病心烦、肝火目赤、头痛、湿热黄疸、淋病、血痢尿血、口舌生疮、疮疡肿毒、扭伤肿痛。

## 585. 金毛耳草

**学名** *Hedyotis Chrysotricha* (Palib.) Merr.

**别名** 伤口药、石打穿、黄毛耳草

**形态特征** 多年生披散草本。被金黄色硬毛。叶对生，具短柄，薄纸质，阔披针形、椭圆形或卵形，顶端短尖或凸尖，基部楔形或阔楔形，上面疏被短硬毛，下面被浓密黄色绒毛，脉上被毛更密。聚伞花序腋生，有花1～3朵，被金黄色疏柔毛；花冠白或紫色，漏斗形。果近球形。花期几乎全年。

**生境分布** 生长于林下、路边或灌草丛中。采集于袁上村（N 25°9′25″，E 116°13′6″，H 738 m）、云磜村（N 25°9′5″，E 116°8′22″，H 540 m）。较常见种。

**药用部位** 全草。

**性味功能** 甘，平。清热利湿，活血止血。

## 586. 白花蛇舌草

**学名** *Hedyotis diffusa* Willd

**别名** 蛇舌草

**形态特征** 一年生披散草本。叶对生，无柄，膜质，线形。花4数，单生或双生于叶腋，常具短而略粗的花梗，花冠白色。蒴果扁球形。花期春季。

**生境分布** 生长于水田、田埂和湿润的旷地。采集于新化村（N 25°17′27″，E 116°17′11″，H 422 m）、云磜村（N 25°10′3″，E 116°9′16″，H 660 m）、陈禾坑（N 25°5′22″，E 116°9′42″，H 463 m）。常见种。

**药用部位** 全草。

**性味功能** 微苦、微甘，微寒。清热解毒，消痈散结，利水消肿。治咽喉肿痛、肺热喘咳、热淋涩痛、湿热黄疸、毒蛇咬伤、疮肿热痈。可用于消化道癌症。

## 587. 剑叶耳草

**学名** *Hedyotis caudatifolia* Merr. et Metcalf
**别名** 长尾耳草、少年红、七层塔（武平）
**形态特征** 直立草本。叶对生，革质，披针形或卵状披针形，侧脉每边4条，纤细，不明显。聚伞花序排成疏散的圆锥花序式，花冠白色或粉红色，冠管管形。蒴果长圆形或椭圆形，成熟时两瓣裂。花期5—6月。
**生境分布** 生长于林下、路边或灌草丛中。采集于黄陂山（N 25°11′43″，E 116°11′5″，H 896 m）、中心坑（N 25°16′47″，E 116°15′39″，H 686 m）、天马寨（N 25°6′32″，E 116°10′27″，H 1 022 m）、新兰村（N 25°19′4″，E 116°13′59″，H 406 m）。较常见种。
**药用部位** 全草。
**性味功能** 甘，平。止咳化痰，健脾消积。治支气管哮喘、支气管炎、肺痨咯血、小儿疳积、跌打损伤、外伤出血。

## 588. 粗叶木

**学名** *Lasianthus chinensis* (Champ.) Benth.
**别名** 白果鸡屎树
**形态特征** 灌木。枝和小枝均粗壮，被褐色短柔毛。叶薄革质或厚纸质，通常为长圆形或长圆状披针形；托叶三角形，被黄色绒毛。花无梗，常3～5朵簇生叶腋，无苞片；萼管卵圆形或近阔钟形，密被绒毛，萼檐通常4裂，裂片卵状三角形；花冠通常白色，有时带紫色，近管状，被绒毛。核果近卵球形，成熟时蓝色或蓝黑色。花期5月，果期9—10月。
**生境分布** 生长于林缘或林下。采集于天马寨（N 25°7′30″，E 116°10′42″，H 654 m）、新化村（N 25°18′10″，E 116°16′35″，H 560 m）、陈禾坑（N 25°5′17″，E 116°9′44″，H 441 m）。较常见种。
**药用部位** 根。
**性味功能** 苦，寒。祛风胜湿，活血止痛。治风寒湿痹、筋骨疼痛。

## 589. 羊角藤

**学名** *Morinda umbellate* L. subsp. *obovata* Y. Z. Ruan

**别名** 白面麻、红头根

**形态特征** 藤本，攀援或缠绕。叶纸质或革质，倒卵形、倒卵状披针形或倒卵状长圆形，全缘；托叶筒状，干膜质，顶截平。花序3～11个伞状排列于枝顶；头状花序具花6～12朵；各花萼下部彼此合生，上部环状，顶端平，无齿；花冠白色，稍呈钟状，檐部4～5裂。聚合果由3～7朵花发育而成，成熟时红色，近球形或扁球形。花期6—7月，果期10—11月。

**生境分布** 生长于林中、林缘灌丛中。采集于中心坑（N 25°15′57″，E 116°15′0″，H 615 m）、新化村（N 25°17′59″，E 116°16′43″，H 556 m）。常见种

**药用部位** 根、根皮。

**性味功能** 辛、微甘，温。祛风除湿，补肾止血。治湿关节痛、肾虚腰痛、阳痿、胃痛。

## 590. 黐花

**学名** *Mussaenda esquirolli* Levl.

**别名** 大叶白纸扇、大叶靛青、山膏药

**形态特征** 直立或藤状灌木。叶对生，薄纸质，广卵形或广椭圆形，侧脉9对，向上拱曲；托叶卵状披针形，常2深裂或浅裂，短尖。聚伞花序顶生；苞片托叶状；花萼筒陀螺状，萼裂片近叶状，白色，披针形，长渐尖或短尖；花叶倒卵形；花冠黄色。浆果近球形。花期5—7月，果期7—10月。

**生境分布** 生长于水沟边或林下阴湿处。采集于云磜村（N 25°9′46″，E 116°9′12″，H 599 m）、老好坑（N 25°11′33″，E 116°8′36″，H 603 m）、黄陂山（N 25°12′8″，E 116°11′6″，H 777 m）、新化村（N 25°17′49″，E 116°16′51″，H 464 m）。常见种。

**药用部位** 茎叶或根。

**性味功能** 苦、微甘，凉。清热解毒，解暑利湿。治感冒、中暑高热、咽喉肿痛、痢疾、泄泻、小便不利、无名肿毒、毒蛇咬伤。

## 591. 玉叶金花

**学名** *Mussaenda pubescens* Ait. f.
**别名** 白纸扇、白头公
**形态特征** 攀援灌木。叶对生或轮生，膜质或薄纸质，卵状长圆形或卵状披针形；托叶三角形，2深裂。聚伞花序顶生，密花；花冠黄色，花冠裂片长圆状披针形内面密生金黄色小疣突。浆果近球形。花期6—7月，果期8—11月。
**生境分布** 生长于林下、林缘、路边及溪旁灌丛中。采集于云礤村（N 25°9′46″，E 116°9′12″，H 600 m）、老鸦山（N 25°19′9″，E 116°13′40″，H 367 m）、礤文村（N 25°4′28″，E 116°11′10″，H 559 m）。常见种。
**药用部位** 藤、根。
**性味功能** 甘、淡，凉。清热解暑，凉血解毒。治中毒、感冒、支气管炎、扁桃体炎、咽喉炎、肾炎水肿、肠炎、子宫出血、毒蛇咬伤。

## 592. 薄柱草

**学名** *Nertera sinensis* Hemsl.
**别名** 水泽兰、冷水草
**形态特征** 簇生小草。无毛；茎纤细，柔弱，节上生根。叶小，具柄，纸质，长圆状披针形，顶端短尖或微锐尖，基部楔形，两面均有微小秕鳞。花小，单朵顶生，无花梗；花冠浅绿色，辐形，顶部4裂，裂片钝。核果深蓝色，球形。花期7—8月。
**生境分布** 生长于溪边或河旁岩石上。采集于谷夫（N 25°12′46″，E 116°10′58″，H 663 m）、云礤溪（N 25°9′1″，E 116°8′30″，H 413 m）。少见种。
**药用部位** 全草。
**性味功能** 苦，凉。清热解毒。治烧伤、烫伤、感冒咳嗽。

## 593. 日本蛇根草

**学名** *Ophiorrhiza japonica* Bl.
**别名** 蛇根草
**形态特征** 草本。叶片纸质，卵形，椭圆状卵形或披针形，有时狭披针形，托叶脱落。花序顶生，有花多朵，花冠白色或粉红色，近漏斗形，喉部扩大，里面被短柔毛，蒴果近僧帽状。花期冬、春季，果期春、夏季。
**生境分布** 生长于路旁、沟边或林下阴湿处。采集于天马寨（N 25°6′42″，E 116°10′22″，H 901 m）、黄陂山（N 25°11′40″，E 116°11′6″，H 877 m）。常见种。
**药用部位** 全草。
**性味功能** 淡，平。活血散瘀，祛痰，调经，止血。治支气管炎、劳伤咳嗽、月经不调、跌打损伤、风湿筋骨疼痛、肺结核咯血、扭伤、脱臼。

## 594. 短小蛇根草

**学名** *Ophiorrhiza pumila* Champ. ex Benth.
**别名** 荷包草、金锁匙、鸡冠草
**形态特征** 矮小草本。叶纸质，卵形、披针形、椭圆形或长圆形，顶端钝或圆钝，基部楔尖，下面苍白，被极密的糙硬毛状柔毛。花序顶生，多花；花冠白色，近管状。蒴果僧帽状或略呈倒心状，干时褐黄色，被短硬毛。花期早春。
**生境分布** 生长于林下或水边岩石上。采集于云礤村（N 25°9′16″，E 116°9′26″，H 666 m）。常见种。
**药用部位** 全草。
**性味功能** 苦，寒。清热解毒。主治感冒发热、咳嗽、痈疽肿毒、毒蛇咬伤。

## 595. 鸡矢藤

**学名** *Paederia scandens* (Lour.) Merr.
**别名** 牛皮冻、女青、鸡屎藤
**形态特征** 藤本。叶对生，纸质或近革质，形状变化很大，卵形、卵状长圆形至披针形。圆锥花序式的聚伞花序腋生和顶生，扩展，分枝对生，末次分枝上着生的花常呈蝎尾状排列；花冠浅紫色。果球形，成熟时近黄色，顶冠以宿存的萼檐裂片和花盘。花期5—7月。
**生境分布** 生长于溪边、河边、路边、林缘及灌木林中。采集于云礤村（N 25°9′53″, E 116°9′5″, H 604 m）、谷夫（N 25°12′46″, E 116°10′58″, H 563 m）、新化村（N 25°18′1″, E 116°16′42″, H 561 m）。常见种。
**药用部位** 全草及根。
**性味功能** 甘、酸，平。祛风除湿，消食化积，解毒消肿，活血止痛。治风湿痹痛、食积腹胀、小儿疳积、腹泻、痢疾、中暑、黄疸、肝炎、肝脾肿、咳嗽、瘰疬、肠痈、无名肿毒、脚湿肿烂、烫火伤、湿疹、皮炎、跌打损伤、蛇蛟蝎蜇。

## 596. 茜树

**学名** *Randia cochinchinensis* Lour.
**别名** 山黄皮、茜草树
**形态特征** 灌木或乔木。叶革质或纸质，对生，椭圆状长圆形、长圆状披针形或狭椭圆形，两面无毛，上面稍光亮，下面脉腋内的小窝孔中常簇生短柔毛。聚伞花序与叶对生或生于无叶的节上，多花；花冠黄色或白色，有时红色，外面无毛，喉部密被淡黄色长柔毛。浆果球形，无毛或有疏柔毛，紫黑色。花期3—6月，果期5月—翌年2月。
**生境分布** 生长于林中、林缘或疏林下。采集于老好坑（N 25°11′34″, E 116°8′41″, H 607 m）、老鸦山（N 25°18′39″, E 116°13′11″, H 437 m）、新兰村（N 25°19′1″, E 116°13′59″, H 413 m）、新化村（N 25°17′35″, E 116°17′58″, H 444 m）。常见种。
**药用部位** 根、叶。
**性味功能** 苦、微辛，温。疏风散寒，行气止痛，除湿消肿。

### 597. 茜草

**学名** *Rubia cordifolia* L.
**别名** 四轮草、拉拉蔓、小活血、过山藤。
**形态特征** 草质攀援藤木。茎数至多条，细长，方柱形，有4条棱，棱上生倒生皮刺。叶通常4片轮生，纸质，披针形或长圆状披针形，边缘有齿状皮刺，两面粗糙，脉上有微小皮刺；基出脉3条，极少外侧有1对很小的基出脉。聚伞花序腋生和顶生，多回分枝，有花10余朵至数十朵；花冠淡黄色。果球形，成熟时橘黄色。花期8—9月，果期10—11月。
**生境分布** 生长于山坡岩石旁或沟边草丛中。采集于云礤村（N 25°9′46″，E 116°9′14″，H 597 m）、谷夫（N 25°11′47″，E 116°11′9″，H 841 m）、新化村（N 25°18′9″，E 116°16′39″，H 578 m）。较常见种。
**药用部位** 根和根茎。
**性味功能** 苦，寒。凉血活血，祛瘀，通经。治吐血、衄血、崩漏下血、外伤出血、经闭瘀阻、关节痹痛、跌扑肿痛。

### 598. 白马骨

**学名** *Serissa serissoides* (DC.) Drunce
**别名** 六月雪、满天星
**形态特征** 小灌木。叶通常丛生，薄纸质，倒卵形或倒披针形，顶端短尖或近短尖，基部收狭成一短柄；侧脉每边2～3条；托叶具锥形裂片，膜质，被疏毛。花无梗，生于小枝顶部，有苞片；花冠管裂片5片，长圆状披针形。核果近球形，有2个分核。花期4—6月，果期9—11月。
**生境分布** 生长于山坡、路边、溪旁、灌木丛中。采集于陈禾坑（N 25°5′17″，E 116°9′44″，H 441 m）。少见种。
**药用部位** 全株。
**性味功能** 苦、辛，凉。祛风，利湿，清热，解毒。治感冒、黄疸型肝炎、肾炎水肿、咳嗽、喉痛、角膜炎、肠炎、痢疾、腰腿疼痛、咯血、尿血、闭经、白带、小儿疳积、惊风、风火牙痛、痈疽肿毒、跌打损伤。

## 599. 白花苦灯笼

**学名** *Tarenna mollissima* (Hook et Arn.) Rob.

**别名** 苦灯笼、乌口树

**形态特征** 灌木或小乔木，全株密被灰色或褐色柔毛。叶纸质，披针形、长圆状披针形或卵状椭圆形，托叶卵状三角形。伞房状的聚伞花序顶生，多花；花冠白色。果近球形，黑色。花期5—7月，果期5月—翌年2月。

**生境分布** 生长于林下、沟边的林林缘或灌丛中。采集于老鸦山（N 25°19′15″，E 116°13′49″，H 370 m）、碓公坑（N 25°16′18″，E 116°10′53″，H 478 m）。少见种。

**药用部位** 根。

**性味功能** 微苦，凉。清热解毒，止咳定痛。

## 600. 钩藤

**学名** *Uncaria rhynchophylla* (Miq.) Miq. ex Havil.

**别名** 双钩藤、鹰爪风

**形态特征** 藤本。叶纸质，椭圆形或椭圆状长圆形，两面均无毛。头状花序单生叶腋，总花梗具一节，苞片微小，或成单聚伞状排列；花冠管外面无毛，或具疏散的毛，花冠裂片卵圆形，外面无毛或略被粉状短柔毛。小蒴果被短柔毛，宿存萼裂片近三角形，星状辐射。花、果期5—12月。

**生境分布** 生长于山谷、溪边的疏林下。采集于云礤村（N 25°9′57″，E 116°8′39″，H 618 m）、老鸦山（N 25°18′53″，E 116°13′29″，H 415 m）、碓公坑（N 25°16′10″，E 116°10′59″，H 516 m）。常见种。

**药用部位** 带钩的嫩枝。

**性味功能** 甘，苦，微寒。清热平肝，熄风止痉。治小儿惊风、夜啼、热盛动风、子痫、肝阳眩晕、肝火头胀痛。

## 一四一、夹竹桃科 Apocynaceae

### 601. 链珠藤

**学名** *Alyxia sinensis* Champ. ex Benth.
**别名** 阿利藤、满山香、过山香、念珠藤
**形态特征** 藤状灌木。具乳汁。叶革质，对生或3枚轮生，圆形或卵圆形、倒卵形，顶端圆或微凹，边缘反卷。聚伞花序腋生或近顶生，花冠先淡红色后退变白色，花冠近喉部紧缩。核果卵形，2～3颗组成链珠状。花期4—9月，果期5—11月。
**生境分布** 生长于矮林或灌木丛中。采集于云礤钟屋坑（N 25°9′27″，E 116°9′23″，H 671 m）、梁山顶（N 25°10′17″，E 116°10′22″，H 988 m）。少见种。
**药用部位** 全草。
**性味功能** 辛、微苦，温；有小毒。祛风除湿，活血止痛。治风湿痹痛、血瘀经闭、胃痛、泄泻、跌打损伤、湿脚气。

### 602. 紫花络石

**学名** *Trachelospermum axillare* Hook. f.
**别名** 藤序络石、牛角藤
**形态特征** 粗壮木质藤本。叶厚纸质，倒披针形或倒卵形或长椭圆形，有尖尾，侧脉每边10～15条。聚伞花序近伞形，腋生或有时近顶生；花紫色；花冠高脚碟状。蓇葖果圆柱状长圆形，外果皮具细纵纹。花期5—7月，果期8—10月。
**生境分布** 生长于沟谷林缘、林下或路旁。采集于梁山垇（N 25°11′9″，E 116°8′28″，H 683 m）。较常见种。
**药用部位** 全草。
**性味功能** 辛、微苦，温；有毒。祛风解表，活络止痛。治感冒头痛、咳嗽、风湿痹痛、跌打损伤。

## 603. 络石

**学名** *Trachelospermum jasminoides* (Lindl.) Lem.
**别名** 石龙藤、白花藤
**形态特征** 常绿木质藤本。具乳汁。叶革质或近革质，椭圆形至卵状椭圆形或宽倒卵形。二歧聚伞花序腋生或顶生，花多朵组成圆锥状，花白色，芳香。蓇葖果双生，叉开，线状披针形。花期3—7月，果期7—12月。
**生境分布** 生长于疏林、林缘或路旁灌丛中。采集于云礤溪（N 25°9′5″, E 116°8′32″, H 466 m）、新华村（N 25°19′26.6″, E 116°13′52″, H 348 m）、新化村（N 25°17′21″, E 116°17′19″, H 418 m）。常见种。
**药用部位** 根、茎、叶、果。
**性味功能** 苦，微寒。祛风通络，凉血消肿。治风湿热痹、筋脉拘挛、腰膝酸痛、喉痹、痈肿、跌扑损伤。

## 一四二、萝藦科 Asclepiadaceae

## 604. 牛皮消

**学名** *Cynanchum auriculatum* Royle ex Wight
**别名** 飞来鹤、耳叶牛皮消
**形态特征** 蔓性半灌木。叶对生，膜质，被微毛，宽卵形至卵状长圆形，顶端短渐尖，基部心形。聚伞花序伞房状，着花30朵；花萼裂片卵状长圆形；花冠白色，辐状；副花冠浅杯状，裂片椭圆形，肉质，钝头。蓇葖双生，披针形。花期6—9月，果期7—11月。
**生境分布** 生长于林缘及路旁灌木丛中。采集于黄陂山（N 25°12′10″, E 116°11′4″, H 796 m）、伯公坑（N 25°8′40″, E 116°10′21″, H 815 m）、天马寨（N 25°6′56″, E 116°10′45″, H 887 m）。常见种。
**药用部位** 根。
**性味功能** 甘、微苦，微温。补肝肾，益精血，强筋骨，止心痛。治肝肾阴虚所致的头昏眼花、失眠健忘、须发早白、腰膝酸软、筋骨不健、胸闷心痛。

### 605. 黑鳗藤

**学名** *Jasminanthes mucronata* (Blanco) W. D. Stevens et P. T. Li
**别名** 史惠藤、博如藤
**形态特征** 藤状灌木。叶纸质，卵圆状长圆形，基部心形。聚伞花序假伞形状，腋生或腋外生，通常着花 2～4 朵，稀多朵；花冠白色，含紫色液汁，花冠筒圆筒形。蓇葖长披针形。花期 5—6 月，果期 9—10 月。
**生境分布** 生长于林中、路边或攀援于树上。采集于云礤村（N 25°10′1″，E 116°9′17″，H 634 m）。少见种。
**药用部位** 全草。
**性味功能** 补肾益气，调经。治胃气痛、胸腹胀痛、食少、消化不良

## 一四三、茄科 Solanaceae

### 606. 红丝线

**学名** *Lycianthes biflora* (Lour.) Bitter
**别名** 猫耳草、十萼茄
**形态特征** 灌木或亚灌木。小枝、叶下面、叶柄、花梗及萼的外面密被淡黄色的单毛及 1～2 个分枝或树枝状分枝的绒毛。上部叶常假双生，大小不相等，大叶片椭圆状卵形，偏斜，小叶片宽卵形，两种叶均膜质，全缘。花序无柄，通常 2～3 朵或 4～5 朵花着生于叶腋内，花冠淡紫色或白色。浆果球形，成熟果绯红色，宿萼盘形。花期 5—8 月，果期 7—11 月。
**生境分布** 生长于路边、林下或水沟边阴湿处。采集于马头山（N 25°5′45″，E 116°4′48″，H 298 m）。较常见种。
**药用部位** 全草。
**性味功能** 涩,凉。祛痰止咳，清热解毒。叶：咳嗽气喘。全株：治狂犬病。外用治疗疮红肿、外伤出血。

### 607. 枸杞

**学名** *Lyeium chinensis* Mill
**别名** 枸杞子、枸杞菜
**形态特征** 多分枝落叶灌木。单叶互生或2～4枚簇生，卵形或卵状披针形至长圆形。花单生于长枝上，或双生于叶腋，在短枝上同叶簇生；花萼通常3中裂或4～5齿裂；花冠漏斗状，淡紫色，筒部向上骤然扩大。浆果红色，卵状。花期4—8月，果期7—10月。
**生境分布** 生长于山坡、路边及村边。采集于天马寨（N 25°6′21″，E 116°10′19″，H 1 100 m）。少见种。
**药用部位** 果实。
**性味功能** 甘，平。养肝明目，补肾益精，润肺。治肝肾亏虚、头晕目眩、目视不清、腰膝酸软、阳痿遗精、虚劳咳嗽、消渴引饮。

### 608. 假酸浆

**学名** *Nicandra physalodes* (L.) Gaerther
**别名** 冰粉、鞭打绣球、水晶凉粉
**形态特征** 一年生草本。单草质，卵形或椭圆形，边缘有圆缺的粗齿或浅裂，两面有稀疏毛。花单生于叶腋叶对生；花萼5深裂，花冠钟形，浅蓝色，花筒内面基部有5个紫斑。浆果球形，黄色。花、果期夏、秋季。
**生境分布** 生长于田边、荒地。采集于良种场（N 25°6′47″，E 116°6′6″，H 285 m）。少见种。
**药用部位** 全草。
**性味功能** 甘、淡、微苦，平；有毒。镇静，祛痰，清热，解毒。治狂犬病、精神病、癫痫、风湿痛、疮疖、感冒。

### 609. 灯笼果

**学名** *Physalis peruviana* L.
**别名** 小果酸浆、打卜草、苦灯笼草
**形态特征** 多年生草本。叶较厚，阔卵形或心脏形，顶端短渐尖，基部对称心脏形，全缘或有少数不明显的尖牙齿，两面密生柔毛。花单独腋生；花萼阔钟状，同花梗一样密生柔毛；花冠阔钟状，黄色而喉部有紫色斑纹，5浅裂。果萼卵球状，薄纸质，淡绿色或淡黄色，被柔毛；浆果成熟时黄色。夏季开花结果。
**生境分布** 生长于田间、路旁、村边。采集于老好坑（N 25°11′28″，E 116°8′51″，H 617 m）、云礤村（N 25°9′47″，E 116°9′12″，H 598 m）、新兰村（N 25°19′4″，E 116°13′53″，H 395 m）、陈禾坑（N 25°5′22″，E 116°9′48″，H 447 m）。常见种。
**药用部位** 全株。
**性味功能** 苦，凉。清热解毒，消炎利水。治感冒发热、腮腺炎、支气管炎、急性肾盂肾炎、睾丸炎、疱疹、疔疮、疝气痛。

### 610. 白英

**学名** *Solanum lyratum* Thunb.
**别名** 白毛藤、山甜菜
**形态特征** 草质藤本。茎及小枝均密被具节长柔毛。叶互生，多数为琴形，基部常3～5深裂，裂片全缘，侧裂片愈近基部的愈小，端钝，中裂片较大，通常卵形，先端渐尖，两面均被白色发亮的长柔毛。聚伞花序顶生或腋外生，疏花；花冠蓝紫色或白色。浆果球状，成熟时红黑色。花期夏、秋季，果期秋末。
**药用部位** 全草。
**生境分布** 生长于草地、田边或路旁草丛中。采集于云礤村（N 25°9′56″，E 116°8′60″，H 600 m）、天马寨（N 25°7′19″，E 116°10′28″，H 654 m）、谷夫（N 25°12′23″，E 116°11′1″，H 744 m）。常见种。
**性味功能** 苦，微寒；有小毒。清热解毒，利湿消肿，抗癌。治感冒发热、乳痈、恶疮、湿热黄疸、腹水、白带、肾炎水肿。外用治痈疔肿毒。根：治风湿痹痛。

### 611. 龙葵

**学名** *Solanum nigrum* L.
**别名** 龙葵草、天茄子
**形态特征** 一年生直立草本。叶卵形，先端短尖，基部楔形至阔楔形而下延至叶柄，全缘或每边具不规则的波状粗齿。蝎尾状花序腋外生，由3～6(10)花组成；花冠白色，筒部隐于萼内。浆果球形，熟时黑色。花期3—12月。
**生境分布** 生长于路旁或田野中。采集于陈禾坑（N 25°5′22″，E 116°9′48″，H 447 m）。常见种。
**药用部位** 全草。
**性味功能** 苦，寒；有小毒。清热解毒，利水消肿。治感冒发烧、牙痛、慢性支气管炎、痢疾、泌尿系感染、乳腺炎、白带、癌症。外用治痈疖疔疮、天疱疮、蛇咬伤。

### 612. 假烟叶树

**学名** *Solanum verbascifolium* L.
**别名** 野烟叶、土烟叶
**形态特征** 小乔木。小枝密被白色具柄头状簇绒毛。叶大而厚，卵状长圆形，上面绿色，被具短柄的不等长分枝的簇绒毛，下面灰绿色，毛被较上面厚。聚伞花序多花，形成近顶生圆锥状平顶花序。花白色；花冠筒隐于萼内，冠檐深5裂。浆果球状，具宿存萼。几全年开花结果。
**生境分布** 生长于旷野、村边。采集于马头山（N 25°5′52″，E 116°4′52″，H 299 m）。少见种。
**药用部位** 根。
**性味功能** 辛，平；有毒。止痛，解毒，收敛。治黄肿、痛风、血崩、跌打肿痛、牙痛、瘰疬、痈疮、湿疹、皮炎。

## 613. 牛茄子

**学名** *Solanum virginianum* L.
**别名** 颠茄、大颠茄、野颠茄
**形态特征** 直立草本至亚灌木。植物体除茎、枝外各部均被具节的纤毛，茎及小枝具淡黄色细直刺。叶阔卵形，先端短尖至渐尖，基部心形，5～7浅裂或半裂，裂片三角形或卵形，边缘浅波状。聚伞花序腋外生，短而少花，单生或多至4朵；花冠白色。浆果扁球状，初绿白色，成熟后橙红色，具细直刺。花期5—7月，果期7—10月。
**生境分布** 生长于村旁、路旁、园边、半阴湿肥沃的地方。采集于老好坑（N 25°11′28″，E 116°8′51″，H 617 m）、中心坑（N 25°17′12″，E 116°15′54″，H 625 m）。较常见种。
**药用部位** 全株。
**性味功能** 苦、辛，微温；有毒。散瘀消肿，止痛拔毒。治跌打损伤、痈肿疮疖、慢性骨髓炎、淋巴结核、冻疮、胃痛。

## 614. 龙珠

**学名** *Tubocapsicum anomalum* (Franch. et Sav.) Makino
**别名** 红珠草
**形态特征** 多年生草本。叶薄纸质，卵形、椭圆形或卵状披针形，基部歪斜楔形，下延到叶柄。花1～6朵簇生，俯垂，花梗细弱；花冠阔钟状，黄色，雄蕊5枚。浆果球形，熟后红色。花、果期8—10月。
**生境分布** 生长于山谷、水旁或林中。采集于梁山岬（N 25°11′7″，E 116°8′25″，H 688 m）、黄陂山（N 25°12′13″，E 116°11′3″，H 754 m）。少见种。
**药用部位** 全草。
**性味功能** 苦，寒。清热解毒，利小便。治小便淋痛、痢疾、疔疮。

# 一四四、旋花科 Convolvulaceae

## 615. 旋花

**学名** *Calystegia sepium* (L.) R. Br.
**别名** 旋葍、筋根、篱打碗花
**形态特征** 多年生草本。茎缠绕，伸长，有细棱。叶形多变，三角状卵形或宽卵形，顶端渐尖或锐尖，基部戟形或心形，全缘或基部稍伸展为具 2～3 个大齿缺的裂片。花腋生，1 朵；花冠通常白色或有时淡红或紫色，漏斗状，冠檐微裂。蒴果卵形，为增大宿存的苞片和萼片所包被。花期 6—10 月，果期 7—10 月。
**生境分布** 生长于路旁灌丛中。采集于梁山岬（N 25°11′6″，E 116°8′32″，H 721 m）。少见种。
**药用部位** 根状茎、全草。
**性味功能** 甘，寒。降压，利尿，接骨生肌。治高血压、小便不利。外用治骨折、创伤、丹毒。

## 616. 马蹄金

**学名** *Dichondra micrantha* Urb.
**别名** 黄胆草、小金钱草
**形态特征** 多年生匍匐小草本。茎细长，被灰色短柔毛，节上生根。叶肾形至圆形，先端宽圆形或微缺，基部阔心形。花单生叶腋；花冠钟状，较短至稍长于萼，黄色，深 5 裂，裂片长圆状披针形。蒴果近球形，膜质。花期 4—5 月，果期 5—6 月。
**生境分布** 生长于草地、路旁或田边阴湿地。采集于教文村（N 25°9′3″，E 116°12′1″，H 622 m）、云礤村（N 25°9′48″，E 116°9′1″，H 586 m）。较常见种。
**药用部位** 全草。
**性味功能** 辛，平。清热利湿，解毒消肿。治肝炎、胆囊炎、痢疾、肾炎水肿、泌尿系感染、泌尿系结石、扁桃体炎、跌打损伤。

### 617. 土丁桂

**学名** *Evolvnlus alsinoide* (L.) L.
**别名** 泻痢草、白毛草、过饥草
**形态特征** 多年生草本。叶长圆形，椭圆形或匙形，先端钝及具小短尖，基部圆形或渐狭，两面或多或少被贴生疏柔毛。总花梗丝状，较叶短或长得多，花单一或数朵组成聚伞花序；花冠伏状，蓝色或白色。蒴果球形，4瓣裂。花期5—9月。
**生境分布** 生长于路边草地或灌丛。采集于青云山（N 25°4′52″，E 116°5′48″，H 320 m）。少见种。
**药用部位** 全草。
**性味功能** 苦、涩，平。止咳平喘，清热利湿，散淤止痛。治支气管哮喘、咳嗽、黄疸、胃痛、消化不良、急性肠炎、痢疾、泌尿系感染、白带、跌打损伤、腰腿痛。

### 618. 牵牛

**学名** *Ipomoea nil* (L.) Roth
**别名** 喇叭花、牵牛花
**形态特征** 一年生缠绕草本。叶宽卵形或近圆形，深或浅3裂，偶5裂，基部圆，心形，中裂片长圆形或卵圆形，渐尖或骤尖，侧裂片较短，三角形。花腋生，单一或通常2朵着生于花序梗顶，花序梗长短不一，通常短于叶柄，花冠漏斗状，蓝紫色或紫红色。蒴果近球形，3瓣裂。花期6—9月，果期7—9月。
**生境分布** 生长于路边灌丛中。采集于老好坑（N 25°11′29″，E 116°8′49″，H 612 m）、马头山（N 25°5′48″，E 116°4′46″，H 305 m）。常见种。
**药用部位** 种子。
**性味功能** 苦，寒；有毒。泻水通便，消痰涤饮，杀虫攻积。治水肿胀满、两便不通、痰饮积聚、气逆喘咳、虫积腹痛、蛔虫病、绦虫病。

## 一四五、紫草科 Boraginaceae

### 619. 附地草

**学名** *Trigonotis peduncularis* (Trev.) Benth.ex Baker et Moore
**别名** 鸡肠、鸡肠草
**形态特征** 一年生或二年生草本。茎通常多条丛生。基生叶莲座状，有叶柄，叶片匙形，先端圆钝，基部楔形或渐狭，两面被糙伏毛；茎上部叶长圆形或椭圆形，无叶柄或具短柄。花序生茎顶，幼时卷曲，后渐次伸长，顶端与花萼连接部分变粗呈棒状，花冠淡蓝色或粉色，筒部甚短。小坚果4枚，斜三棱锥状四面体形。早期开花，花期甚长。
**生境分布** 生长于田野、路旁、荒草地上。采集于坑头（N 25°10′50″，E 116°12′7″，H 780 m）、新兰村（N 25°19′0.5″，E 116°14′5″，H 414 m）、尧禄村（N 25°6′45″，E 116°9′52″，H 537 m）。常见种。
**药用部位** 全草。
**性味功能** 甘、辛，温。温中健胃，消肿止痛，止血。治胃痛、吐酸、吐血。外用治跌打损伤、骨折。

## 一四六、醉鱼草科 Buddlejaceae

### 620. 白背枫

**学名** *Buddleja asiatica* Lour.
**别名** 驳骨丹、山埔姜
**形态特征** 直立灌木或小乔木。幼枝、叶下面、叶柄和花序均密被灰色或淡黄色星状短绒毛，有时毛被极密而成绵毛状。叶对生，叶片膜质至纸质，狭椭圆形、披针形或长披针形，全缘或有小锯齿。总状花序窄而长，由多个小聚伞花序组成，单生或者3至数个聚生于枝顶或上部叶腋内，再排列成圆锥花序；花冠芳香，白色。蒴果椭圆状，两端具短翅。花期1—10月，果期3—12月。
**生境分布** 生长于路边或溪边灌丛中。采集于老鸦山（N 25°18′45″，E 116°13′14″，H 430 m）、云礤村（N 25°8′45″，E 116°8′13″，H 481 m）。常见种。
**药用部位** 根、茎叶。
**性味功能** 辛、苦，温；有小毒。祛风利湿，行气活血。治妇女产后头风痛、胃寒作痛、风湿关节痛、跌打损伤、骨折。外用治皮肤湿痒、阴囊湿疹、无名肿毒。

### 621. 醉鱼草

**学名** *Buddleja lindleyana* Fort.
**别名** 闭鱼花、毒鱼草、鱼藤草
**形态特征** 灌木。小枝具四棱；幼枝、叶片下面、叶柄、花序、苞片及小苞片均密被星状短绒毛和腺毛。叶对生，萌芽枝条上的叶为互生或近轮生，叶片膜质，卵形、椭圆形至长圆状披针形，边缘全缘或具有波状齿。穗状聚伞花序顶生；花紫色，芳香。果序穗状；有鳞片，基部常有宿存花萼。花期4—10月，果期8月—翌年4月。
**生境分布** 生长于林缘或河边。采集于新兰村（25°18′50″，E 116°14′2.5″，H 426 m）、教文村（N 25°8′52″，E 116°11′47″，H 594 m）、碓公坑（N 25°16′23″，E 116°10′45″，H 450 m）。常见种。
**药用部位** 全草。
**性味功能** 辛、苦，温；有毒。祛风解毒，驱虫，化骨硬。治痄腮、痈肿、瘰病、蛔虫病、钩虫病、诸鱼骨鲠。

## 一四七、玄参科 Scrophulariaceae

### 622. 母草

**学名** *Lindernia crustacean* (L.) F. Muell
**别名** 四方拳草、蛇通管、气痛草
**形态特征** 草本。常铺散成密丛，多分枝，枝弯曲上升。叶片三角状卵形或宽卵形，边缘有浅钝锯齿，上面近于无毛，下面沿叶脉有稀疏柔毛或近于无毛。花单生于叶腋或在茎枝之顶成极短的总状花序；花冠紫色；雄蕊4枚，全育，二强。蒴果椭圆形，与宿萼近等长。花、果期全年。
**生境分布** 生长于田边、草地、路边或沼泽地。采集于梁山圳（N 25°11′9″，E 116°8′28″，H 685 m）、谷夫（N 25°12′46″，E 116°10′58″，H 663 m）、新化村（N 25°18′9″，E 116°16′32″，H 592 m）。常见种。
**药用部位** 全草。
**性味功能** 微苦、淡，凉。清热利湿，活血止痛。治感冒，急、慢性菌痢，肠炎，痈疖疔肿。

## 623. 旱田草

**学名** *Lindernia ruellioides* (Colsm.) Pennell

**别名** 鸭嘴癀、调经草

**形态特征** 一年生草本。叶片矩圆形、椭圆形、卵状矩圆形或圆形，边缘除基部外密生整齐而急尖的细锯齿。顶生总状花序，苞片披针状条形，花梗短，花冠紫红色，上唇直立，下唇开裂，3裂。蒴果圆柱形，向顶端渐尖。花期6—8月，果期7—11月。

**生境分布** 生长于路边或沼泽地。采集于碓公坑（N 25°16′8″，E 116°11′9″，H 557 m）。少见种。

**药用部位** 全草。

**性味功能** 甘、淡，平。理气活血，解毒消肿。治月经不调、痛经、闭经、胃痛、乳痈（乳腺炎）、瘰疬（颈淋巴结结核）。外用治跌打损伤、痈肿疼痛、蛇咬伤、狂犬咬伤。

## 624. 白花泡桐

**学名** *Paulownia fortunei* (Seem.) Hemsl.

**别名** 泡桐、白花桐

**形态特征** 乔木。幼枝、叶、花序、幼果均被黄褐色星状绒毛。叶片长卵状心脏形、卵状心脏形，新枝上的叶有时2裂，下面有星毛及腺。花序枝几无或仅有短侧枝，成圆柱形，小聚伞花序有花3～8朵，花冠管状漏斗形，白色仅背面稍带紫色或浅紫色。蒴果长圆形或长圆状椭圆形，果皮木质。花期3—4月，果期7—8月。

**生境分布** 生长于林中、荒地。采集于云礤村（N 25°9′46″，E 116°8′56″，H 581 m）。常见种。

**药用部位** 根、果。

**性味功能** 苦，寒。根：祛风，解毒，消肿，止痛。用于筋骨疼痛、疮疡肿毒、红崩白带。果：化痰止咳。治气管炎。

## 625. 台湾泡桐

**学名** *Paulownia kawakamii* Ito.
**别名** 华东泡桐、黄毛泡桐
**形态特征** 小乔木。叶片心脏形，顶端锐尖头，全缘或3～5裂或有角，两面均有粘毛。花序枝的侧枝发达与中央主枝等势或稍短，故花序为宽大圆锥形，小聚伞花序无总花梗或位于下部者具短总梗，有黄褐色绒毛，常具花3朵，花冠近钟形，浅紫色至蓝紫色。蒴果卵圆形，顶端有短喙。花期4—5月，果期8—9月。
**生境分布** 生长于林中、林缘或疏林下。采集于梁山圳（N 25°11′9″，E 116°8′28″，H 685 m）、谷夫（N 25°13′32″，E 116°10′40″，H 633 m）、新兰村（N 25°19′7″，E 116°13′48″，H 382 m）。常见种。
**药用部位** 树皮、叶。
**性味功能** 苦、涩，寒。祛风解毒，散瘀消肿。治跌打损伤、瘀血肿胀、闪挫扭伤、金伤、无名肿毒等症。

## 626. 光叶蝴蝶草

**学名** *Torenia asiatica* L.
**别名** 长叶蝴蝶草、水远志、蓝花草
**形态特征** 匍匐或多少直立草本。节上生根；分枝多，长而纤细。叶片三角状卵形、长卵形或卵圆形，边缘具带短尖的圆锯齿。花具梗，单朵腋生或顶生，或排列成伞形花序；萼具5枚宽而多少下延之翅；花冠紫红色或蓝紫色。蒴果长椭圆形。花、果期5月—次年1月。
**生境分布** 生长于林下、路旁或山坡阴湿处。采集于陈禾坑（N 25°5′17″，E 116°9′44″，H 441 m）、老好坑（N 25°11′23″，E 116°9′10″，H 671 m）、坑头（N 25°11′6″，E 116°12′8″，H 739 m）。较常见种。
**药用部位** 全草。
**性味功能** 微苦，凉。清热解毒，消肿止痛。治牙痛、口腔炎、小儿疳积、外伤感染、毒蛇咬伤、疮疖、中耳炎、睾丸肿大。

### 627. 爬岩红

**学名** *Veronicastrum axilare* (Sieb. et Zucc.) Yamazaki

**别名** 多穗草、钓鱼竿

**形态特征** 多年生草本。茎弓曲，顶端着地生根，圆柱形，中上部有条棱。叶互生，叶片纸质，卵形至卵状披针形，边缘具偏斜的三角状锯齿。花序腋生，花冠紫色或紫红色。蒴果卵球状。花期7—9月。

**生境分布** 生长于林下、林缘草地及山谷阴湿处。采集于老好坑（N 25°11′22″，E 116°9′17″，H 690 m）。少见种。

**药用部位** 全草。

**性味功能** 苦、辛，凉；有小毒。利尿消肿，散瘀解毒。治腹水、水肿、小便不利、月经不调、闭经、跌打损伤。外用治腮腺炎、疔疮、烧烫伤、毒蛇咬伤。

## 一四八、列当科 Orobanchaceae

### 628. 野菰

**学名** *Aeginetia indica* L.

**别名** 烟管头草、僧帽花、土灵芝草

**形态特征** 一年生寄生草本。根稍肉质。茎黄褐色或紫红色，不分枝或近基部处分枝，偶尔自中部以上分枝。叶肉红色，卵状披针形或披针形。花常单生茎端，稍俯垂。花萼一侧裂开至近基部，紫红色、黄色或黄白色，具紫红色条纹，花冠带黏液，常与花萼同色，不明显的二唇形。蒴果圆锥状或长卵球形，2瓣开裂。花期4—8月，果期8—10月。

**生境分布** 寄生于禾本科植物芒草、芦苇等的根上。采集于谷夫（N 25°12′19″，E 116°11′3″，H 746 m）、云礤村（N 25°10′5″，E 116°9′23″，H 673 m）。少见种。

**药用部位** 全草。

**性味功能** 苦，凉；有小毒。解毒消肿，清热凉血。治扁桃体炎、咽喉炎、尿路感染、骨髓炎。外用治毒蛇咬伤、疔疮。

# 一四九、爵床科 Acanthaceae

## 629. 白接骨

**学名** *Asystasiella neesiana* (Wall.) Lindau
**别名** 尼氏拟马偕花、接骨草、玉接骨
**形态特征** 草本。叶对生，膜质，椭圆形、椭圆状长圆形或卵形，边缘微波状至具浅齿，基部下延成柄。花排成顶生总状花序；苞片和小苞片均微小，线状披针形；花冠淡紫红色，漏斗状，外疏生腺毛，花冠筒细长。蒴果长椭圆形，上部种子4颗，下部实心，细长似柄。花期8—9月，果期9—10月。
**生境分布** 生长于林下、山沟、溪边。采集于坑头（N 25°10′56″, E 116°12′12″, H 755 m）。少见种。
**药用部位** 全草、根状茎。
**性味功能** 苦、淡，凉。化瘀止血，续筋接骨，利尿消肿，清热解毒。治吐血、便血、外伤出血、跌打瘀肿、扭伤骨折、风湿肢肿、腹水、疮疡溃烂、疔、肿、咽喉肿痛。

## 630. 九头狮子草

**学名** *Peristrophe japonica* (Thunb.) Bremek.
**别名** 接长草、九节篱、六角英
**形态特征** 草本。叶卵状矩圆形，顶端渐尖或尾尖，基部钝或急尖。花序顶生或腋生于上部叶腋，由2～8（10）聚伞花序组成，每个聚伞花序下托以2枚总苞状苞片，一大一小，卵形、几倒卵形，全缘，近无毛，羽脉明显，内有一朵至少数花；花冠粉红色至微紫色，外疏生短柔毛，2唇形，下唇3裂。蒴果疏生短柔毛。花、果期7—9月。
**生境分布** 生长于林下、路旁、溪边等阴湿处。采集于伯公坑（N 25°8′44″, E 116°10′51″, H 684 m）、云磜溪（N 25°8′48″, E 116°8′30″, H 382 m）、教文村（N 25°9′3″, E 116°11′43″, H 625 m）。少见种。
**药用部位** 全草。
**性味功能** 辛、微苦、甘，凉。祛风清热，凉肝定惊，散瘀解毒。治感冒发热、肺热咳喘、肝热目赤、小儿惊风、咽喉肿痛、痈肿疔毒、乳痈、聤耳、瘰疬、痔疮、蛇虫咬伤、跌打损伤。

## 631. 爵床

**学名** *Justicia procumbens* L.
**别名** 小青草
**形态特征** 草本。茎基部匍匐。叶椭圆形至椭圆状长圆形，两面常被短硬毛。穗状花序顶生或生上部叶腋；苞片1枚，小苞片2枚，均披针形；花冠粉红色，2唇形，下唇3浅裂。蒴果线形。花期5—11月，果期10—12月。
**生境分布** 生长于旷野草地和路旁的阴湿处。采集于云礤村（N 25°9′53″，E 116°9′5″，H 603 m）、新化村（N 25°17′25″，E 116°17′16″，H 402 m）、教文村（N 25°9′2″，E 116°11′58″，H 619 m）。常见种。
**药用部位** 全草。
**性味功能** 微苦，寒。清热解毒，利湿消滞，活血止痛。治感冒发热、咳嗽、喉痛、疟疾、痢疾、黄疸、肾炎浮肿、筋骨疼痛、小儿疳积、痈疽疔疮、跌打损伤。

## 一五〇、车前科 Plantaninaceae

## 632. 车前

**学名** *Plantago asiatica* L.
**别名** 车前草、当道、车轮草
**形态特征** 二年生或多年生草本。叶基生呈莲座状，平卧、斜展或直立；叶片薄纸质或纸质，宽卵形至宽椭圆形，边缘波状、全缘或中部以下有锯齿、牙齿或裂齿，脉5～7条。花序3～10个，直立或弓曲上升；穗状花序细圆柱状，花具短梗；花冠白色。蒴果纺锤状卵形、卵球形或圆锥状卵形。花期4—8月，果期6—9月。
**生境分布** 生长于路边、沟旁、田边潮湿处。采集于张畲村（N 25°5′45″，E 116°11′31″，H 512 m）、天马寨（N 25°7′20″，E 116°10′28″，H 654 m）、新兰村（N 25°19′4″，E 116°13′49″，H 386 m）、谷夫（N 25°12′27″，E 116°10′51″，H 710 m）。常见种。
**药用部位** 全草、种子。
**性味功能** 甘，寒。清热利尿，祛痰，凉血，解毒。治水肿尿少、热淋涩痛、暑湿泻痢、痰热咳嗽、吐血衄血、痈肿疮毒。

# 一五一、马鞭草科 Verbenaceae

## 633. 杜虹花

**学名** *Callicarpa formosana* Rolfe
**别名** 红粗糠、紫珠
**形态特征** 灌木。小枝、叶柄和花序均密被灰黄色星状毛和分枝毛。叶片卵状椭圆形或椭圆形，边缘有细锯齿，表面被短硬毛，背面被灰黄色星状毛和细小黄色腺点。聚伞花序通常4～5次分歧；花冠紫色或淡紫色。果实近球形，紫色。花期5—7月，果期8—11月。
**生境分布** 生长于山坡、路旁灌丛中。采集于黄陂山（N 25°12′19″，E 116°11′5″，H 736 m）、中心坑（N 25°16′36″，E 116°15′26″，H 697 m）、谷夫（N 25°12′19″，E 116°11′4″，H 753 m）。常见种。
**药用部位** 根、茎、叶。
**性味功能** 苦、涩，平。止血，散瘀，消炎。治衄血、咯血、胃肠出血、子宫出血、上呼吸道感染、扁桃体炎、肺炎、支气管炎。外用治外伤出血、烧伤。

## 634. 枇杷叶紫珠

**学名** *Callicarpa kochiana* Makino
**别名** 长叶紫珠、鬼紫珠
**形态特征** 灌木。小枝、叶柄与花序密生黄褐色分枝茸毛。叶片长椭圆形、卵状椭圆形或长椭圆状披针形，边缘有锯齿，表面无毛或疏被毛，通常脉上较密，背面密生黄褐色星状毛和分枝茸毛，两面被不明显的黄色腺点。聚伞花序宽3～6 cm，3～5次分歧；花冠淡红色或紫红色，裂片密被茸毛。果实圆球形，几全部包藏于宿存的花萼内。花期7—8月，果期9—12月。
**生境分布** 生长于林缘、路旁或溪边灌丛中。采集于中心坑（N 25°17′26″，E 116°16′23″，H 642 m）、新华村（N 25°19′19″，E 116°13′49″，H 364 m）、新化村（N 25°18′5″，E 116°16′39″，H 569 m）。常见种。
**药用部位** 叶。
**性味功能** 辛、苦，平。收敛止血。止刀伤出血。

### 635. 红紫珠

**学名** *Callicarpa rubella* Lindl.
**别名** 对节树、小红米果
**形态特征** 灌木。小枝被黄褐色星状毛和腺毛，并有黄色腺点。叶片倒卵形或倒卵状椭圆形，顶端尾尖或渐尖，基部心形，有时偏斜，边缘具细锯齿或不整齐的粗齿，两面均被星状毛和腺毛，并杂有单毛，下面有黄色腺点。聚伞花序被毛与小枝同；花冠紫红色、黄绿色或白色，外被细毛和黄色腺点。果实紫红色。花期5—7月，果期7—11月。
**生境分布** 生长于沟谷林中、林缘或灌丛中。采集于东岗村（N 25°8′40″，E 116°8′31″，H 359 m）、礤文村（N 25°4′33″，E 116°11′12″，H 570 m）、新化村（N 25°18′2″，E 116°16′41″，H 558 m）。较常见种。
**药用部位** 叶。
**性味功能** 微苦，平。凉血止血，解毒消肿。治衄血、吐血、咯血、痔疮、跌打损伤、外伤出血、痈肿疮毒。

### 636. 臭牡丹

**学名** *Clerodendrum bungei* Steud.
**别名** 矮桐子、大红袍、臭八宝
**形态特征** 灌木。植株有臭味。单叶对生，纸质，宽卵形或卵形，边缘具粗或细锯齿，侧脉4～6对，基部脉腋有数个盘状腺体。伞房状聚伞花序顶生，花萼钟状，宿存，花冠淡红色、红色或紫红色，雄蕊与花柱伸于花冠管外。核果近球形，成熟时蓝紫色。花、果期5—11月。
**生境分布** 生长于林缘、沟谷、路旁及灌丛中。采集于天马寨（N 25°6′21″，E 116°10′19″，H 1 103 m）、云礤村（N 25°9′51″，E 116°8′60″，H 595 m）、老好坑（N 25°11′31″，E 116°8′46″，H 631 m）。少见种。
**药用部位** 茎、叶。
**性味功能** 辛、苦，平。解毒消肿，祛风湿，降血压。治痈疽、疔疮、发背、乳痈、痔疮、湿疹、丹毒、风湿痹痛、高血压。

### 637. 灰毛大青

**学名** *Clerodendrum canescens* Wall.
**别名** 毛赪桐
**形态特征** 灌木。小枝略四棱形、具不明显的纵沟，全体密被平展或倒向灰褐色长柔毛。叶片心形或宽卵形，顶端渐尖，基部心形至近截形，两面都有柔毛。聚伞花序密集成头状，通常 2～5 枝生于枝顶，花冠白色或淡红色，外有腺毛或柔毛。核果近球形，成熟时深蓝色或黑色，藏于红色增大的宿萼内。花、果期 4—10 月。
**生境分布** 生长于路边或疏林中。采集于六甲村（N 25°6′44″，E 116°13′9″，H 420 m）。少见种。
**药用部位** 全草。
**性味功能** 淡，凉。退热止痛。治毒疮、风湿病。

### 638. 大青

**学名** *Clerdendrum cyrtophyllum* Turcz.
**别名** 大青叶、臭大青。
**形态特征** 灌木或小乔木。叶片纸质，椭圆形、卵状椭圆形、长圆形或长圆状披针形，通常全缘，两面无毛或沿脉疏生短柔毛，背面常有腺点。伞房状聚伞花序，生于枝顶或叶腋；花冠白色，外面疏生细毛和腺点，花冠管细长。果实球形或倒卵形，成熟时蓝紫色，为红色的宿萼所托。花、果期 6 月—次年 2 月。
**生境分布** 生长于路旁、林下或溪谷旁。采集于谷夫（N 25°12′23″，E 116°11′0″，H 723 m）、新化村（N 25°17′33″，E 116°17′3″，H 437 m）、教文村（N 25°6′44″，E 116°13′9″，H 420 m）。常见种。
**药用部位** 根、叶。
**性味功能** 苦，寒。清热解毒，凉血止血。治外感热病、热盛烦渴、咽喉肿痛、口疮、黄疸、热毒痢、急性肠炎、痈疽肿毒、衄血、血淋、外伤出血。

### 639. 马缨丹

**学名** *Lantana camara* L.
**别名** 五色梅、山大丹、大红绣球
**形态特征** 藤状灌木。有强烈气味，稍被毛，茎被地下弯钩刺。叶对生，卵形或矩圆状卵形，边缘有钝齿，上面粗糙而有短刺毛，下面被小刚毛。头状花序稠密，花冠粉红色、红色、黄色或橙红色。核果球形，肉质，成熟果紫黑色。全年开花。
**生境分布** 生长于村旁、路边或沟边。采集于马头山（N 25°5′50″，E 116°4′52″，H 297 m）。少见种
**药用部位** 叶或带叶嫩枝。
**性味功能** 苦，寒。消肿解毒，祛风止痒。治痈肿、湿毒、疥癞、毒疮。

### 640. 豆腐柴

**学名** *Premna microphylla* Turcz.
**别名** 土常山、臭娘子、臭常山、凉粉叶
**形态特征** 直立灌木。叶揉之有臭味，卵状披针形、椭圆形、卵形或倒卵形，顶端急尖至长渐尖，基部渐狭窄下延至叶柄两侧，全缘具不规则粗齿。聚伞花序组成顶生塔形的圆锥花序；花冠淡黄色，外有柔毛和腺点，花冠内部有柔毛，以喉部较密。核果紫色，球形至倒卵形。花、果期5—10月。
**生境分布** 生长于路旁、林缘或林下。采集于梁山垇（N 25°11′11″，E 116°8′36″，H 677 m）、新化村（N 25°18′8″，E 116°16′32″，H 590 m）、教文村（N 25°8′55″，E 116°11′36″，H 623 m）。较常见种。
**药用部位** 根、茎、叶。
**性味功能** 微辛，凉。清热解毒，消肿止血。治疟疾、泻痢、痈肿、疔疮、创伤出血。

### 641. 马鞭草

**学名** *Verbena officinalis* L.
**别名** 紫顶龙芽草、野荆芥
**形态特征** 多年生草本。茎四方形，近基部可为圆形，节和棱上有硬毛。叶片卵圆形至倒卵形或长圆状披针形，基生叶的边缘通常有粗锯齿和缺刻，茎生叶多数 3 深裂，裂片边缘有不整齐锯齿，两面均有硬毛，背面脉上尤多。穗状花序顶生和腋生，细弱，花小，无柄，最初密集，结果时疏离；花冠淡紫至蓝色。果长圆形，成熟时 4 瓣裂。花期 6—8 月，果期 7—10 月。

**生境分布** 生长于路旁、村边、田野、山坡。采集于天马寨（N 25°6′24″，E 116°10′34″，H 703 m）、教文村（N 25°7′8″，E 116°12′41″，H 408 m）、新化村（N 25°17′24″，E 116°17′19″，H 409 m）。较常见种。
**药用部位** 地上全草。
**性味功能** 苦，凉。清热解毒，活血散瘀，利水消肿。治外感发热、湿热黄疸、水肿、痢疾、疟疾、白喉、喉痹、淋病、闭经、癥瘕、痈肿疮毒、牙疳。

## 一五二、牡荆科 Viticaceae

### 642. 黄荆

**学名** *Vitex negundo* L.
**别名** 布荆子、黄金子、蚊青柴（武平）
**形态特征** 灌木或小乔木。小枝四棱形，密生灰白色绒毛。掌状复叶，小叶 3 ～ 5 片，长圆状披针形至披针形，全缘或每边有少数粗锯齿，背面密生灰白色绒毛；若具 5 片小叶时，中间 3 片有柄，最外侧的 2 片无柄或近无柄。聚伞花序排成圆锥花序式，顶生，花序梗密生灰白色绒毛；花冠淡紫色，外有微柔毛，顶端 5 裂，二唇形。核果近球形；宿萼接近果实的长度。花期 4—6 月，果期 7—10 月。
**生境分布** 生长于路旁或灌丛中。采集马头山（N 25°5′48″，E 116°4′57″，H 275 m）、礤文村（N 25°4′55″，E 116°11′27″，H 567 m）、谷夫（N 25°12′25″，E 116°10′52″，H 710 m）。常见种。
**药用部位** 根、茎、叶、果实。
**性味功能** 根、茎：苦、微辛，平。清热止咳，化痰截疟。治支气管炎、疟疾、肝炎。叶：苦，凉。化湿截疟。治感冒、肠炎、痢疾、疟疾、泌尿系感染。外用治湿疹、皮炎、脚癣。果实：苦、辛，温。止咳平喘，理气止痛。治咳嗽哮喘、胃痛、消化不良、肠炎、痢疾。鲜叶：捣烂敷，治虫蛇咬伤、灭蚊。

## 643. 牡荆

**学名** *Vitex negundo* L. var. *cannabifolia* (Sieb et Zucc.) Hand. -Mazz.

**别名** 黄荆柴、黄金子

**形态特征** 落叶灌木或小乔木。小枝四棱形。叶对生，掌状复叶，小叶5片，少有3片；小叶片披针形或椭圆状披针形，顶端渐尖，基部楔形，边缘有粗锯齿，表面绿色，背面淡绿色，通常被柔毛。圆锥花序顶生，长10～20 cm；花冠淡紫色。果实近球形，黑色。花期6—7月，果期8—11月。

**生境分布** 生长于丘坡、溪边。采集于碓公坑（N 25°16′24″，E 116°10′44″，H 431 m）。少见种。

**药用部位** 实、叶、根、茎。

**性味功能** 甘、苦，平。祛风化痰，行气止痛。实：治白带下、小肠疝气、湿痰白浊、耳聋。叶：治九窍出血、小便尿血、腰脚风湿。根：治各上风疾。茎：治感冒、风湿、喉痹、疮肿、牙痛。荆沥：治中风口噤、头风头痛、喉痹疮肿、心虚惊悸、形容枯瘦、赤白痢、疮癣。

## 644. 山牡荆

**学名** *Vitex quinata* (Lour.) Wall.

**别名** 乌甜树、山埔姜

**形态特征** 常绿乔木。小枝四棱形，有微柔毛和腺点，老枝逐渐转为圆柱形。掌状复叶，对生，有3～5片小叶，小叶片倒卵形至倒卵状椭圆形，通常全缘。聚伞花序对生于主轴上，排成顶生圆锥花序式，花冠淡黄色，二唇形。核果球形或倒卵形，成熟后呈黑色，宿萼呈圆盘状，顶端近截形。花期5—7月，果期8—9月。

**药用部位** 根茎、枝叶。

**生境分布** 生长于丘坡、溪边。采集于岩前狮岩（N24°52′19″，E 116°13′17″，H 288 m）、新化村（N 25°17′36″，E 116°16′57″，H 445 m）。少见种。

**性味功能** 根皮：苦、辛，平。宣肺排脓。治肺脓疡。叶：苦、辛，凉。清热解表，凉血止血。治鼻衄、咯血感冒。

## 一五三、唇形科 Labiatae

### 645. 藿香

**学名** *Agastachne rugosa* (Fisch. et Mey) O. Ktze

**别名** 土藿香、排香草、大叶薄荷、薄荷（武平）

**形态特征** 多年生草本。茎四棱形。叶纸质，心卵形至长圆状披针形，边缘具粗齿。轮伞花序多花，在主茎或侧枝上组成顶生密集的圆筒形穗状花序；花冠淡紫蓝色。坚果卵状长圆形，腹面具棱，褐色。花期6—9月，果期9—11月。

**生境分布** 生长于山坡或路旁。采集于云礤村（N 25°9′47″，E 116°9′12″，H 598 m）、教文村（N 25°8′59″，E 116°11′45″，H 618 m）、陈禾坑（N 25°5′21.8″，E 116°9′52″，H 457 m）。常见种。

**药用部位** 全草。

**性味功能** 辛，微温。芳香化湿，和胃止呕，祛暑解表。治外感风寒，内伤湿滞，头痛昏重，呕吐腹泻，胃肠型感冒，中暑，晕车、船，消化不良致腹胀、腹泻、腹痛、宿醉未醒。

### 646. 金疮小草

**学名** *Ajuga decumbens* Thunb.

**别名** 青鱼胆草，青鱼胆、筋骨草

**形态特征** 一年生或二年生草本。具匍匐茎，被白色长柔毛或绵状长柔毛。基生叶较多且宽；叶柄具狭翅；叶片薄纸质，匙形或倒卵状披针形，边缘具不整齐的波状圆齿或几全缘。轮伞花序多花，排列成间断的穗状花序，位于下部的轮伞花序疏离，上部者密集；花冠淡蓝色或淡红紫色，稀白色，筒状，冠檐二唇形。小坚果倒卵状三棱形，背部具网状皱纹。花期3—7月，果期5—11月。

**生境分布** 生长于路旁、水边、草坡或林下。采集于云礤村（N 25°9′49″，E 116°8′59″，H 594 m）、教文村（N 25°9′1″，E 116°12′14″，H 633 m）、陈禾坑（N 25°5′22″，E 116°9′50″，H 462 m）。常见种。

**药用部位** 全草。

**性味功能** 苦、甘，寒。清热解毒，化痰止咳，凉血散血。治痈疽疔疮、火眼、乳痈、鼻衄、咽喉炎、肠胃炎、急性结膜炎、烫伤、狗咬伤、毒蛇咬伤、外伤出血。

### 647. 紫背金盘

**学名** *Ajuga nipponensis* Makino
**别名** 筋骨草、破血丹、石灰菜
**形态特征** 一年生或二年生草本。茎通常直立，柔软，通常从基部分枝，四棱形，基部常带紫色。基生叶无或少数，茎生叶均具柄，叶片纸质，阔椭圆形或卵状椭圆形，边缘具不整齐的波状圆齿。轮伞花序多花，生于茎中部以上，向上渐密集组成顶生穗状花序，花冠淡蓝色或蓝紫色，冠檐二唇形。小坚果卵状三棱形，背部具网状皱纹，腹面果脐。花、果期3—7月。

**生境分布** 生长于田边、路边或林下。采集于天马寨（N 25°6′51″, E 116°10′38″, H 914 m）。
**药用部位** 全草。
**性味功能** 苦，辛，寒。清热解毒，凉血散瘀，消肿止痛。治肺热咳嗽、咯血、咽喉肿痛、乳痈、肠痈、疮疖出血、跌打肿痛、外伤出血、水火烫伤、毒蛇咬伤。

### 648. 风轮菜

**学名** *Clinopodium chinense* (Benth.) O. Ktze.
**别名** 蜂窝草、节节草
**形态特征** 多年生草本。茎基部匍匐生根，密被短柔毛及腺微柔毛。叶对生，卵圆形，边缘具大小均匀的圆齿状锯齿，坚纸质，上面榄绿色，密被平伏短硬毛，下面灰白色，被疏柔毛。轮伞花序多花密集，半球形，花萼狭管状，常染紫红色，花冠紫红色，上唇3齿，下唇2齿。小坚果倒卵形，黄褐色。花期5—8月，果期8—10月。

**生境分布** 生长于路边、林下、灌丛中。采集于云礤溪（N 25°9′0″, E 116°8′28″, H 365 m）。较常见种。
**药用部位** 全草。
**性味功能** 辛，苦，凉。疏风清热，解毒消肿，止血。治感冒发热、中暑、咽喉肿痛、白喉、急性胆囊炎、肝炎、肠炎、痢疾、腮腺炎、乳炎、疔疮肿毒、过敏性皮炎、急性结膜炎、尿血、崩漏、牙龈出血、外伤出血。

## 649. 细风轮菜

**学名** *Clinopodium gracile* (Benth.) Matsum.

**别名** 细密草、野凉粉草、瘦风轮

**形态特征** 纤细草本。最下部的叶圆卵形，细小，边缘具疏圆齿，较下部或全部叶均为卵形，较大，边缘具疏牙齿或圆齿状锯齿，薄纸质；上部叶及苞叶卵状披针形，边缘具锯齿。轮伞花序分离，或密集于茎端成短总状花序，疏花；花萼管状，基部圆形，果时下倾，基部一边膨胀；花冠白至紫红色，冠檐二唇形。小坚果卵球形，褐色，光滑。花期6—8月，果期8—10月。

**生境分布** 生长于沟边、路边及空旷草地上。采集于云磜村（N 25°9′49″，E 116°8′59″，H 594 m）、天马寨（N 25°6′40″，E 116°10′33″，H 951 m）、新化村（N 25°17′25″，E 116°17′12″，H 414 m）。常见种。

**药用部位** 全草。

**性味功能** 辛、苦，凉。清热解毒，消肿止痛。治白喉、咽喉肿痛、肠炎、痢疾、乳腺炎、雷公藤中毒。外用治过敏性皮炎。

## 650. 香薷

**学名** *Elsholtzia ciliata* (Thunb.) Hyland

**别名** 香茹、香草

**形态特征** 直立草本。叶卵形或椭圆状披针形，边缘具锯齿，上面绿色，下面淡绿色。穗状花序，偏向一侧，由多花的轮伞花序组成；花冠淡紫色，冠檐二唇形。小坚果长圆形，棕黄色，光滑。花期7—10月，果期10月—翌年1月。

**生境分布** 生长于林下阴湿处。采集于中心坑（N 25°16′26″，E 116°15′17″，H 731 m）、东留南坊村（N 25°14′12″，E 116°58′32″，H 596 m）。常见种。

**药用部位** 带花全草。

**性味功能** 辛，微温。发汗解暑，行水散湿，温胃调中。治夏月感寒饮冷、头痛发热、恶寒无汗、胸痞腹痛、呕吐腹泻、水肿、脚气。

## 651. 广防风

**学名** *Anisomeles indica* (L.) Kuntze
**别名** 落马衣、秽草、豨莶草
**形态特征** 直立草本。茎密被白色贴生短柔毛。叶阔卵圆形，基部截状阔楔形，边缘有不规则的锯齿，草质，上面榄绿色，被短伏毛，下面灰绿色，有极密的白色短绒毛。轮伞花序在主茎及侧枝的顶部排列成稠密的长穗状花序，花冠淡紫色，冠檐二唇形。小坚果黑色，近圆球形。花期8—9月，果期9—11月。
**生境分布** 生长于林缘或路旁。采集于教文村（N 25°8′32″，E 116°11′19″，H 591 m）。少见种。
**药用部位** 全草。
**性味功能** 辛、苦，微温。祛风解表，理气止痛。治感冒发热、风湿关节痛、胃痛、胃肠炎。外用治皮肤湿疹、神经性皮炎、虫蛇咬伤、痈疮肿毒。

## 652. 活血丹

**学名** *Glechoma longituba* (Nakai) Kupr.
**别名** 金钱草、肺风草
**形态特征** 多年生草本。具匍匐茎，上升，逐节生根。叶草质，下部者较小，叶片心形或近肾形；上部者较大，叶片心形，边缘具圆齿或粗锯齿状圆齿。轮伞花序通常2朵花，稀具4～6朵花；花冠淡蓝、蓝至紫色，下唇具深色斑点，冠檐二唇形。成熟小坚果深褐色，长圆状卵形。花期4—5月，果期5—6月。
**生境分布** 生长于草地或溪边阴湿处。采集于老鸦山（N 25°18′38″，E 116°138″，H 439 m）、梁山隔（N 25°11′28″，E 116°13′45″，H 457 m）。少见种。
**药用部位** 全草。
**性味功能** 苦、辛，凉。利湿通淋，清热解毒，散瘀消肿。治热淋、石淋、湿热黄疸、疮痈肿痛、跌打损伤。

### 653. 香茶菜

**学名** *Rabdosia amethystoides* (Benth.) Hara

**别名** 铁棱角、铁钉角、蛇总管

**形态特征** 多年生草本。叶卵状圆形，卵形至披针形，基部渐狭，下延至柄，边缘基部以上具圆齿，两面均被白色或黄色腺点。花序为由聚伞花序组成的顶生圆锥花序，疏散，聚伞花序多花；花冠白、蓝白或紫色，上唇带紫蓝色，冠檐二唇形，上唇先端具4圆裂，下唇阔圆形。成熟小坚果卵形，黄栗色，被黄色及白色腺点。花期6—10月，果期9—11月。

**生境分布** 生长于林下或草丛。采集于云磜村（N 25°9'46″，E 116°8'40″，H 587 m）、天马寨（N 25°6'32″，E 116°10'31″，H 993 m）、谷夫（N 25°12'23″，E 116°11'1″，H 744 m）、教文村（N 25°8'47″，E 116°11'44″，H 586 m）。常见种。

**药用部位** 全草。

**性味功能** 辛、苦，凉。清热解毒，健脾，活血。治胃炎、肝炎初起、感冒发热、经闭、跌打损伤、乳腺炎、关节痛、蛇虫咬伤。

### 654. 益母草

**学名** *Leonurus japonicus* Houtt

**别名** 益母、益母艾

**形态特征** 一年生或二年生草本。茎钝四棱形。叶轮廓变化很大，茎下部叶轮廓为卵形，基部宽楔形，掌状3裂，裂片呈长圆状菱形至卵圆形；茎中部叶轮廓为菱形，较小，线形或线状披针形，或偶有多个长圆状线形的裂片。轮伞花序腋生，多数远离而组成长穗状花序；花冠淡红色或紫红色，冠檐二唇形。小坚果长圆状三棱形，淡褐色。花期6—9月，果期9—10月。

**生境分布** 生长于路边、田边。采集于谷夫（N 25°12'32″，E 116°10'46″，H 693 m）、新兰村（N 25°19'5″，E 116°13'51″，H 375 m）、大坪坑（N 25°16'58″，E 116°11'15″，H 544 m）。常见种。

**药用部位** 地上部分。

**性味功能** 苦、辛，微寒。活血调经，利尿消肿。治月经不调、痛经、闭经、恶露不尽、水肿尿少、急性肾炎水肿。

## 655. 凉粉草

**学名** *Mesona chinensis* Benth.
**别名** 仙人草、仙草
**形态特征** 草本。直立或匍匐。叶狭卵圆形至阔卵圆形或近圆形，在小枝上者较小，边缘具或浅或深锯齿，纸质或近膜质，两面被细刚毛或柔毛。轮伞花序多数，组成间断或近连续的顶生总状花序；花冠白色或淡红色，小，冠筒极短，喉部极扩大，冠檐二唇形。小坚果长圆形，黑色。花、果期7—10月。
**生境分布** 生长于水沟边或草丛中。采集于谷夫（N 25°12′52″，E 116°10′56″，H 660 m）、磜文村（N 25°4′36″，E 116°11′6″，H 527 m）、教文村（N 25°8′47″，E 116°11′44″，H 586 m）。少见种。
**药用部位** 全草。
**性味功能** 甘、淡，凉。清热利湿，凉血解暑。治急性风湿性关节炎、高血压、中暑、感冒、黄疸、急性肾炎、糖尿病。

## 656. 石荠苎

**学名** *Mosla scabra* (Thunb.) C. Y. Wu et H. W. Li
**别名** 痱子草
**形态特征** 一年生草本。叶卵形或卵状披针形，边缘近基部全缘，自基部以上为锯齿状，纸质，上面榄绿色，被灰色微柔毛，下面灰白，密布凹陷腺点。总状花序生于主茎及侧枝上；花冠粉红色，冠檐二唇形。小坚果黄褐色，球形。花期5—11月，果期9—11月。
**生境分布** 生长于路旁、灌丛或沟边潮湿地。采集于云磜村（N 25°9′52″，E 116°9′3″，H 600 m）、谷夫（N 25°12′34″，E 116°10′47″，H 686 m）、教文村（N 25°8′50″，E 116°11′45″，H 590 m）、陈禾坑（N 25°5′18″，E 116°9′45″，H 450 m）。常见种。
**药用部位** 全草。
**性味功能** 辛、苦，凉。疏风解表，清暑除湿，解毒止痒。治感冒头痛、咳嗽、中暑、风疹炎、痢疾、痔血、血崩、热痱、湿疹、肢癣、蛇虫咬伤。

### 657. 紫苏

**学名** *Perilla frutescens* (L.) Britt.
**别名** 野香苏、皱叶香薷
**形态特征** 一年生直立草本。茎绿色或紫色，钝四棱形，具四槽，密被长柔毛。叶阔卵形或圆形，基部圆形或阔楔形，边缘有粗锯齿，膜质或草质，两面绿色或紫色，或仅下面紫色。轮伞花序2朵花，密被长柔毛，偏向一侧的顶生及腋生总状花序，花萼钟形，花冠白色至紫红色，冠檐近二唇形。坚果近球形，灰褐色。花期8—11月，果期8—12月。
**生境分布** 生长于房前屋后、沟边肥沃的土壤上。采集于谷夫（N 25°12′27″，E 116°10′52″，H 705 m）、新化村（N 25°17′17″，E 116°17′23″，H 414 m）。较常见种。
**药用部位** 茎、叶、种子。
**性味功能** 辛，温。发汗解表，理气宽中，解鱼蟹毒。治风寒感冒、头痛、咳嗽、胸腹胀满、鱼蟹中毒。

### 658. 夏枯草

**学名** *Prunella vulagaris* L.
**别名** 麦穗夏枯草、棒槌草
**形态特征** 多年生草木。茎自基部多分枝，钝四棱形。茎叶卵状长圆形或卵圆形，大小不等，边缘具不明显的波状齿或几近全缘，草质，上面橄榄绿色，具短硬毛或几无毛，下面淡绿色。轮伞花序密集组成顶生的穗状花序，每一轮伞花序下承以苞片；花萼钟形，外面疏生刚毛，二唇形；花冠紫、蓝紫或红紫色，冠檐二唇形。小坚果黄褐色，长圆状卵珠形。花期4—6月，果期7—10月。
**生境分布** 生长于荒地或路旁草丛中。采集于天马寨（N 25°6′22″，E 116°10′19″，H 1 106 m）、谷夫（N 25°12′27″，E 116°10′52″，H 705 m）。常见种。
**药用部位** 干燥果穗。
**性味功能** 苦、辛，寒。清肝明目，清热散结。治目赤肿痛、目珠夜痛、头痛眩晕、瘰疬、瘿瘤、乳痈肿痛、甲状腺肿大、淋巴结结核、乳腺增生、高血压。

### 659. 溪黄草

**学名** *Rabdosia serra* (Maxim.) Hara
**别名** 熊胆草、血风草
**形态特征** 多年生草本。茎叶对生，卵圆形或卵圆状披针形或披针形，边缘具粗大内弯的锯齿，草质，上面暗绿色，下面淡绿色。圆锥花序生于茎及分枝顶上，下部常分枝，因而植株上部全体组成庞大疏松的圆锥花序，圆锥花序由具5朵至多朵花的聚伞花序组成；花冠紫色，冠檐二唇形，上唇外反，下唇阔卵圆形，内凹。成熟小坚果阔卵圆形，顶端圆，具腺点及白色髯毛。花、果期8—9月。
**生境分布** 生长于溪边、沟旁或山谷湿润处。采集于云磜村（N 25°9′51″，E 116°9′3″，H 599 m）、老鸦山（N 25°19′11″，E 116°13′44″，H 353 m）、新化村（N 25°17′17″，E 116°17′25″，H 410 m）、教文村（N 25°9′2″，E 116°12′19″，H 652 m）。常见种。
**药用部位** 全草。
**性味功能** 苦，寒。清肝利胆，退黄祛湿，凉血散瘀。治急性肝炎、跌打瘀肿。

### 660. 南丹参

**学名** *Salvia bowleyana* Dunn
**别名** 鼠尾草
**形态特征** 多年生草本。叶为羽状复叶，有小叶5或7片，顶生小叶卵圆状披针形。轮伞花序，组成顶生总状花序或总状圆锥花序；花冠淡紫色、紫色至蓝紫色。小坚果椭圆形。花期3—7月。
**生境分布** 生长于路旁、沟边或林下阴湿处。采集于黄陂山（N 25°11′43″，E 116°11′5″，H 896 m）。少见种。
**药用部位** 根。
**性味功能** 苦，微寒。活血化瘀，调经止痛。治胸痹绞痛、心烦、心悸、脘腹疼痛、月经不调、痛经、闭经、产后瘀滞腹痛、崩漏、肚脾肿大、关节痛、疝气痛、疮肿。

## 661. 鼠尾草

**学名** *Salvia japonica* Thunb.
**别名** 洋苏草、普通鼠尾草
**形态特征** 一年生草本。茎下部叶为二回羽状复叶，茎上部叶为一回羽状复叶；顶生小叶披针形或菱形，边缘具钝锯齿；侧生小叶卵圆状披针形。轮伞花序2～6朵花，组成伸长的总状花序或分枝组成总状圆锥花序；花萼筒形，花冠淡红、淡紫、淡蓝至淡白色，花檐二唇形。小坚果椭圆形，褐色。花、果期6—9月。
**生境分布** 生长于路旁、草丛、水边及林荫下。采集于云礤溪（N 25°9′22″, E 116°8′30″, H 490 m）、老鸦山（N 25°19′3″, E 116°13′40″, H 418 m）。少见种。
**药用部位** 花、叶。
**性味功能** 苦、辛，平。清热利湿，活血调经，解毒消肿。治黄疸、赤白下痢、湿热带下、月经不调、痛经、疮疡疖肿、跌打损伤。

## 662. 半枝莲

**学名** *Scutellaria barbata* D. Don
**别名** 狭叶韩信草
**形态特征** 茎直立，四棱形。叶具短柄或近无柄；叶片三角状卵圆形或卵圆状披针形，有时卵圆形，边缘生有疏而钝的浅牙齿，上面橄榄绿色，下面淡绿有时带紫色，两面沿脉上疏被紧贴的小毛或几无毛。花单生于茎或分枝上部叶腋内。花冠紫蓝色，外被短柔毛；冠筒基部囊大；冠檐二唇形。小坚果褐色，扁球形。花、果期4—7月。
**生境分布** 生长于田边或路旁潮湿处。采集于新化村（N 25°17′32″, E 116°17′4″, H 428 m）。少见种。
**药用部位** 全草。
**性味功能** 辛、苦，寒。清热解毒，散瘀止血，利尿消肿。治热毒痈肿、咽喉疼痛、肺痈、肠痈、瘰疬、毒蛇咬伤、跌打损伤、吐血、衄血、血淋、水肿、腹水及癌症。

### 663. 韩信草

**学名** *Scutellaria indica* L.
**别名** 耳挖草、大力草、偏向花
**形态特征** 多年生草本。叶对生，叶片草质至坚纸质，心状卵圆形圆状卵圆形至椭圆形，边缘密生整齐圆齿，两面被微柔毛或糙伏毛。花对生，在茎或分枝上排列成总状花序；花冠蓝紫色，冠檐2唇形；雄蕊4枚，二强。成熟小坚果栗色或暗褐色，卵形。花、果期2—6月。
**生境分布** 生长于田边、路旁或草地上。采集于天马寨（N 25°6′22″，E 116°10′19″，H 1 104 m）、云磜村（N 25°8′44″，E 116°8′32″，H 379 m）、新兰村（N 25°18′20″，E 116°14′6″，H 454 m）。常见种。
**药用部位** 全草。
**性味功能** 辛、微苦，平。清热解毒，活血止痛，止血消肿。治痈肿疔毒、肺痈、肠痈、瘰疬、毒蛇咬伤、肺热咳喘、牙痛、喉痹、咽痛、筋骨疼痛、吐血、咯血、便血、跌打损伤、创伤出血、皮肤瘙痒。

### 664. 甘露子

**学名** *Stachys sieboldii* Miq.
**别名** 地蚕、草石蚕
**形态特征** 多年生草本。根茎顶端有白色念珠状或螺狮形的肥大块茎；茎四棱形，具槽。茎生叶卵圆形或长椭圆状卵圆形，边缘有规则的圆齿状锯齿。轮伞花序通常6朵花，多数远离组成顶生穗状花序；花萼狭钟形，花冠粉红至紫红色，下唇有紫斑，冠檐二唇形，雄蕊4枚。小坚果卵珠形，黑褐色，具小瘤。花期7—8月，果期9月。
**生境分布** 生长于草地或溪边阴湿处。采集于新化村（N 25°17′29″，E 116°17′11″，H 432 m）、新兰村（N 25°19′5″，E 116°13′57″，H 408 m）。少见种。
**药用部位** 全草。
**性味功能** 甘，平。祛风热利湿，活血散瘀。治黄疸、尿路感染、风热感冒、肺结核。外用治疮毒肿痛、蛇虫咬伤。

## 665. 血见愁

**学名** *Teucrium viscidum* Bl.
**别名** 山藿香
**形态特征** 多年生草本。具匍匐茎。叶片卵圆形至卵圆状长圆形，边缘为带重齿的圆齿。假穗状花序生于茎及短枝上部，在茎上者由于下部有短的花枝因而俨如圆锥花序，密被腺毛，由密集具2朵花的轮伞花序组成。花冠白色，淡红色或淡紫色。花、果期6—10月。
**生境分布** 生长于林下阴湿处。采集于老好坑（N 25°5′18″，E 116°9′45″，H 450 m）、黄陂山（N 25°12′23″，E 116°11′1″，H 744 m）、碓公坑（N 25°16′23″，E 116°10′51″，H 434 m）。少见种。
**药用部位** 全草。
**性味功能** 辛、苦，凉。凉血散瘀，消肿解毒。治风湿性关节炎、跌打损伤、肺脓疡、急性胃肠炎、消化不良、冻疮肿痛、睾丸阴肿、吐血、衄血、外伤出血、毒蛇咬伤、疔疮疖肿

图书在版编目(CIP)数据

**梁野山原生药用植物彩色图谱**/戴德昇,林裕芳主编.—厦门:厦门大学出版社,2015.2
ISBN 978-7-5615-5402-9

Ⅰ.①梁… Ⅱ.①戴… ②林… Ⅲ.①药用植物-武平县-图集 Ⅳ.①Q949.95-64

中国版本图书馆 CIP 数据核字(2015)第 032275 号

官方合作网络销售商:

**厦门大学出版社出版发行**

(地址:厦门市软件园二期望海路 39 号　邮编:361008)
总编办电话:0592-2182177　传真:0592-2181253
营销中心电话:0592-2184458　传真:0592-2181365
网址:http://www.xmupress.com
邮箱:xmup@xmupress.com

**厦门集大印刷厂印刷**

2015 年 2 月第 1 版　2015 年 2 月第 1 次印刷
开本:889×1194　1/16　印张:25
字数:500 千字
定价:298.00 元

本书如有印装质量问题请直接寄承印厂调换

Liangyeshan
Yuansheng Yaoyong Zhiwu
Caise Tupu